国外海洋政策研究报告
（2023）

主　编　李双建

副主编　周怡圃　姚　荔　于　傲

海洋出版社

2024 年·北京

图书在版编目（CIP）数据

国外海洋政策研究报告. 2023／李双建主编；周怡圃，姚荔，于傲副主编. -- 北京：海洋出版社，2024.12. -- ISBN 978-7-5210-1434-1

Ⅰ. P74

中国国家版本馆 CIP 数据核字第 2024BT6001 号

国外海洋政策研究报告（2023）

Guowai Haiyang Zhengce Yanjiu Baogao（2023）

责任编辑：苏　勤
责任印制：安　森

海洋出版社　出版发行

http：//www. oceanpress. com. cn

北京市海淀区大慧寺路 8 号　邮编：100081

侨友印刷（河北）有限公司印刷

2024 年 12 月第 1 版　2024 年 12 月北京第 1 次印刷

开本：787 mm×1092 mm　1/16　印张：28.5

字数：457 千字　定价：298.00 元

发行部：010-62100090　总编室：010-62100034

海洋版图书印、装错误可随时退换

编　委　会

主　编：李双建

副主编：周怡圃　姚　荔　于　傲

编　委：王瑞欢　郭洁乔　吴雨浓　白　瑞

　　　　黄南艳　王　琦　陈　跃　韩　湘

　　　　吕慧铭　魏　晋　王志鹏　王欣怡

　　　　刘　明　桂筱羽　蒋鹏霖　玄　花

　　　　王佳微　苏冠先　夏颖颖　王　哲

　　　　孙淑情　魏　婷

统　稿：李双建　周怡圃　刘　佳　曲艳敏

　　　　姚　荔　于　傲

前　言

百年未有之大变局下，国际形势呈现出自冷战结束以来最为深刻、复杂、动荡的变化。2022 年俄乌冲突爆发后，全球地缘政治局势持续紧张，国际政治变乱交织折射到海洋领域，海洋日益成为内外矛盾和利益的交汇地带。大国海上阵营对抗不断加剧，美国印太战略继续调整深化，西北太平洋安全局势持续升级，海底基础设施成为海洋安全的聚焦点。海洋科技领域的主导权和话语权之争愈加激烈，海洋科技和装备加速向专业化、智能化发展，以联合国"海洋十年"为首的国际大科学计划进展迅速。与此同时，气候变化背景下，全球海洋生态环境形势严峻、挑战突出，国际生物多样性保护和绿色转型迫在眉睫，推进打造可持续蓝色经济成为各国政府施政重点。全球海洋治理规则进入结构调整与秩序变革新阶段，深海极地领域治理新规处于酝酿之中，深海采矿、北极治理等议题热度明显上升，围绕制度性话语权和规则制定主导权的博弈已成为全球海洋治理格局的显著特征之一。

海洋强国建设是实现中华民族伟大复兴的重大战略任务，对于推动我国高质量发展、全面建设社会主义现代化国家、实现中华民族伟大复兴意义深远。习近平总书记指出，谋划和推进党和国家各项工作，必须深入分析国际国内大势，科学把握我们面临的战略机遇和风险挑战。遵循习近平总书记的指示，推动海洋强国建设取得新进展，必须科学认识海洋领域发展大势，准确把握世界之变、时代之变和历史之变，坚持深入观察和战略判断，厘清国际海洋形势矛盾运动的发展规律和方向，为新时代发展海洋事业、建设海洋强国锚定方向。国家海洋信息中心自 2018 年起编著出版年度《国外海洋政策研究报告》，至今已连续六年，自出版以来获得广大海洋研究领域业内同仁、学者关注和鼓励。本书在延续以往报告风格和体例的基础上，对各章节内容和篇幅进行了进一步调整和优化，以期为广大读者提供更为聚焦和实用的海洋领域政策工具读物。

本书共由四个部分组成。第一篇总揽 2022 年全球海洋发展形势，从海洋生态环境、海洋经济、海洋科技、海洋地缘政治和深海极地治理五个方面出发，全面回顾和深入分析了本年度国际海洋发展态势和特征。第二篇立足本年度全球海洋热点议题，选取了 16 个具有代表性的海洋领域问题，囊括海底基础设施安全、海洋空间规划、海洋生态环境保护、极地治理、印太战略、海洋合作等广泛主题。第三篇聚焦主要国家和国际组织发布的最新海洋战略、政策、立法和规划等涉海文件，整理和编译了美国、英国、法国、意大利、俄罗斯、澳大利亚、印度、韩国以及联合国、欧盟、太平洋岛国论坛等国家和国际组织的 19 项涉海文件。最后以附录形式收录了 2022 年度国际海洋大事记，范围涵盖海洋管理、海洋经济、海洋科学技术、海洋气候变化和防灾减灾、海洋生态环境保护、海洋极地、深海大洋七个领域。

　　"学必求其心得，业必贵其专精"，本书编者均为长期从事国外海洋舆情信息收集与政策研究的一线科研人员，在全书的编撰过程中始终坚持"力学笃行、尽善尽美"的态度，以期为海洋领域的研究人员、管理人员及政府决策提供支撑。但由于编者的经验、水平和精力有限，书中难免存在疏漏与不足之处，敬请广大读者不吝批评指正。

李双建

2023 年冬于天津

目　　录

第一篇　国际海洋发展形势

第二篇　全球海洋热点问题

第三篇　主要国家和国际组织海洋政策

第一篇

国际海洋发展形势

第一章　多重危机叠加下的
全球海洋发展形势

放眼世界，百年变局加速演进，地缘政治形势紧张，安全与发展问题突出，全球性海洋问题带来的挑战更加严峻，海洋可持续发展任重道远。2022年俄乌冲突爆发，对全球地缘政治经济格局产生深远影响，美国调整印太战略，将中国列为唯一全球竞争对手，以中美竞争为核心的大国博弈蔓延至各个领域和区域。与此同时，世界主要国家纷纷加大海洋投入，经济全球化与新兴海洋力量的崛起深刻影响着世界海洋格局，推动全球海洋秩序与规则的变革，传统海洋力量加大对热点地区和热点议题的介入力度，全球海洋治理呈现出主体多元化、目标多样化和博弈长期化的特点。

第一节　全球海洋生态环境形势严峻

气候变化、环境污染和生物多样性丧失已经成为联合国认定的三项重大全球性环境危机。在气候变化背景下，全球海洋生态环境危机日趋严峻。2022年第二届联合国海洋大会对保护和可持续利用海洋所面临的挑战做了系统阐述和规划。当下，全球性海洋生态环境问题的治理任重道远，难度巨大、挑战巨大。

一、气候变化对海洋生态系统的负面影响凸显

不断有国际机构、知名非政府组织发布报告，阐述气候变化导致海水升温、海平面上升和生物多样性丧失的严重影响以及塑料污染、噪声污染对海洋生物及其栖息地的负面影响。2022年2月，联合国政府间气候变化专门委员会（IPCC）发布《气候变化2022：影响、适应和脆弱性》警告称，气候变化对陆地、淡水、沿海和海洋生态系统造成了巨大破坏，损失无法挽回。6月27日至7月1日，第二届联合国海洋大会召开，大会通过《里斯本宣言》，各国领导人对全球海洋面临的紧急状况深感震惊，包括海岸

侵蚀、海平面上升、海水变暖和酸化、海洋污染、过度捕捞、海洋生物多样性丧失等。10月，世界自然基金会（WWF）携手研究伙伴发布《地球生命力报告2022》指出，栖息地退化、外来物种入侵、污染和气候变化等是全球野生动物种群数量下降的主要诱发因素。如果不能将全球变暖限制在1.5℃以内，气候变化可能成为未来生物多样性丧失的重要驱动因素。世界气象组织（WMO）发布的《2022年全球气候状况报告》显示，2022年，气候变化从高山到深海仍在持续。2015—2022年是全球有记录以来最温暖的8年；冰川融化和海平面上升再次达到创纪录的水平，且这一趋势还将持续数千年之久。发表在《大气科学进展》上的文章指出，2022年海洋热含量（ocean heat content，OHC）连续第七年创下新纪录。全球海洋吸收了来自温室气体排放的90%的多余热量，海洋温度、盐度的不断升高以及海洋分层的增加，会改变海洋与大气之间交换热量、碳和氧气的方式，不仅对海洋生物和生态系统构成威胁，也威胁着人类和陆地生态系统。

二、基于海洋的气候减缓和适应行动大有可为

应对气候变化的重要性、紧迫性早已得到国际社会广泛认同，在《联合国气候变化框架公约》缔约方大会的推动下，探索基于海洋的气候变化解决方案也成为一个广泛的潮流，国际组织、沿海国家纷纷做出承诺、发起倡议，开展实践行动，尤以发展绿色航运和海洋碳汇为重要手段。

第一，多方认可海洋是重要的气候解决方案。2021年COP26气候大会达成的《格拉斯哥气候协议》，为讨论将海洋纳入联合国气候进程开辟了空间。2022年，国际社会进一步认可海洋是减缓和适应气候变化的重要领域，并倡导保持海洋应对气候变化的韧性。2022年4月，联合国政府间气候变化专门委员会（IPCC）第六次评估报告第三工作组报告《气候变化2022：减缓气候变化》强调，海洋是气候变化解决方案之一，可通过发展海洋可再生能源、推动航运脱碳及利用蓝碳生态系统来减少温室气体排放。4月，知名非政府组织环境正义基金会（EJF）发布《海洋行动就是气候行动：保护海洋生物多样性是减缓气候变化和保护沿海社区的关键》报告强调，作为世界最大碳库，海洋是减缓气候变化最重要的基于自然的解决方案，海洋生态系统提供了必要的适应机会。6月，在联合国波恩气候变化大会期间举行的"海洋与气候变化对话"强调，海洋对生计和生物多样性

至关重要,是气候系统的基本组成部分,并呼吁采取更多与海洋有关的气候行动。11月,在《联合国气候变化框架公约》缔约方大会第二十七届会议(COP27)期间,联合国全球契约组织指出,基于海洋的气候解决方案对于应对气候变化具有重要意义,呼吁各国领导人在三个海洋关键领域采取行动,一是投资蓝色经济,二是向净零海洋经济转型,三是加强公私合作并推进知识共享。

第二,沿海国家纷纷发布国家气候行动计划或联合倡议。2022年1月,拜登总统发布《基于自然的解决方案路线图》和配套的《基于自然的解决方案资源指南:联邦案例、指南、资源文件、工具和技术援助汇编》;11月,美国又宣布了海洋气候行动,包括推动零排放航运、实施基于海洋的解决方案、发展海上可再生能源、制订"国家海洋酸化行动计划"。2月,在"一个海洋"峰会上,来自美国、加拿大、日本、法国、澳大利亚、葡萄牙等国的30余个沿海城市市长联合签署《海洋城市宣言》,共同应对全球海平面上升的挑战。4月,乌拉圭环境部启动"国家沿海地区气候变化适应计划"(PAN Costas),旨在提高国家对气候变化导致海平面上升的抵御能力。5月,新西兰政府发布"国家适应计划"以应对气候危机,包括更新建筑法规,确保新建建筑考虑到气候变化,保证国家公共住房建设远离气候变化威胁区,鼓励远离高风险地区进行开发,向潜在买家和建筑商披露气候风险信息等措施。

第三,全球航运业实现绿色低碳是未来发展趋势。随着航运业的环境污染和碳排放问题受到国际社会的高度关注,在《巴黎协定》的推动下,以国际海事组织(IMO)为代表的联合国机构、相关国家和区域组织不断呼吁航运业减排脱碳。2021年6月,IMO通过了《国际防止船舶造成污染公约》附则六的修正案,采取强制性措施降低船舶碳排放。为推动这一目标落实,2022年3月,由IMO和挪威于2019年共同发起的航运业温室气体减排项目"绿色航行2050"发布《应对船舶温室气体排放的国家行动计划:从决议到实施》指南,为制订船舶温室气体排放的国家行动计划(NAPs)提供指导。7月,IMO启动一系列战略研讨活动,为IMO成员国政府和利益攸关方提供互动平台,以商议制订NAPs,并与国家现有的减排努力联系起来,实现减排目标。从国家和地区层面看,继2021年11月多国签署《关于绿色航运走廊的克莱德班克宣言》后,欧洲国家推动绿色航运先行先试。

"法国—海洋2030"计划旨在加速海洋领域脱碳、实现"船舶零排放"的目标。10月，欧洲议会通过新的减排目标，规定在欧盟港口航行的载重吨超过5000 GT的船舶到2025年温室气体排放量较2020年要减少2%，到2035年减少20%，到2050年减少80%，比此前提出的到2035年减少13%、到2050年减少75%的目标有所提高。除此之外，世界经济论坛提出建立绿色航运走廊，通过主要港口枢纽之间的特定贸易路线实施零排放解决方案，缓解燃料设施和船舶面临的减排压力，简化国家间的协调工作，同时增强减排工作的影响范围。此后，以绿色航运走廊为试点，多方致力于推动航运业脱碳转型。洛杉矶和上海于2月宣布建立城市、港口、航运公司和货主网络的合作伙伴关系，在全球最繁忙的集装箱航线之一的中美港口之间打造全球首条跨太平洋绿色航运走廊。智利启动"绿色航运走廊网络"项目，成为南美洲第一个宣布发展绿色航运走廊的国家。由英国劳埃德船级社海上脱碳中心发起成立的"丝路联盟"吸引了多家亚洲航运公司和物流供应商的参与。与由港口和航线推动的绿色航运走廊不同，"丝路联盟"重点关注亚洲区域内集装箱贸易的脱碳工作，旨在制定一项船舶燃料转型和脱碳战略，建立高度可扩展的绿色走廊集群。

第四，充分利用海洋碳汇功能成为缓解气候变化的重要手段。海洋是地球上最大的"碳库"，在全球气候治理中发挥着关键基础性作用。海洋碳汇已成为重要的基于海洋的气候变化解决方案之一。首先，围绕蓝碳研究与合作，各方积极推动解决方案生成。2月，在"一个海洋"峰会上，法国和哥伦比亚宣布建立"全球蓝碳联盟"，以帮助盐沼、海草床、红树林等沿海生态系统的恢复。7月，美国白宫环境质量委员会宣布成立两个碳捕集、利用与封存（CCUS）工作组，其中一个工作组将重点专注联邦土地和近海水域的CCUS部署，另一个工作组则专注非联邦土地的CCUS部署。11月，澳大利亚外交部、澳大利亚联邦科学与工业研究组织、谷歌澳大利亚公司联合发起蓝色碳汇项目，以协助该国科研人员绘制沿海地区红树林、海草床分布图，了解蓝碳生态系统的碳吸收及封存能力，并将研究成果用于支持沿海居民维持生计。同月，亚马逊公司与保护国际基金会宣布将在新加坡成立国际蓝碳研究所，以支持东南亚等地区沿海蓝碳生态系统的保护恢复，实施蓝碳项目，开发推进蓝碳的关键工具，研究所预计将在2023年6月前启动首个蓝碳项目。其次，欧洲国家大力推动跨境二氧化碳运输与封存。法国、德国、挪威等积极推动北海的二氧化碳运输与封存项目。由法国道达尔能源公司、挪威 Equinor 公司和壳牌公司共同开发的"北极光"项目，已与雅苒国际公司就跨境二氧化碳运输与封存签署了商业协议，自2025 年起，将从雅苒公司位于荷兰的雅苒 Sluiskil 化肥工厂中每年捕集约80 万吨二氧化碳，并将其运输至"北极光"项目所在地挪威，永久封存在挪威北海海岸附近海床 2600 米深的地质层中。德国石油和天然气公司Wintershall Dea 和挪威国家石油公司计划开展一项在北海运输和储存二氧化碳的合作项目。两家公司宣布，将在北海铺设一条长约 900 千米的海底管道，将二氧化碳从德国北部运输到挪威卑尔根和斯塔万格附近的海底进行封存。最后，蓝碳信用和蓝碳交易展现出广阔的发展前景。1 月，澳大利亚政府发布《2022 年碳信用(农地保碳倡议——蓝碳生态系统的潮汐修复)方法》及配套解释性声明，包括方法概述，潮汐修复(Tidal Restoration)项目介绍，潮汐修复项目基本要求(总则、项目运营方法)，潮汐修复项目净减排量计算(初步概算、净减排量计算、碳库变化计算)，潮汐修复项目的申请、审批及监管，潮汐修复项目报告六个部分。3 月，蓝色海洋基金会发布《英国蓝碳报告》，旨在探索如何利用蓝碳生态系统应对气候变化。报告预测，到 2030 年，全球自愿碳市场的交易量将增长 15 倍，到 2050 年将增长 100 倍，由于蓝碳生态系统可带来多重收益，碳市场中的蓝碳交易将继续稳步推进。

三、各方积极推进海洋生物多样性治理进程

尽管全球生物多样性谈判进展缓慢、治理赤字明显，但全球有关各方仍在积极推进治理进程。6 月，经过六天的谈判，联合国《生物多样性公约》缔约方提出了一项扭转生物多样性丧失曲线的全球计划。10 月，欧盟环境部长们就"2020 年后全球生物多样性框架"的立场达成共识，承诺制定2050 年长期目标、2030 年中期预期成果、以行动为导向的 2030 年目标。世界自然基金会对此表示，尽管欧盟已做出积极承诺，但欧洲理事会只提出尽量减少而非消除有害渔业补贴等措施的负面影响。欧盟还需要更大决心，到 2030 年遏止对生物多样性产生负面影响的土地和海洋利用活动。11月，G20 会议发布领导人宣言，强调将加紧努力，制止和扭转生物多样性丧失，包括通过基于自然的解决方案和基于生态系统的方法，支持气候减

缓和适应，加强环境保护和可持续利用，应对自然灾害，减少生态系统退化，加强生态系统服务，解决影响海洋和沿海环境问题。12月，联合国《生物多样性公约》第十五次缔约方大会（COP15）第二阶段会议在加拿大蒙特利尔召开，通过具有里程碑意义的"昆明－蒙特利尔全球生物多样性框架"，成为2030年前乃至更长一段时间全球生物多样性治理谋定方向的总体性、战略性纲领文件。

沿海国家从出台政策、描绘路线图，到建设保护区和国家公园，在顶层设计和具体实践层面都在努力保护海洋生物多样性。2022年，西印度洋10国在2021年联合国气候大会上发起的"蓝色长城"倡议已正式在坦桑尼亚坦噶奔巴和莫桑比克基林巴群岛建立了保护区网络。据悉，基林巴群岛国家公园面积比之前扩大了五倍。9月，印度尼西亚计划到2030年保护10%的海洋、到2045年保护30%的海洋。目前，印度尼西亚受保护的海洋面积为28.4万平方千米，并计划到2030年增至32.5万平方千米，到2045年增至97.5万平方千米。印度尼西亚渔业部表示，将制定战略，加强海洋保护区规划与监测，以确保可持续管理，并强调提高保护的经济效益。9月，为实现《欧洲绿色协议》和《欧盟2030生物多样性战略》关于保护自然和恢复生物多样性的目标，根据《深海准入条例》和国际海洋考察理事会科学家的建议，欧盟委员会宣布采取措施，关闭东北大西洋欧盟水域57个脆弱区域的捕捞通道，涉及爱尔兰、法国、葡萄牙和西班牙沿海地区，总面积为1.64万平方千米，用于保护水深400米以下的海洋生态系统以及深海珊瑚、海绵等物种。该措施是欧盟委员会在过去两年与各成员国以及包括渔业组织和非政府组织在内的各利益攸关方广泛协商后的结果。2022年是美国《海洋保护、研究和保护区法案》颁布50周年。在庆祝国家海洋保护区体系建设50周年之际，10月，美国国家海洋与大气管理局（NOAA）国家海洋保护区办公室发布《2022—2027年国家海洋保护区体系五年战略》及《国家海洋保护区未来20年的转型愿景（2022—2042）》，前者提出未来五年国家海洋保护区及其他海洋保护区建设的六大目标，为采取的行动提供框架；后者通过吸取过去的教训，应用最新的知识和技术，并考虑到目前和未来海洋及五大湖资源受到的威胁，提出国家海洋保护区体系未来20年的保护愿景。11月，莫桑比克政府部长级会议通过决议，批准了《珊瑚礁管理和保护国家战略》（ECOR 2022—2032），旨在确保珊瑚礁的生态完整性,以便通过消除人为造成的退化和促进可持续利用来提高其复原力。

四、打击 IUU 捕捞国际联合行动已全面展开

国际机构和全球各沿海国纷纷加大打击非法、未报告和无管制(IUU)捕捞的力度。

国际机构方面,第一,加紧宣传国际公约、制定渔业规则,为全球打击 IUU 捕捞提供指导,如 2022 年 6 月,WTO 就渔业补贴规则达成协定,宣布停止为 IUU 捕捞活动提供补贴;FAO 将 6 月 5 日定为打击 IUU 捕捞活动国际日。第二,区域组织将打击 IUU 捕捞列为区域合作优先事项,如欧盟不断加强对 IUU 捕捞采取零容忍态度,与美国、新西兰签署打击 IUU 的合作协定,向所罗门群岛、泰国等发放 IUU 黄牌或红牌警告;《非洲"海洋十年"路线图》将 IUU 捕捞列为优先行动之一。第三,升级 IUU 捕捞识别技术,强化海域态势感知能力,太平洋岛国论坛渔业局、全球渔业观察等组织通过卫星无线电频率探测技术、卫星雷达图像档案共享等技术手段,提升海域态势感知水平,强化打击 IUU 捕捞的能力。

国家方面:第一,美联合其盟伴将打击 IUU 捕捞作为合力对抗中国的"道义牌",拜登政府针对中国所谓 IUU 捕捞制订国家战略计划,成立由 21 个联邦机构组成的 IUU 捕捞跨部门工作组,签署《关于打击 IUU 捕捞及相关强迫劳动行为的国家安全备忘录》,发布《打击 IUU 捕捞国家五年战略(2022—2026 年)》,并与日本、澳大利亚、印度(Quad)提出"印太海域态势感知伙伴关系"倡议,启动针对我所谓非法捕捞的监视追踪系统;与加拿大、英国发起 IUU 捕捞行动联盟,在太平洋地区组建"蓝色太平洋伙伴关系",加大对我所谓 IUU 捕捞的打击力度。第二,我周边国家重视提升打击 IUU 捕捞的能力建设,日本在《海洋基本计划》中明确"应对外国渔船非法作业"等内容;菲律宾、越南、新加坡等与美国开展对话,探讨解决区域海产品供应链中的 IUU 捕捞、强迫劳动及其他人权问题的方案;孟加拉国宣布启动远洋渔业捕捞试点项目,通过相关法案和项目推动应对 IUU 捕捞的能力建设。第三,其他国家加快制定应对区域 IUU 问题的解决方案,安哥拉、厄立特里亚、摩洛哥和尼日利亚相继签署《港口国措施协定》以支持打击 IUU 捕捞;葡语国家共同体签署法律文书,共同开展预防、打击与消除 IUU 捕捞的行动;巴拿马、哥斯达黎加、厄瓜多尔、哥伦比亚、

尼加拉瓜、智利、秘鲁和危地马拉签署关于加强打击 IUU 捕捞的谅解备忘录；挪威、加拿大等利用卫星雷达数据和人工智能技术，与国际渔业机构共同向各国提供实时捕捞活动监测信息，支持海事执法行动更有效地打击 IUU 捕捞。

第二节　加快海洋经济转型需求迫切

后疫情时代，随着全球性海洋资源环境问题日益严峻，推动资源型海洋产业转型升级、加快海洋经济发展方式转变成为各沿海国家追求的目标，绿色、健康、可持续成为当前全球海洋经济发展的关键词。

一、可持续海洋经济转型的呼声日渐高涨

自 2020 年可持续海洋经济高级别小组（HLP）发布《可持续海洋经济的转型：保护、生产和繁荣的愿景》报告以来，加快实现可持续海洋经济转型的需求变得日益紧迫，各界呼声渐强。2022 年 4 月，联合国贸易与发展会议第四届海洋论坛在瑞士日内瓦举行，重点关注海洋经济、渔业和海洋环境保护问题，促进后疫情时代经济复苏向可持续海洋经济转型。联合国贸发会表示，这是通过贸易工具保护海洋和海洋资源、加速实现可持续发展目标 14 的重要契机。8 月，北欧五国总理共同发表的《北欧总理关于可持续海洋经济和绿色转型的联合声明》强调，北欧地区应在减少海洋污染、保护海洋生物多样性到 2050 年实现航运零排放的全球努力中发挥主导作用，北欧国家可加强国家、区域和全球海洋的复原力，加强海洋相关的蓝色和绿色产业研究和知识共享，共同扩大在北海和波罗的海的海上风力资源开发。9 月，可持续海洋经济高级别小组（HLP）发布《蓝色追踪：从雄心到行动以实现可持续海洋经济》报告，总结了 HLP 成员国围绕海洋资源、海洋健康、海洋知识、海洋融资等领域开展的行动，强调仅靠单一部门的行动无法实现可持续海洋经济转型，HLP 鼓励成员国建立伙伴关系，与私营部门、金融机构、慈善机构和非政府组织加强合作，积极推动海洋行动进程。

受疫情和俄乌冲突影响，2022 年海洋能源安全成为重要议题，多国大力推进海洋可再生能源发展。俄乌冲突爆发后，欧洲深陷能源危机，这一

形势极大地推动了欧洲各国对新能源及绿色能源开发的步伐，其中，海上风电、氢能等可再生能源部署和增长是重点。从海区层面看，《联合国气候变化框架公约》缔约方大会第 27 届会议（COP27）期间，比利时、哥伦比亚、德国、爱尔兰、日本、荷兰、挪威、英国、美国 9 个国家加入由国际可再生能源署（IRENA）和全球风能理事会（GWEC）发起的全球海上风电联盟，以加速海上风电部署，应对气候和能源安全危机。10 月，在爱尔兰都柏林召开的北海能源合作组织（NSEC）部长级会议上，比利时、丹麦、法国、德国、爱尔兰、卢森堡、荷兰、挪威和瑞典 9 个成员国宣布，到 2030 年，将北海海上风电总装机容量提升至 76 吉瓦；到 2040 年，达到 193 吉瓦；到 21 世纪中叶，达到 260 吉瓦，达到欧盟海上可再生能源 300 吉瓦目标的 85% 以上。

从国家层面看，自 2021 年 10 月拜登政府公布 2030 年部署 30 吉瓦海上风电目标以来，美国致力于采取"全政府"方式支持海上风电发展，推进应对气候变化。1 月，美国纽约州州长宣布"海上风电投资"计划，将投资 5 亿美元用于海上风电制造、港口和供应链基础设施，以推进该州的海上风电产业发展，确保纽约州拥有东部沿海地区最强劲的海上风电市场，并成为沿海地区海上风电供应链中心。2 月，美国史上规模最大的海上风能租赁权拍卖活动开始接受竞标，涉及纽约州和新泽西州附近海岸 6 个区域共 48.8 万英亩（约 20 万公顷）海域，该区域被称为纽约湾。最后的拍卖结果显示，6 家中标公司对租赁权出价 43.7 亿美元，这一金额是过去五年美国海上油气租赁拍卖收入的三倍多。8 月，拜登总统签署《通胀削减法案》为清洁能源提供了 3690 亿美元资金，其中包括对关键的海上风电制造减免数十亿美元税收。9 月，拜登政府启动浮式海上风电计划，目标是到 2035 年实现 15 吉瓦浮式海上风电装机容量。拜登政府还将启动 ShotTM 项目，到 2035 年推动浮式海上风电成本降低 70% 以上，达到 45 美元/兆瓦时。12 月，美国内政部公布了海洋能源管理局对加利福尼亚州近海 5 处海上风能租赁区的拍卖结果。此次租赁交易是 2022 年第三次大型海上风电租赁交易，也是太平洋地区有史以来的首次交易。与此同时，4 月，英国政府发布《英国能源安全战略》，提出到 2030 年海上风电装机容量达到 50 吉瓦，其中深海浮式海上风电达到 5 吉瓦的目标。10 月，俄罗斯国家原子能公司与诺瓦泰克公司签署脱碳领域合作谅解备忘录，开发北极风能。11 月，法国电力公司宣布，位于大西洋沿岸的圣纳泽尔海上风电场已全面投产，这是法国的首个海上风电场。

此外，全球海洋渔业发展面临"蓝色转型"和新规则。全世界十分之一的人口依靠渔业维持生活和生计，随着产业规模的不断拓展，需要推动转型与变革行动，建设符合适应气候变化和生计需求的渔业和水产养殖业。3月，环境咨询公司瓦尔达集团在摩纳哥海洋周期间发布报告《从蓝色食品思考到蓝色食品行动》，呼吁采取措施保护鱼类种群，加大资金投入，遏制渔业资源衰退，并在机构设置上从单纯的渔业管理转向海洋综合管理。6月，联合国粮农组织（FAO）呼吁针对水产品的整个产业链开展"蓝色转型"，应对粮食安全和环境可持续的双重挑战。"蓝色转型"是FAO 2022—2031战略框架下的优先领域，旨在粮食和农业领域推动《2030年可持续发展议程》实施，重点是水产养殖的可持续扩大和集约化、所有类型渔业的有效管理以及价值链升级。同月，在世贸组织（WTO）第12届部长级会议上，各国就《渔业补贴协定》达成一致，这是WTO过去9年达成的首份多边协定，有助于促进联合国2030年可持续发展议程"保护和可持续利用海洋和海洋资源以促进可持续发展"目标的实现。该协定将成为全球渔业的发展新规范并遏制不当的政府补贴支持。

二、各国发挥蓝色经济潜力增进民生福祉

以可持续利用海洋资源、保护海洋生态环境、促进经济增长为目的的蓝色经济，已成为引领全球海洋经济发展的主流范式，也得到了联合国海洋大会、世界银行以及欧盟、非盟和多个沿海国家的大力支持与推动。

蓝色经济在增进民生福祉方面展现了巨大的潜力。法国海洋开发研究院发布《2021年海洋经济数据》报告，统计了2013—2019年的法国海洋经济数据。结果显示，2019年，海洋经济在法国全国范围内创造了52.5万个就业岗位和433亿欧元的附加值，比2013年分别增长了14%和22%。意大利博洛尼亚Nomisma研究中心发布报告显示，意大利GDP超过25%依赖于海洋，其中，海洋旅游业为意大利GDP贡献了6%；海运部分占GDP的比重超过2%，如果包括以港口为中心的物流链，则占比将上升到9%。11月，世界银行发布《蓝色经济促进非洲韧性计划》简报强调，蓝色经济是非洲沿海国家经济发展和竞争力的核心。蓝色经济目前为非洲大陆创造了近

3000 亿美元的收入,在此过程中创造了 4900 万个就业机会。

沿海国家纷纷制定政策激发蓝色经济活力。3 月,加拿大海洋与渔业部发布《参与加拿大蓝色经济战略——我们所听到的》报告,将从加强原住民的参与、确定并解决蓝色经济发展的阻碍因素、提高涉海就业人员数量和专业水平三方面促进加拿大蓝色经济的蓬勃发展。同月,苏格兰发布《蓝色经济愿景》,到 2045 年,通过管理海洋环境和发展蓝色经济,将实现生态系统健康、生计改善、经济繁荣、社会包容和人民福祉提升。韩国总统尹锡悦在 2022 年保宁泥浆节上表示,韩国将把海洋产业作为核心战略产业,通过海洋生物材料的国产化研究增强产业竞争力。另外,通过发展海洋休闲疗养产业,为沿海注入新的活力。5 月,欧盟发布第 5 版《欧盟蓝色经济报告》。欧盟蓝色经济领域就业人员近 450 万人,蓝色经济规模超过 6650 亿欧元,总附加值达到 1840 亿欧元,极大地推动了欧盟经济发展,尤其是沿海地区。7 月,越南政府副总理黎文成签署第 892/QD-TTg 号决定,批准《到 2030 年发展与建设强大海洋经济中心相关的海洋产业集群方案》,到 2030 年越南计划在北部(广宁—海防—太平—南定—宁平海域及沿海地区)、中北部(清化—义安—河静—广平海域及沿海地区)、中部(广治—承天-顺化—岘港—广南—广义海域及沿海地区)、中南部(平定—富安—庆和—宁顺海域及沿海地区)、东南部(平顺—巴地—头顿—胡志明市东南部—前江海域及沿海地区)、西南部以东(槟知—茶荣—芹苴—朔庄—薄寮—金瓯东南部海域及沿海地区)、西南海域(坚江—金瓯海域及沿海地区)建成 7 个海洋产业集群。8 月,印度尼西亚海洋渔业部长瓦赫尤在海洋渔业人力资源研究机构工作会上表示,印度尼西亚将通过扩大保护区面积、促进鱼类资源可持续性、发展环境友好型水产养殖、保护沿海和海洋生态系统、实施"爱海洋月计划"等五项蓝色经济措施,最大限度发挥海洋潜力,提高渔民生活水平。10 月,非盟召开"蓝色增长研讨会",探讨包括蓝色能源在内的蓝色经济的机遇、创新潜力等议题。

各国和国际组织重视利用蓝色金融助推经济创新发展。第一,蓝色金融成为经济复苏的重要组成部分。欧盟发起"蓝色投资倡议",调动 5 亿欧元资金支持蓝色经济金融机构,旨在改善蓝色经济投资环境;世界银行提供 800 万美元的紧急融资,以支持汤加海啸灾后恢复工作,还为"刺激加勒比蓝色经济"项目提供 5600 万美元,以支持东加勒比国家激发其海岸及海洋资源的可持续经济潜力。美洲开发银行批准2亿美元政策性担保资金帮助巴哈马发展蓝色经济，通过改革促进蓝色经济中的中小微企业复苏。第二，蓝色金融成为推进产业转型升级的重要手段。各国和有关国际组织充分发挥蓝色金融产品与服务的作用，积极推动海洋可再生能源、海运、渔业等领域的产业转型升级，在海洋产业中更加注重发挥海洋的生态价值，实现海洋经济发展与海洋生态保护的协同。亚洲开发银行呼吁各国使用创新融资模式，加快和扩大发展可持续渔业、绿色航运。国际金融公司（IFC）引导蓝色投资向可持续航运、捕捞业、水产养殖和海产品价值链等领域倾斜。斐济推出蓝色债券促进发展蓝色航运减少排放，支持可持续渔业、扩大水产养殖和保护鱼类资源。欧洲投资银行（EIB）投资法国地中海三个浮式海上风电场，助力法国加快能源转型。第三，国际组织就蓝色金融的项目标准和创新模式发布指导性政策和建议。蓝色金融规则制定是参与全球海洋治理的一个重要渠道，各国和国际组织已经开始基于自身实践提出蓝色金融的规则和标准。国际金融公司（IFC）发布《蓝色金融指南》，在绿色金融的原则基础上进一步提出了蓝色金融定义和规则框架，为蓝色融资项目类别和标准进行界定和指导。亚洲开发银行发布《将蓝色金融纳入主流的方法》，介绍了公私结合的创新融资模式，并提出海洋健康信贷融资机制。联合国环境规划署金融倡议发布《深潜：金融、海洋污染和沿海复原力》，为银行等投资者提供了基于科学的金融决策工具。国际野生生物保护学会（WCS）、大自然保护协会（TNC）等机构发布《珊瑚礁保护融资》白皮书，针对珊瑚礁提出保护性融资专项建议。第四，围绕蓝色金融开展的国际合作不断发展。联合国"国家蓝色议程行动伙伴关系"框架将蓝色金融列为四大支柱领域之一。《联合国气候变化框架公约》缔约方大会第二十七届会议（COP27）也呼吁扩大蓝色金融投资规模，推动了蓝色金融国际合作发展。欧盟发起蓝色投资非洲论坛旨在为欧洲投资银行、世界银行等国际金融机构及私人投资方与初创企业建立联系的平台。来自库克群岛、密克罗尼西亚联邦、斐济等15个国家的22名代表组成"废弃物管理可持续融资考察团"。

三、沿海和海底基础设施建设进程加速

沿海国家强化沿海基础设施能力建设。美国启动多项基础设施融资方

案，如 G7 发起的"全球基础设施和投资伙伴关系"倡议、美国"蓝点网络"计划、"重建更美好世界（B3W）"计划、《全球脆弱性法案》等，并将印太、非洲和拉美地区作为重点合作区域。欧盟对内发布"欧洲海洋研究基础设施地图"，以显示其完整和多样化的海洋研究综合实力，提出加强航道和港口基础设施建设，促进海港与内陆港口间的联动，以全面提高航运网的可靠性和适应性；对外将新卫星安全通信系统部署到北极、非洲等重要战略区，以提高态势感知和危机管理能力；举办第七届 Argo 科学研讨会，致力于积极协调和加强欧洲在全球海洋观测基础设施领域的贡献度。新西兰捐赠 1000 万美元帮助瓦努阿图完成气候适应型码头建设，以增强国际影响力。阿联酋发起"阿联酋海事网络"倡议，旨在为全球各类海事组织提供支持，促进阿联酋的全球海事中心地位。

跨境海底电缆建设和保护成为关注焦点。海底光缆是各国重要的网络信息基础设施，为各国贸易、通信、外交和军事等领域的信息传输和数据共享提供支持，具有重要的政治、经济、技术和安全价值。第一，各国争相在关键地区建立跨境海底电缆。2022 年澳大利亚、美国、日本、密克罗尼西亚联邦、基里巴斯、瑙鲁共同签署东密克罗尼西亚海底电缆项目合作备忘录，旨在通过铺设横跨南太三国水域的海底电缆，提升各国的信息传输能力。智利和新加坡的两家海洋基建公司计划建造首条通往南极洲的海底电缆。沙特与印度探讨建设连接南亚和波斯湾地区的海底电缆。芬兰与美国合作建设"远北光纤"海底电缆，将避开俄水域，从日本经西北航道连接欧洲。第二，全球加强对海底电缆的监控和保护力度。汤加火山爆发、欧洲多条海底光缆遭破坏，引发全球高度关注海底电缆安全问题。世界经济论坛提出开展研究，以量化和评估地震和火山爆发等不同类型的自然灾害对海底特定位置的海底电缆造成的风险；英国调整《国家造船战略》投资多用途海洋监视船，以提高检测海床和电缆威胁的能力，保护敏感的国防基础设施和民用基础设施；美智库建议北约增强北极海军力量以监视北极水域，北极国家成员国将保护海底电缆作为国家安全事务，为北约使用和修复海底电缆提供帮助。第三，制定全球海底电缆管理规则和标准的呼声渐高。美智库呼吁制定全面的全球海底电缆管理规则，为海底电缆设定国际标准，同时建立跨机构的国际海底电缆评估委员会，向电缆制造商发布明确的指南，增加审查和许可的透明度和可预测性。挪威学者建议应当为海底电缆的战时管理和应对国际威胁建立一套明确的官方国际准则。国际电缆保护委员会（ICPC）召集全体会议探讨全球海底电缆许可证及其保护等相关问题。

第三节　海洋科技领域的主导权和话语权之争加剧

海洋竞争的核心是科技竞争，海洋科技逐渐成为国家综合实力和科技创新能力的集中体现。联合国"海洋十年"已成为未来十年最重要的全球性海洋科学倡议。

一、欧美国家在"海洋十年"倡议中占据主导地位

"海洋十年"作为联合国大会批准的联合国全系统倡议，具有极高的全球影响力，其愿景是"构建我们所需要的科学，打造我们所希望的海洋"，其使命是促进形成变革性的海洋科学解决方案，其核心任务是提升科学对治理和决策的影响。"海洋十年"启动以来得到了各国的广泛重视和参与，美国在"海洋十年"尚未启动之前，就已率先成立国家委员会；加拿大政府2018年即宣布支持"海洋十年"，并投资950万加元推进相关活动；日本更是呈现出"产-官-学-民"（产业-政府-学术界-私营部门）多方积极参与的特征。一些行动在"海洋十年"开启之前就已启动，且有多年运营基础，如，由美国国家海洋与大气管理局牵头的"全球海洋数据库计划"（WOD）、美国国家科学基金会牵头的"国际大洋发现计划"（IODP）、美国国家海洋资助学院计划、日本"海床2030项目"，将这些计划再次纳入"海洋十年"行动，显示出项目牵头国家希望利用"海洋十年"国际框架来助推项目开展，并扩大其在海洋科技领域国际影响力的意图。

在"海洋十年"行动方面，海委会先后批准了共计311项行动。主要国家在参与"海洋十年"行动方面差别较大（图1.1），截至2022年11月，美国位列第一位，共计71项，数量是位居第二位的加拿大（36项）的近2倍，其后依次是法国（29项）、英国（15项）和意大利（13项），我国位列第九位（10项）。排名前12位中，除了中国与俄罗斯为发展中国家外，其余均为发达国家，且绝大多数为欧美国家。

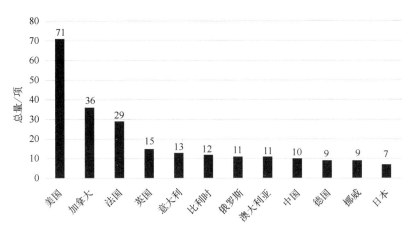

图1.1　各国"海洋十年"行动数量对比图(2022年11月数据)

二、深海探测和科技创新备受关注

深海装备技术朝着专业化、智能化方向发展。载人潜水器方面，美、日等国深海载人潜水器不断升级，勘探范围进一步扩展。美国对世界上使用时间最长的载人科学潜水器"阿尔文号"进行了升级海试，潜水深度由4500米提高至6500米；日本深海潜艇"Limiting Factor"号到达小笠原海沟水深9801米的海底，创造了日本载人潜航纪录；印度海军与印度地球科学部联合开发"深海潜水器"，可深入水下6000米处探索海洋资源，勘探位于1000~5500米深处多金属锰结核、天然气水合物、热液硫化物和钴结壳等非生物资源；中国"奋斗者"号全海深载人潜水器在中国与新西兰联合开展的深渊深潜科考航次第一航段任务中多次在超过6000米水深处作业，采集了丰富的深海水样本、沉积物、岩石、生物样本和环境数据。水下机器人方面，遥控技术与人工智能加速发展，水下机器人已成为深海环境探索、深海资源开发、深海安全监测的重要解决方案。由地中海海洋研究中心研制的"BathyBot"小型底栖机器人携带了实时测量探针，可用于监测气候变化对深海环境的长期影响，是全球首台永久安装在深海海底的移动式水下机器人；新西兰坎特伯雷大学研发的自主式水下航行器可准确监测贻贝的尺寸、健康状况和虫害问题，同时可以利用机械臂捕捞贻贝，可帮助解决拖网捕捞破坏海床生态的问题；美国科技巨头莱多斯公司开发的新型水下无人潜航器具备海洋传感、数据收集、水雷对抗等功能，能够为美国海军提供支持。

"海床2030"项目稳步推进。依托该项目，卫星、激光技术、数字云平台等技术极大地促进了深海测绘水平和精度的进一步提升。在"海床2030"项目的支持下，新西兰国家水文和大气研究所对库克群岛海底进行了测绘，通过商业卫星拍摄了地球表面的高分辨率图像，并利用软件对水深进行估算，提升了测绘定位的准确性。德国研究机构开发了海洋激光测深系统，该系统包含激光雷达模块和多光谱相机，重量不足3千克，可进行海洋测深和相应的数据评估，未来还将用于测定深海情况，降低海上风电场和海上平台的安装风险。此外，德国海底地理信息公司TrueOcean推出了一个新的海底测绘数字平台，从根本上缩短了从数据到可操作信息的时间，能够近实时访问水下传感器数据，提高自动化分析的质量，既简化了海底工程和维护项目的流程，又帮助利益攸关方节省了购买多个软件的成本。

三、各国重视极地科研发展和技术应用

各国加强对极地领域的科技规划和部署。新西兰发布《2021—2030年新西兰南极和南大洋研究方向与重点》指明未来十年的研究方向与重点；韩国发布《南极科研活动振兴基本计划（2022—2026）》，提出了未来南极研究的三大目标；美国先后发布《2022—2026年北极研究计划》《〈2022—2026年北极研究计划〉的2022—2024年实施计划》，概述美联邦机构解决与北极地区研究相关问题的愿景，并为未来两年的北极研究提供了具体的目标与任务，聚焦北极社会、自然和人为系统认识的研究，提升对北极动态系统及其与整个地球系统关联的观测、认识、预知和预测能力等；挪威五项北极长期研究计划、俄罗斯北极浮动大学——2022年项目科研计划也相继出炉，反映出各国加强对极地科研的重视。

新兴技术在极地领域的应用越来越广泛。在利用无人机、机器人、AI技术等方面，美国NASA利用"Vanilla"固定翼无人机测量北极积雪厚度，新西兰科学家研发新型水下机器人以探索南极冰架底部区域；英国南极调查局开发了基于AI技术的南极航线规划工具；挪威、英国、加拿大研究人员利用AI技术首次形成北极海冰全年厚度数据集。在基因组学方面，由英

国、德国领导的国际科学家团队建立大型北极基因组学数据集，挪威、法国、瑞士的研究人员完成了大规模深海海洋真核生物基因组测序。与此同时，各国极地装备和基础设施也在不断完善，美国在麦克默多站部署星链卫星通信设施以支持南极科研，俄罗斯"北极"耐冰自持平台启动首次北极考察活动，极地装备和基础设施愈发高端。

第四节　大国博弈导致海洋地缘政治竞争加剧

随着大国博弈日益加剧，世界百年变局与俄乌冲突叠加，区域和全球海上安全形势更加复杂多变，传统和非传统安全威胁相互影响，海洋地缘政治态势也呈现出恶化趋势。

一、美国不断挑动印太地区海上紧张局势

美国全方位对华战略竞争，在印太地区孤立中国的意味愈加凸显，2月11日，拜登政府发布首份《印太战略》，鼓吹美式民主价值观，将其作为印太地区政治制度与政治秩序的"标准"与"参照"，维护美国在印太地区的政治影响；10月12日，白宫出台新版《美国国家安全战略》，视中国为最大的地缘政治挑战。拜登政府借助双边军事同盟、美英澳三边安全同盟（AUKUS）、美日韩安全伙伴、四方安全对话（Quad）、五眼联盟等机制推进"印太战略"，与此同时，打着重回"多边主义"的旗号，同日本、韩国、新加坡、越南、印度、菲律宾等地区重要盟国与伙伴频繁接触，扩大与东南亚国家和太平洋岛国的战略伙伴关系。拜登政府重视将域外盟国引入印太地区事务，鼓励英、法、德等加强在印太地区的军事部署，参加印太地区的"航行自由"行动，鼓励其盟伴与印太地区国家开展各项合作，加深利益融合度；还推动北约更新"战略概念"文件，首次将中国列为关注对象，称中国"对欧洲-大西洋安全构成了系统性挑战"。

作为美国"印太战略"的经济支柱，5月23日，拜登总统在访问日本期间宣布启动"印太经济框架"（IPEF），致力于增强美国经济影响力，重构印太地缘经济环境。在基础设施领域，美国在G7峰会上正式启动了"全球基础设施与投资伙伴关系"（PGII），其前身是"重建更美好世界"倡议（B3W），同时还将此前提出的"蓝点网络"（BDN）计划纳入其中，成为高

标准支柱部分。

与此同时，拜登政府加紧在我周边海域挑起地区矛盾，搅动台海局势，编排美众议长佩洛西访台闹剧，引爆近25年来最严重台海危机；国会积极推动《2022年台湾政策法案》，以期重塑美国对台政策；美国高层反复确认钓鱼岛适用于《日美安保条约》；强化与南海声索国的广泛接触，深化与越南的各项合作，缓和与菲律宾的同盟关系，加大与印度尼西亚的战略协商。

二、西北太平洋安全局势进一步升级

俄远东海域安全形势升温。受俄乌冲突影响所引发的俄日关系紧张，导致两国在鄂霍次克海资源开发与合作出现停滞，由于日本参与西方国家对俄罗斯的经济制裁，俄方将由日方参股的萨哈林油气开发项目收归国有，间接中断了两国油气开发合作。同样，作为反制手段，南千岛群岛（日本称"北方四岛"）谈判磋商中断，此前俄日双方有关岛屿开展的"共同经济活动"也面临停摆。在海上，俄乌冲突爆发初期，俄罗斯海军即在鄂霍次克海开展大规模海上军事演习，提升了在这一海域的活动强度，海军军舰和军事测量船不时靠近日本周边海峡或敏感海域，作为应对，日本海上自卫队也同样出动舰船和飞机进行跟踪监视。随后一段时间，俄方海上军事活动根据战局走势和日俄关系，保持常态化的行动。2022年12月，俄方又在千岛群岛部署了弹道导弹系统，以进一步强化对该海域的控制力量。

日本海逐渐成为大国博弈的潜在海区。2022年，俄罗斯太平洋舰队多次前出日本海及太平洋，展开例行巡航并举行军事演习，美日、美韩、美日韩也纷纷在日本海举行军事演习。作为军事对抗手段，俄罗斯海军与美国发生海上军事对峙，在彼得大帝湾驱逐了美国执行"航行自由"行动的"麦凯恩"号。此外，朝鲜方面屡次向日本海方向发射导弹，引发了美、日、韩的警惕，在尹锡悦政权上台后，三国防卫部门罕见地在日本海组织实施了三方军队的联合协同演练。

在大国博弈的背景下，区域海洋权益争端也出现新的变化。韩日"独岛"（日本称"竹岛"）主权争端持续，导致两国因韩国科考船在相关海域活动问题上发生摩擦。而双方关于日本海（韩国称"东海"）名称问题，继续开展各类活动，在国际海道测量组织(IHO)等国际场合持续斗争。

在海洋开发方面，受俄乌冲突带来的经济和能源影响，日本国内日本海沿岸地方政府一致要求中央政府大力推动日本海沿岸地方的经济活动以及能源开发，重点配套相关领域和行业政策。作为日本海沿岸国家，日本希望推动该海区海上风电、"可燃冰"的开发，韩国着手研究在日本海郁陵海盆开展碳捕集与封存项目，朝鲜则希望引入外国技术开发海洋"深层水"，而俄罗斯则关注海洋潮汐能和波浪能的产业前景，并已开展了相关研究。

三、域外大国加强在南太地区的外交投入

6月24日，美国、英国、澳大利亚、日本、新西兰宣布成立"蓝色太平洋伙伴关系"，加强与太平洋岛国的关系。9月29日，在首届美国-太平洋岛国峰会上，美国政府发布了史上首份《太平洋岛国伙伴关系战略》，拜登总统与太平洋岛屿地区领导人发表了《美国-太平洋岛国伙伴关系宣言》《21世纪美国-太平洋岛国伙伴关系路线图》，宣布一系列措施以满足太平洋地区的诉求，进一步展示对该地区的关注。

南太国家均为小岛屿国家，出于生存和发展需要，这些国家高度关注海洋资源管理、海洋环境保护、海洋防灾减灾、海洋边界划定、气候变化应对等议题。美西方国家以此为切入点，与太平洋共同体、太平洋岛国论坛、南太平洋区域环境署等南太政府间区域组织合作实施低敏感领域项目，通过技术和资金援助强化与南太国家的治理合作，如"太平洋-欧盟海洋伙伴项目"等。

四、欧洲各海区安全风险加剧

北约不仅积极配合美国推进"印太战略"，还尝试通过日韩介入亚洲事务，实现北约战略的"亚太化"。而俄乌冲突的爆发对欧洲安全格局造成了巨大冲击。5月13日，瑞典和芬兰正式提交加入北约的申请，使得北约的战略空间将进一步向东、向北扩张。此外，挪威和俄罗斯的紧张关系正在对北海-波罗的海地区、巴伦支海地区以及北极地区安全局势产生影响，不稳定性因素增加，军事化程度加剧。俄乌冲突加剧了俄罗斯与西方国家的裂痕，北溪管道泄漏事件再一次激起欧洲地区国家提高俄罗斯对其国家

能源安全与海上安全的警惕。2022 年黑海地区局势主要围绕俄乌冲突展开，俄对乌发动特别军事行动的最终矛头指向美国，是对北约五次东扩的绝地反击，以谋求俄在欧洲板块的地缘安全带与政治影响力。

五、环印度洋地区地缘竞争加剧

印度警惕中国在印度洋地区的存在。对于中国调查船"远望 5 号"前往斯里兰卡汉班托特港，印度显示出高度担忧，称该船是用于海上监视和情报收集的"间谍船"，对印度安全构成威胁。此外，印度媒体称中国持续在巴基斯坦扩建设施并升级和加强巴基斯坦海军，是为了将巴基斯坦作为自身在印度洋地区对抗印度海军的代理，挑战印度的海上优势。

波斯湾油轮扣押危机引发全球石油市场和海运行业的恐慌。5 月 25 日，一艘悬挂伊朗国旗的油轮在希腊海域附近因故障停航，虽然船方向希腊政府寻求帮助，但在美国施压干预下，希腊军方直接将油轮运载货物扣押。作为回应，伊朗伊斯兰革命卫队以违反相关法律为由，于 27 日在波斯湾海域扣押两艘希腊油轮。鉴于希腊作为世界最大航运国的地位，此事对全球石油市场和海运行业带来极大不确定性。10 月 31 日，伊朗伊斯兰革命卫队又在波斯湾水域扣押了一艘涉嫌走私的外国油轮，并拘留了该油轮的船长和船员，但未提及其国籍。

第五节　深海极地治理面临规则调整

深海极地已成为有关各方拓展海洋发展的新空间和新资源以及各种国际力量竞争与合作的新领域，当前深海极地治理的新规则和新机制也在酝酿之中。

一、深海采矿受到各方广泛关注

深海采矿作为潜在经济增长点，受到各国政府、企业、国际组织、非政府组织等广泛关注。2022 年，国际海底管理局（ISA）加紧制定"国际海底区域开发规章"。由于新冠病毒对线下会议召开的影响，各方虽已在 ISA 第二十七届会议上对文书草案进行了初步讨论，但相关文书的谈判进程依然缓慢。部分西方工业大国对深海采矿的认知正发生转变。此前以美、日、德、法等为首的国家大多支持深海矿产探采，不仅以技术、资金和政策等方式支持国内产业发展，还鼓励其矿业公司勘探、试采周边及公海水域的矿产资源。但近来随着可持续发展、暂停深海采矿等新观点的引入，美①、德②、法③等部分国家开始调整其深海采矿政策，寻求环境保护与经济开发之间的动态平衡。与之对比的是，日④、印⑤等国则继续在政府层面推进深海采矿，追求对深海等战略新疆域的开发。小岛屿国家对深海采矿的态度存在分歧。以南太地区为例，库克群岛⑥、基里巴斯、瑙鲁、帕劳、汤加、图瓦卢出于缓解新冠病毒对经济的冲击⑦、国际大型矿企施压⑧等原因而支持深海采矿；新西兰、巴布亚新几内亚、斐济、瓦努阿图则因历史失败经验⑨、环保主义盛行⑩等因素，要求搁置深海采矿。南太各国政界人士组建名为"太平洋深海采矿议员联盟"的高级别政治联盟，反对在当地开展深海采矿活动。该联盟坚定地认为，应建立区域性政治协调机制，以遏制太平洋地区的深海采矿活动。此外，多家国际组织、非政府组织和跨国企业先后以发起国际倡议⑪、通过国际决议⑫、发布研究报

---

① 美国加利福尼亚州发布《深海采矿预防法案》，禁止在该州海域深海采矿以保护海床。
② 德国联邦政府沿用至今的《海底开采法》，对国家管辖范围以外的海床洋底与下层土壤从事的探矿、勘探和开发三种深海活动进行严格规定，表明其严控深海资源勘探开发的态度。
③ 法国总统在《联合国气候变化框架公约》第二十七次缔约方大会上呼吁全球禁止深海采矿。
④ 日本经济产业省2019年发布《海洋能源矿产资源开发计划》，提出在未来对日本周边海域的海洋能源与海底矿产资源开发与利用进行规划，针对海洋石油、天然气等海洋能源的利用以及锰结核、热液矿床、稀土等金属矿产的调查与开采制定了时间表和路线图。
⑤ 印度政府于2021年发布《印度的蓝色经济——政策框架草案》，提出要以负责任的方式利用海洋资源，制定一项探矿和采矿政策，到2023年完成对所有专属经济区的勘探。
⑥ 库克群岛近期向三家企业颁发海底矿产勘探许可证，以实际行动推进深海采矿产业发展。
⑦ 库克群岛大肆宣传新冠病毒对经济的打击，提出以深海采矿等新兴产业促进经济多元发展。
⑧ 金属公司(the Metals Company，原名为绿色金属公司)与瑙鲁等国的政府高层关系密切，对其政策制定有着决定性影响。有分析称，瑙鲁此次致函ISA便是该矿企在背后施加压力。
⑨ 巴布亚新几内亚曾是世界首个开展深海采矿的国家，但随着域外合作方的破产、前任政府的下台，现任总理已将深海采矿列为今后"谨慎考虑"的事项。
⑩ 新西兰联邦政府于2018年全面禁止近海油气勘探，其社区组织也曾通过抗议集会及起诉矿业公司等方式，成功阻止了地方政府批准的深海采矿活动。
⑪ 多个南太组织发起"太平洋蓝线"(The pacific Blue Line)倡议，以呼吁各方能够确定好海洋开发及保护的界线，并禁止在全球任何水域开展深海采矿。
⑫ 世界自然基金会(WWF)发起"暂停深海采矿，保护深海生态系统和生物多样性"议案，向全球各国传达反对深海采矿的明确信号。

告①、组织抗议集会②等形式呼吁暂停深海采矿。

二、BBNJ 谈判进程缓慢

受疫情影响，《联合国海洋法公约》框架下国家管辖范围以外区域海洋生物多样性（BBNJ）养护和可持续利用协定第四次政府间会议推迟到 2022 年 3 月才得以举办，会上各国分歧依然显著，8 月增开的第五次会议依然无果。例如，针对 BBNJ 文书条款 10（国家管辖范围以外区域海洋遗传资源），非洲代表认为，原地收集国家管辖范围以外区域海洋遗传资源是一个妥协后的条款，让人感到痛心。欧盟代表针对非洲代表的发言，对那些为原地收集国家管辖范围以外区域海洋遗传资源确认而进行让步的国家表示感谢，并表示欧盟会持续倾听各国的意见。再如，围绕 BBNJ 文书条款 21（监控与审查）和条款 17（提案部分的有争议内容）讨论时，会议主持人表示，讨论中有争议的内容将在会后进行整理，并做进一步修改，旨在使文书更有实践意义。新加坡代表呼吁各国寻找能够获得支持的解决方案，并发挥最大的灵活性，以达成必要的共识。与会代表团还力求在条约中纳入让发展中国家和内陆国家更公平地获取海洋遗传资源（MGR）的措施。会议期间，欧美等代表团又再次声援乌克兰，试图将联合国议程政治化。

三、北极能源和治理格局面临调整

俄乌冲突爆发后，北极理事会成员除俄以外的北极七国发表联合声明，宣布暂停俄罗斯参加北极理事会及其附属机构会议的决定。北极理事会作为北极国际合作的最重要平台，其"临时性暂停对话"打破了长期以来北极地区通过合作消除安全隐患的现状。

与此同时，全球多家大型能源公司、金融机构响应西方制裁号召，纷纷暂停或退出与俄北极资源开发合作，俄北极合作"向东看"趋势明显，北极国家间贸易和能源市场正在进行重新配置。俄北方海航道 2022 年已无包括中国在内的外国船只进入，为此，俄计划东移煤炭开采中心并增加对亚

---

① 联合国环境规划署金融倡议（UNEP FI）发布《有害的海洋资源开采：深海采矿》报告，提出深海采矿将对生态系统和栖息地造成不可逆转的损失，永久破坏碳储存。

② 绿色和平组织在美国圣迭戈港发起和平抗议活动，向停靠于该港的全球海洋矿产资源公司（GSR）下属船只悬挂"停止深海采矿"标语。

洲国家的能源出口供应，包括通过"冰上丝绸之路"向中国运送第二批原油，取消经北方海航道向东南亚地区运送货物的物流限制，加紧拓展与印度、伊朗等亚洲新伙伴的北极合作等。

四、南极地区形势面临较大不确定性

美国作为唯一的"南极强国"，仍持续以前沿的科学研究、稳定的后勤保障、周密的规划部署，强化南极实质存在及治理地位；澳大利亚等七个南极主权声索国依然在所谓"南极领地"内强化实质存在、预置主权声索空间，并警惕新兴国家涉足南极治理议题；印度、韩国等南极新兴国家则通过制定立法、组织科考等多种方式，在南极条约体系内积极维护国家南极利益。

值得关注的是，有关各方对南极领土的声索呈现"软性博弈"局面。2022年，智利提交南极海域外大陆架划界主张，将声索范围拓展至其所谓"南极领地"边界以外，掀起各方陆海主权声索的新一轮较量；俄罗斯、澳大利亚等加紧对南极关键海区、陆上湖泊等地物实体测绘调查，并计划提交南极地理命名方案，以强化对上述区域隐性控制；澳大利亚、法国、阿根廷相继更新南极发展规划，其战略布局充斥着捍卫"南极领地"主权的意味；美国、印度先后制定南极法案，加快推动国内法与国际法的协调与衔接，维护自身在南极条约体系下的国家利益；澳大利亚发行"南极计划"75周年纪念邮票，旨在从侧面展现其对南极领土的"历史性权利"；阿根廷在"南极日"活动上重申其对南极领土拥有主权。

第二篇

全球海洋热点问题

第二章　全球海底基础设施建设
进展和安全风险

以海底电缆、海底油气管道为代表的海底基础设施构成了全球电力、通信和能源网络的基础。随着全球经济的发展，电力、通信和能源需求不断增长，海底基础设施的新项目和新工程层出不穷。在此背景下，作为重要战略资产，海底基础设施也日益受到气候变化、人类活动乃至地缘政治风险的威胁，其安全问题成为各方关注焦点。

第一节　全球海底基础设施建设概况

一、全球海底电缆网络不断扩展

海底电缆系统是当前世界主要通信方式，承载着全球近97%的通信数据，相比之下，卫星传输只占3%。同卫星通信相比，海缆系统具有超大容量和较高可靠性的优点；同陆缆系统相比，海缆系统虽然建设和维修成本较高，但无须穿越各国领土，其建设运营模式相对成熟；另外海缆系统不像陆缆受限于光纤直放站机房间的距离，可按需设计最优间距，实现上万千米的跨洋直达。

截至2022年，全球有超过486个海底电缆系统和1306个登陆点已经建成或正在建设中，这一数字还在不增长。一方面，一些标志性的大型海底电缆建设项目开工或取得进展，如年初，长达1.92万千米的第六条东南亚—中东—西欧海底电缆开始建设，其连接新加坡至法国，沿途连接东南亚、中东和西欧多个国家，预计在2025年第一季度完成。3月，中国亨通集团子公司牵头建设的"和平光缆"在肯尼亚蒙巴萨港登陆，该光缆全长将达1.5万千米，将以陆上连接方式从中国穿越巴基斯坦，然后在水下连接非洲肯尼亚、吉布提、索马里和埃及，最后到达法国马赛。4月，谷歌宣布将于2023年建成首条连接加拿大和亚洲的海底电缆，将从温哥华西海岸的艾伯尼港出发，横穿过太平洋，连接日本三重县和茨城县。同月，越南军用电子电信集团宣布，连接日本、中国、菲律宾、新加坡、越南、泰国的亚洲直达（ADC）国际海底光缆将于平定省归仁市登陆，并将于2023年在越南投入运行。7月，连接缅甸、马来西亚、印度和新加坡的MIST海底电缆获得印度政府颁发的海岸管制区许可证，将选定金奈桑托姆海滩和安泰里西部的维索瓦海滩作为登陆点。10月，欧亚电力互联项目建设阶段正式启动，计划建设连接塞浦路斯—希腊（克里特岛）以及塞浦路斯—以色列的直流海底电缆，全长超1200千米，建成后将成为史上最长、最深的高压直流海底电缆。另一方面，一些海底电缆项目投入运营。3月，作为"和平光缆"组成部分的"和平—地中海"光缆竣工并全面运行，该电缆全长3200千米，西至法国马赛，东抵埃及，并在塞浦路斯和埃及设有登陆点。7月，长达15 840千米的南十字星NEXT海底光缆正式投入使用，成为连接大洋洲和美国的最大海底网络，为托克劳和基里巴斯提供了首条国际海底光缆，并加强了斐济作为太平洋岛国数字枢纽的作用。

二、深海油气管道建设呈现新变化

世界上相当一部分石油和天然气资源是从海洋中提取或依靠海洋输送的，作为海上油气输送的主要基础设施，深海油气管道是重要的能源通道，随着深海油气资源开发活动的持续推进，深海油气管道的建设也不断拓展。

2022年，海底油气管道的建设主要受到天然气需求增长的驱动。一方面，涌现出一批新的管道建设计划，5月，尼日利亚和摩洛哥政府透露，计划建设全球最长的海底天然气管道，该管道全长7000余千米，横跨西非11个国家，将天然气从尼日利亚输送至摩洛哥。10月，法、西、葡三国共商"绿色能源走廊"建设事宜，计划完成西、葡之间的可再生天然气互联项目建设，并在从巴塞罗那到马赛的海上天然气管道建设方面取得进展。另一方面，一些天然气管道已经建成投产。8月，总长约165千米的连接波兰和斯洛伐克的天然气管道正式竣工，并于10月正式投入商业运营。该天然气管道的贯通，不仅使波兰能够获得南欧和北非等天然气基础设施的资源，还使斯洛伐克能够通过波罗的海天然气管道等设备获取天然气，为波罗的海、亚得里亚海和爱琴海、地中海东部和黑海之间南北天然气基础设施走廊奠定了基石。9 月，挪威、波兰和丹麦共同参与的波罗的海天然气管道竣工，该管道长达 850 千米，是现有欧洲二号（Europipe Ⅱ）天然气管道的支线，以挪威为起点，经丹麦向波兰输送天然气，年输送能力为100 亿立方米。

第二节　全球海底基础设施安全风险持续升高引发国际关注

因其在通信、能源乃至供应链中的重要地位，海底电缆和油气管道已经成为"关键通道"，而又因其位于海底这一特殊地理环境，其往往面临比陆上基础设施更高的安全风险。相比于陆上基础设施，海底基础设施处于孤立状态，缺乏相应的保护措施，其岸上登陆点安全措施有限，而破坏的技术门槛又相对较低。近年来，海底基础设施面临着人为破坏和自然灾害等安全风险，而 2022 年 9 月发生的"北溪"1 号和 2 号油气管道爆炸事件，更是将海底基础设施的安全问题推上风口浪尖。

一、意外风险因素仍构成威胁

对海底基础设施构成威胁的意外风险因素包括两类，一是捕捞和锚泊等海上活动，二是地震和火山爆发等自然灾害。相较于海底油气管道，海底电缆面临着更高的意外风险，已经报告的意外损坏事故中，绝大多数都是海底电缆事故。

研究显示，捕捞活动和船舶抛锚导致了大约 90% 的海底电缆断裂事故，其中，捕捞活动又构成了海底电缆破坏的首要原因。国际电缆保护委员会在《海底电缆保护与环境》通讯中详细论证了捕捞活动损坏海底电缆的原因，其将影响海底电缆的捕捞活动分为两类：一是底拖网捕捞，二是使用"人工集鱼装置"（FAD）捕捞。底拖网捕捞的渔具或锚有一定概率钩住电缆或划破电缆铠装和绝缘层，而且这一威胁随着水深增加而增加，因为在深海海底电缆往往较少有铠装，而深海的底拖网渔具也更重。锚定或系泊式 FAD 则可能对任意位置的海底电缆产生较大影响。此类 FAD 由海面浮筒、海藻、渔网或塑料布构成的诱鱼装置，锚泊缆以及固定锚四部分组成，其中，浮筒与诱鱼装置相互串联，浮筒通过锚泊缆和锚固定。受经济效益和政策的驱动，FAD 的使用在全球范围内持续增加，过去几年在印度洋和东南亚海域，报告过多起锚泊缆线和渔网缠绕海底电缆或导致电缆磨损的事件。此外，全球范围内还发生过 FAD 锚具损坏海底电缆的案例。

与捕捞和锚泊相比，自然灾害造成海底电缆损坏是小概率事件，但其一旦发生，往往能够造成电缆的大规模断裂，例如，2022 年 1 月，汤加洪阿哈阿帕伊岛火山喷发造成海底滑坡和海啸，导致该国唯一海底通信电缆断裂，使该国一度"断联"。除火山爆发、海啸、海底滑坡以外，地震、海底浊流、热带气旋等自然灾害的影响力也不容小觑，例如，2006 年我国台湾省屏东地震和 2015 年的台风"苏迪罗"均引发了强大的海底浊流，切断了多条海底电缆。在气候变化背景下，整个地球系统发生广泛而迅速的变化，海上自然灾害的发生频率和规模都在发生变化，这也为海底基础设施的安全增加了新的风险。在厄尔尼诺-拉尼娜现象和其他气候周期持续或更加剧烈的情况下，风暴的增加意味着太平洋地区将更容易受到陆上洪水、河流排水量增加和水下滑坡的影响，从而导致电缆断裂。

二、蓄意破坏风险持续增加

与意外风险相对应的是有预谋的蓄意破坏，理论上，可能对海底基础设施进行蓄意破坏的主体可以包括国家、恐怖组织或犯罪分子。在国际秩序和地区形势深刻演变，地缘政治风险不断攀升的背景下，蓄意破坏成为威胁海底基础设施安全的重要因素。

2022 年 9 月，连接俄罗斯与欧洲的"北溪"2 号和 1 号天然气管道相继发生爆炸，造成大量天然气从海底管道泄漏。事件发生后，美国和欧洲均将事件定性为"蓄意破坏"，但对于实施蓄意破坏的行为主体尚无定论。

"北溪"天然气管道爆炸事件激起了全球范围内有关海底基础设施安全的讨论，加剧了人们对海底基础设施面临风险的担忧。欧洲国家将该事件看作是对欧洲海上基础设施的首次重大攻击，受此影响，欧洲国家和欧盟采取了一系列应对措施。挪威表示已在海上石油和天然气平台上安装无人机探测系统，以加强能源设施的安全保障，并宣布计划拨款用于采购能够识别海底电缆威胁并对重要地段电缆进行监测的新技术。法国总统要求海军官员和情报部门负责人检查法国的所有海底基础设施，并呼吁加强对这些设施的监视。法国、德国纷纷派遣军舰，支持挪威、丹麦和瑞典保护其海底电缆和管道等海底基础设施。欧盟紧急启动对欧洲关键基础设施保护计划的修订。欧盟委员会宣布了一项"五点计划",以确保民用水下基础设施安全,主要内容包括与成员国和北约、美国等关键合作伙伴合作,加强关键实体的韧性,对一些基础设施进行"压力测试",并调动卫星监视能力来检测潜在的威胁。

　　"北溪"事件的发生充分证明,海底基础设施事故的影响早已由能源和通信领域扩散至国家乃至区域安全领域。其不仅严重影响了天然气输送,还进一步增大了欧洲地区因俄乌冲突而日趋复杂的地缘政治博弈,改变了地区的能源供应格局。"北溪"事件也在警示我们,防范海底基础设施风险、提升海底电缆管道安全保障能力,是每个国家必须面对的核心议题。

第三章　欧盟框架下欧洲地区海洋空间规划进展与经验

海洋空间规划是综合性政策进程，旨在满足传统和新兴海洋产业部门对海洋空间日益增长的需求，同时兼顾海洋生态系统的正常运作。海洋空间规划体系的形成是传统单一的部门规划向更具综合性、系统性和包容性的海洋规划方法的转变，是当今世界主流的缓解资源与空间利用冲突、增强区域政策一体化和协同化的高效解决方案和工具。欧盟开展海洋空间规划的时间较早、经验丰富、成果丰硕，以下基于欧盟2022年3月发布的《欧盟关于〈欧盟海洋空间规划指令〉实施情况报告》，总结欧盟成员国及英国①在海洋空间规划领域的优势经验及成功示范，为我国基于陆海统筹的海岸带综合利用以及国土空间规划编制提供借鉴和启示。

第一节　欧盟海洋空间规划发展历程

一、欧盟对于"海洋空间规划"的定义

联合国教育、科学和文化组织政府间海洋学委员会在2007年发布的《海洋变化愿景报告》中将"海洋空间规划"（Marine Spatial Planning，MSP）定义为"分析和分配人类活动的空间和时间分布以获得生态、经济及社会效益的特定政策进程"。在此基础上，欧盟官方将MSP定义为"欧盟成员国政府分析和组织海洋区域人类活动以推进实现生态、经济和社会发展目标的进程"，并指出MSP是在海洋产业部门发展、社会经济发展、海洋环境保护等多重需求下催生的海洋资源管理政策工具。

---

① 虽然英国已于2020年1月31日正式脱离欧盟，但其海洋空间规划仍未完全脱离欧盟框架，因此本篇报告中包含英国相关内容。

开展海洋空间规划能够带来多重收益，具体包括：一是减少资源利用部门间的冲突，创造具有协同性、集约性和多元性海洋活动；二是通过制定前瞻性、透明性和明确性的规则鼓励对海投资；三是能够促进欧盟成员国在能源网络、航道、管道、海底电缆等领域的合作，有利于跨境保护区网络建设；四是有利于海洋空间的多重和立体化应用，更利于环境保护活动的开展；五是有助于将海洋纳入更广泛的国际政治议程，提升国际对海洋问题的认识和关注。

二、欧盟海洋空间规划的政策目标、实施范围及路线图

欧盟海洋空间规划是欧盟综合海洋政策的关键一环，其目标是"支持海洋可持续发展，并为影响近海、远海、岛屿、海岸带乃至更偏远海洋地区以及海洋产业部门制定协调、连贯和透明的决策"。海洋空间规划涵盖成员国下辖的海洋空间，规划范围至专属经济区界限或大陆架界限内。为避免争端，《欧盟海洋空间规划指令》（以下简称《指令》）规定："本《指令》不影响成员国依据《联合国海洋法公约》（UNCLOS）等国际法律对海域的主权和管辖权，特别不影响依据 UNCLOS 确定的海洋划界结果。"欧盟还为在欧洲地区推进 MSP 制定了详细的路线图，即：①2012 年建立欧盟成员国 MSP 专家小组；②2014 年实施《指令》；③2016 年建成欧盟 MSP 平台；④2020 年为 MSP 建成数据技术小组；⑤2021 年，基于《指令》推动成员国 MSP 国家计划落地；⑥2022 年发布《指令》实施任务报告；⑦2023 年启动海洋利益攸关方对话平台——蓝色论坛；⑧2026 年再次发布《指令》实施任务报告；⑨将绿色目标纳入《指令》，推动实现欧盟《绿色协议》目标。

第二节　欧盟框架下各成员国海洋空间规划的最新进展情况

《指令》是欧盟成员国开展海洋空间规划活动的依据和指导，明确规定 22 个欧盟沿海成员国（不包括英国）应当：①在 2016 年 9 月 18 日前将《指令》纳入本国法律并确定 MSP 主管机构；②在 2021 年 3 月 31 日前，完成国家海洋空间规划方案的制定，并开展定期审查活动，两次审查期

间的间隔最长不应超过 10 年。虽然《指令》未明确规定各成员国国家规划的格式和章节内容，但对其设置了最低原则要求，包括基于陆海统筹、基于生态系统方法、与海岸带综合管理进程具备一致性、多利益攸关方参与、利用最佳可用数据、开展跨界合作以及与欧盟外的第三方国家合作等。基于上述要求，欧盟各沿海成员国及英国积极开展了海洋空间活动。2022 年 5 月，欧盟委员会按照路线图规划，发布了《欧盟关于〈指令〉实施情况报告》。报告详细阐述了 MSP 在欧洲的最新进展和成果，并得出结论：欧洲地区 MSP 依据路线图进展良好，欧盟 22 个沿海国及英国都已将《指令》纳入国内立法，多数成员国已经完成 MSP 国家政策的制定。具体来看，报告将成员国 MSP 推进情况分为四组：一是超额完成组，一种情况是部分国家在 MSP 领域积累深厚，在《指令》生效前就已经开展甚至完成 MSP 国家政策的制定，目前即将开展第二阶段的修订工作，代表国家是德国、荷兰、比利时以及英国；另一种情况是部分国家已经制定了完善的国家空间规划政策，只需着重加强海洋部分的修订，代表国家是马耳他和立陶宛。二是按期完成组，此类成员国在逾期一年内完成了 MSP 国家政策的制定，正在着力推动具体措施落地，代表国家包括芬兰、拉脱维亚、波兰、丹麦、法国、爱尔兰、斯洛文尼亚、瑞典以及葡萄牙。三是进展不足组，欧盟委员会在 2021 年向克罗地亚、塞浦路斯、希腊、意大利和罗马尼亚正式发函，催促其按期完成《指令》要求，着力推动 MSP 在本国进展。四是逾期组，爱沙尼亚、西班牙和保加利亚未能如期完成《指令》关于 MSP 国家政策的制定，但欧盟委员会称以上三国基本已经完成草案的制定，欧盟委员会将密切监测其具体进展。

第三节　欧盟成员国海洋空间规划
实践经验及典型示范

遵循《指令》，欧盟成员国积极开展 MSP 实践，并取得了先进经验，可作为其他国家开展 MSP 的借鉴和参考。具体内容和先进实践范例如下：

一是以"基于生态系统的方法"为原则，将环境、经济、社会和安全纳入考量。《指令》提出"成员国应考虑经济、社会和环境,以支持海洋部门的可持续增长和发展,采取基于生态系统的方法,促进相关活动和用途共存"。当前所有完成 MSP 国家政策制定的欧盟成员国都采取了"基于生态系统方法"的原则,其中芬兰创新采用了"情景规划法",即将海域环境变化、海域使用利益攸关方需求、海洋部门发展潜在风险和机遇等因素纳入考量,预设在不同因素影响下,芬兰海域到 2050 年面临的多种发展情景,以此作为芬兰 MSP 国家政策制定的依据。《指令》还要求成员国考虑环境、经济、社会和安全等多方面效益,多数成员国选择使用当前较为主流和成熟的"战略环境评估"作为实践工具。其中特别值得关注的是,比利时为测试海堤建设对海平面上升的遏制作用效果,考虑建造"试点岛",并将环境影响作为审批和评估试点效果的关键标准。

二是确保政策一致性和连贯性,聚焦陆海统筹。《指令》明确提出了"促进 MSP 与海岸带综合管理等其他计划进程的一致性",并"考虑陆地和海洋的相互作用"。部分欧盟成员国为确保这一原则,将陆地和海洋统筹规划为一份综合性的"国家空间规划"政策,典型代表国家是立陶宛。在陆海统筹方面,立陶宛还创新性地制作了包含与邻国跨境海运、陆运和空运交互关系以及相关基础设施的地图,作为其制作陆海交互的 MSP 国家政策的证据基础。

三是从时间和空间维度明确海洋空间用途,协调海洋区域活动。《指令》提出 MSP"应确定现有和未来海洋活动的时间和空间分布",这也是 MSP 最基本的功能。在此方面,比利时开展了"海上可再生能源生产多用途"示范,通过对比利时北海海域的多用途利用潜力进行深入分析,建立具有法律约束力的治理框架,明确了北海海洋活动的具体时空分布,并开展了同一区域内多种海上活动兼容性评估,为比利时在有限海洋空间内推进海上可再生能源项目开展提供了可能。

四是开展公众磋商,促进多元利益攸关方参与。《指令》明确规定了成员国主管部门和公众在内的所有利益攸关方都应参与 MSP 国家政策的制定,并确保政策文本对公众公开,这有助于尽早发现分歧,提升社会、经济和生态等多种惠益的实现。在公众参与方面,爱尔兰除了政策文本磋商外,还开展了多项活动以提升公民海洋意识和参与度,包括:开展海洋空间规划概念普及活动、制定公众参与的详细计划和路径、举办沿海社区 MSP 制定公众参与活动等。爱尔兰的做法大幅提升了公民在 MSP 国家政策制定过程中参与的积极性和透明度，使得其规划文本更具协商性和包容性。

五是挖掘最佳可用数据并提升成员国数据共享。海洋空间数据是 MSP 政策制定的基础，欧盟成员国基于《欧洲议会和理事会关于建立欧盟空间信息基础设施的指令》（2007/2/EC）已经建立基本的海洋空间数据和工具共享。部分成员国建立了海洋空间数据中央数据节点将相关数据进行整合和共享，如荷兰的海洋信息中心、法国的海洋环境公共信息服务网等。还有以芬兰为代表的成员国依托"公众参与的地理信息系统"，通过公民科学家等广泛的利益攸关方群体收集地方地理空间数据。最成功的海洋空间数据分享项目是"欧盟海洋观测和数据网络"项目（EMODnet），基于该项目框架，2021 年专家组推出了用于协调 MSP 数据命名和输出标准化的通用数据模型，各成员国可通过该模型将 MSP 规划数据集成上传至 EMODnet 网站。目前，比利时、丹麦、芬兰和拉脱维亚已完成相关数据的上传工作。

六是推动成员国间的跨境合作。欧盟成员国间存在普遍的水域接壤情况，跨境协调和公域管理是欧洲沿海国家在 MSP 中面临的共性问题。为此，在欧盟层面上，欧盟委员会主导了"地中海海洋空间规划"（MSP-MED）、"北海地区视角下的海洋空间规划涉及的航运、能源和环境方面问题"（NorthSEE）等数十个 MSP 领域跨境协调项目；在各成员国政府层面上，各国积极开展相关议题的双边和多边接触，并为合作项目拨付资金支持；在区域涉海公约层面上，波罗的海 MSP 工作小组（HELCOM-VASAB）的成立以及《保护地中海海洋环境和沿海地区公约》（即《巴塞罗那公约》）和《保护东北大西洋海洋环境公约》（OSPAR）从机制层面促进了 MSP 工作的区域协调；在全球层面上，全球海洋空间规划倡议、海洋空间规划平台以及欧盟海事论坛都发挥了积极作用。

七是鼓励与欧盟外的邻国开展 MSP 领域合作。相关合作计划已经在部分成员国的 MSP 国家政策中有所体现。例如，西班牙与相邻的非洲国家摩洛哥和阿尔及利亚建立了一个跨境门户网站，旨在提升三边政策的透明度，改善相关海域的治理状况。同时，欧盟也在积极促进相关合作。欧盟委员会发起的"西地中海倡议"（WestMED）汇集了地中海沿岸的五个欧盟国家(法国、意大利、葡萄牙、西班牙和马耳他)以及五个非欧盟国家(阿尔及利亚、利比亚、毛里塔尼亚、摩洛哥和突尼斯),在全球海洋空间规划倡议框架下开展"5+5对话",打破了欧盟海洋空间规划的主体范围,推动了海洋空间规划的多尺度融合,直接提升了西地中海区域的区域竞争力,是MSP跨境合作的典范。

第四章 欧盟及欧洲主要国家极地 生态环保和气候变化应对主张分析

进入 21 世纪，尤其是近年来，人类对极地与全球生态环境和气候变化相互之间影响的认识不断深入，保护极地生态环境和应对气候变化已是国际共识。欧盟及欧洲主要国家是国际极地治理的重要利益攸关方，其有关极地生态环保和气候变化应对的主张，对极地可持续发展、对包括我国在内的其他主体参与极地国际治理有着重要的影响力。当前，我国正处于极地事业日益发展的重要战略机遇期，分析研判欧盟及欧洲主要国家的极地生态环保和气候变化应对主张及其实质，对我制定极地保护战略和法律、更好处理极地事务具有重要现实意义。

第一节 欧盟及欧洲主要国家在极地生态环保和 气候变化应对国际治理中的战略地位

欧盟及欧洲主要国家与极地，尤其是与北极密不可分，对国际极地治理有着重要的话语权和决策权。欧洲及欧洲主要国家所处地理位置距离北极较近、经济发展高度依赖北极的能源资源、占据《南极条约》缔约国数量大半，因此是极地的重要利益攸关方。

一、欧盟及欧洲主要国家是极地利益攸关方

就所处地理位置及对北极治理的影响力而言，欧盟及欧洲主要国家在北极圈内约有 50 万居民。在北欧五国中，芬兰、瑞典和丹麦既是欧盟成员国，也是北极理事会的成员国，挪威和冰岛是欧洲经济区成员国，格陵兰（丹麦）是海外领地。德国、法国、意大利、西班牙、荷兰和波兰六个欧盟国家，英国、瑞士其他两个欧洲国家，是北极理事会观察员国，欧盟自身也正在积极寻求北极理事会的观察员国地位。

就经济发展高度依赖北极资源能源而言，欧盟及欧洲主要国家高度依

赖海运贸易与极地油气能源供给。已知北极油气储量约占全球未开发储量的 1/5，潜在石油储量为 900 亿桶，天然气约 47.9 万亿立方米，冷凝天然气约 440 亿桶，加之当前全球变暖和冰融导致北极油气资源开采条件改善、运输技术难度降低，促使俄罗斯、挪威等国纷纷投资开发北极油气及航道建设。在当前俄乌冲突下，北极油气资源更是缓解了欧盟对俄的能源依赖并在一定程度上给予了有效能源供给。与此同时，新北极航道的开通在改善北极航运条件的同时，也为俄罗斯等国带来巨大的经济利益。

就在南极条约体系中的重要地位而言，包括欧盟 27 个成员国中的 20 个在内，欧洲地区共有 28 个是南极条约缔约国（总数为 54 个）；全球 29 个南极条约协商国中欧洲有 15 个，包括比利时、法国、德国等 11 个欧盟成员国以及挪威、俄罗斯等 4 个非欧盟国家；7 个南极主权声索国中，欧洲有 3 个，分别是英国、挪威和法国；26 个南极海洋生物资源养护委员会（CCAMLR）的成员中，欧盟自身及其 9 个成员国即占了 10 席，其他还包括俄罗斯、挪威等 4 个欧洲国家。

二、生态环保和气候变化应对是欧盟及欧洲主要国家的重要战略议题

进入 21 世纪以来，全球环境污染加剧、气候变化加快、生物多样性危机凸显。相比于无常住人口的南极，北极日益增加的人类"环境痕迹"使北极地区的生态环境压力持续上升，进而导致极地地缘政治环境逐步发生改变。地理位置决定了欧盟及欧洲主要国家首先承受了生态恶化和气候变化的恶果，并面临环境压力引发的极地安全竞争挑战，同时也肩负了更多北极保护的国内国际责任。

遏制极地环境污染和生态破坏、应对气候变化显然符合欧盟及欧洲主要国家的核心利益。自 2008 年以来，欧盟相关机构陆续发布了十余份有关北极事务政策文件，逐步提升生态环保和气候变化应对议题在欧盟事务中的优先级，持续推动欧洲对于相关问题的认识和主导地位，提升绿色开发的能力与技术，在极地可持续经济与创新发展等领域为北极治理做出了重要贡献。同时，欧洲主要国家也纷纷出台涉及极地生态环保和气候变化应对的政策战略。如挪威自 2006 年，德国自 2011 年，英国、法国自 2013 年开始，分别制定了五份、三份、四份、四份北极战略，当然也制定了南极

法律或战略，设立战略目标和措施，持续加大力度保护极地、应对气候变化。正由于此，逐渐塑造了欧盟及欧洲主要国家"全球气候政策领导者"的身份，树立了极地"环保卫士"的形象。

三、欧盟及欧洲主要国家间在极地生态环保和气候变化应对主张上的不同路径

然而，由于所处地理位置的不同，极地事务历史经纬的不同，极地核心利益诉求的不同，极地环境和气候变化对其影响程度的不同以及国民经济社会发展水平的不同，欧盟及欧洲主要国家间在战略中有关极地，尤其是北极生态环保和气候变化应对的主张也有所差异，主要形成了三种不同的战略或政策主张。一是如瑞典、德国等奉行极端环保主义，其对北极生态环保的要求及评价远超出人类社会所能承受的标准，表现在对当地一切合理经济活动的过度否定；二是如英国等采取理性环保主义，其在大力倡导北极生态环保理念的同时，也支持在可持续原则下适度开展经济活动；三是如俄罗斯等寻求务实环保主义，其寻求在政策中兼顾北极生态环保和经济开发，且在一定条件下可将生态环保列为次要事项。

同时，由于南极和北极之间的国际法律地位、地缘政治博弈、国际治理框架等存在根本性差异，更由于欧洲主要国家在有关南极大陆领土主权主张等南极核心利益方面的根本区别，使得各方在南极和北极的生态环保和气候变化应对主张上也有着显著区别。

第二节　欧盟及欧洲主要国家极地生态环保和气候变化应对主张及其实质

总体上，从应对全球生态环境危机和气候变化的危机看，积极开展极地生态环保和气候变化应对是极地未来可持续发展的现实需求，已是极地域内外国家的共同战略取向和实践目标。但是欧盟及欧洲主要国家的极地生态环保和气候变化主张，归根结底是由国际组织或国家的极地政治、安全、经济等利益决定的，导致相关议题无法摆脱政治化的倾向，甚至通过设置环保、技术标准门槛以及"域内外"地位门槛，增强自身在极地的实质存在。

一、在北极地区推行"极端环保主义"的激进型国家

瑞典、德国作为经济发达且环保理念先进，甚至激进的欧洲国家，认为北极环境和气候的变化已严重威胁全球生存与可持续发展，遂大力推行"极端环保主义"。瑞典政府先后发布 2011 年《瑞典北极地区战略》、2016 年《瑞典关于北极的新环境政策》，极力描述气候变化对瑞典等北极国家的危害，提出将生态环保和气候变化应对作为政策的核心，优先于极地资源的开发利用需求。同时在 2020 年《瑞典减少温室气体排放的长期战略》中提出"最迟到 2045 年实现零排放"等明显领先于他国且严苛的气候目标，以表明其遏制全球气候变暖的决心，并借助瑞典环保少女格雷塔①等社会民间力量在国际场合下倡导"极端环保主义"理念。无独有偶，德国国内环保主义兴起也使其北极政策从"适度开发"逐步转向当前的"极端环保主义"，政府在维护政治和社会稳定目的的驱使下，接受了部分环保主义者片面追求北极生态环保的诉求，在 2019 年《德国指导方针：承担责任，建立信任，塑造未来》中使用"必须减少德国在北极海上运输造成的黑碳排放"等强制性表述，实则是为践行"环保即政治正确"口号，而全然忽视了必要的北极经济活动。

二、有意开发北极资源坚持"理性环保主义"的开放型国家

英国、法国、丹麦、荷兰作为依赖海上运输和资源开发的欧洲国家，尽管也担忧北极环境变化对国家安全的威胁，但对于当地的经济活动仍持开放态度，主张的是"理性环保主义"。英国、法国、荷兰作为非北极国家和海上运输大国，在其北极政策文件中虽强调气候变化对北极乃至全球的威胁，提出要通过科研资金支持、派员参与国际科研项目等方式与北极国家强化生态环保和气候变化应对合作，但也指出气候变化为北极航道开辟创造了机遇，强调要在可持续原则下开发利用北极。丹麦作为北极矿产资源开发大国，在《丹麦王国 2011—2020 年北极战略》中认识到要增加对北极气候的认知，在最佳科学知识及保护标准基础上管理北极自然环境，且逐步倡导国内各界向绿色能源转型，但在其自治政府格陵兰，经济的发展

---

① 2019 年瑞典环保少女格雷塔在联合国气候行动峰会上呼吁采取行动遏制全球气候变暖以及环境污染。

却依赖稀土等北极矿产资源开发。

三、注重北极经济发展坚持"实用环保主义"的实用型国家

俄罗斯、挪威作为严重依赖资源出口的国家，出于维护国内经济发展的需求，力求平衡北极生态环保和经济开发，主张的是"实用环保主义"。俄罗斯作为在北极圈内拥有最大领土及最多资源储量的国家，其生态环保和气候变化应对主张随着国际形势、国内发展、科学认知等因素改变而历经三次变革，分别是从积极开发北极资源能源到重视北极生态环境破坏带来的危害，再到兼顾北极生态环保和经济开发。但在当前，俄罗斯为缓解西方因克里米亚危机、俄乌冲突对其经济制裁而产生的负面影响，北极政策中更多强调的是北方海航道和北极资源能源的开发利用，环保和气候问题被置于次要位置。挪威经济严重依赖北极石油出口，在推行北极生态环保举措的同时，并没有遏制石油产业的蓬勃发展。在2020年《挪威2050年长期低排放战略》中亦提出与1990年相比，到2030年排放量减少50%~55%，该目标充分兼顾了经济发展和社会承载力。

四、为服务南极主权主张坚持南极生态环保和气候变化应对的南极主权声索国

英国、法国、挪威是南极主权声索国，从国内南极事务管理和国际治理的角度，将南极生态环保和气候变化应对主张服务于其南极大陆领土主权主张。英国"南极领地政府"连续出台三份期限跨越2011—2029年的《英国南极领地战略》，以保护南极领地环境（包括对气候变化影响的评估）为主要战略目标之一，提出通过财政支持、开展科研、加强教育等保护南极领地及其周围海洋环境，完全将南极置于其国内管辖事项加以看待。法国2022年最新《极地战略》高度关注南极冰川融化导致的海平面上升等问题，且多次重申建立"南大洋"公海保护区，尤其是呼吁建设东南极和威德尔海海洋保护区。挪威在2015年《挪威的南极利益和政策》提到将南极作为一个自然保护区，全面保护南极环境和维护该地区的荒野性质，又在2017年《海洋在挪威外交和发展政策中的地位》中提倡保护南极生物多样性并可持续开发利用南极资源。虽然这些战略文件未直接提及，但这些国家实则均是以生态环保为名，行软性控制"南极领地"之实，最典型的体现是近年来

南极海洋生物资源养护委员会（CCAMLR）关于南极海洋保护区的提案。例如，英国、挪威的威德尔海海洋保护区提案，澳大利亚、法国的东南极海洋保护区提案等划设的保护区范围，与其主张的"专属经济区"海域重叠，是围绕强化"南极领地"主权诉求及进一步扩大至其对领地周边海域的主权诉求而进行布局。而在海洋保护区提案不断受挫后，欧洲国家转而以 G7 为"发动机"，通过发表联合声明、召开国际磋商等方式，持续推进南极地区公海保护区体系的建立。因此，即使上述提案的海洋生态环境目标不容置疑，但无法排除其主张与南极领土主权要求无关，从而导致非南极主权声索国提高警惕，并质疑南极海洋保护区提案的合理性和合法性。

五、巩固南极话语权积极参与南极生态环保和气候变化应对议题的国家

德国、荷兰等非南极主权声索国，积极参与南极生态环保和气候变化应对议题，作为稳固本国南极治理话语权的重要基础。德国 1998 年《1991 年 10 月 4 日关于环境保护的南极条约议定书实施法》、2017 年《南极责任法》都将保护南极生态环境视为己任，甚至在 2011 年发布的首次将南极事务上升为国家战略的《德国对白色大陆的责任——〈南极条约〉30 年协商缔约国地位》中，以整篇介绍激进环保组织"绿色和平"对南极环境保护的贡献，而且当前德国国内环保主义思潮涌动，与北极主张一样，德国在南极生态环保问题上也可能会出现"极端环保主义"倾向。荷兰《极地战略 2021—2025：准备变革》将应对气候变化作为自身在南极的优先事项，注重对南极冰盖变化对荷兰海平面上升的影响探究，大规模开展了国家和国际层面的研究项目，同时在战略中指出要在 CCAMLR 框架下与伙伴共同建立五个大型海洋保护区，荷兰也已制定《南极洲保护法》，在约束本国公民南极活动的同时，逐步收紧南极旅游活动许可的评估政策。此外，瑞典 1994 年出台《瑞典南极法》，强调保护南极、南极的荒野性及其美学价值。在欧盟发起下，澳大利亚、新西兰、美国等多国于 2021 年 4 月共同召开了南极海洋保护区划设的高级别会议，并发布了部长级联合宣言。这些国家有关南极环境保护和气候变化应对主张的实质在于，希望在南极条约体系下积极参与南极治理，并基于国情将环境保护议题置于南极政策中的优先位置，以谋求在"环境保护优先"道义制高点下获取更大的国际影响力。

六、保持南极存在和影响力而响应南极生态环保和气候变化应对的国家

俄罗斯作为保留南极主权声索国，始终保持着对南极生态环保和气候变化应对议题的关注。近年来，俄政府出台了《2020年前俄罗斯南极活动发展战略》《2030年前俄罗斯南极活动发展战略实施行动计划》以及《俄罗斯国家南极监督检查制度实施细则》等多部指导俄国家南极事业发展与规范南极活动的国家战略及制度，其中将"保护南极作为和平稳定的合作区域、预防该地区出现国际紧张局势和全球性的气候危机、评估南极在全球气候变化进程中的作用"作为俄在南极地区实施国家海洋政策的长期任务和优先方向。诸如俄罗斯的部分欧洲国家，以生态环保和气候变化应对作为介入极地事务、寻求成为全球治理领导者的工具，将是其参与甚至主导未来极地国际治理的常态化操作。

第三节　欧盟及欧洲主要国家相关政策的对华态度分析

欧盟及欧洲主要国家对中国在极地生态环保和气候变化应对议题上普遍持开放态度，但具体国家的态度有所不同，有些国家认可我在极地生态环保和气候变化应对领域的贡献，也有国家质疑我以环保之名增强极地参与对其极地利益的冲击。

一、北欧国家重视我国对极地气候和环境问题的贡献

从应对全球气候变化的重要性出发，挪威支持中国参与北极理事会的工作组，特别是气候和环境问题的相关工作组，中国作为重要的排放国之一将在寻求相关问题的解决方案中发挥重要作用。瑞典也认为，中国在北极地区气候领域和全球环境合作方面发挥了举足轻重的作用，中国未来将对北极的发展产生更大的影响。丹麦认为，除北极国家外，其他合法的利益攸关方在北极的利益也在增加，包括欧盟以及东北亚三国（中国、日本和韩国），其利益与研究气候变化、新的国际运输机会以及开发北极能源和矿产资源密切相关。冰岛希望中国、日本和欧盟能够对北极的发展产生

影响，包括各类跨国因素，如气候变化、能源利用和新航道开通。

二、英国和法国等国对我极地存在持警惕甚至负面评价

在北极，同样为北极域外国家，英国对我参与北极事务高度警惕。英国在其北极政策中多次质疑中国的冰上丝绸之路可能存在潜在风险，提出中国相关项目需与国际标准和做法接轨，如建立金融贷款政策、保证项目可持续性及符合《巴黎协定》目标要求。在南极，法国在其南极战略中亦对我多有诟病，集中体现在对中国反对"东南极和威德尔海海洋保护区"的批评之上，其将中国的反对立场上升为对"南大洋"海洋保护区建设的阻挠，并进一步引申为中国对《南极条约》的立场问题。

第四节　我国关于极地生态环保和
气候变化应对议题的考虑

面对日益严峻的全球生态环境危机，进入极地的环保门槛以及相应的科技门槛会越来越高，占据道德制高点的极地生态环保能力以及应对气候变化措施水平，很可能成为该国国际极地事务决策、国际极地治理规则的核心影响因素。我国需要将相关议题纳入极地战略或立法的优先事项，并谨慎对待。

一、坚持理性的极地生态环保和气候变化应对理念

以现有的科学认知为基础，积极将生态环保和气候变化应对作为我国极地政策和相关立法的重要目标，并将开展相关国际合作作为重要事项纳入相关战略文件和法律条文之中，避免我国被部分极地"极端环保主义"主张牵着鼻子走，也警惕部分国家利用环保作为政治工具损害我国在极地的正当合法权益，展现我国在极地保护领域负责任、有理性、不极端的国际形象。

二、区别对待不同国际主体的极地生态环保和气候变化应对的主张与行动

在区别对待欧盟或欧洲主要国家不同极地政策和实践的同时，对一国

在北极和南极的不同政策和实践也要加以区分，深入分析评估其背后的国家极地利益实质，避免触及相关国家的极地核心利益，处理好与不同极地利益诉求国家之间的关系，从而更好地维护我国在极地的存在，创造良好的外部环境。

三、积极在极地生态环保与气候变化问题上拓展国际合作空间

积极与持开放合作态度的北欧五国等极地冰川融化关切国合作并采取行动，积极与俄罗斯等国开展极地经济与科技合作，在极地生态环保和气候变化领域谋划倡议新的北极或南极的科学研究国际计划，形成具有重大价值、国际影响力的极地科研学术成果和贡献并予以共享。

第五章　国际社会积极推进海洋素养进程

海洋素养(Ocean Literacy)的理念、原则和框架最早由美国提出，逐步推广到欧洲、亚洲、非洲等地区，并得到进一步的深化和扩展，越来越多的国家已将海洋素养视为促进可持续生产实践、制定健全的公共海洋政策、培养公民更负责任地参与海洋事务以及鼓励青年在蓝色经济或海洋科学领域开展职业生涯的一种重要机制。海洋素养也已成为落实联合国"海洋科学促进可持续发展十年"(以下简称"海洋十年")计划的组成部分，对于各国提升在海洋领域的软实力至关重要。

第一节　海洋素养的理念演变

海洋素养的理念始于美国2002年召开的"海洋生命"线上会议，海洋科学家和教育专业人士在会上提出应弥补美国基础教育中缺乏涉海学科的问题，并鼓励将海洋科学教育纳入美国国家和各州的中小学课堂中。2004年美国发布的《海洋素养：海洋科学的基本原则和基本概念(K-12)》最终确立了海洋素养的理念，即了解海洋与人类之间的相互影响以及七项基本原则：一是地球拥有特征多样的海洋；二是海洋中的生物形成了我们星球的特征；三是海洋对天气和气候具有重要的影响；四是海洋使地球宜居；五是海洋维护着多样的生物和生态系统；六是海洋与地球上的人类密切相关；七是海洋在很大程度上尚未开发。美国提出的海洋素养主要是为了适应美国基础教育(K-12)的课程体系，之后，海洋素养的理念通过加拿大、澳大利亚、欧洲和亚洲海洋科学教育工作者的推动，传播至世界各地。而随着社会的发展，海洋素养在理念和实施方法上逐渐适应更广泛的实际需求。2015年，联合国可持续发展峰会正式通过可持续发展目标之后，海洋素养理念开始从单纯围绕海洋科学教育课程和教育活动的课堂式教育开展，转向更符合联合国教科文组织提出的广义的"可持续发展教育"(ESD)理念。ESD旨在促使学习者掌握知识、技能、价值观和态度，这也是素质教育不可或缺的一部分，能够增强学习的认知、社会、情绪和行为能力。ESD 是所有可持续发展目标的关键促成因素，为创建一个更可持续的世界做出贡献。

"海洋十年"启动后，联合国教科文组织（UNESCO）针对十年进程，于2021 年发布了《"海洋十年"内的海洋素养行动框架》。该行动框架指出，海洋素养是一个不断发展的理念，可通过学术研究和实践而不断修订，获得更多的内涵。海洋素养可以适应多样的文化、语言和地理背景，主要涉及海洋教育（ocean education）、海洋认识（marine awareness）、海洋意识（marine consciousness）和海洋文化（marine culture）。海洋素养不仅作为能力发展和知识生成的工具，显示出人们对于海洋的认知程度，还可反映人们对海洋及其有形和无形资源的价值观和行为，理解海洋与人类之间的相互影响以及海洋与气候变化和粮食安全、人类健康和全球经济等重大全球问题的内在联系，从而激励公众采取行动，解决海洋健康面临的紧迫威胁，推动"海洋十年"进程取得成功。

国际社会已逐渐认识到，海洋在应对未来几十年地球所面临的气候变化、能源供给、粮食安全和医疗保障等全球性挑战方面，都是不可或缺的。因此，迫切需要更好地研究和了解海洋，基于海洋科学认知制定更有效的解决方案，建立更强有力的合作和伙伴关系，同时促进整个社会向更可持续的方向发展。

第二节　海洋素养的认知维度及目标

UNESCO 提出可通过七个维度来引导人们理解海洋系统以及海洋系统与人类社会之间的联系。多视角方法更易于适应不同的地理、文化和历史背景，有助于从多个维度来理解与海洋有关的挑战，充分认识与海洋相关的环境、社会、文化和经济等的复杂性。海洋素养的七个认知维度如下。

一、科学的观点

基于对自然的观察、提出和验证假设以及数据的收集和分析来得出最终结论。解释和检验不同的假设可以增强对自然现象以及与人类联系的理解。例如，要解决海洋垃圾、海洋酸化和海平面上升等复杂的海洋问题，需了解所涉及的生物和非生物过程、其自然和人为原因及其可能后果。而科学研究背景将有助于人们找到解决方案。

二、历史的视角

几个世纪以来，随着科学和技术的发展，人们探索更远的海域，甚至到达深海，这也影响了国际海洋制度和资源管理方案的发展。人们可以学习从首次环球航行到现代深海探险的海洋探险历史。通过历史视角，人们将了解历史上海洋问题的解决方式、海洋管理决策过程以及这些决策的影响力。

三、地理视角

自然或人为造成的海洋问题可能在地方、国家或地区重复出现。在地方、国家或全球范围内审查海洋问题时，面临的挑战或解决过程具有复杂性。考虑到海洋问题的地理视角，人们可获得更深入和全面的见解，了解问题的起源和潜在的解决方案。

四、性别平等的观点

探索不同性别在海洋决策、利用和保护方面的作用以及获得教育和工作机会的差别，并考虑海洋管理和技术的进步如何能改变与性别相关的海洋领域以及获取和利用海洋资源的社会和文化背景如何对男性和女性产生不同影响。

五、价值观视角

开展教育、培训和与小岛屿发展中国家的文化交流，利用卫星技术侦查非法捕捞活动。健康的海洋环境与岛屿国家的传统和生活方式直接相关，繁荣的环境有助于维护社会的文化和传统。参与和了解不同的利益相关群体对海洋问题的价值观、需求和观点是推动海洋共同行动的基石。

六、文化视角

文化视角通常会将特定文化群体区分考虑，而文化多样性视角则考虑海洋在文化共同体和世界观中的作用。此外，文化视角还可以将文化观点和历史观点结合起来，在不同时期和在特定的社会中进行比较研究。

七、可持续性观点

可持续发展对各方来说都是一个抽象的概念，但可持续发展关乎人类的抉择、行为和价值观，并关乎政府决策、环境、经济和社会之间的相互作用，这决定了海洋以及人类的可持续发展。可以从过度捕捞等海洋可持续发展问题来分析其面临的海洋物种退化等环境维度、海洋生物资源的市场价值等经济维度和失业渔民等社会维度之间的相互作用。

根据联合国可持续发展目标，UNESCO 还提出了海洋素养的目标，包括：促使人们了解基本的海洋生态系统、人类与海洋的联系、海洋领域在应对气候变化中的作用、人类活动对海洋环境造成的影响；使人们认识并能说明可持续利用海洋生物资源带来的机会；能够通过海洋素养活动影响那些开展不可持续渔业生产和消费的群体，使人们思考饮食习惯是否能够可持续地利用有限的海洋资源；研究国家对海洋的依赖程度、严格的捕鱼配额等可持续的渔业管理方法，认识到部分人群的生计受到不良捕鱼方式的影响；扩大禁渔区和海洋保护区，并在科学的基础上保护濒临灭绝的海洋生物。

第三节 主要海洋国家大力推进海洋素养

随着海洋发展在全球社会和经济进程中发挥愈发重要的战略作用，越来越多的国家、研究机构、企业、基金会、教育工作者、社区团体和个人等行动方参与推进海洋素养进程，并通过立法、设立专门机构、公共宣传和教育等多种方式开展海洋素养相关活动。

一、美国

美国非营利性教育机构"探索学院"与国家地理学会（NGS）于 2002 年召开"海洋生命"线上会议，美国海洋科学家和教育专家认识到正规教育中缺乏海洋相关科目，故开展合作将海洋科学纳入国家和州的教育标准，并提出在 K-12 的基础教育阶段开展海洋教育，为海洋素养的理念和基本原则的制定奠定了基础；2003 年，美国智库皮尤和美国海洋政策委员会的专家们提出有必要提高未来一代的海洋教育，促使渔民、商界和政界决策者更深入认识海洋。美国国家海洋科学卓越教育中心（COSEE）将海洋素养列为战略重点，并与美国国家海洋与大气管理局（NOAA）、美国国家海洋教育工作者协会（NMEA）、"探索学院"以及动物园和水族馆协会（AZA）等美国机构共同成立了海洋素养战略计划工作组，开展海洋素养的相关工作；2004 年，美国"探索学院"举办研讨会，参会代表们就海洋素养的定义和七项原则达成了共识，最终形成文件《海洋素养：海洋科学的基本原则和基本概念（K-12）》；2006 年，国际太平洋海洋教育网（IPMEN）成立，并于2007 年 1 月在夏威夷火奴鲁鲁（檀香山）举行了第一次会议，此后每两年举行一次会议。"海洋知识"成为历届会议的基本主题。IPMEN 主要强调地方文化、传统知识以及人、商业、教育和文化与海洋之间联系的跨学科经验的重要性。IPMEN 的愿景集中于促进全球、国家和地方知识和交流；2020年发布的第 3 版《海洋素养指南》将"国际海洋素养调查"项目补充到海洋素养框架中。最终形成了一个由《海洋素养指南》《K-12 年级海洋素养范围和顺序》《海洋素养与下一代科学标准（NGSS）的一致性》以及"国际海洋素养调查"（IOLS）构成的海洋素养整体框架，提出了建设海洋素养社会的愿景。

二、葡萄牙

葡萄牙是最早在正规和非正规教育中实施海洋素养的欧洲国家之一。2011 年，葡萄牙国家科技文化机构 Ciência Viva 将海洋素养的基本原则和基本概念翻译成葡萄牙语，并根据基本原则启动了"认知海洋"（Conhecer o Oceano）项目。该项目是欧洲最早使用美国模式的海洋素养项目，旨在鼓励公民参与海洋问题，项目网站提供了海洋教育资源以及葡萄牙在海洋领域的公共政策和研究信息。2017 年，葡萄牙开展了针对不同年级的"蓝色学校"计划。此外，葡萄牙里斯本的公共水族馆还提供了一系列跨领域教育课程。

三、加拿大

加拿大的海洋素养准备工作启动较早，在国家层面获得了战略支持。早在 2002 年和 2004 年时《加拿大海洋发展战略》《加拿大海洋行动计划》中就提到要加强对海洋的研究，支持海洋科技发展，敦促政府为海洋技术发展和产业化的实现创造良好的宏观环境。2008 年加拿大教育部长理事会发布《学习型加拿大 2020》指导性文件，将可持续发展教育列为重要项目，以提高学生关于环境保护与可持续发展的意识。2014 年以来，加拿大成立了两个海洋素养相关的官方机构：一是加拿大海洋教育网络（CaNOE），提供了海洋素养学习、对话和交流的平台，将教育者、科学家、政府和非政府组织、个人和私营部门等利益集团连接在一起，弥合与美国、欧洲在海洋素养方面的差距；二是加拿大海洋素养联盟（The Canadian Ocean Literacy Coalition，COLC），关注各地区对海洋素养的理解和实施情况，旨在更好地了解加拿大民众与海洋间的关系。COLC 还基于 2019—2020 年的海洋素养研究数据推出加拿大海洋素养地图和数据库，反映加拿大海洋素养的变化情况。2021 年 3 月，加拿大正式推出《加拿大海洋素养战略（2021—2024）》《加拿大海洋素养实施计划（2021—2024）》，包括开发加拿大海洋素养数字地图和平台、建立加拿大海洋素养社区小额资助计划、评估加拿大海洋部门工作情况并识别海洋素养发展障碍、将水-海洋-气候素养纳入政策等多个行动，加强海洋素养教育，提升公众参与度，建立海洋与人类健康间的联系。

四、其他国家

英国于 2010 年 2 月发布的海洋战略提出应提高民众的海洋认识。英国南安普敦大学在船上开展"浮动教室"海洋教育活动。法国在 2009 年 12 月发布的《法国海洋政策蓝皮书》中将开展涉海职业教育与培训、鼓励法国国民关爱海洋作为优先领域。在中小学教育方面，《新西兰课程》中明确要求新西兰中小学将环境教育纳入课程体系，一方面在课堂上实施渗透式的海洋教育，另一方面加强学校与公共机构间合作，开展海洋教育研学项目。巴西海洋资源部际委员会（CIRM）研究发现本国的教育机构均未满足国家在海洋方面的需求，亟须采取行动加强海洋科学培训。为此，CIRM 成立了"海洋科学研究团队和研究生院"，综合考虑海洋研究、海洋素养以及环境教育问题，明确了海洋研究机构、公共监管机构、海事行业、水族馆和非政府组织为海洋素养的主要利益攸关方，并为这些群体提供了交流论坛。2021 年 7 月，韩国发布《海洋教育文化基本计划（2021—2025）》。其中包括充实海洋教育文化内容。大学开设综合海洋选修课，建立海洋教育体系，以满足各年龄段和各阶层需求，推进海洋文化资源品牌化，提升国民海洋意识。

第四节　海洋素养的发展机制及特点

随着海洋在全球社会和经济进程中发挥愈发重要的战略作用，海洋素养及其相关活动在全球迅速发展并成为政策中的重要组成部分。由美国的教育家和机构提出的海洋素养的相关理念、原则最终形成了一个由《海洋素养指南》《K-12 年级海洋素养范围和顺序》《海洋素养与下一代科学标准（NGSS）的一致性》以及"国际海洋素养调查"（IOLS）构成的海洋素养整体框架，提出了建设海洋素养社会的愿景。美国提出海洋素养理念和框架深刻影响了该国的海洋教育标准与指标，其理念也迅速传播到欧洲、亚洲、非洲等地区，为多个国家的海洋素养促进工作奠定基础。国家、联合国机构、政府间组织、研究机构、企业、基金会、非政府组织、教育工作者、社区团体和个人等行动各方参与到这一进程中并成为推进海洋素养机制的实施主体。

在以联合国教科文组织为主导的国际机构的推动下，海洋素养在"海洋十年"的《实施计划》中占据突出地位，反映在"海洋十年"的七大成果之中，即"一个富于启迪并具有吸引力的海洋"，并纳入"海洋十年"的项目计划中。国际组织机构通过在全球范围内的海洋领域学习、对话和交流的平台，将教育者、科学家、政府和非政府组织、个人和私营部门等利益攸关各方联系在一起，弥合欠发达和发展中国家与美国和欧洲国家在海洋素养方面的差距。

目前，海洋素养活动方式呈现多样化特点，主要包括：在国家法规及战略中强调了海洋素养的重要性，并成立关注海洋素养的官方机构；以多国联盟形式实施海洋素养。例如，美国、欧盟、加拿大共同组建跨大西洋研究联盟（AORA），将海洋素养确定为优先主题，并成立海洋素养工作组，负责确定跨大西洋海洋素养（TOL）战略，交流 TOL 的最佳实践；国家将海洋素养纳入到幼儿教育、中小学教育、职业教育、本科和研究生教育在内的多种涉海教育方案和计划中；培训学校、教育中心等机构的教育工作者以及水族馆等宣传教育领域的工作人员积极参与海洋素养活动的制定和开展；科学家与原住民和地方社区、教育组织、政府和私营部门相关人员之间进行海洋知识的交流和传播并开展公众海洋意识推广活动；为政府、企业和民间团体领导人以及媒体工作者制订关于蓝色经济和海洋可持续发展的宣传和培训计划。多类型的海洋素养行动有助于实现海洋能力建设目标，有助于创建一个更知海情的社会，促使人们更深入和全面地了解海洋，并为海洋所面临的问题和威胁共同制定解决方案。

第六章　全球30余个沿海城市联合签署《海洋城市宣言》

2022年2月10日，在法国布雷斯特市举办的"一个海洋"峰会①期间，来自美国、加拿大、日本、法国、葡萄牙等国的沿海城市市长参加了海洋与气候平台②与法国政府召集的"沿海城市应对海平面上升"论坛，共商如何采取立即行动，实施有效、可持续和公平的缓解和适应战略，保护沿海地区与生态系统。在论坛上，33位市长联合签署《沿海城市宣言》(以下简称《宣言》)，旨在共同应对全球海平面上升带来的挑战。《宣言》的签署体现了全球沿海国家和国际组织积极应对海平面上升威胁的决心，同时也体现了各利益攸关方为保护海洋、应对气候变化所做出的积极努力。

第一节　《宣言》提出背景

随着气候变暖，海平面持续上升、极端事件频次和强度加大，严重影响沿海城市安全与可持续发展，如何应对海平面上升已成为沿海城市面临的重大挑战。联合国政府间气候变化专门委员会发布《第六次评估

---

① "一个海洋"峰会由欧盟轮值主席国法国于2022年2月9—11日主办，峰会聚焦全球海洋保护与治理，旨在为国际海洋议程提供强大的政治动力，支持并加强全球海洋保护，采取积极行动应对海洋所面临的挑战。法国总统马克龙出席高级别会议并发表讲话，欧盟委员会主席冯德莱恩、葡萄牙总统德索萨、埃及总统塞西、坦桑尼亚总统哈桑等多位国际政要在高级别会议现场参与会议。我国时任国家副主席王岐山在高级别会议上发表视频致辞。

② 海洋与气候平台(Ocean & Climate Platform)在联合国教科文组织(UNESCO)政府间海洋学委员会(IOC)支持下于2014年6月8日成立，总部位于法国巴黎。海洋与气候平台长期以来强调海洋与气候之间的重要关联，致力于弥合科学与政策之间的差距，确保政策制定者和公众将有关海洋、气候和生物多样性之间相互作用的科学知识纳入战略考量。平台汇聚了世界自然保护联盟、法国海洋开发研究院、法国可持续发展与国际关系研究所、英国普利茅斯海洋实验室、美国加利福尼亚大学斯克里普斯海洋研究所、摩纳哥科学中心、美国皮尤慈善信托基金会、摩纳哥阿尔贝二世亲王基金会、海洋危机组织等95个国际组织、科研机构、非政府组织、私营企业与政府部门，至今暂无中国机构加入。

报告：气候变化综合报告》指出，温室气体排放导致全球变暖，继而引起全球海平面上升；如果各国不能及时采取行动大幅降低温室气体排放，全球平均海平面将持续上升，最糟糕的情况下，到 2100 年，全球海平面将上升 2 米，特别在热带地区，极端海平面事件会更加频繁发生。到 2300 年，海平面甚至可能会上升 5.4 米。报告还指出，全球性的海平面上升将增加沿岸洪水风险。到 2050 年，即使碳减排取得成效，世界众多沿海地区和岛屿可能仍将面临严峻洪涝灾害。世界气象组织发布报告《全球海平面上升及其影响——重要事实与数据》指出，在未来的 2000 年时间里，如果全球升温控制在 1.5℃ 以内，全球平均海平面将上升 2~3 米；如果全球升温控制在 2℃ 以内，全球平均海平面将上升 2~6 米；如果全球升温控制在 5℃ 以内，全球平均海平面上升将达 19~22 米。

为应对全球变暖及海平面上升对沿海城市造成的影响，全球沿海国家和国际组织积极采取行动应对海平面上升。许多沿海城市也制定出台了应对策略，例如，英国伦敦发布了《海岸带韧性建设与风险防控》、荷兰鹿特丹发布了《鹿特丹气候变化适应策略》、美国波士顿发布了《应对海平面上升》、美国旧金山发布了《旧金山海平面上升行动计划》等。在海平面上升影响呈加剧态势的严峻背景下，海洋与气候平台作为具有强大影响力的国际组织，充分发挥海洋与气候学科之间的桥梁作用，专注气候变化对海洋造成的影响，就海平面上升问题积极发声，并为全球应对海平面上升危机献计献策。海洋与气候平台于 2019 年发起"海洋城市倡议"，旨在动员具有不同气候、地理、社会、经济和政治背景的沿海城市分享应对海平面上升的可持续解决方案，促进公共政策的制定，推动沿海城市实施应对海平面上升的适应性解决方案，推广最佳实践经验，为其他地区应对海平面变化带来启示。"海洋城市倡议"为期四年（2020年 1 月 1 日至 2023 年 12 月 31 日），"倡议"合作伙伴包括海洋与气候平台、法国国家科学研究中心-生态和环境研究所、法国发展研究院、海洋愿景联盟①、海洋保护协会②、法国沿海地区自然环境保护协会、法国

① 海洋愿景联盟是由多个海洋研究机构组成的非政府组织，总部位于美国弗吉尼亚州利斯堡。
② 海洋保护协会是一家非营利性环保组织，总部位于美国华盛顿特区。

滨海保护机构、世界自然保护联盟法国委员会、变革浪潮、塞内加尔生态监测中心、法属波利尼西亚科创公司以及中国水危机组织①等 12 家非政府组织、学术机构以及私营机构。《宣言》是"海洋城市倡议"的阶段性成果，通过努力推动《宣言》签署，海洋与气候平台敦促各利益攸关方进一步采取行动积极应对海平面上升带来的挑战。

第二节　《宣言》主要内容

《宣言》强调，在英国格拉斯哥举行的《联合国气候变化框架公约》第 26 次缔约方会议（UNFCCC COP26）之后，由于全球升温导致的海平面上升对全球沿海城市持续构成严重威胁。

《宣言》指出，海平面上升，加之城市快速扩张，对环境、经济、社会和文化造成了重大影响，特别是海平面上升导致的洪水、海岸侵蚀、土地盐碱化等问题给沿海城市带来了严重影响，到 2050 年，预计将有多达 10 亿的沿海城市人口面临海平面上升的威胁。沿海城市是首批采取行动应对气候变化的一方，全球许多沿海城市已经开始在地方层面实施各种缓解和适应措施。当前，全球努力实现《2030 年可持续发展议程》和可持续发展目标，特别是可持续发展目标 11"建设包容、安全、具有灾害抵御能力和可持续的城市和人类居住区"。在城市化威胁沿海地区财富和资源的同时，城市需要加强沿海生态系统的恢复力，包括实施基于生态系统的适应性措施。国际社会应当团结起来，共同加大行动力度，加强沿海地区的灾害抵御能力，与受到海平面上升威胁的城市共进退。在地方层面，需要加强与国家沿海政策的统筹协调。

《宣言》敦促，所有国家大幅减少温室气体排放，实现《巴黎协定》1.5℃温控目标，从而降低海平面上升引发的风险；各国需认识到海平面上升是迫切需要在《联合国气候变化框架公约》等国际议程中解决的重大威胁；各国支持并承诺投入资金与物力用于风险评估和实施科学、公平与公正的海平面上升影响适应性计划。

---

① 中国水危机组织是一家私营咨询机构，总部位于香港特别行政区。

　　《宣言》呼吁，全球所有利益攸关方应在"城市抗灾"运动的基础上，扩大气候减缓和适应行动，以期控制海平面上升对沿海城市的影响。海平面上升问题不能通过"一刀切"的方法来解决，需要考虑各个城市的实际情况，并从以下四个领域优先采取行动应对海平面上升：一是沿海城市应加强科学观测，为政府决策提供信息。在存在巨大不确定性的情况下，至关重要的是完善和扩大地方一级的数据收集、观测和气候预测，同时利用包括地方和原住民在内的多种知识系统来建立系统模型并为决策提供信息。二是弥合发达国家与发展中国家之间技术、资金等方面的差距。在应对海平面上升的所有适应性计划中，都需要解决当地的社会脆弱性、正义和公平问题。在全球范围内，各国政府都有责任确保沿海地区和内陆地区之间的团结。在多边层面，必须弥合发达国家和发展中国家之间存在的诸多差距（如资金、技术、能力），从而确保气候正义。三是各个沿海城市应当分享最佳实践，采取综合解决方案。由于实施针对性的应对措施具有一定的复杂性，应当进行综合考量，采取不同类型的应对措施，并在各级治理部门和所有部门之间进行协调，以期及时采取应对措施。沿海城市在适应计划方面的经验分享对于加快进展、提高响应效率和避免负面影响至关重要。四是增加资金投入以应对海平面上升。需要广泛吸纳不同的金融实体、采取多重金融手段和激励措施来增加和调整气候智能型投资。应加强风险脆弱性评估，以充分发挥私营和公共部门的创新和投资能力，并将气候适应型保险和联盟机制纳入主流。

　　《宣言》诚邀，全球所有致力于解决海平面上升问题的沿海城市市长签署和参与，共同制定和实施有效、可持续和公平的气候减缓和适应性战略。

第三节　《宣言》签署各方

　　全球共有33个沿海城市（行政区）行政长官签署《宣言》，其中亚洲城市（行政区）5个（无中国城市参与）；欧洲城市16个；北美洲城市4个；南美洲1个；大洋洲2个；非洲5个（表6.1）。

表 6.1　《宣言》签署各方名单

序号	城市（行政区）	所属国家	所属大洲	序号	城市（行政区）	所属国家	所属大洲
1	科钦	印度	亚洲	18	斯德哥尔摩	瑞典	欧洲
2	雅加达	印度尼西亚	亚洲	19	康斯坦察	罗马尼亚	欧洲
3	曼谷	泰国	亚洲	20	登海尔德	荷兰	欧洲
4	横须贺	日本	亚洲	21	都柏林	爱尔兰	欧洲
5	爱知	日本	亚洲	22	休斯敦	美国	北美洲
6	比亚里茨	法国	欧洲	23	新奥尔良	美国	北美洲
7	布雷斯特	法国	欧洲	24	圣克鲁斯	美国	北美洲
8	拉罗谢尔	法国	欧洲	25	温哥华	加拿大	北美洲
9	马赛	法国	欧洲	26	萨尔瓦多	巴西	南美洲
10	尼斯	法国	欧洲	27	奥克兰	新西兰	大洋洲
11	皮特尔角	法国	欧洲	28	普纳奥亚	法属波利尼西亚	大洋洲
12	塞特	法国	欧洲	29	大巴萨姆	科特迪瓦	非洲
13	基尔	德国	欧洲	30	阿比让	科特迪瓦	非洲
14	里斯本	葡萄牙	欧洲	31	拉各斯	尼日利亚	非洲
15	拉韦纳	意大利	欧洲	32	圣路易斯	塞内加尔	非洲
16	圣塞瓦斯蒂安	西班牙	欧洲	33	比塞大	突尼斯	非洲
17	瓦伦西亚	西班牙	欧洲				

第四节　对我国采取行动应对海平面上升的借鉴

我国政府高度重视海平面上升应对问题。《中国应对气候变化的政策与行动》白皮书（2021）指出："在沿海地区，组织开展年度全国海平面变化监测、影响调查与评估，严格管控围填海，加强滨海湿地保护，提高沿海重点地区抵御气候变化风险能力。"同时，我国积极参与全球海洋治理，推动"一带一路"、东盟等多边框架下的海平面上升相关国际交流与合作，开展海平面上升联合观测、海平面上升对自然环境与社会经济影响的多学科合作研究，共同应对海平面上升影响。应对海平面上升是一个长期的基础性工作，也是现实而紧迫的任务。我国可以《宣言》签署为契机，积极参与海平面上升全球治理，做好以下几方面工作。

第一，持续关注《宣言》及"海洋城市倡议"后续行动。如果《宣言》签署方动态扩容，可考虑选择上海、天津、青岛和厦门等面临海平面上升严重威胁、在基于生态系统的海洋综合管理方面具有先进经验的沿海城市，或大连和海口等中法友好城市签署加入《宣言》。

第二，强化多边国际合作，用好主场活动。借助多边及双边合作框架，发挥我国主导作用，促进伙伴间在应对海平面上升风险方面的协调与协作。在今后中方主场的高级别活动上推出由我主导的海洋领域"蓝色碳汇宣言""气候变化的蓝色解决方案倡议""中国–小岛屿国家气候变化适应行动计划"等，做强权威发布。

第三，提供海洋应对气候变化全球公共服务产品，贡献中国方案。主动承担与我地位和能力相匹配的供给责任，提高海洋应对气候变化全球公共服务产品供给力度，牵头发布西太平洋海洋气候变化图集、全球生态海岸带防护和建设标准、全球海平面上升预警报产品等，共担海洋环境和灾害风险责任，打造全球海洋治理命运共同体。

第七章　主要国家近海海底淡水研究现状

世界各沿海地区往往人口稠密，是地区工业和农业的中心，仅地表水难以满足用水需求。联合国水机制①已将近海海底淡水（offshore fresh groundwater，OFG）确定为一种潜在的非常规水资源，强调其对于水安全的至关重要性。全球许多研究人员都对此表现出浓厚兴趣，以澳大利亚为首及美、德等国相继开展 OFG 相关研究。2021 年 12 月 30 日，荷兰乌得勒支大学和荷兰三角洲研究院的科学家发表在《环境研究快报》的一项研究估计了目前海底以下地质层中的地下淡水量。目前已发现澳大利亚、美国、新西兰、印度尼西亚、日本、以色列、中国等拥有 OFG 储备。

第一节　近海海底淡水概念及分布

OFG 指位于海底以下沉积物和岩石中的淡水资源，其总溶解固体（TDS）含量低于海水。岩性和构造环境在近海水文地质系统的演化中起着重要作用。大多数 OFG 水体位于硅质碎屑含水层中，孔隙率在 30%~60% 间，最厚的 OFG 水体出现在沙质和混合含水层中，这些含水层的沉积环境主要是碎屑沉积。关于 OFG 的成因，对此科学家们有多种看法，一是大气补给，通过降雨补给含水层，既可以在海平面较低时渗入，也可从陆上含水层渗透至海上含水层；二是通过冰川融化以及亚冰川河和湖泊，将地下水逐渐沉积到海上含水层；三是成岩作用，沉积物沉积后的蚀变过程可以释放淡水；四是气体水合物因温度或压力变化分解过程中释放出的淡水②。

据研究，大多数 OFG 水体具有三个特征：一是出现在离岸 110 千米范围内，水深小于 100 米；二是顶部位于海底以下 0~200 米之间；三是由多

---

① 联合国水机制（UN-Water）是牵头负责协调联合国框架下涉及水事务的专门机构，成立于 2003 年，前身是联合国秘书处间水资源小组。

② Aaron Micallef, Mark Person, Christian Berndt, Claudia Bertoni, Denis Cohen, et al. Offshore Freshened Groundwater in Continental Margins. ADVANCING EARTH AND SPACE SCIENCES, 2020. https：//agupubs. onlinelibrary. wiley. com/doi/full/10. 1029/2020RG000706.

个 OFG 水体组成，总厚度小于 1 千米。检测 OFG 通常依靠钻井、取芯和测井、地球化学方法、地球物理方法（如反射地震法、电磁方法）以及数值模拟（建模）方法，其中电磁方法是了解 OFG 分布的有力工具。虽然近海电磁勘测技术会导致更多近海海底淡水被发现，但尚未开展专门的钻探活动来调查这些淡水储层。

第二节　主要国家近海海底淡水研究情况

关于 OFG 的研究最早可追溯至 20 世纪 60 年代，科学家首次在佛罗里达海岸附近发现近海海底淡水资源。20 世纪 70 年代，美国地质调查局开展了一项名为 AMCOR 的钻探项目，目的是获取美国大西洋大陆边缘矿产和碳氢化合物资源的相关消息。虽然钻探活动没有发现油气资源，但却发现了大量的近海淡水和咸水资源。进入到 21 世纪，各国相继在研究中发现海底淡水资源。关于 OFG 研究主要通过海底电磁成像、电磁波扫描技术以及地震学开展。

2001 年，英国牛津大学领导的国际研究小组发表《欧洲海岸线地下水系统演变》一文，概述了欧洲海岸线附近沉积含水层中淡水和咸水的现状和来源。

2013 年，澳大利亚文森特·波斯特（Vincent E. A. Post）博士领导的一项发表在《自然》杂志的研究称，海床以下淡水和咸水含水层实际上是一种相当普遍的现象；海床下的淡水比海水咸度低很多，意味着其可依托比海水淡化更低的成本转化为饮用水。全球大陆架海床下埋藏着大约 50 万立方千米的淡水。此外，研究阐述了两种获取方法，一是建造海上平台，从海床上钻探；二是在靠近含水层的大陆或者岛屿上钻探。

2017 年，欧洲研究委员会（ERC）资助的项目"地形驱动的大气补给地下水"（MARCAN）启动，为期五年，旨在调查近海地下水在大陆边缘地貌演化中的作用。

2019 年，科学家在美国东北海岸的海底进行调查，在多孔沉积物中发现一个巨大的含水层，是当时世界上发现的最大含水层。研究称，类似的含水层可能同样存在于世界其他海岸。同年，俄罗斯卫星网报道，挪威海海底存在淡水资源。

2020 年 11 月，以德国亥姆霍兹基尔海洋研究中心（GEOMAR）为首的科学团队首次创建了全球近海海底淡水数据库，涉及 170 多个 OFG 储备地点。根据发表在《地球物理学评论》的一项研究报告，全球近海海底淡水资源储量约为 100 万立方千米，是黑海的 2 倍。2021 年 8 月，由 GEOMAR 和马耳他大学组成的国际研究小组发现马耳他海岸附近存在地下水。

2021 年，荷兰科学家们使用了大量（2784 个）计算机模型模拟了 116 个沿海地区，估计地下水资源的总量为 110 万立方千米，约占陆地上可发现地下淡水的 10%，并表示该研究不是第一次估计近海海底淡水的储量，但是首次以一致和定量的方式囊括几乎整个全球海岸。由于研究没有包括石灰岩层，因此估计的地下水量可能偏低。该研究是由荷兰科学研究组织（NWO）资助的。

第三节　我国相关研究进展

我国干旱缺水严重，水资源总量虽多，但人均量匮乏。早在 20 世纪 80 年代，我国就有关于海底淡水的研究，如《黄渤海海底地下淡水资源探讨》。之后 30 年我国关于 OFG 的研究较少，大多集中在海底地下水排泄（SGD）领域[1]，如 SGD 观测方法及环境影响、SGD 定量化研究。但国内外多个研究表明我国 OFG 储备较丰富，如上海、嵊泗列岛等地区，因此近 10 年我国相关研究也多围绕这些地区。2007 年，我国首次在海域打出地下淡水，地质勘查表明嵊泗海域海底以下 300 米存在可利用淡水层。2010 年，中国煤炭地质总局第一勘探局《嵊泗海域地下淡水资源开发利用方案评价》一文提供了两个开采方案，方案 1 在第 I 承压含水层和第 III 承压含水层分别布置 10 口井，两含水层同时开采；方案 2 在第 I 承压含水层布置 15 口井，第 III 承压含水层布置 10 口井，两含水层同时开采[2]。结论显示，方案 1 和方案 2 开采量相同的情况下，都能使第 I、第 III 承压含水层地下水位稳定在含水层顶板之上，地下水源地处于相对均衡状态，含水层均不会产生疏干性开采，但从水位约束角度来说，方案 2 优于方案 1[3]。2011

---

[1] SGD 指陆地来源的地下水通过海床和基岩裂隙进入海岸带水体的过程。
[2] 张莱，等.嵊泗海域地下淡水资源开发利用方案评价[J].中国煤炭地质，2010.
[3] 周波，等.嵊泗列岛水资源评价规划三维数值模型[J].勘察科学技术，2010.

年，发表在《地质论评》上的文章《舟山北部海域海底淡水资源研究》发现，中国近海海域第四纪地层中具有丰富的海底淡水资源可供开采利用①。此外，2019年，鲁春晖②教授首次提出了一种可以增加海岛地下淡水资源储量的方法，在海岛外部区域填埋一层低渗透性介质材料，可阻止海水入侵，显著增加海岛地下淡水储量。2023年6月，香港大学地球科学系冲生等在《自然通讯》上发表《珠江口及陆架中近海海底淡水是一种重要的水资源》一文，研究使用了近海水文地质学、孔隙水地球化学、海洋地球物理反射以及古水文地质模型，在珠江口及其邻近大陆架发现了静态体积为575.6±44.9立方千米近海淡水水体，其淡水延伸至近海55千米。

第四节　OFG未来研究走向以及我国如何应对

虽然OFG可作为淡水的替代来源，但其还有诸多问题有待研究解决，例如确定OFG水体的分布、范围和规模、地质环境对OFG空间分布的影响、OFG如何应对气候变化等。未来的研究应侧重于通过采用特定地点的建模和监测来解决这些问题。

以上研究如切实可行，可缓解我国沿海地区用水压力，避免沿海淡水资源开发存在"灯下黑"。建议未来自然资源部加强该领域调查研究，进一步探索水资源开采技术与示范应用。一是开展全国摸查评估，对重点地区进行摸底，建立OFG储备清单，对其是否可作为我国水资源战略储备开展相关研究；二是对OFG开发成本和环境影响以及其他开采活动对OFG水层的影响开展针对性研究；三是多方验证新提出的开采方案，检验其是否具有可行性；四是跟踪国外最新动态研究，掌握OFG勘探和开发的新技术、新方向。

---

① 张志忠，等.舟山北部海域海底淡水资源研究[J].海洋地质前沿，2012.
② 鲁春晖.曾任河海大学水文资源与水利工程科学国家重点实验室副主任，现任长江保护与绿色发展研究院常务副院长。

第八章 国际社会关注多重压力源对海洋生态系统的影响

人类健康和福祉与海洋生态系统和服务密切相关。然而，海洋正受到来自不同时空尺度的累积压力。随着人类海洋活动规模扩大，带来的影响日益增多，海洋变暖、酸化、脱氧、富营养化以及热浪等极端事件增加，使海洋生态系统健康面临多重压力。这些压力源可分为不同类型，有些是局部和暂时的，如偶发性营养径流、上升流引起的脱氧、有害藻华造成的毒素积累等；有些则是全球性、持续性和永久性的，如海洋变暖和酸化等。当存在多重压力源时，压力源之间通常会发生相互作用，其综合影响远大于单一影响的总和。

第一节 "海洋十年"致力于应对多重海洋压力源挑战

联合国"海洋科学促进可持续发展十年"（以下简称"海洋十年"）提炼出 10 项挑战，其中挑战 2 就是要了解多重压力源对海洋生态系统的影响，并制定解决方案，在不断变化的环境、社会和气候条件下，监测、保护、管理和恢复生态系统及其生物多样性。

一、"海洋十年"报告多次提及多重海洋压力源及其解决方案

如何进一步了解并应对多重海洋压力源带来的一系列影响已成为"海洋十年"的关注重点。2022 年，联合国教科文组织及"海洋十年"陆续发布《2021—2022 年"海洋十年"进展报告》《联合国海洋科学促进可持续发展十年对实现〈2030 年可持续发展议程〉的贡献》和《海洋科学促进生物多样性养护和可持续利用："海洋十年"如何支持〈生物多样性公约〉及其"2020 年后全球生物多样性框架"》等多份报告，强调多重海洋压力源对生态系统造成的威胁，并探求如何通过"海洋十年"相关计划与项目提升公众认识、解

决潜在危害。

一是呼吁各方重视多重压力源挑战的紧迫性。《2022 年海洋状况报告（试行版）》《联合国非洲海洋十年：非洲需要的海洋科学》等多份报告指出，受海洋酸化、脱氧、气候变暖、富营养化、环流变化、栖息地破坏、外来物种入侵、水下噪声和海洋污染各种类型压力源的相互作用影响，海洋生态系统结构和功能面临被破坏的风险。不同地区的压力源规模和组合情况有所不同，例如已有研究显示，非洲地区超 40% 的海洋环境已受到多重压力源影响；再如自 20 世纪 80 年代末以来，全球表面海洋 pH 平均为 $0.017\sim0.027$pH 单位，而沿海地区观察到的海洋酸化情况则更加复杂，因为除了吸收大气中的二氧化碳，沿海地区还受到淡水流入、营养盐输入、温度变化、生物活动等压力源干扰。

二是强调弥补知识差距是应对多重压力源挑战的关键。当前，人们尚不清楚多重压力源对海洋生物多样性的累积影响，在海洋生物多样性分布情况、多重压力源造成的生物多样性丧失的速度、多重压力源临界点情况、如何使某些物种和生态系统对多重压力源更具复原力等方面知之甚少。亟须填补多重压力源对海洋生态系统影响的关键知识空白，在改进传感器、技术等监测压力源的标准化方法的同时，提高对于这一问题的海洋意识，利用相关信息更好地规划海洋空间规划和海洋保护区建设等管理行动。

三是指出"海洋十年"下相关行动可推动解决多重海洋压力源问题。2022 年 6 月，"海洋十年"发布首份进展报告，总结 2021 年 1 月至 2022 年 5 月"海洋十年"进展的成果信息，涉及有助于实现"海洋十年"愿景的 31 个全球项目、近百个计划、近 300 次研讨和活动等。其中，海洋多重压力源成为已批准的"海洋十年"方案所涉及的重要主题，项目和计划的范围涵盖珊瑚礁复原力提升以及应对海洋脱氧、海水酸化、水下噪声等多重海洋压力源问题的解决方案。"海洋十年"承诺今后将推出更多的变革性海洋科学解决方案，通过试点区域重点合作伙伴关系，增加投资，开发海洋生物多样性观察系统，提高对气候、海洋、生物多样性之间关系以及多重海洋压力源影响的理解，帮助各国减轻并适应多重海洋压力源的影响。

二、"海洋十年"行动推动多重海洋压力源解决方案实施

"海洋十年"于 2022 年 6 月、9 月和 11 月陆续批准一系列新的十年行

动，涉及生态系统健康、海洋观测、海啸预警系统、海洋素养、支持决策等议题。目前，累计约十余个项目和计划涉及多重海洋压力源解决方案，根据应用实施范围，可具体划分为全球、区域及国家三个层面。

（一）全球层面

在全球层面，具有代表性的项目和计划有"海洋生物2030""全球海洋氧气十年""获得应对多重压力源"的知识等。这些行动大多通过建立全球系统、合作网络或召开研讨会等方式，保障全球科研人员与地方社区能够开展协调一致的行动，监测气候变暖、酸化、污染、脱氧、噪声等一系列多重压力源对海洋生物、海洋生态系统的影响、干扰与潜在级联效应，升级全球海洋观监测系统，探究生态阈值以避免到达生态临界点，弥补人们对于生态系统及其对多重压力源反应的知识空白，进而改变各方感知、保护和管理海洋生物的方式，有助于制定多重压力源下监测、保护、管理和恢复海洋生态系统及其生物多样性解决方案。

（二）区域层面

在区域层面，北大西洋、东南大西洋、太平洋、地中海、黑海、波罗的海、北海、北极等全球多个主要海域的科研人员及利益攸关方都关注多重压力源。通过组织协调区域内的海洋科学研究，开展近岸调查以及对海洋生物的远程跟踪，确定多重压力源与物种分布、生产力、群落组成间的相互作用，开发新气候模型评估多重压力源对脆弱海洋生态系统及生物多样性的影响，实现对区域多重压力源累积趋势可视化和预测。具有代表性的行动包括"北极海洋生态系统的压力源""一个海洋中心研究计划""支持可持续发展的太平洋之路：综合办法""巴芬湾海洋学和生物多样性项目"等，一些项目已开展试点工作，识别海洋环境和生态系统服务受气候变化等多重压力源的影响情况，还包括多重压力源对社会、经济和可持续发展目标实现的影响。

（三）国家层面

在全球性、区域性项目和计划的引导下，多国意识到亟须在海洋观监测与海洋管理中综合考虑多重压力源的影响。其中，"新西兰综合海洋观测系统"项目对本国海洋观测系统进行改造升级，将陆海生态连通性和相关的压力因素（如沉积、污染物）、海洋资源可持续开采、海洋状态的多尺度驱动因素、海上运输等多方面内容纳入海洋观测活动。

第二节　IOC 报告提出多重海洋压力源解决方案

作为"海洋十年"实施的协调机构，联合国教科文组织政府间海洋学委员会（IOC-UNESCO）于 2022 年 3 月发布《多重海洋压力源：面向决策者的科学总结》报告，阐释多重海洋压力源的概念，强调多重海洋压力源研究和基于生态系统的管理对"海洋十年"的重要性，阐明多重海洋压力源的相互作用以及应对累积压力的方案，为决策者和利益攸关方提供科学参考。

一、报告强调研究多重海洋压力源的必要性

深入了解多重压力源对海洋的影响，将有助于推动实现"海洋十年"的预期成果，尤其是在以下三个方面：①健康且有复原力的海洋。多重海洋压力源的累积威胁危及海洋生物复原力，并破坏海洋健康。②物产丰盈的海洋。海洋压力源影响海洋资源提供的食物供应，若不对捕捞和水产养殖进行可持续管理，其也可能成为海洋压力源。③可预测的海洋。多重压力源相互作用且机制复杂，若不了解这些压力源，就无法预测其构成的威胁，也无法制定促进海洋可持续发展的措施。

加之，多重海洋压力源对海洋生物和生态系统功能的累积影响及其相互作用不甚明确，且确定多重海洋压力源并了解造成海洋不利变化的潜在过程非常复杂，应对多重海洋压力源及其相关过程的研究尚处于早期阶段。现有研究多侧重于单一物种或生物群体以及单一压力源的影响，关于多重压力源对生态系统的影响研究非常有限。基于生态系统的管理高度重视海洋生态系统的复杂性和关联性，可减少人类活动的负面影响，是解决累积压力源对海洋生态系统影响的理想科学方法。

综上，有必要监测、了解和量化多重压力源对海洋生态系统的累积影响，这有助于确定优先事项并评估相关行动，从而制定基于生态系统的管理策略，以支持有关减少海洋压力源及其累积影响的决策。

二、报告提出优先科学事项和科学应对的指导性问题

面向未来，优先事项包括：①确定对海洋生态系统影响最大的关键压力源、时间变化及其控制要素。②加深关于所有地区累积压力源对海洋生物影响的认识，包括暴露于这些压力源的程度。③基于现有技术能力、人力资源和多重压力源对海洋生态系统的威胁程度，制定并实施创新行动，适当消减多重海洋压力源的驱动因素及其影响。

科学应对海洋压力源的指导性问题有四组：一是更好地认识多重海洋压力源，包括各个地区的主要压力源是什么？这些压力源的时空尺度和时间序列是什么？多重海洋压力源对海洋生物的影响机制是什么？二是应对多重海洋压力源影响的策略，包括恰当的地方、区域或全球策略是什么？如何组合才能达到最佳效果。三是沟通，包括如何确保多利益攸关方最有效和最广泛地利用科学数据和信息。四是政策行动，包括如何以最佳方式实施并协调应对多重压力源影响的策略。

三、报告提出解决多重压力源须采取的四大行动

一是海洋素养和管理。开展创新研究，以了解人类活动产生的多重压力源对海洋健康的影响。用易懂的语言解释压力源、驱动因素和相互作用等术语，以加深决策者、私营部门、当地社区和广大公众对多重压力源的认识。在提升科学能力的同时，继续研究多重海洋压力源的影响机制与进程。制定简单明确的最佳实践指南，改进生物地球化学生态系统建模、监测和指导计划，以调整观测结果，并鼓励将多重压力源纳入考量要素。近年的例子包括全球海洋酸化观测网络（GOA-ON）和全球海洋氧气网络（GO$_2$NE）。

二是研究战略和优先事项。识别并监测关键地点的压力源及其时间尺度，如生态和经济价值高的地点、易受海洋变化影响的地点、人为影响程度不同的地点等。采取基于最佳实践、试验和建模的持续性海洋观测方法。虽然这些行动只针对一部分压力源，如沿海地区的营养物输入、海洋氧气和 pH 值变化等，但可在 GOA-ON、GO$_2$NE 等现有海洋监测研究的基础上开发新工具。了解海洋物种和生态系统对压力源的敏感性和承受度阈值，涵盖当前及未来自然变化的各种环境条件。加深对压力源的生物响应

性以及压力源如何通过相互作用改变行动模式的理解。识别和开发解决方案，以消减多重压力源的影响。

三是共享数据、知识和信息。与全球社区共享多重海洋压力源观测数据和研究信息。与评估不确定性相关的元数据和背景等信息有助于评估管理决策。遵循可查找、可访问、可互操作和可重复使用（FAIR）原则，对有助于识别多重海洋压力源相互作用及其影响的数据和信息进行管理，以便查找、获取和传播。根据现有科学信息，评估压力源并提供决策支撑工具，将有助于制定未来的减缓和适应策略。

四是管理影响和应用。在适当的时空尺度应用相关研究成果和解决方案。应注重多重压力源行动，如建立海洋保护区等；同时，考虑到单一压力源的重要性和地区能力差异，减缓行动也可侧重于减少某个驱动因素的影响，如二氧化碳排放或污水处理等。各利益攸关方的适应行动须结合具体压力源，行动内容针对的对象应包括海洋保护区、抵御力较强的水产养殖物种、海岸保护和基于生态系统的管理等。

第三节　多方采取行动应对多重海洋压力源及其影响

国际组织发布的相关报告已引发多国对于解决多重海洋压力源问题紧迫性的重视并陆续采取行动，包括基于相关模型与指数对多重压力源风险进行预测评估，协同制定研究框架、共同实施研究项目。

一、各国采用多种方法评估预测多重海洋压力源及其风险

美国、德国、瑞士等多国已意识到多重压力源对海洋生态的潜在风险，开展多方面研究。一是探究不同压力源间的相互作用机制。瑞士伯尔尼大学研究发现，海洋热浪和海洋极端酸化往往同时发生，并首次量化了此类"复合事件"的频率和驱动因素。在亚热带海域，海洋热浪和海洋极端酸化同时发生是由于高温下海水酸度增加造成的。但若温度升高导致酸度更强的表层海水与次表层海水的混合减少，酸度也会降低，复合事件频率也随之降低。二是预测多重压力源对海洋生境的影响。美国夏威夷大学的研究人员利用气候耦合模型相互项目的第五阶段实验（CMIP5）模型，对到2100年海面温度、海洋酸化、热带风暴、土地利用和人口五种环境压力源

的情景进行分析预测。结果表明，到2035年，多重压力源将造成珊瑚礁处于不适宜的环境中，全球约一半的珊瑚礁将遭受不可挽回的破坏；到2055年，99%的珊瑚礁将面临至少一种压力源；到2100年，93%的珊瑚礁将面临双重或多重压力源。德国亥姆霍兹基尔海洋研究中心研究发现，随着海温上升和海洋酸化，桡足类动物体内会出现基因变体，使得其能够更好地承受环境压力，但若压力源不断叠加，如在海温升高、海洋酸化的同时还面临缺氧或食物不足问题，桡足类动物的新陈代谢将面临很大压力，影响其对海洋环境的适应能力。美国史汀生中心通过气候和海洋风险脆弱性指数进行风险评估同样发现，海岸带地区面临着海洋酸化、海平面上升以及陆源污染等多重压力源。挪威高北气候与环境研究中心宣布启动五项北极长期研究计划，其中一项为高北生态系统多重压力源的影响计划，旨在研究气候变化、环境污染、物种入侵和人类活动如何共同影响高北地区的生态系统。三是进一步衍生保护框架。澳大利亚昆士兰大学圣卢西亚分校等机构领导的研究发现，全球超4.5万个物种面临包括气候变化、海洋污染、渔业捕捞等压力源威胁，并在此基础上提出了海洋物种脆弱性框架，以支撑如何优先分配资源，保护脆弱物种的相关决策。

二、多方强化合作着力共同应对多重压力源挑战

海洋的生态连通性、压力源相互作用的复杂性使得各方进一步加强在多重压力源应对方案方面的合作。一是发起宣言联合开展行动。欧盟、阿根廷、巴西、加拿大、佛得角、摩洛哥、南非和美国共同签署《全大西洋研究和创新宣言》，寻求监测、保护和恢复海洋生态系统和生物多样性，增强其适应气候变化和其他自然和人为压力源的能力。二是制定应对多重压力源的研究框架。在挪威特罗姆瑟举行的"北极前沿会议"以"将科研转化为可持续北极政策——应对多重压力下的北极生态系统问题"为主题，代表在会议期间深入讨论如何应对多重因素引发的北极生态系统压力，形成能够抵御多重压力的可持续北极生态系统，并探讨继续推进"评估多重压力对北极生态系统影响的综合风险评估框架"，框架由挪威、加拿大、法国和澳大利亚的科研机构共同合作参与制定。三是实施合作项目。欧盟哥白尼海洋环境监测中心发起"非洲海洋挑战"项

目，旨在利用海洋观测数据制定海洋科学解决方案，开发创新和变革性的产品和服务，改善因气候变化和人类活动等压力源带来的挑战与威胁。"南大洋"观测系统和全球海洋酸化观测网络呼吁建立"南大洋"海洋酸化合作中心，提供跨学科的专业知识，确定海洋酸化、气候变暖、海冰范围、捕鱼压力等其他压力源在影响"南大洋"生物方面的叠加作用。

第九章　挪威斯瓦尔巴群岛渔业保护区争端分析及对我国参与北极事务的启示

英国脱欧后，挪威向欧盟分配了斯瓦尔巴群岛（简称"斯岛"）海域17 885吨鳕鱼捕捞配额，但欧盟在该海域授予成员国28 341吨鳕鱼捕捞配额，比挪威授予欧盟的配额总量多出约10 000吨，再次引发关于挪威斯岛渔业保护区争端以及1920年《斯瓦尔巴条约》（又称《斯匹次卑尔根群岛条约》，简称《斯约》）适用范围争议的关注和讨论①。《斯约》是我国参与北极事务的主要法理依据，斯岛是我国北极活动的重要空间和平台，充分掌握关于斯岛的海洋争端并分析其背后原因，有助于我国更好地参与北极事务。

第一节　挪威建立斯岛渔业保护区引发争端

一、挪威依据主权主张曾有意在斯岛附近海域建立专属经济区

挪威1976年12月颁布《经济区法令》，决定建立200海里专属经济区，并于1977年1月在其大陆附近海域建立专属经济区。同时，《斯约》第一条规定，缔约国保证根据本条约的规定承认挪威对斯匹次卑尔根群岛和熊岛拥有充分和完全的主权。挪威政府认为，《斯约》赋予其斯岛陆地及领海主权，挪威有权在斯岛周围海域建立专属经济区。由于《斯约》缔结时，专属经济区概念尚未出现，就在斯岛周围海域建立专属经济区合法性及《斯约》能否适用于专属经济区的问题，缔约国与挪威产生巨大分歧。

---

① 挪威贸易、工业和渔业部和挪威外交部认为："欧盟在挪威设立的渔业保护区擅自授予捕捞配额，这侵犯了挪威根据《联合国海洋法公约》享有的主权。"

二、挪威妥协后建立的渔业保护区具有事实上的部分专属经济区权限

经权衡与《斯约》缔约国等利益攸关方的关系后，挪威作出妥协，并于1977年6月发布《斯瓦尔巴群岛渔业保护区条例》，宣布在斯岛周围海域建立200海里渔业保护区，以保护和管理海洋生物资源。根据《斯瓦尔巴群岛渔业保护区条例》，俄罗斯、冰岛、英国、格陵兰（丹麦）、法罗群岛（丹麦）、西班牙、法国、波兰、德国等在斯岛海域有历史捕捞记录的国家基于历史捕捞记录可以在渔业保护区内进行捕捞；挪威渔业管理部门负责划定禁捕区、设置捕捞总量、确定捕捞配额等；挪威海岸警卫队负责渔业监督和执法。近年来，挪威通过控制捕捞许可、提高审批标准等方式不断强化其管辖权，限制和压缩其他缔约国的活动空间。例如，2015年挪威政府颁布的"雪蟹捕捞禁令"，明确禁止在挪威大陆架区域捕捞雪蟹，获得挪威政府颁发许可证的除外。但最后实际上挪威只给本国渔民颁发了许可证。

三、斯岛渔业保护区的合法性存疑

《斯约》第二条规定所有缔约方的船舶和国民在第一条规定的领土及其领水中均享有捕鱼和狩猎的权利，第三条规定在遵守当地法律和法规的前提下，缔约国国民可以在绝对平等的基础上进行所有海洋、工业、矿业和商业活动。实际上，挪威建立渔业保护区是在变相行使渔业资源的专属管辖权，此举一方面是为了避免设立专属经济区引发缔约国之间平等权利适用的争论，另一方面是想从根本上避免《斯约》在渔业保护区海域的适用，以此限制其他缔约国争夺海洋生物资源。《斯约》适用范围的不确定性导致斯岛渔业保护区的合法性存疑，挪威管辖权能否延伸到领海以外的海域存在极大争议。

第二节 各国关于挪威建立斯岛渔业保护区的立场有别

根据自身战略考量与经济利益，《斯约》缔约国赞同挪威采取措施养护斯岛周围海域的海洋生物资源，但反对挪威建立渔业保护区并限制其他缔

约国的平等权利。

一、俄罗斯明确反对挪威建立渔业保护区

斯岛对俄罗斯具有重要的军事、经济和战略价值。挪威大陆北部至斯岛南部之间的水域，是俄罗斯北方舰队进入大西洋的重要通道。斯岛周围海域的渔业、油气等生物和非生物资源，对俄罗斯十分重要。斯岛周围海域是俄罗斯渔民的捕鱼区域之一，但近年来挪威在斯瓦尔巴群岛渔业保护区偶尔逮捕俄罗斯渔船，并对使用违禁渔具或捕捞受保护物种的船主予以处罚，引发俄罗斯不满。因此，俄罗斯明确反对挪威在斯岛周围海域建立渔业保护区，并多次指责挪威侵犯其在斯岛及其周围海域的权利。

二、其他缔约国对挪威建立渔业保护区持保留态度

英国、丹麦、冰岛、荷兰、西班牙等认为，挪威可以划定渔业保护区，但挪威并不拥有保护区内的资源专属权利，其利用资源要符合《斯约》规定，不能限制其他缔约国的平等权利。法国和德国表示，保留根据《斯约》自由进入、公平开发斯岛专属经济区和大陆架的权利。芬兰和加拿大曾支持挪威建立渔业保护区并行使管辖权，但随着资源争夺的加剧，态度逐渐由支持转变为有限支持。

三、欧盟对挪威建立渔业保护区未有官方明确表态

近年来，挪威与欧盟多次因斯岛海域捕捞配额问题发生冲突。例如，2018 年欧盟为成员国颁发斯瓦尔巴群岛周围海域的雪蟹许可证引发挪威不满，挪威扣押了欧盟的一艘雪蟹捕捞船；2021 年挪威单方面减少欧盟斯瓦尔巴群岛海域的鳕鱼捕捞配额，为此欧洲渔业联盟、欧洲渔业协会计划对挪威政府提起诉讼。欧盟虽不是《斯约》的缔约方，但是大部分欧盟成员国是《斯约》的缔约国①，欧洲议会曾多次讨论挪威对《斯约》所做解释的合法性及欧盟是否承认挪威建立的渔业保护区等问题，但未有官方明确表态。此外，除维护成员国渔业利益外，欧盟越来越注重北极事务，意图以斯岛

---

① 目前有 46 个国家签署了《斯约》，其中 20 个国家是欧盟成员国(欧盟现有 27 个成员国)，包括：奥地利、比利时、保加利亚、捷克、丹麦、爱沙尼亚、芬兰、法国、德国、希腊、匈牙利、意大利、拉脱维亚、立陶宛、荷兰、波兰、葡萄牙、罗马尼亚、西班牙、瑞典。

生物资源养护与利用问题为抓手，积极参与北极治理，提升欧盟在北极地区的影响力。

第三节　斯岛渔业保护区争端的国际法分析

随着 1982 年《联合国海洋法公约》赋予沿海国新的海洋权利，斯岛及其周围海域受到《斯约》和《联合国海洋法公约》两个国际条约的规制。《斯约》的适用范围是否包括专属经济区和大陆架，这实际上是条约适用冲突的问题。

一、挪威主张依据《联合国海洋法公约》享有斯岛渔业保护区的专属管辖权

《斯约》明确挪威拥有斯岛的主权，有权制定管理斯岛的法律法规并进行执法活动。挪威认为《斯约》未提及领海以外的海域，但《公约》赋予沿海国在专属经济区和大陆架内享有对自然资源的主权权利，因此主张对斯岛领海以外的海域享有专属管辖权，其他缔约国应当遵守挪威的国内法规定。

二、其他缔约国依据《斯约》的公平制度，驳斥挪威的专属管辖权

《斯约》序言规定："希望在承认挪威对斯匹次卑尔根群岛，包括熊岛拥有主权的同时，在该地区建立一种公平制度，以保证对该地区的开发与和平利用。"结合《斯约》的缔约意图，即平衡挪威的主权与其他缔约国的开发利用权利以及海洋权利的来源，即海洋权利源于沿海国对陆地的主权。当挪威基于《斯约》赋予的受限制主权拓展新的海洋权利时，其主张的新海域理应适用《斯约》。挪威在斯岛渔业保护区的专属管辖限制和影响了其他国家的捕鱼权，是对平等权利的实质性损害。

三、通过条约解释协调《斯约》和《联合国海洋法公约》的法律适用冲突问题更加合理

条约解释具备充足的法律依据，符合法理。根据《维也纳条约法公约》

序言"条约争端与其他国际争端同，皆应以和平方法且依正义及国际法原则解决"以及第三十一条"条约应依其用语按其上下文并参照条约之目的及宗旨所具有的通常意义，善意解释"的条约解释规则，应当通过善意解释解决不同条约的适用冲突问题。一方面，按照缔约宗旨确定《斯约》的适用范围，即挪威依据《斯约》享有斯岛主权，同时挪威对斯岛主权予以让渡，各缔约国公平享有斯岛利益，因此《斯约》的适用范围应当包括斯岛渔业保护区。另一方面，通过善意解释，缔约国有权在斯岛渔业保护区内依法享有平等权利。同时，运用国际法妥善处理渔业保护区争端，可成为《斯约》争端解决的有利判例，为《斯约》缔约国在斯岛维护合法权益奠定基础。

第四节　斯岛渔业保护区争端对我国 参与北极事务的启示

虽然挪威政策文件的表述并不排斥与我国深入开展北极合作①，但行动上挪威严格的船舶航空管制和科考管理措施等大幅增加《斯约》缔约国北极活动的难度和成本。例如，2015年挪威对斯瓦尔巴群岛及其周围海域全面实施"重油禁令"；2017年挪威将斯瓦尔巴机场由"国际级"降为"国内级"，国际航班无法直达斯瓦尔巴群岛；2019年挪威颁布《新奥勒松科考站研究战略》严格管理和约束其他缔约国的科考活动；2020年挪威拟修订《斯瓦尔巴环境保护法》，对在斯岛周边海域航行的船舶规模进行限制。综合来看，挪威对斯瓦尔巴群岛及其周边保护区海域活动的管理愈发严格，将对《斯约》缔约国提出更多挑战。

一、在斯岛渔业保护区争议上与多数缔约国保持一致立场，坚持在斯岛及其周围海域享有平等权利

《斯约》缔约国应主张在国际法框架下解决关于斯岛的海洋权益争端。

---

① 2021年挪威发布高北地区白皮书《人民、机遇及挪威在北极的利益》指出："挪威在尊重国际法和现存合作框架的基础上支持与中国和其他非北极国家开展合作。挪威还支持中国参与北极理事会的工作组，特别是气候和环境问题的相关工作组。中国作为重要的排放国之一将在寻求相关问题的解决方案中发挥重要作用。挪威和中国的极地研究团体之间有着悠久的对话传统。挪威政府认为，重要的是要确保挪威在北极和其他地方奉行清晰、一致的对华政策。对于中国在北极地区担当的角色，挪威政府将开展细致的、基于事实的探讨。"

我国不应挑战斯岛渔业保护区的法律基础，但可根据 2018 年《中国的北极政策》白皮书"《斯约》缔约国有权自由进出北极特定区域，并依法在该特定区域内平等享有开展科研以及从事生产和商业活动的权利，包括狩猎、捕鱼、采矿等"。在政策文件和适当的外交场合中明确"北极特定区域"包括斯岛渔业保护区，表明我国在该区域平等享有自由进出、开展科研以及从事生产和商业活动的权利。

二、重视斯岛周围海域科学考察，通过联合科考活动加强北极活动的有效性

目前为止，我国"雪龙"号科考船仅在 2012 年和 2017 年途经斯岛周围海域，并未开展科考活动，而俄罗斯和主要欧洲国家持续参与斯岛陆地科考观测，建立科考站等基础设施，积极探索周围海域科考，努力谋求斯岛及周围海域科考平等权。因此，我国应重视斯岛的科考活动，并拓展斯岛陆地和近海的科考合作对象。例如，俄罗斯巴伦支堡定居点科考活动区域位于俄斯岛定居点内，受挪威斯岛科考收紧政策影响有限；瑞典因与挪威签订有双边科考协议，其在斯岛北部科考站运行未受影响；波兰与挪威关系密切，波兰深挖斯岛科考历史，利用国际极地年发起斯岛科考活动，积极与俄罗斯、欧洲等传统斯岛科考国合作推进波兰斯岛科考并建立科考站；德国和法国联手共享新奥勒松及周边科考设施和观测装备，合理推进斯岛科考。

三、把握挪威政策动向，必要时《斯约》缔约国应启动斯岛科考条约的多边协商

《斯约》缔约国有权反对挪威以"合法的方式"限制他国在斯岛及其周围海域的合法权利。因此，我国应密切关注挪威斯岛管理政策和措施的变化以及各缔约国的海洋权益诉求动态，必要时应与其他《斯约》缔约国强化合作，就《斯约》中的科考条款补充缔结新的协议，即《斯约》第五条"缔约国认识到在第一条所指的地域设立一个国际气象站的益处，其组织方式应由此后缔结的一项公约规定之。还应缔结公约，规定在第一条所指的地域可以开展科学调查活动的条件"。

第十章 美国全面提升北极的战略优先级

美国政府注意到北极地区在全球变暖背景下的战略、经济以及资源价值不断提升，2019年以来，国防部、国土安全部、各军种及其他政府部门接连发布各类北极战略、计划等，持续巩固美国在北极的战略地位。为应对国内外新形势、新动态，美政府意识到必须推出一项统筹一致且目标明确的北极行动指导框架，作为对2013年《北极地区国家战略》的更新。10月7日，美国白宫发布新版《北极地区国家战略》（简称《北极地区战略》），这是美国政府第二份北极战略，提出安全、气候变化和环境保护、可持续经济发展、国际合作与治理四大支柱和13个战略目标，制定五项指导原则，全面提升北极的战略优先级。

第一节 美国军政各界持续布局北极

除发布《北极地区战略》外，2022年，美国军政各界也在稳步推进北极事务，提升美国的北极存在。

美国国会不断渲染中俄持续增长的北极存在，以加大本国在北极的资金和资源倾斜。3月，国会研究局提交《北极的变化：供国会参考的背景及问题》报告指出，美、俄、中大国竞争加剧北极地区地缘政治紧张局势。5月，美国防部长劳埃德·奥斯汀（Lloyd Austin）在众议院拨款委员会听证会上表示，美国是北极国家，北极地区对美国意义重大，未来美国将重点关注北极地区，并提供所有必要的资源。8月，美国参议院北极核心小组提出一项覆盖北极地区国家安全、航运、研究和贸易等领域的《北极承诺法案》，旨在减少俄罗斯在北极地区的航运垄断，并通过海岸警卫队和海军实现美国在北极的全年存在，法案呼吁对研究和基础设施进行大量投资，包括俄罗斯以外其他北极国家和美国国内的深水港，并与冰岛建立自由贸易协定。

以美国国防部为代表的政府职能部门积极寻找自身在北极地区的短板并逐步提升北极战略部署与治理能力。4月，美国防部监察长发布报告，评估美国在北极和亚北极地区军事基地的气候复原力，指出美军北极基地在适应气候变化的长期影响方面并未做好准备。8月，美国泰德·史蒂文斯北极安全研究中心在安克雷奇的埃尔门多夫-理查森联合基地正式成立，该中心开展有针对性的北极安全研究，以推进国防部在北极地区的优先事项，并在此问题上与其他国家建立联系。同月，国务院发表声明称，拜登总统计划设立北极大使一职，以取代此前的北极事务协调员。9月，美国国防部宣布成立一个新的北极战略与全球复原力办公室，以增进美国对北极安全的关注，新办公室将由新上任的负责北极与全球复原力的国防部副助理部长艾瑞斯·弗格森（Iris Ferguson）领导。该办公室的主要职能包括：减轻气候变化对军事基础设施的影响；协调美国北方司令部、印度太平洋司令部和欧洲司令部的北极行动政策，帮助军方确定北极地区的优先事项；与盟友和合作伙伴发展更深入的伙伴关系；监督泰德·史蒂文斯北极安全研究中心以及加强国防部范围内的北极训练。10月，美国白宫除发布新版《北极地区战略》外，还发布了《国家安全战略》，将北极地区作为七个战略地区之一，提出要维护北极地区和平，寻求建立一个和平、稳定、繁荣与合作的北极地区；提升美国北极存在并维护地区安全；维持北极理事会和其他北极机构；建立抵御和减缓气候变化的能力；投资基础设施，改善生计；加强在关键矿产领域的投资。11月，美国能源部发布北极战略，将推进北极能源、科学和安全作为目标，该战略概述了能源部与北极利益攸关方（从原住民到国际合作伙伴）的协调，以应对北极挑战，确保能源公平，并共同制定解决方案。

美国军方则根据各军种之前出台的北极战略要求，不断增加在北极的军事部署。3月，美国海军在北冰洋举办2022年冰原演习（ICEX 2022），并邀请民间及军方科学家共同参与，旨在研究、测试和评估北极地区的作战能力。6月，美国陆军重启驻扎在阿拉斯加的第11空降师，共计12 000人，专门负责北极作战任务。12月，美国与格陵兰岛签订关于图勒空军基地的新协定，丹麦国防学院战略与战争研究系教授马克·雅各布森（Marc Jacobsen）认为协定表现出美国对北极地区日益增加的兴趣，出于对中国、俄罗斯的忌惮，美国正在重新对北极进行军事武装。该协议于2023年生效，12 年内投资额达 280 亿丹麦克朗，而此前的协议内容为 7 年内投资 24 亿丹麦克朗。

第二节　美国明确未来十年北极地区战略规划

一、《北极地区战略》四大战略支柱

《北极地区战略》确定了相辅相成的四大战略支柱，以推进未来十年各项北极政策。

一是安全。通过加强捍卫美国北极利益所需的能力，抵御美国及盟友面临的威胁，强化北极存在，保卫美国主权领土。《北极地区战略》在"安全"项下提出三个战略目标：第一，提高北极感知和观测能力。第二，加强军事存在、扩大海岸警卫队破冰船舰队及巩固安全基础设施等。第三，与盟友和合作伙伴扩大信息共享、增加演习，防止意外风险升级等。

二是气候变化与环境保护。建立复原力，提升适应能力，同时减少排放。《北极地区战略》在"气候变化与环境保护"项下提出四个战略目标：第一，提高原住民社区适应和气候适应能力。第二，实施国际倡议以减少北极地区的排放。第三，强化气候变化研究，支持基于科学的决策。第四，养护和保护北极生态系统，探索基于自然的解决方案，预防和应对北极石油泄漏及其他环境灾害所需的能力。

三是可持续经济发展。改善北极地区的居民生计，扩大经济机遇，支持整个北极地区的高水平投资和可持续发展。《北极地区战略》在"可持续经济发展"项下提出四个战略目标：第一，投资基础设施，探索公私伙伴关系和创新融资机制等。第二，保护原住民生活方式和文化传统。第三，发展新兴经济部门，探寻关键矿物生产潜力。第四，增加负责任投资，包括对关键矿产的投资，利用透明度和问责制等手段钳制竞争对手。

四是国际合作与治理。继续发挥在北极的领导作用，维护现有的多边论坛与法律框架。《北极地区战略》在"国际合作与治理"项下提出两个战略目标：第一，维持包括北极理事会在内的北极合作机构，推进落实和执行北极地区现有国际协议；扩大美国在其他北极机构的参与度和领导作用；寻求拓展共同利益的新伙伴关系，在北极地区维护国际法、规则、规范与标准等。第二，维护航行和飞越自由，维护主权以及大陆架界限相关权利。

二、《北极地区战略》的五项指导原则

《北极地区战略》制定了今后开展北极工作的五项指导原则，以统领实施四大战略支柱。

一是美国政府与阿拉斯加原住民部落和社区进行磋商、协调和共同管理，以确保政府公平地接纳原住民及其传统知识。

二是深化与盟友和合作伙伴的关系，美国将与加拿大、丹麦（格陵兰）、芬兰、冰岛、挪威和瑞典加强合作，并与维护北极地区国际法、规则、规范和标准的其他国家扩大北极合作。

三是为长期投资制订计划，美国将积极预测未来几十年北极地区发生的变化，为新的投资做好准备。

四是培育跨部门联盟和创新理念，美国将加强和发展私营部门联盟、学术界、公民社会以及州、地方和部落行为体，鼓励和利用创新思想以应对挑战。

五是致力于全政府参与、采用基于证据的决策，美国政府各部门和机构将共同努力实施《北极地区战略》，并采用基于证据的决策，与阿拉斯加州政府、原住民部落、社区、公司和其他组织以及美国国会密切合作开展工作。

三、《北极地区战略》与 2013 版《北极地区战略》的变化

作为 2013 版《北极地区战略》的更新，面对新形势和新挑战，《北极地区战略》有多处新变化：首先，《北极地区战略》首次提到中国，指出中国寻求通过扩大一系列经济、外交、科学和军事活动来增加其在北极的影响力；其次，随着俄乌冲突对北极地区的外溢影响，《北极地区战略》提出的北极愿景产生变化，由 2013《北极地区战略》的"和平、稳定、没有冲突的北极地区"变为"和平、稳定、繁荣和合作的北极地区"；最后，《北极地区战略》提出与盟友和伙伴强化合作，利用现有政府机构和发展项目以及扩大私营部门主导的投资，开发北极地区关键矿产。

第三节　《北极地区战略》主要特征及对北极治理形势的影响

一、《北极地区战略》主要特征

一是突出地缘战略竞争和军事对抗。《北极地区战略》将安全列为第一支柱和首要议题，并指出俄、中是北极战略竞争和紧张局势加剧的主要因素，是美国在北极地区最主要的竞争对手，强调美国在北极战略竞争中取得优势地位的必要性。同时，美国将完善和推进北极军事存在，以支持国土防御、全球军事和力量投送以及战略威慑目标。

二是强化"北极小圈子"和"排他性"合作。《北极地区战略》将国际合作列为第四支柱，但明为合作，实则排挤。美国旨在深化与盟友和合作伙伴的关系，即加拿大、丹麦（格陵兰）、芬兰、冰岛、挪威和瑞典，追求共同设置"高标准"和"严要求"。在此前提下，强调与"维护"北极地区国际法、规则、规范和标准的国家扩大北极合作，针对性明显。

三是统筹并领导国内外力量以维护美国利益。《北极地区战略》明确美国将大力增强自身在北极地区的实力和存在，强调统筹和协调联邦政府各部门和机构的北极行动，此外还多次强调协调和深化与北极盟友和伙伴的合作和共同行动，并且在合作进程中保持"领导作用"。

二、《北极地区战略》对北极治理形势的影响

一是美国依托北约增加北极军事存在或引发冲突升级。《北极地区战略》将安全议题放至首位，而 2020 年以来，美军与其北约盟国在北极地区多次举行大规模联合演习。2022 年 8 月，北约秘书长斯托尔滕贝格公开提及中俄正在形成一个挑战"北约价值观和利益"的"北极战略伙伴关系"，并提出要加强北约在北极地区的作用。因此，未来美国将加强与北约在北极地区的军事合作，北极地区将迎来更多的军演、军事设施建设以及军事部署，北极局部地区发生摩擦、冲突升级的可能性大幅提升。

二是北极理事会"分而治之"深刻影响北极国际合作。《北极地区战略》虽提出尽可能推动北极理事会工作，但多次强调俄乌冲突导致美俄在北极

地区的政府间合作"几乎不可能实现"及"将继续开放发展新的双边和多边的伙伴关系"。即使北极八国未来恢复对话，北极理事会内部也将呈现"两极对立""分而治之"。因此，可预见不排除美国将带领北约盟友和伙伴打造西方阵营为主的新"北极理事会"，对北极的国际合作和北极域外国家参与北极事务制定有利于其阵营的机制、规则和程序，甚至通过排他性、歧视性标准和规则给域外国家设置门槛和障碍。

三是塑造美国主导的北极秩序加剧北极竞争态势。《北极地区战略》表明拜登政府在北极地区既避免奥巴马"不再强调大国竞争的错误"，又避免特朗普政府不重视国际合作的"美国优先错误"，要塑造并主导有利于美国利益的区域秩序，与俄罗斯和中国展开有效竞争并管控紧张局势。因此，未来美国将就北极地区的战略存在开展针对中俄的"挑衅"、对抗或竞争。

第十一章 北约战略扩张新动向及其相关研判

第一节 北约扩张最新进展与相关动向

北大西洋公约组织(简称北约)于 1949 年成立，是一个具有典型政治、军事类型的同盟组织，该组织在几十年发展历程中实现了由对抗苏联军事的组织向全球性政治军事组织的转型。尤其是"冷战"结束后至今，北约在行动空间能力、锚定战略对手、防务功能扩展、分担责任机制等方面均实现了大幅调整与扩张。北约集团的扩张态势不但突破了国际社会基本预判，还冲击了国家间的双多边关系，并对未来的世界格局产生了影响。

第一，加速推进北极北约化进程，吸纳北极国家为成员国，寻求低调发挥实质性作用。2021 年 6 月，北约在布鲁塞尔峰会通过名为《北约 2030：团结面对新时代》的报告。该报告指出，北约正面临来自北极地区的新威胁，为此北约应加强对北极地区的态势感知与战略部署，更新其《2011 年联盟海上战略》。北约计划敦促各成员国增加国防开支，加快提升部队适应极地作战能力，不断提高其政治、军事反应能力和战备水平，并为有效参与北极事务有针对性地培养相应的冰面作战能力以及冰雪严寒环境中的基础设施操控能力等。2022 年 2 月，俄乌冲突爆发促使北欧国家改变此前的国防中立政策，转而寻求北约的集体安全保护。2022 年 7 月 5 日，北约秘书长斯托尔滕贝格分别与芬兰和瑞典两国外长签署了加入北约议定书，该文件赋予了两国北约受邀国的地位，为其后续加入北约铺平了道路。

第二，将印太地区作为战略扩张新方向，尝试进行"印太转向"，逐步加强并深化与印太伙伴国的战略接触。2020 年 11 月，北约发布《北约 2030改革报告》，提出北约将以亚太地区为重点发展"全球伙伴关系"。同年 12月，北约与日本、澳大利亚、韩国和新西兰四国首次举行外长会晤，共同商讨所谓如何平衡"中国力量崛起"。2022 年 6 月，日、澳、新、韩四国领导人首次受邀参加北约马德里峰会。日韩对与北约加深战略接触表现出浓厚的合作意向，日本外相林芳正宣称，日本欢迎北约发展与亚太国家的伙伴关系，日本愿为实现"自由开放的印太"而努力，也有意促进北约进一步参与亚太区域事务。2022 年 9 月，北约宣布将韩国驻比利时大使馆指定为韩国驻北约代表处，北约方面宣称，这是北约与韩国巩固伙伴关系的"重要一步"。此外，2022 年 5 月与 11 月，韩国与日本先后加入北约网络防御卓越中心（CCDCOE）。该中心属于国际军事组织，旨在加强北约及其成员国、伙伴国之间在网络防御领域的能力、合作并进行情报共享。

第三，北约将对华政策作为未来战略的重点调整领域，将中国明确为"系统性挑战"。2021 年 6 月，北约在布鲁塞尔峰会公报中公开宣称中国对"基于规则的国际秩序"和与北约安全相关的领域构成了"系统性挑战"。2021 年 10 月，北约秘书长斯托尔滕贝格在接受英国媒体采访时声称，"中国已经通过网络技术能力、5G 通信和远程导弹对欧洲地区乃至整个北极区域产生了重要影响，未来北约的新战略将详尽处理如何保护北约盟国免受中国崛起带来的'安全威胁'问题，应对中国崛起造成的'安全威胁'将是北约未来存在依据的重要组成部分。"2022 年 6 月 29 日，北约更新"战略概念"文件，首次将中国列为关注对象，称中国"对欧洲-大西洋安全构成了系统性挑战"，指责中国使用"广泛的政治、经济和军事工具来增加其全球足迹并投射力量，同时对其战略、意图和军事建设保持不透明"。

第二节　北约扩张新动向的战略考量

近期以来，北约表现出的战略扩张新倾向与美国全球战略的调整密不可分。拜登政府上台后，"跨大西洋主义"在美国外交政策中的权重再次增加，美国试图以北约联盟为纽带获取跨大西洋关系对美国应对大国竞争的政治支持，并以此重新凝聚联盟共识，改变北约集团松散化状态，提升美国的主导性地位，将北约打造成护持美国霸权的强力工具。结合上述北约集团最新动向，其显现出以下几方面战略考量。

第一，将介入北极事务视为北约积极推进空间探索和实现战略转型的关键。此前，北约制度革新遭遇困境，其东扩进程陷入困局等一系列问题均对北约的对外行动能力与生存活力产生负面效应。北约通过介入北极地区事务，扩大其未来的军事力量布局、加强伙伴关系的稳定性，同时拓展其在科技和经济层面的发展。脱胎于军事联盟性质的北约，其核心任务是为其成员国提供集体防御和领土安全保障，当面对中俄等国家不断的挑战时，北约必须扩大其战略空间来匹配联盟未来的发展规划。北极地理环境的改变为北约提供了新的战略平台。北极海冰的融化快于预期变化，在北极创造了新的航道，显现出巨大战略价值，因此北极国家均意图加强军事存在，以保护海岸线并实现经济权益。又因环北极国家中北约盟国占据多数，这为北约集团在北极区域扩大行动范围，强化防御能力、部署军用基础设施和其他战略力量提供了绝佳机遇。

第二，迎合美国战略需求，启动构建以大西洋联盟为基础、向印太地区投射力量为特征的全球战略架构。北约在新一轮战略扩张中将其触角伸向印太地区，突破了传统北约集团跨大西洋地区的地理局限，可视为北约多年来构建"全球联盟"，打造"全球北约"迈出的全新一步。北约集团的"印太转向"政策根植于美国的印太战略需求，美国以赢得对中国的战略竞争为核心目标，试图主导并推动北约"印太化"进程，强化北约与美国印太盟友和伙伴的安全联系，加快针对中国的盟伴机制建设，协助美国完成印太地缘政治布局转型——将"轴辐体系"转变为"盟伴协同"体系，并以此塑造中国周边的战略环境。美国已将其全球战略重心转移至印太地区，美国新版《印太战略》和《国家安全战略》均充分阐述了美国联盟架构的相互关联性与配合性，显示出美企图在印太地区复制集团化对抗的战略思维，旨在将欧亚和"印太"两大地缘板块合二为一，构建互为支撑的"两洋战略"。

第三，提前布局谋划未来地缘政治斗争新局面，重整并加强联盟凝聚力，保持西方集团的总体战略优势。北约联盟依靠跨大西洋伙伴关系提供的地缘战略优势，形成对整个欧洲及其邻近地区的战略威慑，并始终保持对他国的主要是安全领域的战略优越感。但全球战略环境的改变，使得北约集团原本的战略优势日渐式微，北约联盟的发展越来越僵化与停滞，法国总统马克龙在 2019 年甚至抛出"北约已死"的论断。在此背景下，北约新一轮战略扩张显示其未来全球的地缘战略构想，即在加强欧洲传统优势的同时，在北极及印太地区积极谋划，确保海上安全，并以此增加联盟战略活力，维护西方集团在全球核心地区的战略优势。

此外，北约尝试彻底开启调整对华政策的战略步伐，将中国确立为长期的系统性挑战，以"新冷战"思维夯实联盟战略忠诚度。北约通过积极塑造中俄等战略竞争对手定位，积极渲染北约盟国面临的安全威胁与不利局面，进一步拉紧北约联盟的安全利益捆绑度，不断强化北约联盟的集团化影响。

第三节 对北约新一轮战略扩张的研判

整体而言，北约新一轮战略扩张体现出北约联盟全球化视野和势力扩大化的战略思维，这无疑对未来的国际安全局势带来极大冲击，在这种大背景下，国际冲突升级和地区秩序"安全困境化"两大潜在风险不断增大，将对欧洲、北极、印太地区安全秩序和国际关系产生重大影响。

第一，以集团化对抗为特征的地缘政治博弈重新回归大国竞争舞台，促使地区安全秩序进入深度调整。2022年美国与北约发布了多项战略政策文件，明确了以美国主导的北约组织未来在印太地区的主要政策：一是以美国为中心支点，整合其印太盟友资源，包括北约、印太双边联盟（美日、美韩、美澳等）、印太小多边联盟［美英澳三边同盟（AUKUS）、美日印澳四边安全对话机制（QUAD）］的融合对接，强调建立多种政策协调沟通机制，提升决策一体化、集中化程度，比如建立或优化情报资源信息共享渠道、尝试形成一体化的军事作战指挥系统，增强军事任务执行的互操作性等；二是在"战略伙伴关系""印太海域感知体系""印太经济框架"等双多边合作机制下，利用北约具备的军事、经济援助等政策工具，积极拉拢印度、印度尼西亚、越南等中国周边邻国在海洋权益争夺、意识形态博弈、价值观塑造等方面与西方保持一致或接近的政策立场，逐步编织出一个松散的、以北约利益为导向的政策协调网络。

第二，北极区域内，西方国家合纵之势兴起，此前脆弱的北极地缘政治秩序进入深度调整期。北约对北极事务的介入作为北约全球战略、海洋战略的一个重要板块，将成为北约积极推进空间探索和战略转型的关键核心内容之一。在芬兰加入北约后，环北极国家中仅剩尚处于入约进程中的瑞典与俄罗斯为非北约国家，北约集团或将借此趋势在北极地区打造"合纵联盟"，对俄罗斯及其他北极事务参与者形成新的战略压力。此外，鉴于欧洲"安全困境"形势有增无减，未来较长时期内北约及成员国将高调扩张在北极地区的军事存在，北极的"安全困境"也将不可避免地阻滞域内外国家在非传统安全议题领域的交流和合作，进一步破坏北极治理的整体性进程。

第三，北约对华战略竞争意味渐浓，对我形成新的战略负担与政策压力。北约作为美国向全球进行霸权扩张的战略工具，其覆盖范围的不断扩展有利于维护美国霸权地位的稳固。"印太转向"成为北约未来几年实现战略转型的核心内容之一。相应的，北约集团参与印太事务的趋势必将导致大国竞争的激烈程度不断上升，此种环境将对中国的国际与地区影响力形成制约。随着美欧对华政策协同性程度不断增强，中国将在全球多个政策领域面临更大的竞争压力，在国际规则制定、关键基础设施、海洋权益维护、战略通道通畅、价值观冲突、军事技术竞争等诸多领域，中国与北约的摩擦和争端将日益增加。我对此要保持清醒的战略认知，谨慎应对北约集团的战略活动。

第十二章　印度尼西亚政府发布
新版海洋政策行动计划

2022年3月，印度尼西亚政府发布《海洋政策行动计划（2021—2025）》（2022年第34号总统令，以下简称新《行动计划》）。新《行动计划》与2017年颁布的印度尼西亚《海洋政策》及《海洋政策行动计划（2016—2019）》共同构成了承续衔接的海洋战略性行动，旨在助力印度尼西亚加快实施"全球海洋支点"构想。

第一节　新《行动计划》明确印度尼西亚
近五年海洋领域重大任务

新《行动计划》主要依据印度尼西亚《海洋政策》和《国家中期发展规划（2020—2024）》制订，为期五年，是印度尼西亚为推进国家发展目标制订的各项海洋行动的实施工作计划，既可用于指导各部委、机构以及地方政府规划、实施、监督和评估海洋开发活动，又可为涉海企业和人员开展海洋开发活动提供参考。印度尼西亚海洋事务与投资统筹部负责协调行动计划的实施、监督和评估工作，具体涉及行动责任单位多达40余个部委及机构。新《行动计划》认为，印度尼西亚制定海洋政策的根本目的在于推动实现"全球海洋支点"构想，这一构想的核心是推动印度尼西亚成为一个拥有主权、先进、独立、强大并能够依据国家利益，为地区和世界安全与和平做出积极贡献的海洋国家。

新《行动计划》由"行动计划总体概况"和"具体行动清单"组成。"行动计划总体概况"指出，印度尼西亚海洋政策的目标在于：一是对海洋资源进行最优配置和可持续管理；二是开发高质量海洋人力资源、科学技术；三是建立强大的海上安全和防御体系；四是开展海上维权与执法；五是实施良好的海洋治理；六是实现对沿海和小岛屿居民福利均等化；七是促进经济增长，提高海洋产业竞争力；八是建设可靠的海洋基础设施；九是完成编制海洋空间规划；十是保护海洋环境；十一是开展海洋外交；十二是形成海洋身份认知和海洋文化认同。为实现上述目标，需要确立七大海洋政策支柱，即海洋资源管理和人力资源开发；海上国防、海洋安全、海上执法和安全保障；海洋治理规则和海上机构；海洋经济、海洋基础设施与福利改善；海洋空间管理和海洋环境保护；海洋文化；海洋外交。此外，新《行动计划》还确定了印度尼西亚海洋政策的六项基本原则，即：群岛观；可持续发展；蓝色经济；综合透明管理；参与；公平与均等。

而在"具体行动清单"部分，清单中的每项任务均以任务名称、内容、预期效果、考核指标、年度目标、责任主体、涉及部门、资金来源 8 个要素形式呈现。新《行动计划》围绕《海洋政策》，确立了 72 类目共计 374 项具体任务。其中 62 项行动属于"海洋经济、海洋基础设施与福利改善"政策支柱，可在一定程度上体现新《行动计划》重视海洋经济发展、着力发展海上互联互通的政策倾向，以解决印度尼西亚作为群岛国家所面临的海上互联互通和地区公平发展两大挑战。此外，新《行动计划》指出，印度尼西亚正着手制定衡量印度尼西亚《海洋政策》实施效果与进展的主要绩效指标，相关评估将用于制定"印度尼西亚海洋政策 2045"，并推动《印度尼西亚战略愿景 2045》关于海洋经济、海洋文化和海上力量发展战略的实施。

第二节　新《行动计划》对印度尼西亚海洋战略问题进行评判

新《行动计划》围绕七大海洋政策支柱，对印度尼西亚所面临的海洋战略问题和发展现状进行分析和判断。

在海洋资源管理和人力资源开发方面，新《行动计划》认为：印度尼西亚渔业和海洋经济中，仍有许多传统的渔民和沿海居民居住在贫困的沿海地区，人力资源素质亟待加强。因此，印度尼西亚在未来五年内将鼓励实施基于生态系统的方法并基于《国家渔业管理区渔业管理计划》，旨在使沿海地区和小岛居民，特别是偏远地区的小型传统渔民和小型海洋经济主体，转变为更具素质、生产力、创新性、独立性和竞争力的群体，从而提高社会福利，构建经济韧性，保护自然资源和环境。

在海上国防、海洋安全、海上执法和安全保障方面，新《行动计划》认为：渔业资源的潜力或将成为印度尼西亚的主要经济驱动力。但非法、不报告和无管制（IUU）捕捞事件频发。因此，《2020—2024 年国家中期发展规划》的优先事项和战略活动之一就是加强纳土纳海周围的安全，这也是《2021—2025 年印度尼西亚海洋政策行动计划》的重点之一。

在海洋治理规则和海上机构方面，新《行动计划》认为：为维护一个全面、综合、高效的国家海洋治理体系，海洋治理和制度政策必不可缺。因此，印度尼西亚将在国家层面加紧制定完善海洋立法，支持海洋空间规划和分区计划编制，在地区和国际层面，将通过打击 IUU 捕捞、推动制定打击渔业犯罪的国际法律规范等提高海洋治理能力。

海洋经济、海洋基础设施与福利改善方面，新《行动计划》认为：印度尼西亚作为一个群岛国家，国家发展面临两大挑战，即海上互联互通和实现发展公平。基础设施建设步伐缓慢仍是制约经济发展的因素之一，巨大的物流成本降低了印度尼西亚的竞争力。因此，印度尼西亚将优先支持区域间互联互通和基础设施建设工作，以降低全国物流成本，使货物流通畅通，促进公平。此外，长期以来，经济增长只集中在爪哇岛，因此将物流货物配送到经济增长缓慢的地区，特别是印度尼西亚东部，需要很高的成本。而海上运输快速通道或海上公路可以成为政府的优选方案。建设海上公路，提供连接主要港口节点（枢纽港）与其支线港口的固定海上运输网络，可有效消除印度尼西亚西部和东部之间的物价差异。

在海洋环境保护和海洋空间管理方面，新《行动计划》认为：印度尼西亚拥有丰富自然资源和环境开发潜力，必须合理利用，确保可持续及代际公平。因此，需要制定对环境可持续、社会福利和领土主权产生积极影响的综合性政策。可以保证这种积极影响的战略政策之一是实施具有可量化指标的海洋环境保护计划和海洋空间规划。其中可量化的环境保护计划即印度尼西亚海洋健康指数，即一段时间内显示一定地理区域或边界内海洋生态系统健康状况的指标。而新《行动计划》认为，实施空间规划，是保证海洋生态系统可持续性，支持海洋经济发展的主要手段之一。而印度尼西亚实施陆海空间一体化规划，以保护和恢复重要生态系统，促进以海洋资源为基础的生计活动的可持续性。

在海洋文化方面，新《行动计划》认为：历史记载，印度尼西亚曾成功地跨洲航行，并开展贸易和外交活动。在群岛王国时代，印度尼西亚依靠海洋的战略地位成为跨国贸易的关键。而自殖民时代以来，这种文化受到改变。为使具有竞争力的海洋产业得以复兴，有必要重建国家海洋文化。为此，国家必须发展海洋产业形成优势，包括建造贸易船队、岛际海上互联互通、提高渔船作业能力、推广印度尼西亚海洋辉煌历史教育等重振印度尼西亚民族海洋文化。此外，需要制定政策方向，以加强印度尼西亚作为一个创新、有特色和拥有群岛文化的海洋国家的身份认同。具体方式包括：强化对民众的海洋知识教育、识别并盘点海洋文化价值和社会体系、激发对海洋文化的理解和认识、将地方智慧元素融入海洋资源的管理系统和可持续利用中，并加以协调和发展。

海洋外交方面，新《行动计划》认为：自印度尼西亚提出"全球海洋支点"政策以来，世界地缘政治和经济状况不断发生变化。印度尼西亚也关注到区域内国家提出各种倡议，例如印太战略、环印度洋区域合作联盟、"一带一路"倡议、东向行动、自由开放的印太和贸易伙伴关系等。政府需要继续确保印度尼西亚不偏向任何一方，并确保这些倡议符合国际法要求，同时追求这些倡议为地区稳定带来积极利益并寻求印度尼西亚与其开展合作的可能性。而上述情况与该地区的海洋问题相交织，包括传统安全和非传统安全问题。传统安全问题包括对主权造成的威胁，需要继续解决领海、专属经济区和大陆架的海洋边界问题并加强海洋安全防御体系。而在非传统安全问题领域，主要是渔业冲突、人口贩运、毒品走私等，还包括气候变化及海洋污染等对海洋健康的影响。考虑到这些挑战的多样性和跨界性，印度尼西亚要继续在地区和国际上与各国和其他伙伴合作，并通过加强海洋外交来争取印度尼西亚的利益。这些努力包括发起和实施旨在解决海洋发展共同问题的群岛和岛屿国家论坛，利用海洋资源促进可持续经济增长，应对气候变化、海洋污染，开展灾害管理，发展可持续渔业等。

第三节　对新《行动计划》的评价

与《海洋政策行动计划（2016—2019）》相比，新《行动计划》维护海洋权益的意愿与行动趋强，主要体现为：第一，海洋安全问题被明确列为优先事项，明确提出要加强打击 IUU 捕捞的执法力度。第二，最外缘岛礁建设明确提上日程。为实现地区公平发展，印度尼西亚政府致力于从周边地区和最外缘岛屿推进印度尼西亚国内整体发展。新《行动计划》明确"推动海上边境地区和最外缘小岛屿的开发"，"在沿海地区、各小岛、外岛以现实可行方式依据蓝色经济原则综合建设海洋经济区"（包括 18 个前沿岛屿、最外缘岛屿和落后岛屿），"为小岛屿（包括偏远小岛屿）提供电力基础设施"，"充分利用沿海地区及外缘岛屿"，并"增加传统社区和沿海及小岛屿上地方社区数量"等多项专门针对小岛屿及外缘岛屿的开发及扶持政策，既有利于巩固边界地区海防实力，也加大未来海洋权益争端中的既得利益与谈判筹码。第三，涉海洋权益立法进程加快。新《行动计划》计划起草并通过"印度尼西亚大陆架法"，颁布"印度尼西亚国际海底区域法"。同时，明确印度尼西亚加快与马来西亚、越南、新加坡、泰国、菲律宾、帕劳、东帝汶、澳大利亚和印度等邻国海上边界谈判，开展 200 海里以外大陆架调查，向联合国大陆架界限委员会提交西苏门答腊的外大陆架文件。

"印太"概念强化了印度尼西亚在印太地区的战略中心地位，使印度尼西亚将战略视野从亚太地区投向印度洋地区。同时，受地缘政治因素和印太地区大国博弈影响，印度尼西亚平衡外交的大国应对策略，决定了其海洋政策并非仅与中国"一带一路"对接，而是受现实利益诉求驱使，与"四边对话"成员国开展海域态势感知等多元化海上合作。上述海洋合作对中国周边造成一定压力，我国应重视印度尼西亚作为周边外交中"战略支点国家"的重要性，努力维护两国海洋合作大局，一方面在海上高速公路建设等印度尼西亚需求强烈的领域重点发力，推进中国和印度尼西亚"蓝色伙伴关系"走深走实，为推动中国建设全球蓝色伙伴关系做出示范；另一方面，支持印度尼西亚在区域海洋事务中的地位。

第十三章　主要国家推出"印太战略"提升印太地区影响力

近 20 年，印度-太平洋地区国际形势发生重要变化。四方国家不断介入地区事务，塑造其印太国家的身份。在该地区成为大国博弈新场域的背景下，日本、法国、荷兰、欧盟、加拿大和韩国出台印太战略，加入美国的伙伴关系网络，接受美国的价值观外交，西方国家追随美国战略的趋势相当明显。但是，印太地区阵营化态势大大提高地区安全的不确定性，逐渐形成的地区新格局引起各方担忧。

第一节　印太成为全球热点地区

日本、美国等国家日益重视印太地区的战略地位，以该地区大国竞争加剧、各国在安全和经济上的相互依赖性加强为由，呼吁价值观相同的国家共同维护印太地区秩序和应对地区挑战。西方国家纷纷出台印太战略，表达对印太地区的关切，印太地区正成为地缘政治中心。

一、印太从地理概念转变为战略理念

在 20 世纪以前，印度洋和太平洋分别作为自然地理空间被人们所认知。1924 年，德国地缘政治学家卡尔·豪斯浩弗首次将印度洋-太平洋（以下简称"印太"）视为一个有机体，指出印太地区的掌控将决定能否成为真正的世界强国。进入 21 世纪后，"印太"作为战略理念开始出现在一些国家元首的话语和政府文件当中。2007 年，日本首相安倍晋三在印度演讲时强调印太地区的战略重要性。2013 年，安倍晋三在美国演讲时正式提出印太概念，并将印太战略理念推销给美国政府。同年，印度尼西亚外长马蒂·纳塔莱加瓦在美国的演讲中，提出了印太地区国际关系发展的新范式。他强调，应以东盟为主导，以《东南亚友好合作条约》及《东亚峰会互惠关

系原则宣言》为合作基础，借助东盟的各类机制，推动印太地区的合作进程。2017年，美国总统特朗普上台以后，大力倡导"印太战略"，与日本安倍政府的印太构想相呼应。2019年，美国国防部发布《印太战略报告》，明确印太是美国未来最重要的地区。自此以后，印太地区得到各国、国际组织的重要关注，纷纷出台"印太战略"，阐释其对印太地区的认识并提出自身参与路径。

二、西方势力的战略重心向印太地区转移

美国对外战略做出重大调整，大幅提升美国在印太地区的政治存在，向印太地区部署最先进海空力量，而且，与澳大利亚、文莱、印度、印度尼西亚、日本、韩国、马来西亚、新西兰、菲律宾、新加坡、泰国和越南等创始成员国发起"印太经济框架"（IPEF）。美国要通过与其盟友和志同道合的国家在印太地区建立伙伴关系网络，主导地区海洋秩序和海洋治理。西方国家积极回应美国的印太战略，要作为印太地缘政治的重要一方介入地区事务。法国的印太战略指出，美国和中国在印太地区进行全球战略竞争，印太地区正在成为世界的新战略重心，表示法国是唯一在印太拥有主权和永久性军事存在的欧盟国家，将维护该国的海外利益、支持盟友的价值观、发挥其作为成熟的印太国家价值。荷兰敦促欧盟成员国在"印太"地区的安全与经济治理等议题上采取协同一致的行动。欧盟理事会发布《印太合作战略》，指出印太地区在地缘政治方面对欧洲至关重要，表达了将在印太地区加强实际存在，整体介入印太事务的意图。日本认为，后疫情时代为了维护地区秩序稳定和推进国际合作，应将美日澳印"四边机制"打造为建立印太地区新秩序的核心力量，深化与东盟国家的战略协同，协调与欧盟各国的关系。

第二节 印太地区阵营化趋势愈加明显

2022年，美国、加拿大、韩国相继推出印太战略，规划本国未来的战略走向。美国拜登政府的印太战略适应印太地区的地缘政治态势，更加重视多边盟友的力量，注重塑造以美为主导的联盟体系。加拿大和韩国追随美国推出印太战略，着重强调与美国在印太地区的战略融合。

一、美国印太战略打造以美国为中心的联盟体系

2022 年 2 月，美国白宫发布《美国印太战略》，这是继特朗普时期《国防部印太战略报告》《美国印太战略框架》后美国第三份印太战略文件。拜登政府指出，印太地区对美国的重要性超过其他任何地区，美国需要在外交、安全、经济等方面发挥领导作用。美国承诺将关注印太地区的每个角落，也鼓励盟友和伙伴把注意力转向印太地区。

为此，美国印太战略提出了五大战略目标：一是推进自由开放的印太地区。美国的战略首先是构建国家间弹性，确保印太地区国家在不受胁迫的情况下能够独立地作出政治抉择。美国将通过投资民主机构、维护新闻自由以及支持充满活力的民间团体等多种举措，实现这一目标。二是建立域内外联系。为了实现自由开放的印太地区，必须调整美国及伙伴建立的联盟、组织和规则。美国将通过构建坚实而互补的联盟体系来达成这一目标。从与美国最紧密的盟友和伙伴关系着手，以开创性的举措促进关系修复。美国将深化与澳大利亚、日本、韩国、菲律宾和泰国这五个地区盟友之间的合作，同时加强与印度、印度尼西亚、马来西亚、蒙古、新西兰、新加坡、越南和太平洋岛国等主要地区伙伴的联系。鼓励美国的盟友和伙伴加强彼此之间的联系，特别是日本和韩国。支持并允许盟友和伙伴发挥区域领导作用，美国将以灵活的集团方式，集中集体力量，应对时代的决定性问题。继续加强"四边机制"在关键和新兴技术、基础设施等方面的合作，并与其他伙伴一道为实现自由开放的印太地区而努力。域外盟友和伙伴对印太地区给予更多新的关注，特别是欧盟和北约。美国将利用这个机会调整思路，统筹实施各项措施。三是推动印太地区繁荣。美国将创新性地提出印太经济框架，使美国的经济适应当前的形势，深化与伙伴国的经济一体化。四是加强印太地区安全。强化美国在印太地区乃至全球范围内与盟友和伙伴之间的安全纽带，继续推进与澳大利亚、日本、韩国、菲律宾和泰国的联盟现代化；稳步推进美国与印度的主要防务伙伴关系，并支持其作为网络安全的提供者；构建南亚、东南亚和太平洋岛国等伙伴的防务能力。将印太地区和欧洲伙伴团结起来，包括奥库斯同盟。五是构建抵御 21 世纪跨国威胁的地区弹性。美国将与伙伴一道，制定符合将全球升温限制在 1.5℃ 的 2030 年和 2050 年的目标、战略、计划与政策，寻求成为

未来印太地区向净零排放过渡的首选伙伴。

可见，美国印太战略充分调动盟友和伙伴的作用，正借助不同领域和不同层次的机制强化以美国为中心的印太联盟体系。该体系具有较强的排他性，将具有不同"价值观"的国家视为威胁，利用集体力量打压崛起国。

二、加拿大印太战略强调与美西方国家的协调合作

在美国特朗普政府推出印太战略以前，加拿大政府鲜少提及印太。但随着印太概念在加拿大的主要合作伙伴国家扩散，加拿大总理特鲁多在与美日等国的交往中强调价值观外交，指出双方在印太地区拥有共同愿景。加拿大国防部部长安南德也提出要加强加拿大武装力量在印太地区的存在，提升加拿大与盟友及伙伴的防务、安全关系。加拿大对外战略的转变，与近年动荡的国际形势和美国对加拿大的政策有重要关系。在拜登上任以后，美国和加拿大制定了两国重建关系的路线图，旨在进一步夯实双方的合作基础。两国都强调了加强集体安全与防御建设的重要性，共同致力于构建更为稳固的全球联盟体系，以应对当前复杂多变的国际形势。

在这种背景下，加拿大于 2022 年 11 月发布首份印太战略，指出印太地区将在加拿大未来半个世纪的发展中发挥关键作用，加拿大应深化对印太事务的参与度。为此，提出五大战略目标：一是促进地区和平、复原力和安全保障。加拿大将致力于在印太地区增强军事部署，执行海军前沿存在行动，部署更多的军事资产，提升情报能力。加强加拿大与地区伙伴和盟国的防务与安全关系，推动与"五眼联盟"的长期合作。扩大军事能力建设举措，推进与印度尼西亚、马来西亚、菲律宾、新加坡和越南等地区伙伴的共同优先事项和互操作性。二是扩大贸易、投资和供应链韧性。通过与印太地区主要经济体多样化的经济关系，实现长期增长和繁荣。为了更好地应对新的地缘政治冲击和双边贸易壁垒，加拿大将通过贸易投资协定加强供应链。三是加强民间联系。鼓励加拿大的原住民与印太地区的原住民社区和组织就贸易、海洋保护和原住民权利等问题建立联系并深化合作。支持加拿大部门领导人、专家学者和社会团体在印太地区建立新的网络，提高加拿大在印太地区的话语权。四是建设可持续和绿色的未来。加拿大将与合作伙伴在渔业、可持续基础设施、生物多样性保护和养护、粮食安全和农业技术、能源转型和气候融资方面开展合作，并与地区伙伴分

享加拿大在水下测绘、海洋监测等方面的专业知识，以维护海洋健康和安全。五是成为印太地区积极和可靠的合作伙伴。加拿大将通过加强外交接触，与志同道合的国家建立联系和开展合作，在地区伙伴和盟国中建立影响力。通过最高级别的持续投资，深化政治、经济和安全伙伴关系。

三、韩国的印太战略反映向美西方国家倾斜的趋势

2022 年 12 月，韩国尹锡悦政府发布印太战略，提出"自由、和平、繁荣"三大愿景，"包容、信任、互惠"三大原则以及由九项核心工作构成的工作路线，包括：一是建立基于规范和规则的地区秩序。该战略指出，将通过域内小多边机制，遵守和履行已达成共识的规范，摸索新领域的普遍规则。第一，强化美日韩三边机制，主要应对朝鲜核威慑，解决供应链不稳定、网络安全、气候危机等问题。第二，完善美韩澳三边机制，在关键矿物、新兴技术等方面开展合作。第三，构建韩日澳新多边机制，为了在印太地区建立基于价值、规范的国际秩序而加强合作。二是合作促进法治和人权。支持域内国家遵守国际法原则和联合国规章，认为俄罗斯"入侵"乌克兰违反联合国宪章和国际法，为印太地区安全和发展带来负面影响。三是强化核不扩散、反恐合作。该战略指出，朝鲜半岛必须实现无核化。支持发展中国家强化核不扩散能力，防止在印太地区过度军备竞赛，防范发生偶发性军事冲突，摸索域内危机管控机制。四是扩大全面安全合作。推动包括海洋安全在内的安全合作。为维护南海和台湾海峡的和平稳定、航行和飞行自由，韩国将参与海域感知体系构建国际讨论及考虑加入相关平台，促进实施海洋监视和信息共享合作，进一步对接"四边机制"（QUAD）。韩国将通过"韩国与东盟团结构想"在东盟地区履行印太战略，扩大海洋安全等领域合作。五是建立经济安全网络。推动印太经济框架发展成实质性经济合作机制，建立新的经济秩序，增强自由贸易、应对保护主义。六是在高新科技领域加强合作。韩国将加入美国主导的技术合作网络，与欧洲、加拿大、澳大利亚增强技术合作。七是主导气候变化和能源安全领域合作。建议重新启动中日韩首脑会议，强化中日韩三国合作秘书处的作用，在绿色转型和数字化领域构建中日韩合作体系。八是通过有针对性的合作关系促进"贡献外交"。韩国将与南亚国家开展卫生、交通、能源等领域合作，对太平洋岛国实施开发援助。九是促进相互了解和交流。

推进公共外交，与具有不同人种、宗教、文化、历史背景的国家开展文化交流。

从韩国的印太战略可以看出，韩国的战略布局从东北亚地区向印太地区扩张，要借助美国在印太地区建立的多边机制扩大其战略空间和地区影响力。韩国积极迎合美国在印太地区的战略需求，重塑与周边国家的关系，重点加强与日本的联系。韩国的对外政策从"战略模糊"转向"战略清晰"，鲜明地表达了在当前印太地区大国博弈的背景下，以美韩同盟为基础实现自身发展的意图。

第三节　印太地区的新态势引起各方担忧

2022 年，加拿大和韩国发布印太战略，大大推动了美国欲通过实施具有共同基础支柱的战略，推进长期联盟现代化、加强新兴伙伴关系的目标。但是，各国逐渐放弃多元化的合作机会，在大国之间选边站的态势引起各方担忧。

第一，美国印太战略威胁各国的战略自主性。泰国暹罗智库主席洪凤表示，东盟国家普遍反对在国际事务中选边站队，致力于维护东盟中心性。但美国推出印太战略大搞阵营对立，严重威胁东盟在地区架构中的中心地位，引起东盟国家的担忧。越南学者潘春勇认为，越南虽然承认美国在印太地区的存在，但基于独立自主的外交原则，越南在大国之间会保持微妙的平衡，并不与美国缔结正式联盟。韩国峨山政策研究院李在贤指出，强国的利益与韩国的国家利益并不完全一致，韩国推出的印太战略应保障韩国的战略自主性，并成为实现韩国国家利益和地区愿景的手段。

第二，竞争性的地区战略不利于域内国家的繁荣发展。马来西亚前总理马哈蒂尔认为，美国的印太经济框架具有内在的政治性，不利于多边贸易合作。东亚研究院贸易技术变化中心所长李承柱认为，印太地区在世界经济秩序重建过程中占据核心地位，因此域外国家纷纷出台印太战略。但竞争性的地区战略，增加域内国家参与不同机制的成本，有必要将印太地区打造成灵活、开放的地区。

第三，各国应谋求适合本国的发展路径。澳大利亚国立大学爱德华·陈指出，澳大利亚的海洋利益超越海洋大国之间的战略竞争，澳大利亚需要在印太地区制定海上战略，但必须是全面的。在制定海上安全战略时，自然资源和海上贸易保护、跨国蓝色犯罪、环境威胁、海上安全和海域科学研究也值得关注。韩国对外经济政策研究院延元浩认为，韩国作为全球枢纽国家需要积极参与小多边机制，但不应陷入阵营化。韩国政府需要坚守印太战略中提出的"包容、信任、互惠"三大原则，提高韩国外交政策的可预测性。

第十四章　俄乌冲突对海洋合作造成冲击

2022 年 2 月，俄乌冲突爆发，欧美国家以"反侵略"为由对俄罗斯进行了多轮制裁，并采取多领域排俄措施，导致俄罗斯经济遭受严重冲击，整体国力下降。欧洲安全格局发生急剧转变，西方及其同盟对俄政治经济舆论战全面打响并引发"蝴蝶效应"，全球大国关系进入竞争、博弈、冲突新阶段，世界秩序的变化与重构迈入加速期，全球海洋安全与发展面临的压力陡增。

第一节　俄乌冲突发展脉络

一、俄乌冲突爆发

2 月 24 日，俄罗斯总统普京发表全国电视讲话，宣布俄将在顿巴斯地区发起特别军事行动。普京讲话结束几分钟后，俄军兵分多路，从乌克兰的北、东北、东、东南、南部方向同时发起进攻，俄乌冲突正式爆发。

此冲突的爆发引起多方表态和反应。北欧理事会主席埃尔基·托米奥亚(Erkki Tuomioja)发表声明称，"俄罗斯入侵乌克兰既违反国际法，也违反欧洲安全秩序"；冰岛总理卡特琳·雅各布斯多蒂尔(Katrin Jakobsdottir)表示，"冰岛强烈谴责俄罗斯非法入侵乌克兰，俄罗斯的袭击严重违反国际法"；马来西亚国防部长希山慕丁针对俄乌冲突称，"马来西亚敦促各方立即缓和敌对行动，并继续支持所有有利于维护区域及国际和平与安全的努力"；印度总理莫迪表示，"印度主张停止敌对行动、恢复对话和外交的一贯立场"；G20 成员国也表态谴责俄罗斯，强调俄乌冲突造成人类的巨大痛苦，也使得当前脆弱的全球经济雪上加霜，并将相关立场写入会后发布的 G20 领导人联合宣言以对俄罗斯施压，谴责其违反国际规范、损害《联合国宪章》的行为。

二、制裁与反制裁之争

为应对俄乌冲突带来的影响，落实对俄的谴责，多国宣布对俄采取制裁行动，制裁措施包括但不限于：土耳其关闭黑海入口处的海峡①，禁止俄军舰进入黑海；日本宣称或将退出萨哈林岛（库页岛）油气项目；全球三大船东，即瑞士地中海航运公司（MSC）、丹麦马士基和法国达飞海运均宣布暂停与俄罗斯的港口通航；英国计划对俄罗斯鱼类征收35%的临时关税；欧盟成员国禁止进口俄罗斯石油，并考虑禁止进口俄罗斯鱼类，将俄罗斯储蓄银行排除在环球银行金融通信协会系统之外，同时禁止俄多个国家媒体的新闻信息产品以任何形式在欧盟发布和传播等。

为稳定俄罗斯国内经济，俄罗斯对发起制裁的国家进行反制，3月5日，普京总统签署命令，要求俄罗斯联邦政府在两天内确定对俄罗斯联邦、俄罗斯法人实体和个人实施不友好行为的外国名单，并于3月7日批准"不友好国家和地区"名单，该名单包括美国、奥地利、比利时、保加利亚、塞浦路斯、克罗地亚、捷克、丹麦、爱沙尼亚、芬兰、德国、希腊、匈牙利、爱尔兰、意大利、拉脱维亚、立陶宛、卢森堡、马耳他、波兰、葡萄牙、罗马尼亚、斯洛伐克、斯洛文尼亚、西班牙、瑞典、乌克兰、英国、日本、澳大利亚、新西兰、加拿大、韩国、新加坡、瑞士、黑山、阿尔巴尼亚、挪威、冰岛、列支敦士登、安道尔、摩纳哥、北马其顿、圣马力诺、密克罗尼西亚等。俄反制措施主要包括针对"不友好国家"实施报复性签证措施，取消对欧盟及其成员国以及丹麦、挪威、列支敦士登、冰岛、瑞士等"不友好国家"的官员实行的签证简化制度；禁止俄罗斯国有企业和机构使用"不友好国家"生产的信息安全设备；无限期禁止日本首相、外长等63名日本公民入境俄罗斯；禁止从"不友好国家"和地区进口鱼类和海产品制品；从"不友好国家"进口的葡萄酒征收的关税将从12.5%提高到20%；暂停执行俄罗斯与包括美国在内的38个"不友好国家"签订的税收协定中的部分条款。

---

① 根据《蒙特勒公约》，北约成员国土耳其拥有监管军舰过境博斯普鲁斯海峡和达达尼尔海峡的权利，可在战时或自身安全受到威胁时关闭上述海峡。

三、地缘安全危机加剧

俄乌冲突引发的地缘安全问题，促使芬兰、瑞典两个长期中立国重新考虑其安全政策，寻求加入北约以保证国家安全。芬兰总统萨乌利·尼尼斯托于 5 月 12 日宣布芬兰申请加入北约，5 月 13 日，瑞典外交部部长安·林德随即表示，"瑞典加入北约将促进国家安全，并有助于北欧和波罗的海地区稳定"，瑞典政府在随后一周内宣布申请加入北约。北约秘书长延斯·斯托尔滕贝格表示，"在处理芬兰和瑞典申请加入北约问题上，为保证两国的安全，北约将强化其在波罗的海的存在"。为支持瑞典和芬兰入约，北约于 6 月邀请瑞典作为其在波罗的海举行第 51 次年度大型海上联合军演的东道国，芬兰、瑞典以北约伙伴国的身份参加军演。俄罗斯外交部新闻司副司长 7 月表示，"芬兰和瑞典加入北约将危及波罗的海和北极地区的安全"。

此外，美国和日本也寻求提升能力应对俄乌冲突可能引发的地缘安全危机。美国海军发布 2022 年版《海军作战部导航计划》称，鉴于俄乌冲突破坏了欧洲的冷战后和平，美海军应优先考虑发展新能力和新武器，这是应对未来冲突的关键；美新版《美国北极地区国家战略》称，由于俄乌冲突加剧了北极地区的战略竞争，美国应寻求处于有效竞争和管理紧张局势的有利地位，协调与其盟友和伙伴共同的安全措施，降低意外升级的风险，以遏制美国及其盟友面临的威胁。日本防卫副大臣井野俊郎在 11 月指出，"俄乌冲突将可能在亚洲发生"；日本首相岸田文雄也表示，"在俄乌冲突的背景下，日本加强其军事能力需求变得迫切"。

第二节　受冲突影响的主要海洋合作组织

俄乌冲突的全球影响不断发酵，其爆发和持续冲击了现有国际秩序，导致全球海洋合作协议和机制面临困境甚至"失效"，许多协议和机制不得不进行调整和重新"洗牌"，以应对冲突带来的影响。

一、联合国

联合国体系在俄乌冲突持续过程中受到挑战和考验，大国关系持续紧张对联合国机制运作产生的消极影响愈发突出。由于俄罗斯是联合国五大常任理事国之一，拥有"一票否决"权，因此，联合国在 2 月举行的安理会会议上谴责俄罗斯的侵略行径，并要求俄乌停火的提案无法达成一致。3 月至 10 月，联合国举行了多次针对俄乌冲突的全体特别会议①，尽管均以 140 票以上赞成的结果通过了支持俄罗斯撤军以及支持乌克兰的相关决议，但因安理会不能通过相关提案，因此这些决议无法产生约束力。俄乌冲突从事实上削弱了联合国及其机构的作用，使联合国及安理会再次边缘化，安理会维护全球与地区安全的效率问题遭到更多质疑，联合国大会通过相关提案要求五常在使用"一票否决"时必须承担更多责任，变相限制了"五常"的权利，将对联合国的运作产生重大影响。

二、北极理事会

俄乌冲突紧张局势外溢至北极，对北极理事会产生严重冲击。俄乌冲突发生后，除俄罗斯外的北极七国发表声明指责俄罗斯的行为对包括北极地区在内的国际合作造成严重影响，将暂时中止参加俄罗斯担任北极理事会主席国框架内的所有理事会会议，北极理事会就此停摆。虽然北极理事会在现任主席国挪威的协调下正在逐步恢复工作，但由于俄罗斯与挪威、美国等北极国家的关系仍处于冰点，俄罗斯在北极理事会受到排挤和边缘化，两大阵营均有意寻找北极理事会的替代方案。北极理事会支离破碎，俄罗斯北极大使尼古拉·科尔丘诺夫（Nikolay Korchunov）认为"北极理事会已死"。俄罗斯作为最大的北极国家，其限制乃至缺席必将影响北极理事会参与北极事务的效率和合法性，给北极治理的整体进程带来巨大的不确定性。

---

① 2022 年 3 月 2 日，联合国大会紧急特别会议以 141 票赞成、5 票反对、34 票弃权、13 票缺席的结果通过 ES-11/1 号决议，谴责俄罗斯侵略乌克兰，要求俄罗斯立即无条件地撤军；2022 年 3 月 23 日，联合国大会紧急特别会议以 140 票赞成、5 票反对、38 票弃权、10 票缺席的结果通过有关乌克兰人道问题的 ES-11/2 号决议，要求对乌克兰建立人道主义走廊，并要求俄罗斯停战撤军；2022 年 10 月 12 日，联合国大会紧急特别会议以 143 票赞成、5 票反对，35 票弃权、10 票缺席的结果通过 ES-11/5 号决议，支持乌克兰的领土完整；2022 年 11 月 14 日，联合国大会紧急特别会议以 94 票赞成、14 票反对、73 票弃权、12 票缺席的结果通过 ES-11/6 号决议，支持推进向乌克兰提供支援以及战争赔偿的问题。

三、南极条约体系

俄乌冲突的影响同样外溢至南极。除中国、俄罗斯和乌克兰外的南极条约协商国中，被列入俄罗斯反制裁的"不友好国家名单"的国家有 18 个，占协商国总数的 62%，超过半数的协商国对于俄罗斯特别军事行动持反对态度，南极条约体系内部出现严重的信任危机，南极合作的不稳定性加剧。在此背景下，作为南极条约体系主要对外机构的南极条约秘书处并未采取对俄制裁的措施，对俄乌局势保持沉默的态度受到国际社会的质疑，有西方学者指出，在 5 月举行的南极协商国会议应拒绝俄罗斯和白俄罗斯参加，并建议南非等南极门户国限制俄船舶前往南极，并停止为俄罗斯的南极活动提供服务，以表明立场。目前，没有证据表明普京更改对乌克兰的目标，南极条约体系内多数国家对俄罗斯态度强硬，甚至完全不考虑俄罗斯作为南极条约协商国的应有权利，将加剧俄与西方国家在南极事务上的裂痕，阻碍南极治理进程发展。

四、国际科学理事会

俄乌冲突也对国际科学合作机制造成深远影响。冲突爆发后，国际科学理事会（ISC）发表声明，对俄罗斯"深表失望和担忧"，称冲突已经引发严重的人道主义危机。参与这场冲突的国家都是 ISC 成员国，ISC 希望即使在战争时期，科学仍能够成为一个对话平台，用来避免进一步的人员伤亡以及包括科学研究和基础设施在内的损失和破坏。ISC 鼓励南极研究科学委员会（SCAR）等附属机构在决策中考虑所有科学家在所在区域中的安全。

第三节 俄乌冲突对海洋合作深层次的战略影响

一、重塑海洋合作格局

俄乌冲突造成欧洲地区海洋合作的决裂，或将促进以中俄为代表的陆权国家走向深度合作。俄乌冲突的爆发不仅对欧洲安全架构与欧亚地缘政治产生深刻影响，也将在一定程度上重塑全球地缘政治格局。美国华盛顿史汀生中心高级研究员孙云认为，"中国与俄罗斯之间的关系日益加强"。俄乌冲突的一个直接后果是美俄关系的完全破裂，欧洲安全格局与结构将发生根本性转变，使得欧亚地区地缘政治走向"冷战"的回归。美国布鲁金斯学会发文称，鉴于美中之间的紧张关系日益加剧，美国应明智地争取其他各方参与，通过英国、法国、德国等盟友限制中国与俄罗斯的合作。以中俄为代表的陆权大国走向深度合作将对全球各领域产生重大影响，在海洋领域中，中俄两国的深度合作将冲击以美欧为主导的传统海洋秩序。

二、北极治理趋向"分而治之"

俄乌冲突爆发后，众多北极治理国际机制平台公开谴责俄罗斯，包括北极理事会、北极经济理事会、北欧部长理事会等均发表公开声明，一致谴责俄罗斯对乌克兰发动"未受挑衅的侵略"。在北极国际科学合作方面，西方国家开始孤立俄罗斯，国际北极科学委员会称支持北极理事会关于乌克兰问题的声明，"2022 年北极科学峰会周"组委会对俄代表关闭参会渠道，2022 年 4 月，法国发布极地战略文件，单方面宣布暂停与俄罗斯在2023 年共同主办第四届北极科学部长会议的计划。此外，美欧还积极拉拢瑞典和芬兰等中立国加入北约，这在安全层面进一步刺激了俄罗斯的敏感神经。芬兰和瑞典作为北极区域国家，长期奉行中立的对外政策，但俄乌冲突后，两国迅速调整了各自国防和外交策略进一步倒向北约，芬兰和瑞典都在积极推动入约进程，将进一步挤压俄罗斯的战略生存空间，加剧北极地区的紧张态势。

三、粮食供应及航运业压力上升

俄乌冲突威胁全球粮食和供应链安全，加剧印太地区的紧张局势。俄罗斯与乌克兰的粮食产量和出口量在全球粮食生产与贸易中占据重要地位，除粮食本身，与粮食生产相关的农资产品和能源在世界也占较大份额，在全球生产和贸易活动中发挥着关键作用。2022 年 7 月，联合国、乌克兰、俄罗斯、土耳其达成四方协议，该协议允许通过黑海"海上人道主义走廊"，从乌克兰三个主要港口（切尔诺莫斯克港、敖德萨港和南方港）向世界各地出口农产品。此外，由于俄乌冲突及多国对俄启动相关制裁，许多大型航运企业纷纷取消船舶在俄港口的停靠计划，造成全球航运压力增大，海运效率下降。以色列海运市场分析公司温沃德（Windward）报告称，塞浦路斯、保加利亚、拉脱维亚和芬兰港口的货运压力增加了40%~80%，同时欧洲大部分地区港口的拥堵状况急剧恶化；法国航运咨询机构网（Alphaliner）也表示，取消对俄港口的船舶停靠导致海上货运路线的变化，造成港口集装箱货船的延误，船舶的周转能力将进一步下降，租船成本也将持续增加。俄罗斯与乌克兰作为全球能源、工业原料的重要供给国和连接欧亚大陆的重要运输通道，是全球主要产业的关键参与者，俄乌冲突及由此引发的经济制裁，给本就不稳定的全球产业链带来更大风暴。

第十五章 "债务换自然"等蓝色金融工具推进全球海洋保护

随着各国对低碳转型和生态环境保护的重视程度不断提高,"债务换自然"(debt-for-nature swap)等蓝色金融工具成为自然和生态系统保护领域融资的重要方法和手段,在全球范围内得到了广泛应用。2022 年,大自然保护协会等与巴巴多斯签订了"债务换自然"协定,在降低巴巴多斯债务负担的同时为其海洋保护提供资金。在海洋生态和环境保护领域,"债务换自然"等蓝色金融工具前景广阔,大有可为,其发展和应用值得关注。

第一节 "债务换自然"模式

"债务换自然"是一种金融工具,指由债权方为债务国减债,债务国将结余资金用于保护自然环境的特殊债务重组。"债务换自然"是一种双赢机制,债权方可为债务国减少偿债负担,既收回部分资金,又塑造负责任的国际形象;债务国则将省下的偿债资金投入生态保护项目,同时在债务负担降低后获得更多的经济发展空间。

"债务换自然"模式诞生于 20 世纪 80 年代。时值拉丁美洲债务危机爆发,许多发展中国家从商业银行或外国政府处获得了大量贷款,与此同时,越来越多的人担心大部分累积的债务将永远无法得到偿还,并导致债务面值高于其实际价值,从而出现了鼓励债权人以折扣价出售或交易其债务的风气。1987 年,非政府组织"保护国际"启动了全球第一次"债务换自然"交易,其通过与玻利维亚政府签订协议,免除了玻利维亚 65 万美元的债务,作为交换,玻利维亚政府同意划出亚马孙盆地附近约 1.48 万平方千米的范围用于保护生物多样性。随后,"债务换自然"在全球各地得到广泛应用,海洋生态系统保护和修复也成为"债务换自然"交易中的重点关注领域。当前,牵头"债务换自然"的债权国多为巴黎俱乐部成员,尤其是美国和德国,其他债权国还包括瑞士、瑞典、加拿大、芬兰、比利时、荷兰和法国等，债务国主要是拉丁美洲、非洲和亚洲国家，如厄瓜多尔、塞舌尔、秘鲁等。

实践中，"债务换自然"运作模式可分为两种。一是双边模式，即由债权国主导，直接为债务国减债，相当于为其提供一笔用于环境保护的官方援助资金；另一种是三方模式，由国际组织、环保类非政府组织为代表的第三方机构主导，通过额外提供资金、技术等支持，协调债务国、债权国共同实施项目。无论采取哪一种模式，其核心目的都是重组债务国的部分未偿债务，以推动债务国政府承诺以不同形式保护自然环境。[①] 当前，采用三方模式的"债务换自然"交易数量较多，从步骤上看，这种模式的交易基本遵循以下步骤。

一是债务国制订以"债务换自然"计划的一般准则，并邀请国际组织、环保类非政府组织等第三方参与；

二是第三方与债务国当地私人和公共组织就"债务换自然"计划达成协议；

三是第三方筹措资金，包括慈善募捐、影响力投资等渠道；

四是第三方利用筹措到的资金，向现有债权方购买债务国债券，通常会以折扣价格进行购买，债权国也可能直接将部分债务的债权转移给第三方；

五是第三方与债务国协商债务偿还的具体要求，包括延长还款期限、降低债务利率、部分款项可由当地币种偿还、部分款项进行减免以及海洋保护承诺等；

六是债务国对债务进行偿还，除偿还给债权方外，部分款项还将流入当地成立的海洋保护信托基金，用于进一步加强海洋生态环境保护；

七是自然保护项目在商定计划的有效期内实施。

第二节　"债务换自然"在海洋保护和可持续利用方面的典型案例

当前，"债务换自然"模式在海洋保护领域已经得到了充分的运用，拉美、非洲国家运用"债务换自然"交易加强了对海洋保护的承诺，产生了较

---

① 益言."债务换自然"：运作模式、发展历程及对我启示[J].中国货币市场，2022(12).

多典型案例。

案例一：塞舌尔实施全球首个旨在保护海洋生态系统的"债务换自然"协议

塞舌尔在 2016 年与大自然保护协会达成了全球首个旨在保护海洋生态系统的"债务换自然"协议，由此完成了价值超过 2000 万美元的债务重组。具体而言，塞舌尔依托大自然保护协会成立了塞舌尔环境保护与气候适应信托基金，大自然保护协会为该基金筹集 2020 万美元，并将这笔资金以低利率贷款方式提供给塞舌尔政府，塞舌尔政府将这笔资金偿还债权人巴黎俱乐部，后者以折扣价格抵消 2160 万美元的债务。由此，塞舌尔政府将以更长还款期限、更低利息将债务偿还给塞舌尔环境保护与气候适应信托基金，该基金在偿还筹集到的资金后，将为当地蓝色项目投资并设立慈善基金，为扩大海洋保护区面积、改善渔业管理和发展蓝色经济提供支持。2018 年，塞舌尔还发行了全球首支贴标蓝色债券"蓝色主权债券"，旨在扩大海洋保护区，为该国发展蓝色经济提供资金支持。[1]

案例二：新冠肺炎背景下，伯利兹完成 3.64 亿美元的"债务换自然"交易

新冠肺炎冲击了高度依赖旅游业的伯利兹，在此背景下，伯利兹政府与大自然保护协会达成协议，以减少 5.53 亿美元外债并加强海洋保护。根据协议，大自然保护协会在伯利兹成立附属机构"伯利兹蓝色投资公司"（BBIC）并向伯利兹政府发放 3.64 亿美元蓝色贷款，贷款所需资金由瑞士信贷通过发行蓝色债券提供，贷款既用于以较低利率清偿外债，也涵盖海洋保护基金种子资金。伯利兹政府对贷款还本付息，并承诺至 2041 年平均每年为海洋保护基金投入 420 万美元；种子资金用于高回报投资并于 2041 年转入海洋保护基金，支持后续海洋保护活动。通过此次交易，伯利兹未偿债务金额减少了超 1.8 亿美元，占其国内生产总值的约 12%，伯利兹政府的信用评级也得以提升。作为交易的一部分，伯利兹承诺加大海洋保护，包括采用透明、多方参与的海洋空间规划流程，到 2026 年保护其 30% 的海洋，并建立一个独立保护基金，将保护资金分配给国内海洋保护合作伙伴。

---

[1] 陈嘉楠. 蓝色债券：海洋可持续发展新动能. 中国海洋发展研究中心，2022. https：// aoc. ouc. cn/2020/0816/c15171a294929/page. html.

案例三：巴巴多斯利用"债务换自然"交易加强海洋保护和可持续利用

2022 年 9 月，巴巴多斯、大自然保护协会等共同完成 1.5 亿美元"债务换自然"交易。此次交易中，瑞士信贷与第一加勒比银行为巴巴多斯提供价值 1.465 亿美元蓝色贷款，用于以折扣价格回购债券。其中，瑞士信贷筹集 7160 万美元，并将其转化为利率为 3.8% 的蓝色贷款提供给巴巴多斯，以使其能够以折扣价格回购面值为 7760 万美元、利率为 6.5% 的欧洲债券；第一加勒比银行提供 1.458 亿巴巴多斯元（扣除储备和交易成本后为 7290 万美元）、利率为 3.8% 的蓝色贷款，用于回购巴巴多斯国内 E 系列债务中相应面值金额部分。巴巴多斯可在 15 年内偿还贷款，美洲开发银行与大自然保护协会为该贷款提供 1.5 亿美元担保。巴巴多斯同时做出以下承诺：一是利用全球最佳实践，完成覆盖其全部海域的海洋空间规划，保护 30% 的海域，促进海洋可持续发展；二是设计并落实法律法规和制度框架，以有效实施海洋战略计划；三是制订并落实所有保护区综合管理计划。

通过此次交易，巴巴多斯政府以较低利率实现了债务重组，减少需要偿付的本金和利息达 4000 万美元，这些资金将全部用于海洋保护工作，由注册在当地的巴巴多斯环境可持续性基金管理，该基金由大自然保护协会支持建立。预计在 15 年内，该基金将产生总额达 1000 万美元的额外回报。此外，巴巴多斯政府还承诺每年向该基金支付 150 万美元，并平均每年向另一个单独的信托基金"巴巴多斯蓝色保护信托基金"支付 110 万美元，以建立一个捐赠基金，为巴巴多斯环境可持续性基金提供长期资金，流入捐赠基金的资金将在 15 年后继续为保护活动提供资金。如果每年净投资回报率为 7%，预计在 15 年期满时，捐赠基金将增长至超过 2700 万美元，叠加向巴巴多斯环境可持续性基金提供的资金，预计在 15 年内将为海洋保护带来约 5000 万美元的资金支持。

第三节　全球其他蓝色金融工具创新应用及其特点

各国和国际组织为推进蓝色金融发展进行探索和创新，除"债务换自然"和蓝色债券以外的蓝色金融工具推陈出新并不断加以应用，对海洋保护和可持续利用贡献重大。

一、其他蓝色金融工具创新

蓝色基金是各国和国际组织使用最为广泛的政策工具之一，也是进行经济援助的主要手段，已经拥有了较为成熟的运行机制，可以通过募捐、接收市场资金及投资相关行业为海洋保护筹集基金，如2018年由世界银行组织发起的PROBLUE信托基金以海洋和沿海资源的保护和可持续利用为宗旨，至2022年，其已经在80个国家支持开展了约140项海洋保护和可持续利用活动，项目资金总额超过9400万美元，仅2022财年，PROBLUE就承诺为38个项目提供超过3200万美元的资金支持。

保险业作为蓝色金融的重要组成部分，其损失补偿、风险管理、资金融通三大功能在海洋保护中越来越受到关注，当前，其应用主要集中于海洋生态系统保护、修复以及灾害应对领域，如2022年9月，亚太气候融资基金宣布提供250万美元，旨在为斐济、印度尼西亚、菲律宾和所罗门群岛开发珊瑚礁保险等风险管理产品；11月，大自然保护协会购买了一份保险单，以便遭受飓风或热带风暴袭击的夏威夷岛珊瑚礁能够获得应对威胁所需的资金。

蓝碳信用额等金融工具的扩大和更新是蓝色金融新兴市场日益寻求的创新方法，为海洋环境保护和可持续利用提供资金的又一次尝试。蓝碳信用额可以为海洋保护区提供支持，各国可以通过展示保护和修复蓝碳生态系统的碳效益来获得碳信用，从而进行交易并获取资金。当前，多国在蓝碳信用额理论和实践方面取得重要成果，如2022年6月，保护国际基金会《Cispatá海湾红树林蓝碳项目影响报告》显示，项目现有的碳信用额度已全部售出或正在交易中，其中92%的资金将用于该地区的保护管理计划，报告结果意味着市场对蓝碳信用额度的需求很高，预计项目将在2023年发布新一轮碳信用额度；11月，亚马逊公司与保护国际基金会宣布成立国际蓝碳研究所，将开发碳信用方法等推进蓝碳的关键工具，支持东南亚等地区沿海蓝碳生态系统的恢复和保护。但蓝碳信用额当前仍处于早期阶段，2022年，只有11个蓝碳项目在世界领先的碳信用计划中注册。

二、当前全球蓝色金融工具发展特点

当前，蓝色金融工具在各国和国际组织的实践探索下快速发展和扩充，呈现出三大特点。

一是蓝色金融工具的运用朝标准化方向发展。制定蓝色金融工具顶层设计方案和实践指南成为全球重要议题，蓝色金融工具正朝标准化迈进。2022年以来，印度尼西亚海洋事务和投资协调部与联合国开发计划署共同制定蓝色融资战略，该战略文件已在可持续发展目标政府证券框架中采用；世界银行旗下的国际金融公司制定并发布了《蓝色金融指南——以绿色债券原则和绿色贷款原则为基础》，旨在支持符合蓝色债券原则和蓝色贷款原则的私人投资，并明确符合原则的蓝色融资项目类别，指导各国如何支持蓝色经济投资，为实现联合国可持续发展目标6和目标14做出贡献。指南、战略框架等的出台能够引导各方高效应用蓝色金融工具，并提供最佳实践，减少"试错"和"弯路"。

二是蓝色金融工具种类多元化，总价值进一步增加。经过多年积累，蓝色金融工具已经在市场规模、种类和发行主体方面取得显著发展。在市场规模方面，以蓝色债券为例，2018—2022年，全球共开展26笔蓝色债券交易，总价值约50亿美元，蓝色债券市场出现快速增长，专家预计2023年蓝色债券市场将继续保持增长趋势，有望打破此前记录。在种类方面，除相对成熟的蓝色基金、蓝色债券外，蓝碳信用额、蓝色保险等创新金融工具应运而生，成为促进海洋保护和相关产业可持续转型的重要杠杆。此外，也有学者提出对海洋旅游税、海洋保护信用、蓝色股票等融资机制开展研究，或将促进未来蓝色金融工具的进一步扩充。在发行主体方面，国际金融机构依然是蓝色债券等金融工具的主要发行主体，但政府、企业、非政府组织等也在加大对蓝色债券的支持力度，如绿色气候基金、保护国际基金会和印度尼西亚共同发起"Blue Halo S"倡议，旨在筹集超3亿美元混合融资，推广印度尼西亚第一个综合海洋保护和可持续渔业管理方法，并与印度尼西亚政府共同开发蓝色生态系统适应机制和蓝色债券；海南省政府首次在国际资本市场发行蓝色债券等，将为蓝色金融市场提供更多活力。

三是主要在海洋生态保护与修复、可持续渔业和水产养殖以及可再生能源领域加以运用。在海洋生态保护与修复方面，蓝色金融工具能够支持海洋可持续管理与保护，并由此确保人类受益于海洋提供的生态系统服务，如"债务换自然"模式和蓝碳信用额有助于筹集关键资金以推进沿海和海洋生态系统修复，受到小岛屿国家、非洲沿海国家的欢迎；在可持续渔业和水产养殖方面，部分小岛屿发展中国家以渔业为支柱产业，同时存在过度捕捞风险，因此重视利用蓝色金融工具促进可持续渔业发展；在可再生能源领域，蓝色金融是气候金融的新兴领域，为海上风电等可再生能源发展提供了资金支持，我国于 2022 年发行的蓝色债券也以海上风电为主要投放领域。

第十六章　联合国"海洋科学促进可持续发展十年"行动进展研究及参与建议

联合国"海洋科学促进可持续发展十年"(以下简称"海洋十年")作为联合国大会批准的联合国全系统倡议,具有极高的全球影响力,对于建立海洋新兴、热点领域话语权,塑造国际海洋科技发展格局,推进全球海洋治理体系具有重要指导作用。本章对其2021年启动至2022年10月期间批准的行动及主要国家的参与情况进行研究,认为"海洋十年"仍以发达国家主导,美国在其中的影响力占绝对优势,发展中国家虽参与不足,也体现出新兴势头。我国应考虑以"海洋十年"平台为契机,将其作为构建和推广"蓝色伙伴关系"和深度参与全球海洋治理的重要抓手,提升我国在国际海洋科技领域的影响力。

第一节　"海洋十年"批准行动统计分析

"海洋十年"行动是为实现"海洋十年"愿景而在全球范围内实施的具体举措,"海洋十年"启动至2022年10月初,联合国教科文组织政府间海洋学委员会(以下简称海委会)先后公布三批共计224项行动:2021年6月8日公布首批67项行动、2021年10月13日公布第二批94项行动、2022年6月8日公布第三批63项行动。对三批行动统计分析如下。

一、按行动层级统计

"海洋十年"行动按照层级,由上至下分为:计划、项目、活动和捐助四种。"计划"关注全球海洋重大科学问题,一般为全球性或地区性行动,具有实施期限长、持续多年、跨学科、多国联合实施的特点。"项目"是独立开展且重点突出的行动,从规模上看,可能为地区级、国家级或次国家级行动。"活动"均为单独开展的一次性举措,如科学讲习班或专题培训等。"捐助"通过提供必要的资源,如资金或实物捐助,为"海洋十年"提供支持。

三批行动具体的层级类型统计见表16.1。其中，层级分类等级最高的计划共41项，第一批28项，涉及的主要领域为海洋观监测、海洋生态保护与修复、海洋环境治理、海洋素养与海洋人才培养等主题；第二批7项，主要涉及海洋新兴技术、海洋人才培养、海洋生态保护与海洋领域应对气候变化等主题；第三批6项，主要涉及海洋预警报、海洋数据与信息化、海洋环境治理及海洋领域应对气候变化等主题。透过计划类行动，反映出相关领域的重要性，属于未来需长期关注与解决的问题。项目类行动共计137项，占比61%。活动类6项，均为联合国领导的一次性活动。捐助类行动40项，其中美国占22项，其通过为"海洋十年"贡献各类观测数据、资金资助与海洋领域应对气候变化方案等捐助，扩大美国既有研究项目影响力的同时，实现了其新兴理念与方案的输出。

表 16.1 三批行动层级分类表

	计划	项目	捐助	活动	总计
第一批	28	0	33	6	67
第二批	7	84	3	0	94
第三批	6	53	4	0	63
总计	41	137	40	6	224

二、按行动牵头国家统计

从国别看，牵头行动的国家主要以欧美发达国家为主，三批行动排名情况前五名见表16.2。美国位列第一，共计47项，其后依次是法国(16项)、加拿大(14项)、英国(12项)和俄罗斯(10项)，我国位列第八位(6项)。美国在数量上表现出绝对优势，是第二位法国的3倍，且每批行动均排名前三；而英国和加拿大在前两批行动中所占的数量较少，第三批明显增多，反映出其对"海洋十年"关注与重视度的提升。

按照牵头国家的发展程度进行统计可知，第一批67项行动中，发达国家牵头项目共有64项；发展中国家占比非常小，仅有中国(2项)和土耳其(1项)两个国家入选。第二批行动涵盖的国家更为广泛，既包括美国、法国、加拿大等发达国家，同时还有俄罗斯、中国、印度、印度尼西亚、巴西等新兴经济体，萨摩亚、佛得角等小岛屿发展中国家，摩洛哥、坦桑尼亚等非洲国家，甚至包括属于最不发达国家的孟加拉国，表明了"海洋十年"行动"不让任何国家掉队"的决心。第三批63项行动中，发达国家牵头49项；发展中国家牵头14项，约占22%，包括泰国4项、中国3项、哥伦比亚3项等。综上，近两年，"海洋十年"行动主要由发达国家主导，发展中国家参与表现出一定的增长趋势，但占比依旧较小。

表 16.2　排名前五位国家行动数量表

	第一批	第二批	第三批	总计
美国	23	8	16	47
法国	3	11	2	16
加拿大	0	1	13	14
英国	2	1	9	12
俄罗斯	0	10	0	10

三、按牵头机构所属类型统计

"海洋十年"行动牵头机构所属类型主要分为政府机构、各类政府与非政府组织、研究机构、基金会、企业等类型。其中，研究机构所占比例最高，达41%，共计92项，主要包括各国高校、海洋类研究所及实验室、研究学会等，如德国基尔大学、美国伍兹霍尔海洋研究所、美国地球物理学会、中国厦门大学等；各类政府与非政府组织位列第二(73项)，如以海委会为代表的联合国相关组织及美国"海洋愿景与未来海洋"组织、美国智能珊瑚礁组织等非政府组织；随后是政府机构(35项)，主要包括有政府背景的海洋管理与研究机构，如美国国家海洋与大气管理局、美国国家科学基金会、日本环境省、德国经济合作和发展部等；另外，还有以加拿大图拉基金会等为代表的基金会主导的行动12项，美国的新英格兰水族馆、印度 BhuDevi 咨询中心等为代表的企业牵头行动9项。

四、按行动主题统计

为响应"海洋十年"目标及使命，在全球及区域范围内促进海洋科学知识水平提升，填补现有的知识缺口，并提出各类海洋挑战的解决方案，三批行动涉及主题广泛。位于首位的是海洋观监测(49项)。海洋科学是基于观测的科学，人类在海洋，尤其是深海大洋与极地，还存在较多的观测空白，因此针对这些区域的观监测行动较多。海洋生态系统保护与修复（38项）位于其后，主要涉及生物多样性保护，珊瑚礁、红树林与海草保护与修复、海岸带修复等，重点关注弱光层至深海生物及生态系统研究。位于第三的是海洋素养类项目（22项），旨在宣传、普及各类海洋文化，提升海洋素养。海洋领域应对气候变化（18项）位列第四，重点关注蓝碳、海洋碳封存、海洋负排放技术等。另外，海洋人才培养类项目17项、海洋环境治理项目16项（海洋领域塑料污染、海洋酸化、脱氧等）、海洋预警报与海洋数据与信息化各15项。

值得注意的是，三次行动征集中，除2020年第一批征集是针对所有主题外，后续活动征集进行了一定的主题限制，聚焦于特定的"海洋十年"挑战，如，2021年第二批征集主要集中于"挑战1：海洋污染""挑战2：保护和恢复生态系统和生物多样性""挑战5：海洋气候的关系"；2022年第三批征集主要针对"挑战3：可持续蓝色食品"和"挑战4：可持续海洋经济"的计划。因此，对于最终入选行动主题具有一定的引导性，使相关领域的行动数量较为集中。

五、按行动覆盖海域位置统计

行动覆盖海域分布在近海和河口、深海和极地。其中，三批行动共有73项行动涉及近海和河口、26项涉及深海、19项涉及极地。近海和河口相关行动的主要着眼点包括：①近海和河口观监测；②近海和河口生态系统保护；③沿海地区可持续发展等。深海相关行动的主要着眼点包括：①深海观监测；②深海科技创新；③深海矿产资源等。极地相关行动的主要着眼点包括：①极地生态环境；②极地观监测和预警等。

第二节 "海洋十年"特征及影响

一是多方参与、共同推动海洋科技变革的顶层大科学计划。"海洋十年"鼓励从政府、联合国层面到机构和个人的广泛利益攸关方参与，以公平、全面、整体、前瞻的视角看待全球海洋问题，综合布局从近岸河口到深海大洋及极地的海洋科学研究，将社会科学、地方及原住民文化均纳入

"海洋十年"科学范畴，自然科学与社会科学发展并重，强调多学科、多机构乃至多政府交叉的大科学合作研究，促进科技领域变革性成果产出，推动海洋科技发展形成新局面。

二是强调科技支撑与引领作用，以科学研究推动科学决策。"海洋十年"的核心任务是提升科学对治理和决策的影响，通过加强科学研究与政策制定间的连接，使科技创新成果、新兴技术与理念能够更加有效地影响和服务于海洋管理与治理决策，有利于推动在全球和国家层面构建更加强大的基于科学的治理体系与政策。

三是从可持续发展角度转变传统产业发展理念。对于海洋油气业、捕捞与养殖业、矿产资源开发利用等传统产业，利用新型海洋技术，变革研究方法，提升资源利用效率，减少传统产业污染和资源浪费。与此同时，此类行动通常与提升相关领域公民海洋素养紧密结合，进而改变民众对传统产业开发的认识。如，东京海洋科技大学发起的蓝色经济循环水产养殖与水质教育项目，从可持续性角度着重开发减少水产养殖有机污染的技术，通过 BUIK 细菌（一种由 50 种细菌组成的菌群）和铁离子供应系统将食物残渣和粪便转化为饲料，进而减少污染，同时配合开展海洋素养计划，提升行业及消费者的知识水平。

四是行动方案设计涉及领域趋于多元化和综合性。从目前行动涉及的主题领域变化趋势来看，多元化主题行动越来越多，注重海洋的整体性与科学技术的环环相扣。尤其是层级最高的计划类，或涵盖"完善基础设施建设—提升观监测—加强数据管理与共享—实现信息化—加强海洋人才培养""观监测—合作填补研究空白—增强能力建设—提升海洋素养"的复合化、链条式、进阶型研究脉络，或由地域性问题上升到全球性海洋治理问题。项目类行动也表现出由聚焦单一海洋领域研究拓展为兼具研究与海洋素养提升及海洋人才培养的复合型行动的趋势。

五是深刻影响全球海洋秩序和治理格局。值得注意的是，一些行动在"海洋十年"开启之前就已启动，且有多年运营基础，如由美国国家海洋与大气管理局牵头的"全球海洋数据库计划"（WOD）、美国国家科学基金会牵头的"国际大洋发现计划"（IODP）、美国国家海洋资助学院计划、日本"海床 2030 项目"等，其再次纳入"海洋十年"行动，透露出项目牵头国家希望利用"海洋十年"国际框架来助推项目深化开展，并扩大其在海洋科技领域国际影响力之意图。一些国家将"海洋十年"作为深化参与全球海洋治理的跳板以跻身海洋强国行列，或巩固自身作为海洋强国的地位，成为全球海洋秩序与治理的领导者。一些发达国家加强在海洋大数据技术、人工智能、无人技术、生物技术等新兴前沿科技领域的投入以抢占科技发展制高点，一些国家将科技资源向极地和深海转移，但现有的国际规则无法满足新兴领域、深海和极地的治理需求，"海洋十年"推动的科技进步或加速相关领域海洋规则生成与海洋秩序演进，对全球海洋秩序和治理格局产生深刻影响。

六是科技话语权的集中化或将进一步加剧国家间差距。"海洋十年"倡导更多利益攸关方参与，并针对非洲等相对落后的区域开展系统性、针对性培训与扶持活动，但在三批官方行动中，非洲的行动数量仍旧很少，仅在第二批有非洲国家牵头的较少行动。究其主要原因，在于国家与地区间海洋科学信息、资源及实力不对等，非洲在特定海洋领域技术发展竞争力不足，并且在"海洋十年"治理和协调框架下的机制建设不完善使其缺失重要资源和信息的获取渠道。此外，虽然"海洋十年"强调公平地获取数据、信息、知识和技术，但技术受到知识产权保护的限制，仅能实现部分基础设施与数据的共享，或使技术落后的发展中国家数据向掌握先进技术的海洋强国流动，加速海洋强国成果产出，进而加大国家间海洋科技发展水平与成果转化利用间的差距。

第三节 我国深度参与"海洋十年"对策建议

"海洋十年"已启动近两年，我国在其前期运筹和启动初期的阶段并未深度参与，目前其主导权主要集中在发达国家。未来十年是我国与发达国家在海洋领域进行科技角力的关键十年，我需借助发展中国家持续崛起的势头与机遇，以"海洋十年"平台为契机，将其作为我国构建和推广"蓝色伙伴关系"和深度参与全球海洋治理的重要抓手。对内，整合国内海洋科技资源效能、理顺科学–决策传导机制；对外，尽快学习和提升深度参与"海洋十年"机制和议题制定机制，强化在发展中国家参与中的引导力和感召力。具体建议如下。

一是统筹国家资源推进"海洋十年"参与。统筹与优化国内资源配置，形成资源合力，将"海洋十年"与国家海洋科技战略推进深度融合，扶持一批海洋环境保护与治理类、数据共享类、成果可惠及区域乃至全人类的海洋国家重点科技专项申报"海洋十年"，策划一批具有竞争力的国际科学计划和优质合作项目。加强海洋生态保护与修复、蓝碳监测与评估、海洋新能源、深海勘探开发等前沿热点领域技术攻关，利用"海洋十年"，提升我国海洋科技自主创新能力。

二是积极派员参与"海洋十年"咨询委员会等重要协调机构。向海委会、"海洋十年"其他协作中心等国际机构派出更多我海洋工作人员，深入参与"海洋十年"指导文件的编制及相关决策等国际进程，并及时掌握相关动态。如"海洋十年"咨询委员会委员由全球公开提名后经海委会选拔产生，任期两年，我需提前关注委员换届事宜并做好应对；提前为加入联合国《全球海洋科学报告》编委会做足运筹部署工作，确保我方人员参与并在第三版报告编写上发挥影响力；为下一个"海洋十年"做好前期准备和技术储备工作，确保持续参与其制定的谈判和决策过程。

三是以多角度、多形式、多路径加强我国"海洋十年"行动参与。从行动发起主体来看，目前我国入选的行动主体均为高校或研究机构，应对专业协会、企业、慈善界乃至个人的广泛利益攸关方开展"海洋十年"宣传与培训，鼓励其成为行动主体。从行动层级来看，目前我国的行动以计划、项目为主，尚未有捐助类行动，下一步可鼓励我国企业及各类慈善基金会以捐助类行动为突破口加大参与。从行动领域来看，目前入选的行动主要是自然科学领域，在海洋素养、海洋人才培养等人文、社科领域尚未有入选行动，可鼓励海洋领域国际公益培训、公益合作等申请"海洋十年"行动。此外，鼓励利益攸关方以更多方式参与"海洋十年"，如可通过加入"海洋十年"联盟、实践社区、专家名册等扩大参与。

四是强化与发展中国家和小岛屿国家在"海洋十年"中的合作。"海洋十年"鼓励与倡导发展中乃至落后国家参与，尤其注重推进非洲"海洋十年"进程，我可将"海洋十年"作为开展"蓝色外交"的切入点，加强对发展中国家的海洋援助，解决目前发展中国家在参与"海洋十年"中遇到的技术与资金难点。发挥我国在海洋预警报服务、海洋观监测、海洋负排放技术领域的优势，推动与小岛屿国家就海洋领域应对气候变化领域合作，推动"蓝色伙伴关系"构建的同时强化"海洋十年"参与。

第十七章　G20峰会框架下加快推动全球海洋治理进程

G20峰会是主要经济体领导人就全球治理议题申明本国立场和政策、深化多边合作的全球治理重要平台。随着G20峰会从危机应急机制走向全球长效、全面的治理机制，其担负的角色也在逐步综合化，几乎涵盖了全球治理的所有议题。G20峰会关注的海洋问题也由海洋环境保护、海洋垃圾治理等单个议题逐步发展成为全球海洋综合治理问题。通过分析近10年G20峰会框架下海洋议题及其领导人宣言可以看出，G20峰会在应对全球海洋治理问题、推动海洋可持续发展进程和统筹推进海洋、气候、环境治理等方面的作用日益增强，通过战略性参与、制度化影响和实践性改造等举措，不断影响和塑造着全球海洋治理体系格局。

第一节　G20峰会框架下海洋治理议题不断丰富和发展

纵观2010—2022年G20峰会领导人宣言，海洋议题出现7次，占半数以上，且呈现不断深化和创新的发展态势。特别是2019年以来，G20峰会的海洋议题不断丰富、重要性日益提升。2019年第十四次G20峰会达成"蓝色海洋愿景"，承诺在2050年前实现海洋塑料垃圾的"零排放"①；2020年第十五次G20峰会将"守护地球"列为三大主题之一，其中海洋保护是重要议题，会议宣言提出"防止环境恶化，保护、可持续利用和恢复生物多样性，保护海洋，倡导清洁空气和清洁水，应对自然灾害和极端天气事件以及应对气候变化是这个时代最紧迫的挑战"②，并启动全球珊瑚礁研发加速平台来保护珊瑚礁；2022年11月15—16日，第十七次G20峰会通过《巴厘岛宣言》，承诺就应对海洋塑料污染等制定一份具有法律约束力

---

① G20领导人第十四次峰会通过《大阪宣言》。
② G20领导人第十五次峰会通过《二十国集团领导人利雅得峰会宣言》。

的国际文书，并强调全球要为确保 2030 年前至少 30% 的陆地和海洋得到养护或实现保护的目标做出努力。

一、G20 峰会框架下的海洋环境保护议题

2010 年，G20 峰会在加拿大多伦多举行，峰会主题为"推动世界经济全面复苏"，峰会将海洋环境保护作为重点议题之一，其会后声明提到，"从近期墨西哥湾原油泄漏事件认识到，需分享最佳做法以保护海洋环境，预防近海勘探、开发和运输等发生意外及处理其影响。"同年，主题为"汇率、全球金融安全网、国际金融机构改革和发展"的 G20 峰会在韩国首尔举行，会后声明强调，"欢迎全球海洋环境保护倡议所取得的进展，该倡议的目标是在保护海洋环境、避免在近海勘探、开发和海上运输中发生事故以及事故处理等领域分享最佳做法。""全球海洋环境保护倡议的未来工作应受益于美国关于英国石油公司深水平台石油泄漏事件独立调查委员会和澳大利亚蒙大拿调查委员会近期的相关调查结果，要求全球海洋环境保护专家小组，在国际海事组织、经合组织、国际能源署、石油输出国组织、国际监管者论坛和国际钻井承包商联合会的支持下，通过与相关利益方协商，提交进一步的报告，以便我们在下届峰会继续有效地分享最佳作法。"

2011 年，G20 峰会在法国戛纳举行，峰会主题为"应对欧债危机、促进全球经济增长、加强国际金融监管、促进社会保障和协调发展"，其会后声明提到，"决定就保护海洋环境采取进一步行动，特别是预防近海油气勘探、开采和海运造成的事故，并对已发生的事故进行处理。欢迎建立有关机制，就管理近海油气开采、生产和海运导致的大小事故分享最佳范例、法律框架和经验。要求全球海洋环境保护工作组，同经合组织、国际近海油气安全监管论坛、石油输出国组织合作，于明年报告取得的进展并建立上述机制，以便于 2012 年年中该议题接受审议时分享最佳实践。将致力于与国际组织和利益攸关方开展对话。"

2012 年，G20 峰会在墨西哥洛斯卡沃斯举行，峰会主题为"加强国际金融体系和就业、发展、贸易"，其会后声明中提到，"我们欢迎设立全球海洋环境保护最佳实践分享机制网站，并期待网站根据戛纳峰会授权开通。"

二、G20 峰会框架下的海洋垃圾治理议题

2017 年，G20 峰会在德国汉堡举行，峰会主题为"塑造联动世界"，其会后声明中提到，"G20 发起海洋垃圾行动计划，旨在落实 2030 年可持续发展议程，体现对可持续发展领域的支持。G20 资源效率对话将推动交流有益做法和国别经验，提高自然资源全周期使用的效率和可持续性，促进可持续的消费和生产方式。海洋垃圾行动计划旨在从社会经济影响等角度出发，防止和减少海洋垃圾产生。"

2019 年，G20 峰会在日本大阪举行，峰会主题为"全球经济、贸易与投资、创新、环境与能源、就业、女性赋权、可持续发展以及全民健康"，会议发布《大阪宣言》，重申应采取措施解决海洋垃圾，尤其是对海洋塑料垃圾和微塑料，应在国际和国家层面通过合作有效应对。宣言称，"G20 国家将致力于及时采取有力的国家行动，阻止和减少塑料垃圾和微塑料进入海洋。为此，G20 呼吁国际社会共同应对海洋塑料垃圾污染。""蓝色海洋愿景"作为一项国际倡议，致力于通过提高塑料垃圾处理能力和应用创新性技术与方法，减少因垃圾处理不当而导致的海洋塑料污染，并力争在 2050 年前实现海洋塑料垃圾的"零排放"。

三、G20 峰会框架下的海洋综合治理议题

2020 年，G20 峰会在沙特阿拉伯(线上会议)举行，峰会主题为"为所有人实现 21 世纪的机遇"，会议强调，防止环境恶化，保护、可持续利用和恢复生物多样性，保护海洋，倡导清洁空气和清洁水，应对自然灾害和极端天气事件以及应对气候变化是这个时代最紧迫的挑战①。"随着我们从疫情中恢复，我们承诺保护地球，并为所有人创造一个环境更可持续和包容的未来。"在《生物多样性公约》第 15 次缔约方大会召开之前，G20 坚定保护海洋和陆地环境的决心。峰会启动全球珊瑚礁研发加速平台来保护珊瑚礁，并实施《减少土地退化和加强陆地栖息地保护全球倡议》以预防、遏止和扭转土地退化。在现有倡议和自愿的基础上，共同追求到 2040 年将已退化土地减少 50%。会议重申《大阪蓝色海洋愿景》有关减少海洋塑料垃圾污染增量的承诺，重申关于终止非法、未报告、无管制(IUU)捕捞的承诺。

---

① G20 领导人第十五次峰会通过《二十国集团领导人利雅得峰会宣言》。

2022 年，G20 峰会在印度尼西亚巴厘岛举行，峰会主题为"共同复苏、强劲复苏"，会议承诺就应对海洋塑料污染等制定一份具有法律约束力的国际文书。应对生物多样性丧失、森林砍伐、沙漠化、土地退化和干旱，在自愿基础上实现 2040 年前退化土地减少 50%。认识到一些国家为确保2030 年前至少 30% 的全球陆地和至少 30% 的全球海洋得到养护或实现保护目标所作的努力。

第二节　G20 峰会框架下海洋治理的演变与特征

一、G20 峰会框架下海洋治理议题和举措具有稳定、连续的特征

G20 峰会通过上下届主席国轮值与协作的方式，确保议题的连续性和政策的稳定性。如 2010 年，墨西哥湾原油泄漏事件使 G20 各国意识到分享最佳做法以预防近海勘探、开发和运输等意外事件对海洋环境影响的重要性，并在峰会上发起"全球海洋环境保护"倡议；此后 3 年，G20通过成立工作组等相关机制、建设网站等手段巩固会议成果，同时提交相关进展报告；2019 年 G20 峰会达成"蓝色海洋愿景"及通过的《G20 海洋塑料垃圾行动实施框架》至今仍在各国践行。G20 峰会框架下全球海洋治理议题和举措的连续性特征，一方面体现了全球海洋治理任务的长期性、问题的复杂性和治理的艰难性，另一方面体现出全球各治理主体应对全球海洋挑战不能急于求成，需通过长期的实践经验积累实现深化治理。

二、G20 关注的海洋治理议题以海洋生态环境保护为核心，并与其框架下其他治理主题保持密切关联

G20 峰会能否在应对气候变化、实现可持续发展目标等方面发挥更大作用，直接关系到 G20 机制的未来。因此，气候变化、能源问题、千年发展目标（MDGs）和 2030 年可持续发展议程是贯穿 G20 峰会的长期议题。G20 以推动全球经济增长、可持续和绿色发展为目标，突出结构性改革与创新的重要作用，这也是全球环境与发展治理赤字的痛点所在。随着 G20

峰会框架下全球绿色治理主题与实践的不断发展，海洋议题也与其深度融合，并呈现出与 G20 峰会框架下众多议题密切的治理关联性和实践互通性，从而奠定了海洋议题在 G20 机制中的重要地位，并将在应对气候变化、实现可持续发展目标等方面发挥更大作用。

三、G20 峰会框架下海洋治理议题呈现由非约束性承诺向约束性机制转型的态势

与此前各届 G20 峰会海洋议题多为非约束力的政治承诺或立场表达不同，2022 年第十七次 G20 峰会各成员承诺就应对海洋塑料污染等制定一份具有法律约束力的国际文书，标志着其海洋议题治理有转向建设"国际硬法"的意愿。随着 G20 峰会涉及的海洋问题从海洋污染治理逐步拓展到与气候变化密切相关的 BBNJ、IUU 捕捞、海洋碳汇等，这些议题一旦在成员内形成广泛共识，很有可能通过国际法律文书或多边条约公约的谈判签署路径，成为 G20 峰会海洋议题的治理新工具。同时，2022 年峰会通过的《巴厘岛宣言》提出的海洋治理措施，涵盖了大国政治支持与战略表态、对接其他主要国际治理机制、提供公共产品与加强能力建设、成员国国内治理示范类等诸多方面，呈现出日益多样综合的特征。

四、G20 峰会成为大国打造海洋主场外交、推广海洋治理理念与方案的重要平台

当前，G20 成员率先示范的海洋治理实践是全球海洋治理取得进展的重要动能，G20 成员参与全球海洋治理及其贡献度直接影响着 G20 的领导力和国际形象。2019 年 6 月，第十四次 G20 峰会在日本大阪召开，日本在完成峰会相关议程和推动形成领导人宣言之后，充分发挥主场优势，发布"海洋倡议"计划，提出在废弃物处理、海洋垃圾回收、创新、赋权四个能力与基础设施建设方面，向发展中国家治理海洋塑料垃圾污染提供支持与帮助，极力推动日本相关机构和企业"走出去"抢占海洋垃圾治理先机，同时也借此平台增强日本政府在海洋生态环境综合治理的全球影响力和领导力。

第三节　G20 峰会框架下中国参与全球海洋治理的路径选择

一、提升中国在海洋领域的大国协调能力

发达国家和发展中国家在 G20 峰会中各占半数的比重，占比相对平衡，但二者在全球海洋治理中的矛盾将长期存在，全球海洋治理议题将成为发达国家与发展中国家协调立场的重要平台。我国应充分利用 G20 峰会，推动这一平台更具开放性、包容性和公正性，充分为发展中国家发声，制定并推广全球海洋治理中国理念和方案，将蓝色伙伴关系、海洋命运共同体等理念和中国成功实践案例融入全球海洋治理的峰会宣言、规则制定和治理实践中，持续深化中国方案与 2030 年可持续发展议程的互动与对接，借助这一平台推动我国从国际海洋规范的接受者向引领者的身份转变。

二、夯实全社会参与 G20 机制的社会基础

应深化政府与非政府组织、企业等利益攸关方的协作水平，动员和统筹全社会力量，加强特色海洋智库建设，积极引导和培育我国涉海非政府组织、企业等，将其作为参与、贡献与引领 G20 峰会框架下全球海洋治理的重要着力点，并促进各利益攸关方广泛、深入的交流与合作，响应政府号召，协同推进中国海洋理念与海洋治理方案，提高我国在参与全球海洋治理规则制定、议题设置、舆论引导方面的综合实力和影响力。

第三篇

主要国家和国际组织海洋政策

第十八章　法国 2030 极地战略(节选)

2022 年 3 月 31 日，法国推出首部国家极地战略《平衡极地：法国 2030 年极地战略》，该战略由法国极地和海洋问题大使奥利维尔·普瓦夫尔·达尔沃尔(Olivier Poivre d'Arvor)撰写，立足当前两极地区战略形势，回顾法国极地探索历史，布局法国未来极地战略行动。报告分为七个部分，包括前言、承诺摘要及五个具体章节，因篇幅问题，本章仅保留五个具体章节。

第一节　实施平衡性、全球性极地战略

一、一个全球问题，一个全球战略

能够制定"全球性"极地战略的国家十分有限。这种整体愿景至少需要有四方面的能力：一是悠久的两极探索史；二是北极理事会的成员资格(作为常任理事国或观察员国)；三是作为缔约协商国参与《南极条约》；四是在北极和南极均拥有科考站。仅有包括美国、俄罗斯和中国在内的少数国家符合这些"极地力量"标准，法国也是其中之一。

法国的全球极地战略涵盖了南北两极，同时兼顾二者间的相似点与差异性。

本战略致力于通过寻求协同和互补，在全球范围内处理各种问题，以便实施新的、更加富有雄心和有效的工具和行动手段。同时旨在鼓励国际社会和其他民间社会行动者，在两极特有的治理工具、法律体系和论坛之外，将极地世界共同视为其行动的优先事项。

二、建立一个平衡的世界

在极地领域，法国坚持维护自身价值观。首先，捍卫和应用国际法，包括尊重北极国家主权和遵守《联合国海洋法公约》等国际公约和条约以及

支持诉诸有效的多边主义。其次，在地缘政治不断变化和军事化加剧的情况下，主要是在北极地区，法国承诺，对国际安全和稳定做出积极和负责任的贡献。最后，在全球范围内进行协调并寻找有助于实现可持续发展目标的创新解决方案。

本战略基于科学研究和对极地环境的保护，法国的行动将以其对《联合国气候变化框架公约》和《联合国生物多样性公约》的参与以及其欧盟成员资格为根据，严格遵守自身参与的国际承诺。

作为联合国安全理事会常任理事国以及北约、欧洲安全与合作组织和欧盟成员，法国在北极和南极的行动，包括与亚北极和亚南极区有关的行动，均基于其在北大西洋的承诺以及印太战略。其目的是使极地世界成为地缘政治低度紧张及和平多边合作的区域。

法国在联合国区域和专题论坛上维护非极地国家的利益，特别是受海平面上升直接威胁的小岛屿国家以及受制于大国之间权力平衡的"沉默的大多数"国家的利益。

法国作为一个全面的、坚定的极地参与者和平衡国，希望为极地世界制定一个战略前景，尽可能广泛地与国际社会分享，并以强有力的协调方式应对安全风险。

鉴于此，法国提议在2023年春季组织一次关于两极的国际会议汇聚公共和私人参与者。

法国也计划效法联合国"海洋科学促进可持续发展十年"（2021—2030），游说联合国、世界气象组织及其成员国以及国际科学联盟理事会，在2025—2035年发起"极地世界十年"，动员所有国家和民间社会，为科学研究提供大量协调一致的资源，以开展富有雄心的国际项目。

三、转向陆地-海洋方法或冰冻圈-海洋方法

在研究方面，陆地-海洋和冰冻圈-海洋问题密不可分。南极和格陵兰岛冰盖融化，直接导致海平面上升，其上升水平可能仍被低估。全球海洋环流带来了两极之间重要的能量交换，在冰盖融化作用下，海洋环流的演变可能导致对欧洲气候的强烈影响。新北极海路不可避免地出现和发展，由此带来的大量贸易、渔业活动和南北极邮轮旅游的发展，都是导致"极地海洋化"的重要因素。

海洋，特别是南大洋，在气候系统中发挥着关键作用，其通过吸收太阳能和人为的二氧化碳排放，将这些能量存储到海洋深处。然而，这种天然碳汇的未来演变仍然存在高度不确定性。另一方面，两极是与冰冻圈耦合的气候动态的驱动力。未来海平面的部分不确定性源于对海洋和冰架之间物理科学过程的不完全了解。极地海洋面临着特殊压力，可能会降低其吸收二氧化碳的能力，破坏全球海洋循环，并破坏有赖于极地海洋的生物多样性。

本极地战略建议对陆地-海洋和冰冻圈-海洋的连续性进行更密切的科学监测。因此，保罗-埃米尔·维克多极地研究所（即法国极地研究所，简称 IPEV）和法国海洋开发研究院必须加强对话，以便在国家战略框架内，共同提出一个动态的长期行动计划。

四、战略性政治指导

法国的国家极地战略必须是多部门和跨部委的。极地问题目前由许多行政部门处理，没有任何真正的协商、仲裁或分担预算负担。为了对两极有一个动态的全球视野，将法律、外交、战略、经济、科学、环境、气候、教育和文化等方面与领土和海洋主权以及国防和安全政策联系起来，强大的政治推动力对于多部门和部际协调措施而言必不可少。

海洋部际委员会在总理的主持下，定期召集所有涉海部委，法国有望将海洋部际委员会变为海洋和极地部际委员会，负责审议政府在极地领域的各项国内外政策，并制定政府在所有极地活动领域的指导方针。

海洋和极地部际委员会将处理极地问题，包括极地与亚北极和亚南极地区的衔接问题。它将协调和仲裁各有关部门或运营人员的行动，并采取任何可能提高其联合行动效率的措施。

五、两极，关乎所有人：教育和多媒体文化传播

必须针对所有相关受众制定积极的教育和文化政策，使用所有可用的工具：教育、出版物、活动、文化节目、电影收藏、国际交流等。

目前由 IPEV 负责对接科学家、极地行动者和民间社会，其执行范围非常有限，在很大程度上应该由 IPEV 来加强执行力。除此之外，IPEV 将

负责进一步收集法国极地探索的所有数据、所有媒体的档案和收藏品，并向广大观众推广。

第二节　支持欧洲和国际范围内的长期、创新和示范性研究

科学研究一贯是法国承诺的核心，法国希望通过各种可能方式动员国际社会，限制气候变化影响并保护生物多样性。

一、开展长期重大项目

全球变暖的影响在两极被放大，这里拥有能够适应极端条件的独特生物多样性，需要更多了解情况，以便开展有效地保护。作为保护和理解上述环境的关键，海洋保护区提供了一个空间管理工具，对整个水体和海床的使用进行监管。

由于低温有利于污染物的集中，无论是大气污染、海洋污染还是陆地污染，在两极都会加剧。

北极极地环境的快速转变将对永久冻土中的碳储量产生重大影响，并将更广泛地影响极地原住民，应尽可能给予其必要的适应支持。

因此，法国希望通过增加投资以支持研究，促进对两极气候和生物多样性变化的科学理解，并在北极地区研究上述变化与人类发展问题间的相互作用。

法国在北极、亚南极和南极的永久性基础设施和长期监测使法国研究人员能够开发出稳定的预测模型，与外国研究团队分享，并将研究成果输入国际数据库。法国对大气化学的监测也非常出色。在生物领域，法国也在开展对植被、昆虫的精确监测，最近还对亚南极岛屿的微生物组开展了监测，凭借这些监测，法国在有关环境变化及极地陆地生态系统演变的研究中扮演了重要角色。

因此，法国必须继续并增加对长期监测的支持，这既是出于其重要的科学利益，也是为了对国际科学决策机构产生影响。

与自然科学相比，人文和社会科学构成了法国的另一个专业领域，其成本较低，但同样重要。在北极不同地区开展的研究必须与当地居民的共

建同步进行，这比以往任何时候都更加必要。

加强国际合作与优化极地行动的努力密不可分。面对国家甚至区域框架之上的挑战，只有秉持国际和多边视角，才能构思出有效的国家战略。

科学观察需要比以往更多的时间来建立。因此，法国必须具备手段和合作伙伴来开发新的和富有雄心的长期系列研究，其中可能加入私人或公共力量，如将对"南大洋"进行长期现场测量的极地舱，或塔拉海洋基金会的国际北极站。

二、处于创新和环境典范前沿的研究

对极地的研究需要改进研究方法，以"了解但不影响"极地。这就需要消除与能源可用性、机器人技术、自动化、传感器自主性有关的技术障碍，并使这些传感器在其退役后可被生物降解。

在空间技术和卫星数据的使用方面，法国拥有法国国家空间研究中心（CNES）和相关研究团队及资产。在诸如测温和测高、大气中甲烷和二氧化碳测量、雷达测量以及"南大洋"和洋流的盐度测量等重要领域，国家极地战略应有助于提升空间技术和卫星数据的使用能力。

在南极，IPEV 鼓励共享科学基地且不计划扩大现有场地，致力于限制空间的人工化、废物的产生和排放水平，并将在其站点和后勤供应手段上开展高效且环境影响较小的科学研究。到 2050 年，将有望实现研究站零碳目标。

三、为了一个"极地的"欧洲

在欧盟内部，法国希望致力于建立共同的极地意识、富有雄心的计划并采取与欧盟委员会及其成员国相一致的行动。

2021 年 10 月发布的欧盟委员会和欧盟外交与安全政策高级代表的联合公报申明"欧盟对和平、可持续和繁荣的北极地区的承诺将得到加强"。法国支持欧盟的承诺，包括施加压力将煤炭、石油和天然气留在地下，支持北极理事会实现减少黑碳排放的目标，致力于实施"零排放"和"零污染"航运项目，建立海洋保护区，并启动打击塑料和微塑料污染研究。

法国维护的三个极地站中，有两个站是与欧洲国家共享的，包括与德国共享位于斯瓦尔巴群岛新奥勒松的阿尔弗雷德·瓦格纳-保罗-埃米尔·

维克多站（AWIPEV）以及与意大利共享位于南极洲的康宏站。为了在北极地区，特别是在格陵兰岛建立新的站点，法国将同样在欧盟内部寻求合作伙伴，以建立一个真正的合作项目。

法国还广泛地参与了欧洲极地研究项目，其特别受益于在"地平线2020"和"欧洲地平线（2021—2027）"框架内开展的欧盟极地项目 EU-Polar-Net2 项目（2020—2023）。

四、团结与合作

法国通过其基础设施在两极存在，并将寻求与一些国家谈判达成实物交换协议，主要是为了使用破冰船，同时也为了尽量减少建设新的科考站。在北极地区与加拿大和丹麦等《南极条约》的非协商缔约国建立伙伴关系，可以使其获得使用法国亚南极和南极基础设施的特权，从而避免南极大陆的进一步人工化，并避免产生不符合科学研究要求的碳足迹。

如果必须优先考虑与其他国家开展简单服务交流以外的合作，德国就成为首选国家。

未来，法国将如何在南极和亚南极地区与澳大利亚这一长期以来的南极战略性区域伙伴开展交流，仍然是一个公开的问题。

第三节　强化极地科学机制和手段

法国海洋开发研究院和法国海洋科考船队正在进行战略性和高效的协调，除后勤保障外，将确保在两极开展真正的科学管理、宣传和教育。

一、经过充分调整的极地研究所

IPEV 于 1992 年接管了法国极地探险队的活动和法国南部和南极领地（TAAF）的"研究"任务，自其成立以来，一直负责许多项目和基础设施的部署。IPEV 每年在极地部署的科学家（360 人）、技术人员和后勤人员（170人）是原来的四倍，这些人被安置在 6 个科考站和 40 多个亚南极庇护所。

尽管有上述参与，IPEV 自成立以来的资源几乎没有变化，多年来人力资源逐渐变得不足。

现在是时候加强 IPEV 及其团队了,即丰富其任务,建立一个体现部际政治指导的前瞻性框架。IPEV 作为法国极地问题的责任机构,将负责三个主要任务:

一是协调法国一级的极地科学,并对欧洲、国际要求和提议作出回应。

二是管理开展研究活动所需的支持、后勤和支助功能以及维护和保养研究活动所涉及的基础设施。有必要协调优化 IPEV 和 TAAF 在亚南极地区同一范围内的后勤功能,与研究有关的后勤任务交由 IPEV 开展。

三是两极的教育和多媒体文化传播、信息和公众支持、交流、归档和纪念。

因此,像大多数主要外国机构一样,IPEV 将协调和指导法国的极地科学政策,此外,其责任还包括筛选在其基础设施中开展的研究项目。

二、连接和探索:海上和空中新支持

当前战略认为,缺乏足够的海上资源使法国科学家在国际竞争中失去了可用工具,法国应对此进行弥补。

同时,本战略鼓励在法国 2030 投资计划框架内为塔拉海洋基金会的国际北极站项目提供公共财政支持,该极地站为漂流站;同时也应当为在公私合营框架内开发的探索"南大洋"的极地舱项目提供支持。

为法国亚南极和南极基地服务的船只,由 TAAF 所有,它们是:

1. 以留尼汪岛为基地的"马利翁·德弗莱"(Marion Dufresne)号于 1995 年下水。"马利翁·德弗莱"号是全球最大的科考船之一,其涵盖了所有海洋学领域。该船在沉积岩芯和古气候学研究中的优势得到了国际认可,其配备有 CALYPSO 巨型取样器,是能够收集长达 60 米的沉积物芯的船只之一。不过,其没有在海冰中航行的能力。

2. 由法国海军装备的"星盘"(Astrolabe)号是法国唯一的公有破冰船,能够在厚度约为 70 厘米的冰上航行,负责执行极地巡逻等任务。

3. 在塔斯马尼亚的霍巴特和法国南极科考站迪蒙·迪维尔站之间执行南极后勤支持任务,每次南极科考活动期间进行 5 次轮岗。

4. 在印度洋,特别是在法属南部领地和法属印度洋诸岛执行主权任务和国家海上行动任务。

但作为补给船，"星盘"号支持海洋科考的能力非常有限，其未配备科考所需的科研设备。

与北极理事会的许多其他成员国、观察员国或《南极条约》的缔约国不同，法国迄今为止没有选择为自己配备一艘支持极地海洋学研究的破冰船。由于破冰船的航行成本很高，因此，在北极地区，有必要与北极理事会成员国建立协议，以便为法国研究人员提供便利，协调开展特定的探险活动。同时，可以探索其他替代方案，如在 2027 年"富尔玛"号巡逻艇服役期满时，将其更换为一艘高破冰级的公海巡逻船。在"南大洋"，一个选择是为"星盘"号配备专门的科学设备，并将其为 IPEV 工作的时间增加约 20 天，以便其能够在"南大洋"，特别是在迪蒙·迪维尔海开展海洋学和水文测量活动。另一选择是在法国建造一艘长约 50 米的破冰船，预算为 3500 万欧元，海洋科学活动的运行费用为 100 万欧元/月，可能考虑与另一个国家共享，并在 11 月至转年 3 月期间将该船部署在南极，3 月至 11 月部署在亚南极地区。

就可在极地地区部署的具体军力而言，可以提及的有陆军军力、两栖手段以及特种部队的一些成员。因此，部队能够在极地地区进行救援行动、地区控制或干预。法国空军也可以在极地地区进行干预，并通过军用飞机将科学家带到两极最偏远的地区。在航空资源方面，法国应该有一支洲际机队，正如德国阿尔弗雷德·瓦格纳研究所一样。法国机队总部将设在布雷斯特，它将与其合作伙伴德国一样，根据季节为两极活动提供支持。

领土的连续性是研究的一个基本问题，因此，关键问题是 IPEV 是否能够在夏季活动期间，通过空运迅速连接研究站。由于"星盘"号的部分轮岗任务几乎完全用于运送乘客，可以推断，以空运方式连通阿黛利地将增加"星盘"号在夏季活动期间的时间，这样一来，"星盘"号就可以执行科学任务，特别是海洋学科学任务。由于空运比海运节约能源，这种方式也将减少运送乘客所产生的碳足迹。

三、支持法国极地科学的基金会

正如许多主要极地国家的情况一样，私人倡议一直是大型项目的发起方。除公共机制之外，还应支持建立一个可筹集大量资金的法国极地基金会，估计每年约能筹资 1000 万欧元。

第四节　对北极地区进行全面再投资

法国对北极的贡献首先基于其强大和长期的科学存在，同时也基于其在法律和政治上对公私行为者的监管与合作行动的参与。这也是欧盟加强对和平、可持续和繁荣的北极地区的承诺的一部分。

一、支持北极地区平衡和负责任的治理

北极地区已经受到了气候变化的强烈影响，由于气候变化过程的持续性以及对生物多样性、人口、经济活动和与之相关的地缘战略问题的影响，北极地区可能会经历重大变化。鉴于上述问题的存在，法国希望在北极地区的科学领域进行大力投资。

TAAF、IPEV、法国海军和驻"南大洋"舰队在南极和亚南极地区提供的资金总额占公共当局用于极地地区总资源的 90%。鉴于法国在南极和亚南极的卓越研究成果，对南极和亚南极的投资不应减少，但考虑到该地区的关键问题，将用于北极地区的资源增加两倍是十分必要的。

对于全球变暖问题，只有在环境问题上开展更具活力的国际治理，才能取得真正的进展。在这方面，法国希望与其他沿海伙伴一起做出坚定承诺，基于《保护东北大西洋海洋环境公约》，捍卫北冰洋的海洋保护区。在"公海协定"（《BBNJ 协定》）进程的谈判之后，法国还将支持在公海建立海洋保护区，特别是在北冰洋中部海域。

法国特别欢迎原住民参与北极的决策、治理和合作。

在许多问题上，北极地区的行动者已经能够达成协议，如：海上搜救、打击石油污染、渔业资源开发等。北冰洋从一个封闭空间转变成一个潜在的全球市场，必然会引起一系列的问题。法国要求对经过特别敏感地区的船只设定更环保的标准，或开展负责任的邮轮旅游。

北极理事会是主要的区域论坛。北极理事会的行动以六个工作组为基础，这些工作组面向北极理事会观察员国开放。法国将通过协调和优化本国专家的存在，系统地加强其参与度，以增加其在战略决策准备中的权重。

二、良性的、可持续的资源管理

随着俄罗斯北极地区的化石和矿产资源的开采不断增长，北极水路的

使用增加，这就要求制定更为严格的自然资源开采监管框架。由于大多数碳氢化合物和95%的矿藏都位于北冰洋沿岸国家的专属经济区内，是否选择开发上述资源是这些国家应考虑的问题。

我们理解这些可观的石油、天然气和稀土储量对高北地区某些国家的重要性，但法国作为一个负责任的气候行为体，支持欧盟关于停止开采北极底土中剩余化石燃料的呼吁。

关于北极中部的水域和资源，北极理事会采取举措，于2018年在北极国家和韩国、日本、欧洲联盟间缔结了一项协议，该协议于2021年生效，根据该协议，签署国承诺15年内不允许悬挂其国旗的船只在缺乏国际协议的情况下在北冰洋中部水域捕鱼，这是值得赞赏的。

关于贸易路线开放和经济发展的前景，法国希望与有关的国际伙伴开展思考和协商。对于法国企业在海运、空运和港口运输，后勤或工业基础设施建设领域的市场开拓行为，本战略坚持其应在海洋和陆地环境保护方面践行良好做法。

在国际层面协调一致的监管下，2017年1月1日，针对极地水域作业船舶的国际行为准则，简称《极地规则》生效。《极地规则》适用于所有在极地地区运营的商业和客运船舶，其直接促进了在冰封水域的航行安全。

三、加强北极研究和学术交流

法国有200多名研究人员从事北极和亚北极地区的研究，拥有非常强大的专业知识，其历史悠久，被国际所公认。

法国的北极研究依赖一些欧洲或双边的基础设施以开展任务、采样和长期观测，也依赖与北极和非北极国家在欧洲层面和国际层面的合作。加强与俄罗斯的合作是优先事项之一，特别是在分析全球变暖对永久冻土的影响和气候变化对北极的影响方面。对于加拿大，双方交流仅限于在塔库维克国际联合单位、法国-魁北克海事研究所或法国海洋舰队与阿蒙森科学研究所之间关于研究人员使用加拿大阿蒙森破冰船的未来协议框架内。

在位于斯匹次卑尔根岛西北部的国际科学村新奥勒松，阿尔弗雷德-瓦格纳研究所（AWI）和IPEV自2003年以来一直联合运营一个名为AWIPEV的法德联合研究站，主要涉及生态学、人口生物学、内部地球物理学、大气科学、冰川学和海洋学。

最后，法国将更加关注人文和社会科学领域的北极研究，其技术和后勤需求较小，但涉及同样重要的问题。法国对北极地区的文化、语言和人类遗产以及法律、经济和政治科学工作的贡献必须得到维护和加强。

第五节　成为南极保护的倡导者

南极地区大陆面积为 1400 万平方千米，占地球表面积的 2.7%，比欧洲面积还大，"南大洋"则比地中海大 8 倍。南极地区基本上还有待发现，从现在起到 2030 年，南极在气候和治理方面将成为越来越具战略意义的地区。

由于其地理上的独特性和无常住居民的特征，南极在法国了解地球历史和从南极点观察太空方面发挥着重要作用。

一、法国在南极的承诺

IPEV、TAAF 和法国海军联合开展的工作，必然使法国在南极成为重要的区域参与者。法国的科学活动，就有关南极的出版物数量而言，在所有运营南极研究站的国家中排名第五，就有关亚南极环境方面的科学研究而言排名第一。南极还是国际公认的生物多样性和大气观察站，能够观测生态系统及其在全球气候变化和人类影响下的连续性变迁。测量的持续性是一项关键资产，特别是自 1981 年以来一直由 TAAF 开展的温室气体测量，以及 TAAF 在空间气象学框架内对太阳活动和地球空间环境的监测。

克罗泽群岛和凯尔盖朗群岛于 1772 年被发现，250 年来一直是法国的殖民地。它们与圣保罗岛和阿姆斯特丹岛以及阿黛利地一起，在 1955 年作为一个行政和财政自治的社区，合并成为 TAAF。对于亚南极岛屿，其整个陆地周边和大部分专属经济区分别被列为国家自然保护区和海洋保护区。

法国将特别注意确保任何科学活动都不得为非和平目的而开展。面对可能违反《南极条约》原则和无节制旅游活动的爆发，法国基于其历史、政治和外交影响力以及科学声誉的权威，在对管理和维护南极大陆和与之接壤的海洋的国际法律体系方面发挥着主导作用。

二、捍卫南极条约体系

《南极条约》是多边主义的杰出典范。《南极条约》缔约国于 1991 年 10 月 4 日在马德里签署了《马德里议定书》，该文件指定南极为"致力于和平与科学的自然保护区"，确立了在南极开展的活动应遵循"限制其对环境和生态系统的不利影响"这一原则，并进一步禁止"与矿产资源有关的任何活动"。

法国致力于通过积极参与多边机构的工作和与其他国家的持续对话，维护上述原则。

这些责任中的首要是尊重南极活动的纯和平性质。

《南极条约》禁止在南极进行一切非和平活动，包括建立基地、演习和武器试验等军事措施。该条约还禁止在南极进行核爆炸以及在该地区处置放射性废物。

该条约还促进了为此目的进行的科学研究和合作，并促进分享上述科学研究的成果。

三、保护南极环境

保护极地环境在南极尤为重要，在这个大陆上，人类仍然是必须对自然负责和尊重的访客。保护环境必须允许将一些地区作为不受人类影响的庇护所加以保护，所有人类活动必须遵循《马德里议定书》。

迄今为止，尽管工作正在进行中，《南极条约》的缔约国仍未能就通过南极游船和旅游活动管理条例达成共识。因此，法国将加大努力，确保缔约国未来针对南极旅游业通过最富有雄心的保护性法规。

四、支持研究和维护基础设施

南极管理的另一个需要保留的支柱是科学活动及其衍生品。

作为七个南极主权声索国之一，法国必须尽快对其两个科考站进行改造，在减少环境影响方面采用尽可能高的标准。并评估其在海上和空中后勤方面的需求。

迪蒙·迪维尔站于 1956 年开放，位于阿黛利地海岸，约有包含生活区、研究实验室和技术场所的 50 个装置。其夏季可容纳 120 人，冬季可容纳约 20 人。对生物多样性的研究，特别是对水下生物多样性的研究，其演变和对气候变化的适应是该站研究的重要部分。迪蒙·迪维尔站也是一个著名的大气层、冰盖和地球物理学观察平台。最后，该站是通往南极大陆研究和后勤活动的门户。

该站由于位于陆地、沿海和海洋环境的交界处，环境独特，是连续观测的特殊地点。因此，它是观察构成南极大陆边缘及其向冰盖和海洋开放的陆海连续体的理想地点。该站受全球最强的喀塔巴风的影响，其附近的几座冰川靠近一个特殊的磁场，其冬季位于极地旋涡的边缘，可观察平流层的动态及其对南部春季平流层臭氧消耗的影响，该站还有大量海鸟群存在，其海洋生态系统的具体功能尚待发现。

在迪蒙·迪维尔站收集到的长期和持久的观测数据代表了气候、地球环境和生命科学方面无可比拟的遗产。由于该站是东南极地区最古老的观测站之一，因此可以在该站过冬，保证了观测系列的连续性、长度和质量，这也是这项遗产的特殊性所在。

鉴于站点的破旧状况，出于健康、环境和科学方面的考虑，对迪蒙·迪维尔站的改造现在被认为是势在必行。因此，必须毫不拖延地将必要的工作列入计划，并按照科学界的期望进行。

康宏站建立在 3300 米厚的冰盖上，是法国和意大利合作的科考站，由法国 IPEV 和意大利"国家南极研究计划"运营。它是南极唯一一个两国合作的科考站，也是南极大陆内部的三个永久科考站之一，同时也是唯一的欧洲科考站。地理位置使其成为地球地震和地磁观测网络的一个重要位置，其所处的高度为钻取冰芯以追踪地球过去几年的气候变化情况提供了可能性。除高海拔之外，低湿度和低光照及低大气污染使康宏站成为天文学和大气层物理化学研究的理想场所。

康宏站的研究机会涵盖了广泛的重点科学事项。在生命科学方面，康宏站是一个人类太空探索和天体生物学实验室。在冰川学和古气候学方面，基于欧洲的 Beyond EPICA 冰芯采集项目，康宏站可以在五年内获得涵盖 150 万年的气候记录。在地球物理学方面，康宏站处于有利地位，可以应对有关冰盖研究的主要不确定性，康宏站还作为地震和大地测量观测站，是全球网络的重要环节。康宏站不仅仅是一个著名的天文学和天体物理学研究场所，也是大气科学的研究场所。对康宏站大气层的物理化学研究及其对大气环流和向低纬度地区输出氧化剂的影响，对了解气候变化很有价值。

展望 2030 年以后，法国–意大利财团已经研究了康宏站的新方案，并提交给相关部委。

该项目包含了一个强烈的愿景，即通过更多地依赖可再生能源来减少科考站对环境的影响。太阳能的潜力尤其可观。然而，仍有一些技术障碍需要克服，以确保在夏季捕获更多的太阳能，从而使科考站在漫长的冬季能够依靠可再生能源储存来运作。

最后，针对南极以外目标的一些研究活动也需要在南极地区进行。主要是需要利用南极的地理位置或只有在南极才具备的纯净环境来开展观测，或开展用于准备载人航天飞行的隔离实验。在与欧洲航天局合作下，这些实验已经进行了 15 年，取得了巨大的成功。

五、成为"南大洋"知识的领先者

对"南大洋"的了解显然是一项重大的科学挑战，而法国凭借其独特的 TAAF 的陆地和海洋区域，可成为领先者之一。"南大洋"占海洋表面的很大一部分，其吸收的热量是海洋所含热量的 3/4，人们对其作为主要气候调节器的了解还很有限，每年海洋从大气中吸收的二氧化碳近一半由"南大洋"储存，这使其成为地球的主要碳汇，也成为全球海洋循环的驱动力。

2022 年初，让·路易·艾蒂安的漂流海洋学平台"极地舱"（Polar Pod）的建造将是法国践行对"南大洋"承诺的一个重要标志和节点。从 2023 年底到 2026 年，"极地舱"将仅依靠环极洋流移动，收集目前缺失的或非常零散的珍贵科学数据，包括主要通过声学手段收集浮游植物、海洋生物多样性和动物数据，收集塑料污染数据以及对碳吸收的测量数据，这对制作气候模型至关重要。

法国应当加强对总秘书处和国家研究署的投资以提供支持，同时也应该强调法国海洋开发研究院发挥的作用，上述支持彰显了公私合作的典型范式。

最后，根据上述各种方案，包括增加"星盘"号的容量，收购旧的"星盘"号，建造一艘专门的破冰船，法国最终仍然需要拥有一艘海洋科考船。

第十九章　英国《国家海上安全战略（2022）》（节选）

2022年8月16日，英国内政部，国防部，交通部，外交、联邦和发展事务部以及环境、食品和农村事务部联合发布新版《国家海上安全战略（2022）》（以下简称《安全战略》），提出了在"全球英国"理念指导下，将发展安全"硬实力"与经济"软实力"相结合，制定全新的国家海上安全体系目标及路径。这是英国政府时隔八年发布的海上安全领域最新国家战略，是英国未来五年海上活动的风向标，将对全球海洋安全治理格局产生新影响。

第一节　《安全战略》背景概述

一、英国海上安全构建方法

英国政府于2014年发布了第一版《国家海上安全战略（2014）》，提出了一种立足于国内外，兼具综合性和合作性的海上安全方法，为英国海上安全发展奠定了基础。英国政府于2019年建立了"联合海上安全中心"（JMSC），作为英国应对海上安全威胁的核心机构。JMSC与其他政府部门合作，针对海上安全威胁制定"全政府"模式，通过对海上风险和威胁的综合性理解，协调、提升英国政府各部门应对新挑战的能力。英国政府将持续与国际伙伴合作，打击有组织犯罪、海盗、恐怖主义及其他海上安全威胁，维持英国在全球安全领域的存在感，强化海上部署，保护航道，维护航行自由，加强与国际伙伴的合作，利用新兴技术和科学知识，支持本国和全球海事行业应对风险，抢抓机遇，打造具有竞争优势的"全球英国"。

二、英国对国际法的承诺

海洋是最具争议性和复杂性的全球舞台之一，包含了广泛的民事、军事和准军事行为。英国致力于维护《联合国海洋法公约》(UNCLOS)，支持其成为促进全球繁荣、安全与健康的重要保障。UNCLOS 是有关海洋问题的国际法基石，也是一切海洋活动开展的框架。UNCLOS 规定了广泛的权利和义务，包括航运、捕捞、海底采矿、资源养护、电缆铺设、航行自由以及领海、专属经济区和大陆架等海洋主权问题。英国政府以 UNCLOS 为核心制定并实施英国海洋政策，支持、捍卫和维护国际法。UNCLOS 对英国的经济、环境和安全利益至关重要。英国维护 UNCLOS 旨在确保所有国家遵守规则，推动国际关系的和平和稳定。

三、《安全战略》涉及的海洋领域范围

要理解海上安全，必须对海洋领域进行整体概述，以理解海上安全行为体的作用领域。英国海洋资产体量巨大，包括海外领地和皇家属地在内，世界排名第五。但当前，碍于数据收集、获取、标准化和协调性等方面的障碍，只有 20% 的世界海床和 10% 的英国海洋区域以现代化标准完成了测绘。然而，世界正在进入"信息时代"，这一战略表明海洋是下一个技术进步的前沿领域，世界各国的公共和私营部门对准确和可靠的海洋地理空间信息需求日益增长。为此，英国政府成立了由英国海道测量局管辖的英国海底测绘中心，以协调跨政府和跨行业间的合作，提升海洋领域数据的数量、质量和可用性，实现英国政府提出的安全、繁荣和环境目标。

四、影响英国海上安全的其他挑战

2014 版海上安全战略文件概述了彼时英国海上安全面临的最紧迫挑战，如恐怖主义、海上航线破坏、海上基础设施和航运袭击、海上非法物品运输、人口贩运等。当前，相关挑战仍然存在。此外，新冠肺炎大流行、气候变化、海洋环境恶化和基于国家的威胁等新兴挑战也影响着海洋安全。

五、海上风险评估

《安全战略》以全面的和跨政府的"海上风险评估"(MRA)机制为依托，总结和分析当前所有的关键风险。MRA 定期审查并形成"国家安全风险评估"，相关成果可用于支撑更广泛的政府决策，MRA 还支持政府保护国家

领土和应对威胁的战略目标。

MRA 对主要海上安全风险的评估包括如下内容：

· 影响英国及其海上利益的恐怖主义，包括对货轮或客轮的袭击；

· 战争、犯罪、海盗行为或国际规则的变化导致重要海上贸易航线中断；

· 对英国海上基础设施或航运的攻击，包括网络攻击；

· 海上运输非法物品，包括大规模杀伤性武器、受管制的毒品和武器等；

· 人口偷渡和贩卖。

第二节　《安全战略》提出五项目标

一、保护国家领土

为打造边防、港口和基础设施在内的世界上最高效的海上安全框架，英国政府将：

· 与权力下放政府、海外领地和皇家属地合作，确保边境、港口和海事基础设施安全；

· 建立具有韧性的系统及网络，保护数据安全，以支持海事部门应对网络攻击及其他威胁；

· 与业界合作为边防基础设施及设备建立标准和要求，以提升投资并保障人员及商品安全。

在保护国家领土的同时，也要确保人员和货物的安全以及英国海上资产的安全。因此，海上安全可以被视为领土或"英国边境"的延伸，范围涵盖英国、海外领地和皇家属地的海上资产，涉及对船舶、港口设施和关键海事基础设施的实体和数字安全保护。相关外交政策建立在坚实的国内政策基础上。

英国政府也有责任保护水下文化遗产。全球有 5500 多处具有文化意义的遗址，英国将聚焦于安全管理和环境管理框架下的保护工作，涉及政府部门和相关机构对一些军事遗迹和文化遗产开展保护以及防止历史性和敏感性的水下遗址遭破坏与打击非法捕捞活动。

海上安全为国家安全提供了威慑途径，有助于建立有效的边界。除了海上，在港口和边境还存在物理干预点。英国边境是保卫国家安全、繁荣和全球声誉的重要屏障，它提供了一个独特的干预位置，以发现、打击和应对一系列安全威胁，同时使旅行和贸易顺利开展。

（一）边防安全

边防安全旨在为合法贸易和旅行者的流动提供便利，同时采取有效措施，威慑敌人，防止人员和货物的非法跨境流动。政府采取"分级"的方法，通过监视、控制和寻求适当干预位置等方式以保护国家边防安全。

（二）港口安全

海港是英国政府通往海洋和世界贸易通道的门户。因此，对于那些企图为犯罪或恐怖主义提供便利的人而言，港口具有天然吸引力。港口的高度安全是对边防安全的补充，能够降低港口和海岸线对于潜在犯罪者的吸引力。港口安全涉及广泛威胁，包括入侵、偷盗、抗议、他国主导的网络攻击以及犯罪集团的走私活动。

（三）网络安全

除对有形资产的有力保护，政府还将继续支持海事部门建立抵御网络威胁的能力，涉及网络间谍、网络犯罪、黑客和勒索软件。英国海事部门充分利用创新技术，在港口、物流、供应链管理、5G网络建设、自主航运等方面都取得了长足进步。英国政府近期发布了一项新的国家网络战略，该战略制订了相关计划，以巩固英国作为一个负责任和民主的网络大国的地位，并在全国范围内加强网络安全和韧性。英国政府将实施新的国家网络战略，以确保航运业了解其面临的网络风险以及风险管理责任。

二、应对威胁

部署全面系统化应对措施，凭借世界领先的能力和专业知识应对已有和新兴威胁，英国政府将：

·进一步开发和有效利用世界领先的海域态势感知能力；

·创造一个安全的环境，限制恐怖主义和有组织犯罪集团的活动能力；

·制定全面的方法来保护英国政府的海洋利益不受其他国家威胁；

·与国际伙伴继续发展和建立牢固的工作关系、伙伴关系和联盟关系。

（一）海域态势感知

国际海事组织（IMO）将海域态势感知（MDA）能力定义为"有效理解可能影响安全、经济或环境的与海事领域相关的任何事物"。

（二）"全政府"模式

英国认识到海洋安全面临着广泛威胁，因此在过去七年中一直致力于加强其海洋安全能力。有很多组织和部门为英国海洋安全系统奉献着自己的力量，他们共同保持着一系列的能力，包括高度战备的空中和海上装备，以威慑和应对英国面临的威胁。英国将继续维护和加强这些能力，并提高机构之间的有效协作与协调，从而确保能够对其加以部署和利用，以有效应对当前及新兴的各种威胁。

（三）非法移民和来自有组织移民犯罪的威胁

社会与政治动荡导致全球局势愈发不稳定，通过海上航线和海洋等手段偷越边境人员很可能成为一个更大的挑战。那些为家人寻求更好生活或逃离压迫的人正在利用已成熟的陆路和海路进入欧洲。一些人会尝试多次偷渡到达英国，英国预计，这种情况将在未来五年及以后一直持续。在这一领域，英国致力于与法国等邻国密切合作。英国的资助帮助法国大幅增加了其在沿海地区部署的法国执法人员的数量。

（四）恐怖主义威胁

恐怖分子对海洋安全持续构成威胁。在全球范围内，恐怖威胁千差万别，其在很大程度上取决于一个地区对恐怖分子袭击计划与实施的容忍度。恐怖主义仍将是未来十年中的一个主要威胁。

（五）国家的威胁

世界正朝向一个更具竞争力和多极化的方向发展。在这种情况下，国家与非国家行为主体之间的竞争逐渐加剧。各国在如何竞争以推进其目标以及执意削弱英国的目标方面变得越来越坚定。国家的威胁持续存在，并以多种形式呈现，包括间谍活动、蓄意破坏、网络行动、知识产权和数据盗窃。目前，越来越多的国家有能力发动零星袭击，或利用一系列的威胁来干扰英国的安全、经济和社会。在海上，各国可能会试图破坏英国的关键基础设施，干扰物流和经济供应链，或阻碍航行自由。最近发生了国家支持的对商业航运的攻击，这表明航运业在保护船舶和船员方面面临诸多挑战。英国政府将与盟国合作，坚持不懈地寻求事件主导方并曝光证据，以应对不可接受的国家威胁。英国皇家海军将通过监视航经英国领海的船只等方式阻止国家侵略，以确保它们遵守国际法。英国将继续与国际合作伙伴合作，以管控国家主体所带来的风险。

（六）外国直接投资

英国在吸引投资方面享有世界领先的声誉，这在很大程度上归功于英国经济的开放、透明和稳定。虽然英国与外国合作伙伴均享受国际贸易的互惠互利，但对英国基础设施和资产（包括知识产权）的外国直接投资也可能会导致英国面临更大的国家安全风险。通过投资，外国或许能够以可能与英国国家安全相悖的方式影响关键交通资产的相关决策。

三、保障繁荣

为了确保国际航运安全，确保货物、信息和能源的畅通传输，以支持全球的持续发展和英国政府的经济繁荣，英国政府将：

·与国际伙伴合作，打击有组织犯罪集团、海盗和其他形式的犯罪活动，以防止威胁全球繁荣；

·监控交通阻塞点和战略航道，确保货物和贸易的自由流动；

·创建一个强大、安全、多样化的系统，以保护重要的海底基础设施。

英国和全球的繁荣依赖于货物运输、信息与能源传输的安全的国际海上通道。可靠、及时的进口流程构成了英国国民经济和国家安全的基石。

英国政府致力于采取敏捷且迅速的行动，为民众提供服务，促进国家的繁荣与安全。英国将继续改变政府采集和使用边防数据的方式，以提高边境和港口的安全与恢复力。这项工作可以确保改进的数据用于促进跨政府绩效框架，以便更有效地监测边境面临的威胁和风险。

为了支持全球贸易路线的繁荣，英国将利用这些数据和英国的能力来应对重要的跨国网络所面临的威胁。

（一）船舶安全

船舶是英国绝大多数贸易及重要资源的运输工具。英国船舶和国际航运船队是维持国内与国际贸易的战略资源。英国认为，对国内外船舶的保护和有关海洋安全措施的规定有助于加强并扩展本国的繁荣、安全与韧性。

（二）阻止海上犯罪

随着政府所面临问题的规模和复杂性不断增加，重度有组织犯罪将持续威胁英国民众安全。各有组织犯罪集团将呈现跨国化特点，海外犯罪分子采购非法商品，剥削弱势群体，并欺骗英国民众和企业。

（三）打击海盗和武装抢劫

海盗破坏了海上货物流通和人员流动，影响了全球繁荣。海盗行为通常与欠发达或不稳定的沿海国家有关，这些国家可能饱受内乱或冲突的痛苦，因此滋生了有组织的犯罪集团，他们利用当地弱势群体进行一系列犯罪活动。英国政府将在发展多边参与方面发挥主导作用。例如，利用在东南亚国家联盟和几内亚湾"G7++之友"项目小组峰会中的对话伙伴地位。

（四）咽喉要道和战略航道

咽喉要道指全球航线中被广泛使用的狭窄水道；有的非常狭窄，以至于对可通行船舶的尺寸提出了限制要求。这些要求由航道运营商（如苏伊士运河）或航道与其领海相交的政府（如霍尔木兹海峡）制定。几内亚湾、好望角等战略航道也是重要的贸易通道。拥挤的航道和操控限制会降低船舶通行的速度或机动性，使它们容易受到海盗、恐怖分子、国家威胁或有组织犯罪集团的袭击。为确保全球贸易路线和咽喉要道畅通无阻，英国将努力促使其他国家遵守 UNCLOS。英国愿同国际社会一道，维护并凝聚共识，以维护开放稳定的海域。英国政府致力于保障通过高风险海域的航运行为。英国海上贸易组织主要负责及时提供海上安全信息，并支持与该地区军事力量的接触。

随着北极海域海冰的融化，新航线出现，由于东北和西北航道的可通行性增加，曾经被认为无法通行的潜在贸易与航运线路将会得以开放。这些新航线将要求政府根据 UNCLOS 采取行动，以提供安全保障，确保航行权得以维护，并应对脆弱海洋环境面临的风险。针对国际航运对咽喉要道和战略航道的依赖性，英国将加强对此问题的认知，并与合作伙伴一起，共同保持这些运输通道的畅通。

（五）保护海底基础设施

咽喉要道、战略航道和拥挤的水道不仅会影响海上交通，而且诸如苏伊士运河等传统的海上要道也会对海底通信电缆带来类似的限制。由于合适的登陆点数量有限，从地理角度而言，电缆进一步受到制约。

海底电缆对英国的现代生活方式至关重要，它可以保障互联网和为整个市场分配电力的能源互连。这两个基本功能保障了英国的现代产业和全球互联互通，并为实现净零排放目标做出了贡献。每年 5450 亿英镑的总增加值与英国海底电缆出口有关。

虽然海底通信电缆的所有权和运营均隶属于私人，但英国政府将这些电缆视为本国关键的国际连通性和基础设施的一部分。捕捞，特别是拖网和其他干扰海底的活动所造成的意外损坏仍然是对海底电缆的主要威胁。电缆对于英国生活方式的重要性也要求英国具有安全意识，防止恶意行为者的潜在破坏。海底电缆破坏所导致的损失威胁到每个英国人的正常生产生活，还将直接影响英国的通信和基于互联网的服务，并对金融流量产生影响。

英国政府将努力通过与主要盟国和市场的战略结盟来吸引电缆经营商。英国将从一个有效、合理的监管和立法环境中获益，并确保对关键海底基础设施的保护。

（六）英国船旗

国际法规定，每条商船均须选择一个国家（即船旗国）进行注册。船舶须服从其船旗国的法律。Red Ensign Group 是英国船舶登记处。任何在英国、皇家属地或英国海外领地注册的船舶都是"英国船只"，有权悬挂英国商船旗。英国商船旗是全球公认的运营高标准，也是海上安全和船员福祉的象征。英国政府为全球英国籍船舶的安全负责。这就需要利用各种安全和防御能力来提供专家指导以及地理层面的安全级别信息。这种做法使得航运运营商能够在运营期间制定有依据的风险评估和有效的缓解措施。

四、捍卫价值观

为支持将《联合国海洋法公约》作为开展所有海洋活动的法律框架，英国政府将：

·维护和促进遵守《联合国海洋法公约》的权利和义务，包括航行自由；

·与盟友、伙伴和多边机构合作，维护一个自由、开放和安全的印太地区；

·以身作则，倡导自由贸易和全球合作，以平衡世界海洋形势的不稳定性。

虽然英国的安全重点仍然是保卫国土和关键贸易，但为了"全球英国"在未来取得成功，英国必须与志同道合的国家开展合作，捍卫支持英国的国家与国际秩序价值观。

英国将通过寻求双边合作以及与东南亚国家联盟等多边机构开展合作，促进英国重新致力于成为推动世界发展的动力。英国将捍卫国际秩序，在国家竞争日益加剧的时代，这一点尤为重要。

英国、美国和澳大利亚于 2022 年签署了 AUKUS 协议，着手发展澳大利亚皇家海军核动力常规武装潜艇的作战能力，并增强英国的科技领先能力。

政府准备采取强有力的行动证实英国的价值观，解决世界各地的胁迫或侵略行为。为了应对俄罗斯对乌克兰的"非法"入侵，政府实施了一系列最严格的制裁。对于那些威胁英国所捍卫的国际秩序和价值观的主体，英国展示出了对抗它们的意志。

（一）支持和捍卫 UNCLOS

政府力求支持、捍卫和维护 UNCLOS 各个方面，将其作为推动全球繁荣、安全和健康地球的一个重要推动力。UNCLOS 规定了所有活动必须遵守的规则。遵守 UNCLOS 规定的权利和义务，有助于确保全球海洋活动为繁荣、安全和可持续性提供支持。这一承诺凝结了国际社会的共同努力，UNCLOS 之友小组的成立和其成员国就证实了这一点。UNCLOS 之友小组将提供机会以进一步促进国际社会对维护公约的共同理解和承诺。

政府将持续维护 UNCLOS 的普遍性和统一性，并重申其在制定管理所有海洋活动的法律框架方面所发挥的重要作用。在制定和执行安理会关于海盗行为和执行海上制裁等海洋问题的决议方面，英国会继续发挥关键性作用。政府将始终支持 IMO，并力求为其国际使命提供资源和能力。政府将继续在联合国大会、联合国安理会和 IMO 就海洋问题的讨论中发挥核心作用，捍卫和倡导 UNCLOS。

（二）航行自由

航行自由系指所有国家享有一系列通行权利和自由，这些国家的船舶利用这些权利在全球海洋的水面、上空或水下航行。航行自由对英国的安全和经济稳定至关重要。维护航行自由推动了全球海上贸易，并为英国军队以及执法、情报机构提供了法律环境，使其能够应对那些针对远程安全的威胁。

这些权利由 UNCLOS 规定，因此，维护 UNCLOS 的完整性以及实施的一致性是维护航行自由的核心。对海域的过分主张，或对航行权利和自由的非法干涉，均可能从根本上破坏 UNCLOS 制度的稳定，进而危害海上安全。英国将继续对限制英国航行自由的企图发起挑战。

政府将通过增加在印太地区的海上力量来支持航行自由。英国自 2021 年以来部署了两艘近海巡逻舰；计划自 2023 年起部署一个沿海反应小组；并在 21 世纪 20 年代后期部署一艘 31 型护卫舰。在其他地方，海上巡逻舰被前沿部署至南大西洋和加勒比地区，同时还会出现在地中海和非洲沿岸。

（三）印太倾斜

英国由于在《综合评估》中认识到印太地区对于本国至关重要，因此正在该地区投入更多持久性的努力。英国的目标是成为在印太地区最具广泛性和整体性的欧洲合作伙伴，长期致力于发展更紧密、更深入的双边和多边伙伴关系。目前，政府已和该地区建立了紧密的联系。来自东亚和东南亚的重要贸易航线支撑着全球经济。然而，该地区在有争议划界、捕鱼或采矿权等方面还存在许多争端。政府致力于保障航行自由，并根据UNCLOS通过既定的国际法律途径解决争端。

可持续发展和海洋安全在该地区密切相关。英国提供的 5 亿英镑的蓝色星球基金将有助于支持印太地区的发展中国家保护及可持续利用重要的海洋资源，同时还能帮助增强缓解和应对气候变化的能力，并减少贫困。通过已建立的 MDA 计划和设在塞舌尔、印度和新加坡海上融合中心的联络网，英国能够促进及时的信息共享和相关数据交换。

继 2021 年英印两国首脑举行高层会议后，两国同意建立全面战略伙伴关系，并达成了《英印 2030 路线图》。在 2022 年 4 月英国首相访问印度期间，两国领导人重申了两国国防和安全关系的重要性，其中包括海洋安全。路线图将通过已商定的西印度洋伙伴关系和海上对话来加强海上合作与协调，同时加强与环印度洋地区合作联盟的接触。且其支持长期的技术合作、联合能力发展，并能增加培训机会。目前，英国和印度已同意加强在印太地区的海上合作。英国将加入印度提出的"印太海洋倡议"，成为海上安全支柱的主要合作伙伴，包括与东南亚主要合作伙伴一起开展协调工作。英国与东南亚的海洋国家拥有许多相同的机遇和挑战。英国坚决支持《东盟印太展望》以及该框架所规定的加强海上合作的各方面。

英国将利用与东盟之间新的对话伙伴关系，进一步加强东南亚海上合作，通过教育、培训和演习帮助成员国开展能力建设。澳大利亚、印度、日本和美国四个国家已将海上安全确定为其优先事项之一，英国将着力支持这些重要合作伙伴的海上安全活动，包括双边、三边，甚或多边合作。

英国政府将通过更为长期、更为一致的军事部署，为印太国家提供更多的能力建设和培训。基于 2021 年航母战斗群参与大规模防御的结果，英国已向印太地区永久性派遣了两艘皇家海军最环保的最新型军舰。在此之后，2023 年英国还会部署一个皇家海军沿海反应小组，并在 21 世纪 20 年代后期，部署一艘 31 型护卫舰。

五、支持安全和具有复原力的海洋

为了使海洋有效治理、清洁、健康、安全、多产和生物多样性，政府将：

　　·倡导海洋的可持续治理，制定海洋安全方法，执行环境法规；

　　·将气候变化视为支持成熟的海上安全措施不可或缺的组成部分；

　　·与盟友和伙伴合作，确保海洋环境的保护和可持续利用。

　　为了努力建设一个高效、清洁、健康、安全、多产和生物多样性的海洋，英国政府将注重以下几个方面。

（一）环境挑战

　　气候变化的影响和海上环境犯罪构成了重大威胁。至关重要的是，这些威胁与更直接且更容易理解的安全威胁具有同等地位。本《安全战略》中所确定的许多安全挑战可能均为气候变化所导致的结果，或因气候变化而加剧。

　　英国政府开展了许多有关支持环境保护、遏制全球动荡和支持发展中国家的活动。本战略还考虑了违反海洋管理法律、条例和规范等问题。

　　在国际上，渔业、水产养殖以及海洋与沿海旅游业就业人数占全球海洋经济就业人数的71%。这些行业及其所支撑的数以百万计的生计（主要是在发展中国家）都高度依赖海洋环境。过度开发、气候变化和污染等人为因素所导致的海洋退化威胁着这些人的生计，并可能驱使未来出现移民、冲突和犯罪活动等问题。

　　其中，有组织的犯罪集团在破坏环境方面始终难逃罪责。这可能是由于非法捕捞造成的。非法捕捞不仅减少了渔获量，同时影响沿海地区劳作人员的生计。又或者是倾倒污染海洋的废弃物，使子孙后代的生计和生命处于危险之中。这些问题以及其他许多不安全的根源在很大程度上影响着英国的国土和人民。

　　气候变化导致了海平面上升，致使 UNCLOS 合法划设的海洋区域在范围和位置方面出现问题，海洋与海底的生物和矿产资源开发权面临不确定性。有些行为者可能会利用这种不确定性，在那些尚不明确是否属于专属经济区或者公海的海域进行资源开采。对此，为确保海上基于规则的秩序更加完整，找到符合 UNCLOS 的解决办法至关重要。

　　英国制定了一些最严格的法律法规来管理英国的海洋，为英国的利益提供持续的保护。政府将继续为保护国内外海洋环境提供必要的监管、政策和支持框架。为加强安全，政府将力求继续通过对科学和数据的投入来建立英国对海洋环境的认知。

政府将继续努力确保在联合国谈判中取得积极成果，争取达成一项基于 UNCLOS 的具有法律约束力的新协定，即国家管辖范围以外区域海洋生物多样性的养护与可持续利用。该协定提出可以在国家管辖范围以外区域建立海洋保护区。此项规定十分必要，有助于英国在 2030 年实现保护全球 30% 的海洋的目标，并可应对气候变化对海洋的影响。

政府将使用由英国官方发展援助预算划拨的 5 亿英镑的蓝色星球基金，以帮助符合条件的发展中国家减少贫困，保护和可持续管理其海洋资源以及应对人为造成的威胁，包括打击 IUU 捕捞。

重大污染事件可能会对海上人类活动、民生以及海洋环境造成影响。相应地，这些影响会危及国家的稳定，并将重要的安全资源转而用于支持此类事件。英国拥有世界领先的技术和科学专业知识，有能力帮助其他国家政府管控污染事件的风险和开展事件后的应对。政府将成立跨部门工作小组，加强应对国际污染事件的能力。

（二）IUU 捕捞

IUU 捕捞是造成过度捕捞的一个重要因素，而过度捕捞仍然是对海洋健康最严重的一项威胁。它耗竭了鱼类资源，扭曲了竞争，破坏了海洋生境。对于旨在促进更好的海洋治理的国际努力，这种行为危害了其基础，破坏了合理管理渔业的努力，并可能成为实现环境可持续性、粮食安全和社会稳定的主要障碍。

据估计，IUU 活动每年造成 1100 万至 2600 万吨鱼类的减少，全球每年损失额达 100 亿至 230 亿美元之间。IUU 捕捞还与一系列非法活动有关，包括跨国有组织渔业犯罪、非法金融活动和侵犯人权。欺诈行为和供应链中缺乏可追溯性是促成非法海产品洗钱的主要手段。

为了保障英国自身的全球海洋安全，加强应对 IUU 捕捞的措施迫在眉睫。面对 IUU 捕捞在全球造成的威胁，英国必须在双边和国际论坛中发挥强大的参与性和影响力作用。政府通过与主要合作伙伴合作，实现联合国可持续发展目标 14.4，以便预防、阻止和消除 IUU 捕捞，从而在提供可持续的渔业生态系统方法方面成为世界领军力量。

政府将继续参与国际刑警组织、北大西洋渔业情报团和五眼联盟等论坛讨论，分享打击渔业犯罪和保障英国海洋安全措施的重要情报；将于2022年发布一项致力于解决 IUU 捕捞问题的新的国家计划，该计划将在未来五年内实施；将积极参与联合国粮农组织、区域渔业管理组织、南极海洋生物资源养护委员会及国际海事组织的工作，加强预防及遏止 IUU 捕捞的措施；英国政府将继续在国际上推动取消有助于 IUU 捕捞的补贴。

（三）渔业管制与执法

作为一个独立的沿海国家，英国有能力建立一个渔业管理体系，促使英国的海洋与可持续的捕鱼业共同走向繁荣。这符合政府的《25 年环境计划》，旨在为子孙后代留下一个更好的环境。英国政府将在 2022 年发布一项致力于改善渔业管制和执法的计划，并计划在未来五年内实施。

第三节 《安全战略》未来展望

为应对未来海洋安全的挑战，英国政府已采取了长远战略方针，以继续适应不断变化的国际环境。《海事战略（2050）》《综合评估》《边防安全战略（2025）》和一系列其他专项战略均为该目标提供了支持。

这一战略方针阐明了英国在未来五年的行动。在此期间，政府将与学术界、行业界和国际机构合作，为应对海洋领域所面临的挑战制定一致的办法。政府将继续部署硬安全、经济安全及外交手段，以团结各国际合作伙伴和盟国。《海事战略（2050）》制定了政府对于安全稳定的海洋环境的长期愿景。这一战略是实现愿景的重要组成部分。在应对短期风险的同时，英国还必须为其面临的中长期挑战做好准备。

两年中，国际体系遭遇了两大意想不到的重大挑战，即新冠肺炎和俄乌冲突。为了应对未来的威胁，政府将纵观全局，对新兴威胁进行预测并做好准备。这将包括英国在 2022 年所注意到的地缘政治紧张局势的变化、气候变化以及为保障航运业而进行的新技术部署。

英国注意到全球地缘政治动态正在发生变化，从俄乌冲突到全球越来越关注的印太地区。在世界其他地方，内乱和政治对抗在上演，对此，英国必须持续监控，以保障英国的海洋利益。未来几年，各国可能会越来多地试图动摇英国在全球的海洋利益。因此，英国将继续与各国际论坛和盟国保持联络，以便监控并主动管理相关风险。

英国必须积极认识和缓解气候变化对海洋安全的长期影响。海冰的消融将开辟新的贸易航线，也将带来新的挑战。以北极地区为例，政府正致力于打造一个高度合作和低局势紧张度的地区，保持对北极科学的重大贡献，并确保以可持续和负责的方式对进入该地区获取资源的行为进行管理。

海平面上升对土地的侵蚀也给沿海地区带来了压力。以孟加拉国为例，一些测算结果表明，该国海平面每上升 1 米，陆地面积将减少 18%，并可能产生 2500 万难民。英国将继续支持各国应对气候变化，防止人民流离失所以及相关影响威胁海洋安全。

气候变化还会影响海洋生物的丰度与分布。政府将继续监测鱼类产值，以确认哪些方面的减少可能加剧发达国家和发展中国家之间现有的不平等现象，从而迅速确定资源减少或变化可能会引发哪些方面的冲突。在鱼类资源减少和洄游的背景下，由于人口和经济增长，对鱼类的需求正在日益增加。这促使一些国家补贴本国渔业，从而使渔民能够在更远的海域寻找原本无利可图的捕鱼机会。这便对海洋生物量和生物多样性造成了更大的压力，助长了 IUU 捕捞活动，并可能引发与世界另一端国家的冲突。英国必须确保将该战略中的短期承诺与把这些趋势纳入考量的长期展望相结合。

《安全战略》探讨了英国将如何与海洋各界开展合作，以加强网络基础设施建设，从而确保其抵御潜在攻击的能力。英国必须承认，海洋空间领域内的技术正在向前发展。这包括使用自主和智能航运技术等创新技术，这些创新可能会给海洋领域带来根本性变化，创造新的贸易机会以及更高效的可持续海洋产业。

随着自主和远程操作技术的不断发展，有必要确保英国法律跟上步伐，以保障远程操作和自主型船舶能够以安全、环保且稳健的方式运营。2021 年 9 月，英国交通部启动"交通监管未来评估"的磋商，就过时的、阻碍创新的或未考虑到新技术和商业模式的海上自治条例征求意见。政府的回应将于 2022 年发布。

英方将继续密切关注这些问题，利用科学技术尽可能积极开展研究和准备工作。然而，英国也认识到，正如英国在过去十年中所看到的那样，无法预料的地缘政治变化和无法预见的威胁可能会迅速出现。

海洋领域为英国的国家和国际利益提供了重大机遇，但也带来了许多挑战。通过与合作伙伴的积极协作，政府将继续应对海洋领域所面临的新兴威胁。

第四节　英国政府后续行动

《安全战略》阐明了英国未来五年的主要问题和目标。《安全战略》制定的目标支持政府行动的各个方面，包括《综合评估》和《海事战略（2050）》等更高层次的战略以及各政府部门的战略。《安全战略》采取了"全政府系统响应"方式来调整行动。英国政府计划成立一个执行小组以监督《安全战略》提出的行动。该小组将向各高层领导和国务大臣报告行动进展情况。考虑到英国海洋领域面临的风险变化和全球威胁，英国政府将定期发布关于战略执行情况的报告。

第二十章 《非洲"海洋十年"路线图》

2022年6月，联合国"海洋科学促进可持续发展十年"（以下简称"海洋十年"）非洲优先事项制定和伙伴关系发展会议在埃及召开，会上发布了《非洲"海洋十年"路线图》（以下简称《路线图》）。《路线图》明确了在非洲实施"海洋十年"的九项优先行动，包括：①可持续海洋管理；②海洋与人类健康；③蓝碳潜力；④渔业和非法、未报告、无管制（IUU）捕捞；⑤加强灾害早期预警系统建设和地区复原力；⑥海洋观测和预报系统；⑦"数字孪生"项目——建立非洲海洋信息中心；⑧加强非洲青年海洋领域从业人员能力；⑨海洋知识普及计划。《路线图》将为跟踪和评估非洲地区"海洋十年"的实施进展和取得成效奠定基础。

第一节　在非洲实施"海洋十年"

"海洋十年"的愿景是"构建我们所需要的科学，打造我们所希望的海洋"，使命是"推动形成变革性的海洋科学解决方案，促进可持续发展，将人类和海洋联结起来"，最终目标是提供一个全球框架，协助制定以海洋为基础的解决方案，应对可持续发展所面临的问题和挑战。"海洋十年行动框架"用于指导"海洋十年行动"的制定与实施，包括三个基于行动的目标和十个高层级的"海洋十年"挑战，以"构建我们所需要的科学"，实现七项"海洋十年"成果，描绘"我们所希望的海洋"。"海洋十年"的目标、挑战和成果的基础是"海洋十年行动"，即全球为实现"海洋十年"愿景而采取的具体行动。"海洋十年行动"包括方案、项目、活动和贡献，并在不同层级执行。在"海洋十年"框架内，"海洋科学"包括自然科学和社会科学，同时包含跨学科主题；支持海洋科学的技术和基础设施；海洋科学的社会应用，包括知识转移和在科学能力不足地区的应用以及科学政策和科学创新的相互作用。

"海洋十年"对非洲而言意义重大，非洲沿海和海洋区域在推动经济增长和创造就业机会中的重要性日益增加。非洲国家拥有 3 万多千米的海岸线，150 多万平方千米的专属经济区，非洲国家发展高度依赖海洋。当前，非洲地区海洋面临威胁，但其仍是沿海生计和粮食安全的支柱，保护沿海地区免受极端天气和气候事件的影响。非洲联盟委员会制定了支持海洋经济发展的区域框架，包括非洲联盟《2063 年议程：我们想要的非洲》《2050 年非洲海洋综合战略》和《非洲蓝色经济战略（2019）》。这些战略文件提出，蓝色经济是非洲大陆转型和增长的主要动力，概述了促进非洲海洋区域创造财富的行动，并为成员国和区域机构提供指导，以发展包容和可持续的蓝色经济。非洲联盟还宣布 2015—2025 年为"非洲的海洋十年"，并将 7 月 25 日定为"非洲海洋日"。上述行动表明非洲国家已认识到海洋资源的重要性，决心确保海洋资源可持续利用，促进发展。联合国"海洋十年"将加强这些努力，并为非洲地区解决现有资源和不同类型压力对海洋生态系统影响方面的巨大认知差距提供指导框架。迄今为止，非洲"海洋十年"的执行工作落后于世界许多其他区域。首次"海洋十年行动呼吁"（第 01/2020 号）最终以方案、项目和捐助的形式核准了 160 多项"海洋十年行动"。核准的行动特点是在行动牵头机构的分布和执行地点方面具有广泛的地理影响。主要差距之一是非洲组织在已核准的行动中的代表性不足。目前，在"海洋十年"行动中的已批准方案尚没有非洲机构牵头的，但有些非洲组织作为合作伙伴和（或）执行方参与了一些行动方案。

在首次"海洋十年行动呼吁"（第 01/2020 号）所产生的"海洋十年"行动中，非洲牵头组织并实施了一些项目，包括：摩洛哥国家教育、科学和文化委员会的"加强水文和海洋观测"项目；佛得角海洋经济部的"海洋素养教育计划"；佛得角大西洋技术大学的"气候变化和适应土地利用的西非科学服务中心"；尼日利亚奥韦里联邦科技大学的"非洲青年可持续海洋运动"；南非青年科学家网的"Fenoy-X"；毛里求斯气象服务中心的"加强毛里求斯国内海洋观测系统"；塞舌尔渔业和蓝色经济部的"可持续海洋管理教育计划"；坦桑尼亚水产科学与渔业技术学院的"保护西印度洋地区河口"；坦桑尼亚水产养殖组织的"低成本实时监测珊瑚礁沿线的污染物和水质"；坦桑尼亚 Nipe Fagio 的"新冠肺炎下的海洋科学可持续性机构能力建设"。

第二节 《路线图》的目标和架构

《路线图》为来自政府、产业、慈善机构、联合国组织、民间社会团体和科学界的不同利益攸关方提供了愿景和实施计划，将各方聚集在共同的优先事项下，在非洲实施"海洋十年"。该路线图源于 2018 年各利益攸关方积极参与"海洋十年"筹备进程，明确了海洋科学领域的关键差距和问题。

《路线图》为海洋科学的规划和实施提供了协调和优化的指导框架，将加强各机构间的协调，并在科研项目与海洋科学和知识的用户之间发挥协同作用，还将为监测优先事项和成果的实现情况提供依据。共同制定和共同实施进程对《路线图》的发展至关重要，《路线图》的实施将确保海洋管理知识系统的强化和统一。从长远来看，《路线图》将用于建立和阐明机构的海洋科学战略，有助于确定科学基础设施投资的优先次序，如观监测和数据管理，并确定和指导对长期能力需求的投资。

《路线图》的核心是描述未来十年的九项优先行动，并可预见地通过由该区域不同行为者参与的共同制定和执行进程来将这些行动扩展到"海洋十年"的行动方案和项目中。《路线图》还论述了优先需要，以确保在能力建设、资源调动和伙伴关系方面，为共同制定和实施"非洲海洋十年行动"创造有利的环境。制定和批准具有重大社会影响的"海洋十年行动"对非洲的可持续发展至关重要。《路线图》呼吁非洲组织和个人"倡导者"采取主动，领导"海洋十年行动"的共同制定和实施，以应对非洲的紧迫挑战。

第三节 《路线图》筹备

《路线图》的制定始于 2018—2020 年"海洋十年"筹备阶段。从此时起，非洲开展了如下所述的路线图参与性和包容性制定进程。

一、区域利益攸关方的参与

在"海洋十年"筹备阶段，全球共举办了 11 场区域研讨会，其中包括由联合国教科文组织政府间海洋学委员会于 2020 年 1 月 27—29 日在肯尼亚内罗毕举行的"非洲及周边岛屿国家区域协商"，又称"内罗毕协商"。与会人员包括：海洋领袖、主要利益攸关方和各海洋科学学科的专家。研讨会为评估非洲目前的海洋科学活动、确定海洋知识空白提供了重要平台。研讨会还确定了能力建设和其他交叉优先事项的需求，包括让青年海洋专业人员参与海洋科学以及增加对非洲海洋科研领域的投资。

二、确定未来十年行动的优先事项

在多利益攸关方参与的会前系列研讨会上，与会人员介绍和广泛讨论了区域差距分析进程的成果。这些研讨会于 2022 年初举行，围绕"海洋十年"面临的挑战和一系列跨领域的优先议题展开。研讨会的宗旨是：①利用区域差距分析的结果，以"海洋十年"方案和项目的形式推进"海洋十年"行动；②促进区域利益攸关方（包括供资合作方）之间的伙伴关系，以执行已批准的"海洋十年"优先方案和项目。联合国教科文组织政府间海洋学委员会、西印度洋海洋科学协会和主要合作伙伴对会前研讨会的结果进行了汇总和分析，以确定构成《路线图》核心的未来九项优先行动领域。

三、启动路线图并确保其实施

2022 年 5 月 10—12 日，"海洋十年非洲优先事项制定和伙伴关系发展会议"在埃及开罗举行。会议宗旨是提供一个论坛来评估该区域的海洋科学和技术状况，并讨论非洲的海洋科学应如何获得支持和提供所需的社会成果。这也为明确来自海洋科学界以及各国政府、产业界、慈善机构、联合国组织等更广泛参与者的关切点和承诺提供了机会，有助于确定对可持续海洋管理至关重要的研究方向。《路线图》在本次会议期间启动是非洲实施"海洋十年"的里程碑事件。会议期间建立的协商和联络网将用于启动更为详细的行动制定和资源调动进程，以便在未来八年内实施"海洋十年"优先行动。联合国教科文组织政府间海洋学委员会、西印度洋海洋科学协会和主要合作伙伴将协调这一进程，以推动路线图的成功实施。为确保《路线图》的成功，在科研界之外了解和认可《路线图》至关重要。此外，非洲联盟等重要区域组织，区域渔业机构和其他区域组织的支持也不可或缺。

第四节 非洲海洋科学变革的优先需求和差距

地区差距分析凸显出十项"海洋十年"实施面临的问题和差距,大多是地方、区域的共同问题。此外,还对与非洲相关的每项挑战涉及的领域确定了优先次序(表 20.1)。

表 20.1 "海洋十年"面临的挑战、领域、主题和差距

"海洋十年"面临的挑战	与非洲有关的挑战领域	主题和差距
挑战 1:了解和应对海洋污染	·了解海洋垃圾和微塑料、溢油、化学污染和富营养化导致水质下降的原因和影响; ·认识多种压力源	·用于区域评估的统一方法不适合; ·应对海洋污染的能力不同; ·对污染物源及其对人类健康影响的理解和评估水平有限
挑战 2:保护和恢复生态系统和生物多样性	·了解健康和有复原力的海洋生态系统; ·生物多样性,包括物种多样性和分类; ·外来入侵物种; ·海洋生态系统服务和人类之间的联系	·对物种多样性和分类学的基础认知或研究不足; ·未充分认识不同范围的生态系统功能和服务; ·未充分绘制海洋及海岸生态系统区域图
挑战 3:可持续供养全球人口	·渔业和水产养殖,包括数据、评估、基于生态系统的渔业管理方法、执法和治理	·与渔获量和捕捞工作有关的关键认知差距; ·未开展鱼类种群常规评估; ·关于专属经济区、公海和国家管辖范围以外区域的 IUU 捕捞性质和程度的可靠信息有限; ·对不可持续的资源开发、其他人为因素、气候变化和海洋生态系统变化影响的认识有限; ·国家和国际法律法规执法不力以及治理不力对海洋生态系统造成影响

"海洋十年"面临的挑战	与非洲有关的挑战领域	主题和差距
挑战4：发展可持续和公平的海洋经济	·海洋科学支持可持续海洋经济发展，包括数据、观测以及环境变化评估	·未充分认识到相关伙伴关系、公私联盟和大学在环境研究、认知和管理中的推动作用以及在快速变化的环境中胜任相应工作的能力
挑战5：发展基于海洋的气候变化解决方案	·环境状况的变化趋势和长期监测； ·数值模拟、预报和指标； ·对海洋生态系统的影响； ·局地和地区以及不同时间尺度的气候进程	·不断变化的海洋建模专业知识和资源； ·高分辨率天气和气候信息不足； ·极端事件的预报模型存在局限性，并对海岸带管理产生影响
挑战6：提高社区对海洋灾害的适应力	·与海洋相关的灾害和极端事件的早期预警系统，包括易受洪灾侵袭以及热带气旋、风暴潮、海啸等发生频率和持续时间增强	·对气候相关风险的综合评估不足，包括气候变化、海平面上升、温度上升、洪水等极端天气事件和外来物种入侵； ·没有充足的操作平台和决策支持系统来应对不同来源的海啸，例如：地震活动、火山、山体滑坡和大气； ·需要将作业平台与侵蚀或掩埋等地质过程以及海底环境相结合； ·需要评估气候变化给海岸带和深海的生态系统和人类环境带来的风险
挑战7：扩展全球海洋观测系统（GOOS）	·海洋观监测； ·海洋过程和生态系统的模拟和预测，包括海-气耦合模型； ·海洋数据和信息管理； ·海洋观监测的新兴技术	·数据共享通用平台不足，元数据格式不兼容，数据不兼容（以打印格式或文件类型存在的数据）； ·主要不足领域涉及数据获取（所有权，如无法获取油气行业数据）、数据质量、缺乏标准化的观测参数以及所收集数据类型存在差异； ·具有若干海洋基本变量的实地持续观测存在不足； ·观测、监测和建模的多学科方法薄弱

续表

"海洋十年"面临的挑战	与非洲有关的挑战领域	主题和差距
挑战 8：构建数字化海洋	·数字化海洋，绘制非洲海底图，包括动态海洋图	·需培训数据收集、分析和说明（包括分析不同环境数据集的能力建设项目和软件）； ·非洲的数据共享、技术、设施和基础设施的通用平台不足； ·确定海洋政策议程研究项目的差距，以便分析目标，确定优先事项，调整能够影响政策的教学、科研和外联活动
挑战 9：普及技能、知识和技术	·海洋培训、研究能力和机会； ·公平地获取数据、信息、知识和技术； ·海洋可持续发展的变革性合作伙伴关系	·缺乏通用平台，元数据和数据格式不兼容，导致数据共享面临挑战； ·数据访问和共享方面的标准化政策不足； ·组织间共享数据缺乏信任； ·技术能力和资源有限； ·需要赋予当地或区域科学家相应技能和工具，使他们能够分析和说明该地区现有的大量数据
挑战 10：改变人类与海洋的联系	·提高海洋素养，加强交流，改善人类与海洋的联系，认识和更好地理解海洋对人类福祉、文化和可持续发展的多重价值	·传播沿海和海洋地区相关气候信息的措施不足； ·科学与政策间的有效沟通不足，需要改善海洋认知和沟通； ·资金有限，不足以实施更多教育公众了解海洋保护和可持续性的知识

第五节　非洲"海洋十年"优先行动

利益攸关方广泛参与有助于确定未来"海洋十年"的九项优先行动，这些行动可以发展成为新的"海洋十年"计划，确立符合现有"海洋十年"计划的项目和/或各利益攸关方的贡献（表 20.2）。

目标明确且具体的"海洋十年行动"提案旨在促进各方讨论，强化伙伴关系，鼓励各方做出承诺，以便共同设计和制定"海洋十年"的方案和项目进程。最终目标是提供基于海洋的解决方案，以应对非洲可持续发展所面临的挑战。

表20.2　"海洋十年"未来九项优先行动概述

优先行动概述	对应的"海洋十年"挑战领域
（1）非洲的可持续海洋管理 　　"海洋十年行动"将加强非洲制订和实施可持续海洋计划所需的数据和资料基础。考虑到未来的社会经济发展路径，这将包括创新监测、协调和跨界"海洋空间规划"（MSP）计划。该行动还将重点发展非洲可持续海洋经济领域的能力和创业技能以及大学专项计划和蓝色技能行动，例如实习培训、机构交流计划、就业对口能力以及满足产业和社会的需求	挑战1、挑战2、挑战3、挑战4、挑战9、挑战10
（2）非洲的海洋与人类健康 　　行动将确定与人类健康和海洋间联系相关的认识差距和政策需求。这将加强了解非洲特定区域海洋污染（如石油或化学污染）和海洋风险（如有害藻华）与人类健康之间的联系。研究成果将在可持续蓝色食品和营养供应需求不断增加的背景下，用于支持政策和管理决策	挑战1、挑战2、挑战3、挑战9、挑战10
（3）释放非洲的蓝碳潜能 　　行动将推进蓝碳制图，确定红树林和海床恢复需求，并评估区域范围的蓝碳潜力，将"海洋十年"与"联合国生态系统恢复十年"联系起来。这还将与金融、产业和当地管理人员合作，制定和试验与蓝碳相关的创新融资机制，并且与政府和地方社区合作，制定国家和地方政策，以优化蓝碳作为可持续融资与经济和社会共同利益推进器的作用。行动方案将包括能力建设和海洋知识普及等内容	挑战4、挑战5、挑战8、挑战9、挑战10
（4）非洲的渔业和IUU捕捞 　　旨在确定监测IUU捕捞方面存在的差距，扩大在专属经济区、公海和国家管辖范围以外区域的IUU捕捞数据和信息的收集与分析，并评估相关影响。这将加强对区域IUU捕捞的生态和社会经济影响性质和范围的理解。致力于与技术和创新领域的利益攸关方充分合作，确定适合数据收集和分析的技术解决方案，并且为决策者、渔业管理人员和地方当局提供相关信息，以支持非洲应对IUU捕捞的战略决策	挑战3、挑战9、挑战10

续表

优先行动概述	对应的"海洋十年"挑战领域
（5）加强多种灾害的早期预警系统和地区复原力 这项行动旨在缩小各次区域在观测数据方面的差距，开发观测、预报、预警和预测气候灾害的工具，如应对地震活动、火山、山体滑坡等不同来源造成的海啸业务平台和决策支持系统。这还将通过开发海洋与大气耦合建模工具来促进对极端事件的研究。这项行动将与决策者、地方社区和灾害风险管理机构合作，以便影响社区修复力的相关政策和规划，将包括能力建设和海洋知识普及，以提高对风险和应对措施的认识和理解	挑战6、挑战9、挑战10
（6）非洲的海洋观测和预报系统 这项行动将加强作为GOOS整体发展一部分的非洲海洋观测网的建设。行动将针对开发海洋观测系统网络和海洋环流区域预测模型的具体需求，以提供基础信息，涉及海洋学、生物地球化学和生态状况、非洲大型海洋生态系统的变化和趋势以及关键位置的长期观测。还将包括数据标准、元数据和大数据处理的统一方法，并将与产业界和其他利益相关方合作，以优化私人或商业船只收集的海洋观测数据，纳入现有的观测系统当中	挑战7、挑战9、挑战10
（7）非洲"数字孪生"项目——建立非洲海洋信息中心 为非洲建立和推进区域"数字孪生"发展，以汇集海洋数据、利用人工智能（AI）算法、专业工具和最佳实践来进行建模和模拟。将提供开发人类、环境和经济设想所需的数据和信息，应对诸如能源、采矿、渔业、旅游和以自然为基础的解决方案等议题，从而有助于建立发展可持续海洋计划所需的信息库。该行动将涉及一个较大的共同设计元素，以确保作为"数字孪生"的一部分，开发优先级数据集、应用程序和服务，以响应海洋用户的需求。该行动包括对原住民和地方知识的关注。能力建设将纳入"行动"的各个方面，包括"数字孪生"的开发以及应用程序和服务的使用。与来自技术和创新部门的参与者进行接触，确保所使用的技术适应当地环境	挑战4、挑战8、挑战9、挑战10
（8）加强非洲青年海洋从业人员的能力和技能 旨在非洲发展与海洋科学有关的基本能力和技能，重点是青年海洋从业人员的科研和技术能力。这项行动将成为全球行动的一部分，并将基于对需求和优先事项的全球调查结果，通过非洲区域中心提供有针对性的支持。行动将包括：短期和长期培训；专业发展计划；领导人培训；支持参与国际政策进程和商议；为利用科研船只和基础设施提供相应服务；其他优先事项	挑战9、挑战10

优先行动概述	对应的"海洋十年"挑战领域
（9）非洲区域海洋知识普及方案 　　该跨领域项目将促进共同参与研究活动和合作设计方法，并改善与现有科学传播和宣传媒介的联系和合作。决策者将是这项行动的主要目标群体，重点将放在通过提高认识和技能来加强科学与政策的对接举措上。除其他问题外，这项行动还将开发与沿海和海洋地区有关的气候信息传播工具，并加强理解原住民和地方知识作为互补的、同等价值的知识来源的作用	挑战9、10

第六节　为非洲实施"海洋十年"创造有利环境

《路线图》的制定还考虑了在非洲实施"海洋十年"的环境要素，并确定了需要加强的优先领域。能力建设、公平和包容的伙伴关系以及资源调动是本区域的优先需求，包括技术获取在内的技术革新是与"海洋十年"面临挑战相关的重要优先事项。

认识到开展海洋科学的人员能力在非洲各地、各代际和男女性别之间分布不均，因而能力建设被认为是"海洋十年"的一个基本原则。为确保未来的能力建设行动为非洲的海洋科学和科学家带来可持续和真正的利益，需要进行范式转变，以促进共同努力，将能力建设转移到培养青年科学家以及提高目前技能和设备的更新能力，改变非洲与海洋的联系。非洲"海洋十年"可带来机遇，以发展必要的能力，进行创新工作，迈向新专利申请类的工作，并通过建立最先进的地区科研设施，增加非洲科学家的科研出版物数量。

能力建设应侧重于非洲的青年和新涌现的海洋专业人员，这可以通过各种方式来实现，如制定有力的指导方案；设立访问学者或交流计划；启动奖学金项目；实施小额培训资助；或在已确定缺乏技能的领域制定和部署具体的能力建设方案。关于在"海洋十年"背景下共同设计的培训活动，目前正发展为海洋教师全球学院的一部分，作为后几种方式的一种实例。"海洋十年"青年海洋从业人员方案正发展形成一个非洲中心。通过该方案向个人和机构提供进一步支持是加强该区域能力建设活动的一个重要方式。此外，确保非洲所有"海洋十年"方案都符合联合国"海洋十年"的审核批准的标准，纳入能力建设中，将满足与每个"海洋十年"挑战有关的具体需求。"全球利益攸关方论坛"作为"海洋十年"的在线社区平台，可支持能力建设的协调工作，并有助于满足个人和组织的要求。

在许多非洲国家，获得实际资源和技术，如在科研船上的航行时间、进入科研实验室或使用超级计算设施的机会十分有限。作为"海洋十年"框架下海洋技术倡议的能力建设和转让的一部分，建议编制一份现有实物资源清单，并提供"匹配"服务，将需要此类支持的个人或机构同现有设施的服务联系起来。

非洲大多数国家海洋科学方案的执行受到财政经费有限的阻碍。许多非洲国家政府不得不在海洋科研的资金和其他竞争需求之间寻求平衡。需要增加对非洲海洋科学的资助，以实现"海洋十年"的雄心。除了较为传统的国家出资或海外发展援助途径外，非洲还需要发展创新的资源协调机制、供资和建立海洋科学伙伴关系，积极参与"海洋十年"并从中受益，包括基于市场的融资机制，如发展蓝碳市场；加强与私营资金的联系；与海洋活动有关的资金或税费制度；公私混合的融资工具等。"海洋十年"还提供了一些机制，例如，发起"海洋十年行动呼吁"，将使资金能够用于非洲的积极行动，并正在试验新模式的发展，这可能在中期阶段内是有益的。目前，非洲用于海洋科学的国家财政资源非常有限，但从长期来看，必须从依赖国外资金和技术支持转变为本国的财政资金投入，从改善公共部门治理和泛非筹资计划转变为国家财政投入，增加投资的可持续性。通过"海洋十年"建立伙伴关系和合作网不仅是非洲地区内部的关键，也是世界各国合作的关键。

原住民和地方知识是非洲"海洋十年"共同实施海洋科学计划的组成部分。"海洋十年"正在与原住民居民和当地社区合作，为公平的能力交流创造有利环境，使不同的知识体系能够相互协作并得到尊重。其他弱势群体通过获批的"海洋十年"计划积极参与海洋科研，将有助于促进性别和代际公平，二者对非洲在未来十年发挥领导作用都至关重要。

非洲合作伙伴和个人在"海洋十年"的管理机构(例如"海洋十年"咨询委员会和各种非正式工作组)中，都有很好的代表性。一些非洲国家已设立"海洋十年"国家委员会，如安哥拉、佛得角、马达加斯加和尼日利亚。非洲鼓励对地区海洋科学感兴趣和具有专业知识的个人列入"海洋十年专家名册"，参与关于制定"海洋十年"挑战战略目标的全球和区域讨论。此外，为确保协调和有效地实施《路线图》，为"海洋十年"国家委员会提供区域合作平台，并继续推动非洲伙伴参与"海洋十年"，非洲正在建立区域工作组。该工作组将由非洲各国政府、私营部门、联合国组织、慈善机构和科学界的代表组成。工作组的职能将是监督和促进路线图的实施以及实现路线图所必需的有利环境。设立工作组时将会考虑性别、地域和代际多样性的需要。未来，联合国"海洋十年"官网将启动该工作组成员的提名和选拔工作。

第二十一章　意大利《拯救海洋法》

2022 年 5 月 11 日，意大利参议院批准通过《拯救海洋法》，该法包括三大创新举措：一是允许渔民将从海洋、河流、湖泊中回收的废弃垃圾带到陆地，且无须承担任何处置费用；二是促进塑料和其他在海洋中打捞到的废弃物(渔网、碎布、绳索等)的回收利用；三是在学校开展环境教育活动，提高公民环保意识。该法是意大利在防治海洋垃圾污染，特别是塑料污染方面迈出的重要一步。

第一条　目的和定义

1. 本法案旨在帮助恢复海洋生态系统并促进循环经济，提高集体意识，防止海洋、湖泊、河流和潟湖的废弃物处置，推广妥善管理废弃物的最佳实践。

2. 就本法案而言，2006 年 4 月 3 日第 152 号法令、2012 年 1 月 9 日第 4 号法令和 2021 年 11 月 8 日第 197 号法令适用以下定义：

a)"意外捕获的废弃物"是指在捕鱼作业期间通过渔网在海洋、湖泊、河流和潟湖中收集的废弃物以及通过任意方式在海洋、湖泊、河流和潟湖收集的废弃物；

b)"自愿收集的废弃物"是指通过捕获系统收集的废弃物，前提是其不会干扰水体的生态系统功能，并且发生在第 c)项所述的海洋、湖泊、河流和潟湖的清理活动过程中；

c)"清洁运动"是指按照第三条规定的条件对海洋、湖泊、河流和潟湖进行清洁的举措；

d)"提高认识运动"是指旨在促进和推广防止在海洋、湖泊、河流和潟湖遗弃废弃物的最佳实践的活动；

e)"主管当局"是指属地主管市政府；

f)"清洁运动的发起人"是指按照第三条第 3 款规定的有资格参与海洋、湖泊、河流和潟湖清洁运动的，并根据第三条第 1 款要求向主管当局提交申请的活动发起人；

g)"渔业企业家"是指 2012 年 1 月 9 日第 4 号法令第四条所述的企业家；

h)"船舶"是指用于水运的任何类型的船舶，包括渔船、游船、翼艇、气垫船、潜艇和浮动船舶；

i)"港口"是指方便船舶停靠，对设备进行改造和升级的地方或地理区域，包括港口管辖范围内的锚地区域。

第二条　对意外捕获的废弃物的管理

1. 在不影响本条规定的情况下，意外捕获的废弃物应根据 2019 年 4 月 17 日欧洲议会和理事会指令 2019/883 第二条第 1 款第 3 点规定作为船舶废弃物处理，并应根据本条第 5 款规定单独交付。

2. 对于本条规定的活动，无须按照 2006 年 4 月 3 日第 152 号法令第二百一十二条的规定向国家环境管理人员登记。

3. 根据 2021 年 11 月 8 日第 197 号法令第四条，在港口登陆的船长或驾驶员应将在海上意外捕获的废弃物移交给提供收集设施的港口。根据 1994 年 1 月 28 日第 84 号法令，如果船只停泊在不属于港口管理局属地管辖权的区域，则根据 2006 年 4 月 3 日第 152 号法令第一百九十八条，由管辖区外城市的市政当局将本条第 1 款所述废弃物（包括临时收集设施）运送至系泊点附近的特殊收集设施。

4. 在小型非商业港口登陆的船长或驾驶员，因该类港口特点是船舶流量较小，故应将意外捕获的废弃物移交给城市废弃物管理系统中的港口收集设施。

5. 根据 2021 年 11 月 8 日第 197 号法令第八条第 2 款 d)项的规定，若将意外捕捞的废弃物交付港口收集系统，在交付时对其进行称重，可进行免费交付。并且，根据 2006 年 4 月 3 日第 152 号法令第一百八十三条第 1 款 b)项和同一法令第一百八十五条乙规定的条件，该系统被视为临时储存设施。

6. 2006 年 4 月 3 日第 152 号法令第一百八十三条第 1 款 b)项丙对第 6 款新增以下内容：

"第 6 款乙通过开展清洁活动等形式意外或自愿地从海洋、湖泊、河流和潟湖中捕获及收集的废弃物。"

7. 为了将本条所述费用分配给整个政府部门，意外捕捞废弃物的管理费用由 2013 年 12 月 27 日第 147 号法令第一条第 639 款所述废弃物税的特定部分支付，或根据 2013 年第 147 号法令第一条第 668 款确定的关税支付。

8. 能源、网络和环境监管局在行使 2017 年 12 月 27 日第 205 号法令第一条第 527 款所述职能时，对本条第 7 款所述定义以及其他项目在付款通知中单独指示的标准和模式进行监管，还确定了需要提供确切数据和信息的个人及实体的要求以及必须提供此类数据和信息的时限。监管局针对是否正确使用与第 7 款所述关税组成部分收入有关的资源问题开展监督活动。

9. 农业、食品和林业政策部长与生态转型部长达成协议，将在本法案生效之日起四个月内通过法令，并应确定除经济利益外的奖励措施。渔船船长须遵守本条规定的交付义务，不得妨碍对海洋生态系统的保护和对安全标准的遵守。

第三条　清洁活动

1. 第一条第 2 款 b) 项所述废弃物也可通过其捕获系统进行收集，但前提是该系统不干扰水体的生态系统功能，并且需要在主管当局倡议或活动发起人向主管当局提交的申请组织的具体清洁活动的框架内，按照生态转型部长法令规定的程序，并与农业、食品和林业政策部长达成协议，在本法案生效之日起六个月内，在获得特伦托和博尔扎诺，地区和自治省公共关系常设会议的意见后予以通过。

2. 在第 1 款所述法令通过之前，可向主管当局提交本法令之日起三十天内开始申请进行受限制的活动，但不得影响主管当局采取合理措施禁止活动本身的开展或继续，或对有资格参加清洁活动的人员、受其影响的区域和收集废弃物的方法做出要求和规定。

3. 第 1 款所述清洁运动的发起人是管理保护区的机构、环境协会、渔民协会、合作社和渔业企业以及相关的财团、体育和渔业娱乐协会、潜水员和划船者体育协会、行业协会、潜水和训练中心以及浴场的管理人员。在第三方部门国家登记册全面运作之前，第三方部门机构也是相关推动者，其包括非营利社会公用事业组织、社会促进协会、基金会及旨在促进、保护和维护自然和环境资产的协会以及主管当局确定的其他主体。保护区管理机构还可以与渔民代表机构达成协议，开展公共宣传和环境教育活动，以促进本条所述活动。

4. 第二条适用于本条所指的废弃物。

第四条　促进循环经济

1. 为促进与海洋生态系统和内陆水域不相容的塑料和其他材料的回收，以符合 2006 年 4 月 3 日第 152 号法令第一百七十九条所述的废弃物管理标准以及根据 1988 年 8 月 23 日第 400 号法令第十七条第 3 款通过的法令，自本法案生效之日起六个月内，生态转型部长应根据上述 2006 年第 152 号法令第一百八十四条丙制定的标准和方法，以使意外捕获的废弃物和自愿收集的废弃物不再被归类为废弃物。

第五条　自然沉积的植物有机体管理规则

1. 自然沉积在海岸和海滩上的海洋植物或海藻有机体，可按照本条所述方式进行管理。在不影响现场维护或运输至废弃物管理设施的情况下，重新引入自然环境，包括通过重新入海、或转移至后滩区域或属于同一自然地理单元的其他公共区域，在筛选后进行管理，旨在将沙子从有机材料中分离出来，并清除人为来源的混合废弃物，同时也是为了回收沙子，以恢复海滩生态。如果要将上述物质沉入海中，该作业应在主管当局认为恰当的地点进行试验。

2. 人为堆积物由完全矿化的海洋植物、沙子和其他物质与人为物质混合而成，通过某些地区的置换和随后的堆积产生，可按照第 1 款所述进行筛选后再回收。主管当局根据 2006 年 4 月 3 日第 152 号法令第一百八十五条的规定，对这种可能性进行了逐案评估和授权，以核实是否符合将砂质材料排除在废弃物处理范围外的条件，或者是否可以通过上述 2006 年第 152 号法令第四部分附件 C R10 中所述的处理方法，可在城市废弃物回收作业中重复使用，或者是否符合 152 号法令第一百八十四条乙规定的副产品要求。有关行政当局应在现行立法规定的人力、财政和工具资源范围内执行本条款，在任何情况下都不得对公共财政造成新的或更大的负担。

3. 在不影响第 1 款和第 2 款规定的情况下，本条款适用于农业或林业来源的植物组成的产品，其自然沉积在湖泊和河流沿岸以及海边，源于2006 年 4 月 3 日第 152 号法令第一百八十三条第 1 款 n)项所述的管理作业。2006 年第 152 号法令第一百八十五条第 1 款 f)项旨在分离人为来源的混合废弃物。特伦托和博尔扎诺，按地区划分的主管机构应确定收集、管理和再利用标准及方式，同时根据 2016 年 6 月 28 日第 132 号法律第四条第 4 款，参考环境保护与研究高等研究所(ISPRA)在国家环境保护网络系统范围内采用的技术标准。

第六条　河流漂浮废弃物收集措施

1. 为减少河流造成的海洋污染，地区流域当局在其规划法案中引入了捕获漂浮废弃物的试验措施，以达到水力和环境保护要求，并通过第 2 款中提到的方案来实施。

2. 关于第 1 款中提到的措施，到 2022 年 3 月 31 日，生态转型部将启动一项为期三年的试验方案，在受此类形式污染影响最大的河流中回收塑料。此外，还将通过并实施使用浮动工具的方案。

3. 对于第 2 款所述活动，授权 2022 年、2023 年和 2024 年各支出 200万欧元。为符合 2021—2023 年三年期预算，应在 2021 年经济和财政部预算的"待分配资金"的"储备资金和专项资金"计划范围内，通过相应减少当前登记缔约方的专项资金拨款来提供本款所述费用，部分使用与环境、领土与海洋部有关规定的拨款。

第七条　海洋环境监测和控制活动

1. 由 2016 年 6 月 28 日第 132 号法律所述的国家环境保护网络系统的人员，或由旨在保护海洋的具有科学技术性质的水下活动的第三方，根据具体协定监测或控制环境或提供部长级资金而开展的在港口以外海域进行水肺潜水的科学技术活动。自本法生效之日起三个月内，由生态转型部部长与可持续基础设施和交通部部长协商，听取 ISPRA 和港务局总指挥部的意见。

第八条　宣传活动

1. 可开展宣传活动，以实现本法案的目标以及 2017 年 10 月 10 日部长会议令（2017 年 11 月 23 日第 274 号政府公报）中提及的海洋环境战略以及 2030 年可持续发展议程中所载的目标（联合国大会于 2015 年 9 月 25 日通过）。

2. 为向渔民和业界运营人员提供详尽资料，说明如何处理意外捕获或自愿收集的废弃物，根据 2006 年 4 月 3 日第 152 号法令第一百九十八条，港口管理当局或地区主管市政当局应就城市废弃物管理进行有效的宣传推广，并通过技术协议确保对用于收集的区域进行测绘和广告宣传，并最大限度地简化该部门所辖渔民和运营人员的实施流程。本款的实施不得对公共财政造成新的或更大的负担；参与执行的行政当局只提供现有法律规定的人力、财政和工具资源。

第九条　学校为保护环境开展的环境教育活动

教育部应在各级学校开展相关活动，使学生认识到保护环境，特别是保护海洋和内陆水域的重要性，学习正确处理废弃物的方法，并将这些活动与设想的举措和倡议相协调。关于环境问题，根据 2019 年 8 月 20 日第 92 号法令，教育部长应在 2019 年第 92 号现行法律第三条第 1 款所述地方教育教学指南的定义中考虑本条规定的活动。在学校，也应提倡正确处理废弃物的方法以及商品、产品在循环结束时的回收和再利用，同时也要减少塑料的使用。

第十条　2005 年 7 月 18 日第 171 号法令中提及的《游船法》第五十二条修正案

在 2005 年 7 月 18 日第 171 号法令中提到的《游船法》第五十二条第 3 款末尾，添加了以下文字："还涉及防止和制止在海上遗弃废弃物的措施。"

第十一条　减少环境影响的材料以及环境认可

1. 在活动过程中使用对环境影响较小的材料、参与清洁活动或处置意外捕获的废弃物的渔民应获得环境认可，以证明其遵守保护环境和捕鱼活动可持续性的承诺。

2. 根据 1988 年 8 月 23 日第 400 号法令第十七条第 3 款通过的法令规

定，自本法案生效之日起十二个月内，生态转型部长应与农业、食品和林业政策部长协商，规范本条第 1 款所述的程序、方法和条件以及 2012 年 1 月 9 日第 4 号法令第十八条第 2 款 d)项所述生态标签计划之目的。

3. 市政府还可以建立尊重环境的奖励制度，以表彰未从事专业回收、运送意外捕获或自愿在陆地上收集塑料垃圾的船主。

第十二条　海水淡化厂管理的通用标准

1. 为保护海洋和沿海环境，所有海水淡化厂都要进行 2006 年 4 月 3 日第 152 号法令第二部分所述的预防性环境影响评估。在上述法令第二部分第十七条乙后增加以下内容：

"第十七条丙　关于海水淡化厂的内容。"

2. 根据 2006 年 4 月 3 日第 152 号法令第三部分所述的排放规定，批准第 1 款所述海水淡化厂的排放。自本法案生效之日起 180 天内，生态转型部长应颁布法令，为此类工厂的排放确定具体标准，以补充上述 2006 年第 152 号法令第三部分附件 5 的规定。

3. 用于生产人类饮用水的海水淡化厂应符合以下条件：

a)在已证实的缺水和缺乏经济上可行的替代水源的情况下；

b)有证据表明已采取适当措施，显著减少水系管道的损耗，并合理利用部门规划提供的水资源；

c)在水务部门规划，特别是在地区规划中，根据成本效益分析规划了工厂；

4. 在本法案生效之日起 180 天内，生态转型部长应颁布法令，并经卫生部部长批准，定义与海水淡化厂相关的环境和健康风险分析的国家指南以及第 1 款中提到的环境影响评估阈值；

5. 按照第一百三十六条规定，安装在船舶上的海水淡化装置不包含在本条范围内。

第十三条　2006 年 4 月 3 日第 152 号法令第一百一十一条规定的法令发布截止日期

2006 年 4 月 3 日第 152 号法令第一百一十一条规定的法令自本法案生效之日起六个月内发布。

第十四条　部际常设咨询机构

1. 为了协调打击海洋塑料污染的行动，本法案的目的是优化渔民行动，并监测因实施本法案而开展的废弃物回收进展，确保数据的准确传输，在生态转型部设立一个部际常设咨询机构，以下简称"部际机构"。

2. 每年至少举行两次部际会议，由生态转型部长主持，若其缺席或无法出席，则由其他代表主持，包括：

a) 三名生态转型部代表；

b) 农业、食品和林业政策部代表；

c) 经济发展部代表；

d) 五名国家环境保护网络系统的代表，包括 ISPRA 的两名代表；

e) 国家研究委员会代表；

f) 基础设施和可持续交通部代表；

g) 两名港务局总指挥部代表；

h) 五名海洋保护区养护机构代表；

i) 三名区域代表；

j) 三名渔业合作社代表、两名渔业企业代表和两名水产养殖企业代表；

k) 港口管理局全国协调会议代表。

3. 任何对所涉利益和所处理问题有帮助的其他议题，均可纳入具有咨询职能的部际会议进行讨论。

4. 不得向部际会议成员支付薪酬、津贴、出席费、进行费用报销或提供其他任何形式的酬金。本条的实施不得增加公共财政负担。

第十五条　向各分庭报告

生态转型部长应在每年 12 月 31 日前向各分庭提交一份关于本法案执行情况的报告。

第十六条　财政条款

本法案的实施不得给公共财政造成新的或更大的负担。有关行政部门利用现行立法规定的人力、工具和财政资源，开展本法案规定的活动。

第二十二章 《澳大利亚南极战略与 20 年行动计划》(2022 年更新)

2022 年 2 月，澳大利亚政府更新了 2016 年《澳大利亚南极战略与 20 年行动计划》，即为 2022 年更新版，重申该国在南极的国家利益，回顾其南极事业在 2016—2021 年取得的工作进展，并分别对未来五年 (2022—2026 年) 及第二个十年 (2027—2036 年) 的工作进行了部署。在未来五年，该国将以强化在南极的领导力、巩固南极科学的领导力及卓越成就、塑造环境管理领导力、发展经济、教育和合作机遇作为工作重点。

第一节 前 言

一个多世纪以前，伟大的科学家和探险家道格拉斯·莫森爵士 (Sir Douglas Mawson) 令澳大利亚领略到了南极的神奇之处。认识南极大陆是进一步了解气候、天气和海平面变化的关键。作为一个国家，澳大利亚始终致力于为后代保护和维护南极。

此次对 2016 年《澳大利亚南极战略与 20 年行动计划》(以下简称 2016 年版) 的更新，表明了澳大利亚在其南极领地的永久性存在、澳大利亚作为南极条约体系主要构筑者的领导地位以及澳大利亚在南极科学研究方面享有的全球声誉。

澳大利亚政府的新投资，将为国家在南极事务中各项能力和领导力的显著提升提供资金支持。强化对科学研究及环境保护的支持，将有助于保护南极荒野的壮丽风光。

《澳大利亚南极战略与 20 年行动计划》是基于维护澳大利亚国家南极利益而制订的。这一雄心勃勃的行动如今得到了"'南极光'号新型破冰船建造""百万年冰芯计划""内陆穿越能力"等重大项目的支持。

《澳大利亚南极战略与 20 年行动计划》将澳大利亚视为通往南极的门户国家，并为在南极相关地区 (特别是霍巴特市) 增加就业岗位创造了机遇。它在优先考虑环境管理的基础上，通过实施更清洁的南极战略，对国家在南极的资产及基础设施进行现代化升级，以提升南极活动的安全性。

本次更新对未来五年的优先事项进行了明确规定，并指出了维护国家南极利益应依托的长远路径。如今正通过积极的投资以及进一步谋求南极项目的现代化，使本战略继续为实现世界顶尖南极科学水平、维护南极条约体系稳定性提供支持。

《澳大利亚南极战略与 20 年行动计划》将致力于加强科学技术攻关，以支持对南极、澳大利亚和全球气候系统的了解。澳大利亚在履行对这个原始地区独特责任的同时，将继续支持强大的南极条约体系的运转，并强化与其他南极国家之间的有效合作。

我们赞扬该战略展现出的维护国家南极利益的决心，这将对全体澳大利亚人民大有裨益。

澳大利亚联邦总理　斯科特·莫里森

澳大利亚联邦外交部部长　玛丽斯·佩恩

澳大利亚联邦环境部部长　苏珊·莱伊

第二节　介　绍

2016 年《澳大利亚南极战略与 20 年行动计划》公开阐述了澳大利亚的国家南极利益，并为澳大利亚今后参与南极事务设定了愿景。

澳大利亚政府对实现国家南极利益的方式以及前五年行动计划的实施情况进行了审查。

此次审查发现，《澳大利亚南极战略与 20 年行动计划》为 2036 年前国家南极利益的维护指明了方向。

本次更新列出了澳大利亚南极计划（AAP）在未来五年的具体安排。

本次更新反映了澳大利亚继续重视、保护和认识南极的承诺。

第三节　澳大利亚在南极的国家利益

正如《澳大利亚南极战略与 20 年行动计划》所述，澳大利亚在南极拥有长期的国家利益，包括：

1. 维护南极免于战略和/或政治对抗;

2. 维护澳大利亚南极领土的主权,包括对相关海域所享有的主权权利;

3. 支持一个行之有效的南极条约体系;

4. 开展世界一流的科学研究工作;

5. 保护南极环境,着重考虑其特殊性质和对我们所在地区的影响;

6. 了解并影响澳大利亚附近区域的发展状况;

7. 在不违反包括禁止采矿和石油钻探在内的南极条约体系规定的相关义务前提下,促进南极和"南大洋"的经济效益。

澳大利亚将通过以下方式促进其利益的实现:

1. 在南极的领导力和影响力;

2. 在南极科学领域的领导力和卓越表现;

3. 在南极环境管理方面的领导地位;

4. 发展经济、教育和合作机遇。

第四节 2016—2021 年已取得的工作进展

《澳大利亚南极战略与 20 年行动计划》实施以来,多项工作已取得了重大突破。自 2016 年起,澳大利亚政府继续对南极计划进行投资,以确保其在未来保持可持续发展,并巩固国家在南极科学、政策及运行方面的领导地位。我们有如下进展:

1. 推进主要基础设施的升级,以提升我们在南极的各项能力,包括:

(1)设计并着手测试了世界领先的新型破冰船"南极光"号;

(2)拓展了内陆穿越能力,以便今后重大科学考察活动的开展,确保澳大利亚能够在获取百万年冰芯的国际项目中发挥主导作用;

(3)开始投资升级位于亚南极地区的麦夸里岛科考站。

2. 振兴南极科学研究,修订了"澳大利亚南极科学战略规划",并与国内科学机构及国际伙伴制定可协调的科学资助模式。

3. 根据澳大利亚应承担的国际法律义务,启动了"南方探索"(Southern Discovery)行动,由国防军为南极计划提供持续支持,支持内容包括派遣 C-17A 飞机提供重型货运服务。

4. 加强与活跃在南极的各国之间的合作,包括新签或更新已有谅解备忘录以达成合作协议。

5. 在南极科学和环境管理方面表现出色，包括加强了澳大利亚在南极条约体系和联合国政府间气候变化专门委员会（IPCC）等国际平台中决策领导者和影响者的地位。

6. 在南极科学合作倡议下启动了新的资助计划，以支持澳大利亚在南极科学领域的合作。

7. 支持霍巴特市成为赴东南极地区的优秀门户城市，包括：

（1）开展了霍巴特机场跑道延长工程，并组织霍巴特辖区的商业活动，以支持南极和"南大洋"相关机构。

（2）与外界建立了广泛的合作伙伴关系，将塔斯马尼亚州打造成为南极科学、远程医学和运营中心——拥有"南极、远程和海洋医学中心"以及"南极和'南大洋'技术中心"。

（3）与博物馆、文化机构以及慈善机构（如南极科学基金会）开展了合作，提升澳大利亚在南极活动中的国际形象。

总体而言，有关部门已基本实现了《澳大利亚南极战略与 20 年行动计划》所规划的前五年目标。但也应认识到，在南极完成重大项目极为复杂，且较易因主客观因素拖延而影响后续时间表。此外，新冠肺炎导致一些关键工作被延误，2020—2021 年南极季的多数计划工作被削减。2016—2021 年期间未完成的工作将优先在今后五年开展。

第五节　2022—2036 年行动计划

澳大利亚南极计划将继续通过调查、开发、现代化资产建设、能力建设等工作，以实现其前所未有的转型升级。这项工作涉及"南极光"号新破冰船建造、内陆穿越能力提升（确保拖拉机车队可在南极恶劣条件下运输用于生活及开展实验的集装箱）、现有四个全年科考站（南极和亚南极地区）的现代化升级。

《澳大利亚南极战略与 20 年行动计划》是一份充满雄心壮志的路线图，用于提升实施南极计划所需的各项能力，得以继续维护国家南极利益。现在是时候关注未来五年（2022—2026 年）的优先事项，包括对现有未完成活动的落实。本次更新后的《澳大利亚南极战略与 20 年行动计划》列出了主要项目，其将配合南极计划共同实施，以继续维护国家南极利益。

除已计划的行动外，澳大利亚政府还开展了其他有助于维护国家南极利益的活动，包括：

1. 科学：有效管理一个综合的、多学科且颇具协作性的南极科学计划，通过长期监测、数据收集与分析、用于提升数据可访问性的数字基础设施建设、科学研究和计划评估及排序，从而为政府决策、国际义务履行、科学和管理成果提供支持。

2. 环境管理：对澳大利亚两个外部领地实施管理，即澳大利亚南极领地以及赫德岛和麦克唐纳群岛领地，以保护和维护当地独特的环境，管理人类活动对环境的影响，进而履行国际义务。

3. 科考站及后勤活动：对四个科考站实施全年性的管理、维护和运营，组织开展野外项目；实施集"仓库、货物、供应功能"为一体、"航空、船舶、地面"多种运输方式相结合的后勤活动。

4. 国际参与：努力维护南极条约体系的环境保护、非军事化、科学合作等原则及规范，与其他国家建立战略、科学及活动等方面的伙伴关系。

5. 国际和平及安全：维护更为广泛的基于规则的国际秩序，包括支持多边机构对《全面禁止核试验条约》的全球执行情况进行监测。

6. 工作场所、健康及安全：通过应急管理、搜索和救援、远程医疗以及在远程环境中持续审查和开展安全工作实践，为澳大利亚南极计划提供安全运营环境。

7. 社区：提供远程通信、实地培训、探险者福利、家庭式支持、户外休闲等保障性服务；同时提供强大的公共媒体、参与和交流项目，包括澳大利亚艺术奖励金项目、学校资源项目和媒体项目等。

8. 合作与合规：涉及战略、规划、政策、治理、项目管理、环境监管、生物安全、遗产保护、环境管理以及合作与参与等方面，包括联邦政府部门之间、联邦政府与塔斯马尼亚州政府、大学院系、产业、科学及环境组织之间建立强有力的伙伴关系。

一、政府在未来五年的工作重点

（一）强化在南极的领导力

1. 通过扩大外交参与，在南极条约体系及双边合作下支持南极管理规则及规范，巩固澳大利亚在南极的领导地位，包括：领导南极环境保护相关提案，如划设海洋保护区。

2. 加强澳大利亚与南极国家的合作关系，包括：

(1)利用"南极光"号破冰船及内陆考察载具等，与南极合作伙伴在共同感兴趣的科学领域开展合作，如与关键合作伙伴开展大尺度的"南大洋"海洋科学研究计划；

(2)在澳大利亚不断强化的南极科学、医疗、安全、环境监测、通信等领域发现合作新机遇。

3. 在东南极实施测绘和制图项目，包括：

(1)设立关于制图工作的定期水文项目，以提升航运活动的安全性；

(2)部署新型无人机(包括潜在的远程无人机)以通过低成本方式收集高分辨率的地图信息，从而将我们对南极的认知覆盖整片大陆；

(3)在整个东南极开展包括海底测绘在内的测绘活动。

4. 租用新的抗冰船，为新破冰船的交付工作提供更大灵活性，也使得"南极光"号破冰船可主要用于推进重要的科学计划。

5. 探索在南极扩大存在的机会，同时尽可能减少对环境的影响，考虑从事以下工作以支持科学发展：

(1)翻新现有的野外营地，包括西福尔丘陵区的营地，将其打造成为夏季站，并配备大量远程监测设备；

(2)建立新的空中部署野外基地，以促进对澳大利亚南极领土内偏远及内陆地区的研究；

(3)每年定期开展内陆穿越活动，保持在内陆地区的冰芯钻取作业，从而维持在全球气候科学领域的领先地位；

(4)建立一套用于科学和环境监测的自动监测站，包括部署遥控和自动无人机(用于陆地、空中和海洋)。

6. 依据在南极条约体系下的义务，进一步落实《南极条约》规定的视察活动。

7. 对澳大利亚赫德岛和麦克唐纳群岛外部领地进行正式到访，以便后续开展重要的科学和环境管理：

(1)承担关键入侵物种、污染物和文化遗产的评估和管理任务，开展受威胁物种的种群评估，从事陆地及海洋的科学研究活动。

8. 着眼于未来的能力建设，以继续支持安全且领先全球的南极计划：

（1）到 2023—2024 年部署四架中型多引擎直升机，以增强南极计划的安全性，并为船基科学考察、后勤保障能力的提升带来持续效益；

（2）探索潜在的洲内航空方案，以保持科考站之间的有效联通，并建立横跨东南极的航空通道。

9. 发展领先全球的海上能力，以前所未有的方式支持澳大利亚的南极活动：

（1）为"南大洋"重大的科学研究和后勤保障活动提供更为有效的海上支持；

（2）能够为他国的合作项目提供支持，成为各国首选的后勤保障及科学研究合作伙伴；

（3）提升海上应急能力，以更好地应对不可预见的事件发展，如海上搜救或海上援助事件。

10. 实施"数字地球"模式，这是一项全球领先的卫星图像、航空摄影、雷达和高光谱数据的管理模式，用于近乎实时监测冰山和冰川崩解、海洋生物和营养物质及各类南极活动的变化。

11. 为南极科考站提供全面的总体规划，以应对基础设施日渐老化等问题，初步完成戴维斯站的总体规划。

（二）巩固在南极科学方面的领导力及卓越成就

1. 制定一份十年期的南极科学计划，以助力澳大利亚南极战略中科学优先事项的实施。

2. 就以下优先主题开展科学研究：

（1）气候科学：探究南极和"南大洋"对气候和天气的重要影响，以提升在此科学领域内的认知能力，并为管理响应工作提供信息参考（包括为太平洋岛国论坛成员国提供支持）：

（a）依托对南极和"南大洋"的观测，强化关于气候和天气的预报工作，包括发挥"南极光"号破冰船作为观测站的能力；

（b）对海冰、冰盖、海洋和大气的脆弱性与变化进行量化，并利用构建模型及实地研究（包括航空测量和陆缘冰边缘地带航次调查）等方式提升海平面上升预测能力（包括为太平洋岛国论坛成员国提供支持）；

（c）利用过去的气候记录来了解当前及未来的趋势变化，包括开展"百万年冰芯计划"，并采用冰芯重建古气候的方式，确定澳大利亚的气候变率及相关风险。

（2）海洋科学——确保南极野生动物的保护和可持续渔业管理：

（a）在南极海洋生物资源养护委员会、国际捕鲸委员会和《保护信天翁和海燕协定》中发挥科学领导作用；

（b）可持续管理以磷虾为基础的海洋生态系统，重点关注东南极，包括：

（ⅰ）对磷虾和磷虾捕食者开展多年期的综合研究；

（ⅱ）开展更具针对性且扎实的"南大洋"生态系统调查。

（c）建立新的磷虾水族馆，通过在塔斯马尼亚大学组建新的海洋研究设施并进行实验，以阐明对气候变化的响应，从而研究南极磷虾（一种关键物种）及相关物种的生态恢复力；

（d）为澳大利亚在"南大洋"的渔业发展提供科学支撑，包括在"南大洋"开展科学研究，以支持生态系统保护、渔业可持续管理以及保持健康的海洋系统。

（3）加强澳大利亚在"南大洋"水域的存在，包括防止、阻止和消除非法、未报告和无管制捕捞活动。

（三）塑造环境管理领导力

1. 环境保护：保护、管理和修复南极环境，成为环境管理的最佳实践领导者。

（1）建立"更清洁的南极"科学计划，包括：

（a）开展全面的污染场地调查评估；

（b）制定可行的"更清洁的南极"战略，对澳大利亚在南极和亚南极地区的科考站与相关设施实施管理；

（c）对具有成本效益的科学技术进行创新，以协助开展污染清理、风险评估，并为极地地区设定环境目标；

（d）对凯西科考站燃油泄漏点进行修补。

（2）提供以证据为基础的科学，评估南极内陆和近岸地区环境复原力及生物多样性，以确保采取有效措施对其保护，还应在西福尔丘陵区等重要区域建立长期监测点。

（3）实施改进的管理措施以保护南极独特的环境，包括：

（a）运行环境管理系统，包括地理信息系统下的空间环境管理信息子系统，确保新能力建设规划以及持续运营均可符合全球最佳实践环境标准；

（b）为澳大利亚南极计划制定环境监测、审查和响应方案；

（c）为澳大利亚南极计划制定环境影响最小化战略，以便在燃料管理、废物储存和减排战略等领域有所改善。

（四）发展经济、教育和合作机遇

1. 通过"霍巴特城市协议"将霍巴特市打造成为全球领先的南极门户城市，以支持塔斯马尼亚州的经济增长，并为当地创造就业岗位：

（1）与合作伙伴共同在霍巴特市的麦夸里角开发拟议的"南极和科学区域"；

（2）通过战略沟通和鼓励参与，对南极进行宣传推广，例如，打造霍巴特市南极海滨展示步道，为游客教育提供互动环境；

（3）与塔斯马尼亚州政府开展合作，为"南极光"号破冰船建设港口基础设施；

（4）将塔斯马尼亚州打造及推广成为南极特色区域，包括：

（a）持续建立合作伙伴关系，如联合多个机构组建南极和"南大洋"技术中心。

2. 探索机遇，包括与塔斯马尼亚州政府开展合作，以便吸引国际组织及国际项目将总部常驻霍巴特市，如"南大洋"观测系统项目。

3. 继续对澳大利亚位于南极和亚南极地区的科考站实施现代化升级，包括研究可再生能源方案。

4. 与澳大利亚皇家学会等主要利益攸关方开展合作，为公众提供南极教育的机会，并为其获得教育提供合适方法，以增进公众对南极的认识和了解。

二、政府在第二个十年的工作重点

1. 完成所有位于南极和亚南极地区的科考站现代化升级，以创建一个高效、灵活且满足未来需要的科考站网络。

2. 开展重大的科学活动：

（1）对沿海地区进行科考，以了解下列哪些冰川或冰架处于脆弱状态（库克冰架、尼尼斯冰川、托藤冰川、登曼冰川、沙克尔顿冰架、韦斯特冰川），对冰盖稳定性及海平面上升情况开展调查，建立自动科学监测站；

（2）实施内陆和沿海地区综合考察，利用"南极光"号破冰船、远程航空能力、无人机能力，在偏远的沿海地区开展多个优先主题的科学研究。

3. 根据优先战略和实施计划开展更清洁的南极计划，包括处理遗留废物及修复受污染地区。

4. 为澳大利亚位于南极和亚南极地区的保护区和遗产地建立定期管理访问机制，包括：对赫德岛和麦克唐纳群岛外部领地实施第二次正式的管理访问。

5. 提交及分析已完成项目的科学成果，以实现"百万年冰芯计划"的价值。

6. 建立定期性的测绘计划，包括在澳大利亚南极领地全域范围内开展海底测绘，使用水下无人机、遥控潜水器、自主式水下航行器以及其他自主式无人机设备。

7. 在南极打造现代、安全和范围广阔的洲内航空网。

8. 完成对国家南极利益实现方式及十年行动计划实施情况的审查，确定到 2035 年的下一步工作安排，并研究该计划是否需要进行修订或扩充内容。

第二十三章 《蓝色太平洋大陆 2050 发展战略》

2022 年 7 月，在第 51 届太平洋岛国论坛领导人会议上，各国一致通过《蓝色太平洋大陆 2050 发展战略》（以下简称《大陆战略》）。该战略包括前言、太平洋岛国论坛领导人 2050 年愿景、太平洋区域的价值观、太平洋岛国论坛领导人面向 2050 年的承诺、战略背景、首要方法、专题领域、实现方法、指导原则九部分内容，并列出了政治领导与区域主义、以人为本的发展、和平与安全、资源与经济发展、气候变化与灾害、海洋与环境、技术与互联互通七个专题领域，详尽地制定了面向 2050 年的区域发展愿景。

第一节 前 言

作为太平洋地区的领导人，我们致力于确保国民的健康和福祉并保障其人权和平等。我们高度重视所拥有的海洋和土地，颂扬我们与社区、自然环境、资源、生计、信仰、文化价值和传统知识的深厚联系。我们与国民一起努力，以实现他们希冀的愿景。我们欢迎区域组织和国家对上述努力提供支持。区域内的许多国家已获得了政治独立，并正在为其今后的发展开辟新的道路。我们的治理工作正趋于成熟，国民对治理透明度及问责制的完善度有着更高的期待。我们的公共服务支撑着国民福祉和生活质量的逐步提高。尽管目前仍有较多工作要做，但我们有信心可以取得成功。1971 年太平洋岛国论坛的成立，加强了我们的对外集体发声，并表达了我们开展政治及经济合作的承诺，《大陆战略》便是建立在此长期合作的基础之上。

在此背景下，《大陆战略》提出了我们作为一个区域、太平洋国家和领土、社区和国民共同努力的长期方针。这为我们围绕七个关键专题领域的区域合作和更广泛的行动提供了战略框架，旨在支持我们实现区域愿景。这些专题领域包括政治领导与区域主义、以人为本的发展、和平与安全、资源与经济发展、气候变化与灾害、海洋与环境、技术与互联互通。若要实现上述专题领域的各项目标，需要采用一种全区域的方法，包括获得所有主要利益攸关方的支持和实现我们的共同优先事项，并作为蓝色太平洋大陆在区域、多边和全球层面建立具有战略意义的伙伴关系。这些努力需要所有利益攸关方的贡献参与，包括太平洋区域组织理事会及其他区域机构、私营部门、公民社会、媒体行业、学术界、社区、文化和宗教组织、发展伙伴等。此外，我们承认有必要倾听和回应所有太平洋国民的声音及愿望，最重要的是我们的青少年，因为他们终将继承我们所留下的东西。

《大陆战略》的成功取决于强化合作、强有力的领导以及社会各阶层继续参与战略的实施。我们寻求来自本地区尽可能广泛的支持，以确保实现我们共同目标中的完全自主权和问责制。通过实施该战略，我们承诺将对您的意见、决定及相关行动提供支持，为我们蓝色太平洋的建设提供更光明的未来。这就是《战略》，我们将共同推动并实施该战略，从而真正造福太平洋各国国民。

第二节　太平洋岛国论坛领导人 2050 年愿景

太平洋各国国民与其自然环境、资源、生计、信仰、文化价值、传统知识有着不可否认的联系。鉴于我们共同管理着蓝色太平洋大陆，对其深切关注并承诺有必要采取紧急和适当的行动，以应对气候变化的威胁和影响、生物多样性和生境的丧失、废弃物和污染等威胁。我们支持青年在各项工作中充分发挥潜力，加强女性在经济、政治和社会生活中的积极参与，认识到提供便利服务及建立完善基础设施的重要意义，以谋求使太平洋各国的国民都能参与和受益于发展成果。因此：

"作为太平洋岛国论坛领导人，我们的愿景是建设一个充满活力、和平、和谐、安全、社会包容和繁荣的太平洋地区，确保所有太平洋国民都能过上自由、健康和富有成效的生活。"

第三节　太平洋区域的价值观

作为太平洋国民，我们的价值观将用于指导我们实施《大陆战略》提及的集体行动：

1. 我们认可区域合作并致力于共同努力，这是为促进国民实现最大利益而提供的重要平台；

2. 我们重视并依赖于广袤的海洋和岛屿资源以及我们自然环境的完整性；

3. 我们珍视太平洋的多样性和共同遗产，并寻求建立一个包容的未来，使我们的信仰、文化价值和传统知识能够得到尊重和保护；

4. 我们支持善治，充分遵守民主原则、价值观念和法治，捍卫和促进所有保障人权、性别平等以及对公正社会的承诺；

5. 我们确保社区和国家的和平、安全与稳定，确保太平洋各国国民的安全和福祉；

6. 我们鼓励创新和创造，尊重文化价值和传统知识；

7. 我们努力在次区域、区域内外建立有效、开放和诚实的关系以及基于相互负责和尊重的包容和持久的伙伴关系；

8. 我们认识到一个以太平洋岛国论坛为核心，与区域、多边和全球伙伴密切合作的区域框架的重要性。

第四节　太平洋岛国论坛领导人
面向 2050 年的承诺

一、战略背景：形成影响力以塑造我们的区域

作为海洋大国，我们管辖着约 20% 的地球面积。海洋和陆地是我们的共同遗产，具有重要的文化和精神价值。我们在全球战略中占据着极为重要的位置。因此，地缘政治竞争加剧已影响到我们的成员国。此外，商业界及域外国家支持下的投资者对本区域的生态及自然资源的兴趣日益增长，反映出国际社会当下对"蓝色经济"有着较大兴趣，也表明未来数年外

界对我们资源的需求将不断增加。

按照当前全球温室气体的排放趋势，除非该排放量迅速且持续地减少，否则在 2040 年前全球气温上升将超过 1.5℃，在 2041 年至 2060 年间将超过 2℃。为最大限度地避免并有效应对最坏情况，需要在全球、区域和国家层面采取紧急、有力且具有变革性的行动。虽然蓝色太平洋大陆的温室气体排放量仅占全球温室气体总排放量的 1% 左右，但我们正在第一时间遭受气候变化引发的不利影响。未来我们将利用尚未开发的政策干预潜力，加强蓝色太平洋大陆生态系统和专属经济区内的碳封存，产生巨大的气候效益。同时，由于蓝色太平洋大陆仍在遭受气候变化产生的破坏性影响，需要及时获得扩大、有效且可持续的气候融资。

二、《大陆战略》：创造机遇以塑造我们的未来

为了有效实施本战略及发挥蓝色太平洋大陆的经济价值，并应对气候变化等引发的重大威胁，我们致力于共同开展相关努力，以确保区域努力与成员国国家利益相一致。作为蓝色太平洋大陆，在涉及集体利益的问题上，我们将以强大且团结的立场与我们的伙伴进行接触。我们将通过技术、基于科学的研究、文化价值和传统知识以及公平的伙伴关系等做好准备及找准定位，维护好我们的海洋安全，从海洋资源中获取经济利益，积极保障海洋环境的健康，实现经济可持续繁荣与发展。我们将继续团结支持域内国家，在共同承担责任基础上迎接当下的各类挑战。此外，我们将在尊重主权和不干涉他国内政原则的基础上，以太平洋岛国特有方式解决任何挑战或争端，包括利用基于共识的决策等，这对于蓝色太平洋的身份至关重要。更重要的是，我们的努力须始终引领和促进国民的安全、繁荣及福祉。《大陆战略》是我们接触及塑造本区域的最为重要机遇，以确保我们的长期福祉及繁荣的实现。通过实施本战略，我们将确保自身具有应对挑战能力及"为今后做好准备"，能够预测、准备和应对危险气候事件、地缘政治及安全议题冲击以及其他不可预见的风险。

三、太平洋岛国论坛领导人面向 2050 年的承诺

为了在 2050 年前确保我们蓝色太平洋大陆的安全，在现有优先事项的基础上，作为蓝色太平洋岛国的领导人承诺，我们将采取以下措施：

（1）为了培养集体政治意愿，深化区域主义和各国团结，我们将在各层级领导能力提升、外交能力增进、伙伴关系建设等方面进行投入，处理我们集体商定的区域优先事项，并积极追求我们的国家利益。我们还将努力以独特的太平洋方式解决区域的挑战和争端。

（2）为了共同造福我们的国民，将确保太平洋岛国论坛和更广泛的区域框架保持一致和有效，以努力实施区域优先事项。此外，我们将确保制定的方案能吸引私营部门、公民社会、媒体、学术界、社区、文化及宗教组织以及发展伙伴等的广泛参与。

（3）为了强化我们的蓝色太平洋岛国身份，我们将接受自身的文化多样性，尊重各国的国家主权，保护各国的集体利益。作为蓝色太平洋大陆，我们将尊重和反映自身丰富的价值观和传统习俗，使各国与伙伴国在全球谈判相关进程中保持一致。

（4）为了保障国民福祉，我们将共同在区域及国家层面加强努力，以确保全体太平洋国民受益于教育、卫生和其他服务行业的进步。为了实现这一目标，我们将强调加强相互学习的能力，借鉴基于科学的研究和传统知识，促进人权发展、性别平等和增强所有人的权能。

（5）为了保护国民和家园，我们将建立一个更加灵活和反应迅速的区域安全体系。该体系承认影响我们地区和平与安全问题的广度以及该地区在国际论坛上为推进全球和平与安全所做的贡献。

（6）为了加快实现经济增长的愿望，我们将投入共同的专业知识，量化和确定国民、海洋和陆地自然资源的全部价值。在适当的情况下，我们将利用该价值作为就获得上述资源进行谈判的基础。

（7）为了确保子孙后代的未来，我们将以集体身份紧急呼吁减少和防止气候变化和海平面上升的潜在影响；我们将呼吁加强全球应对气候变化的承诺；我们将继续采取创新举措，应对气候变化的影响和灾害风险；在合作伙伴的支持下，我们承诺到 2050 年确保实现净零排放目标。

（8）为了确保国民的未来，我们将深化蓝色太平洋大陆的集体责任和问责制度，保护我们对海洋区域和资源的主权和管辖权，包括应对气候变化引发的海平面上升，并加强对资源的所有权和管辖权。

（9）为了保护我们的海洋和环境，我们承诺通过实施保护行动以及尽可能减少实施污染、过度开发或破坏海洋及自然环境的活动，以保护自然系统和生物多样性的完整性。

（10）为确保区域互联互通，我们承诺投资并加强伙伴关系及区域监管安排，以支持交通和信息、通信和技术服务及基础设施建设。

第五节　战略背景

《大陆战略》强调，蓝色太平洋关乎太平洋国民及其信仰、文化价值观和传统知识。本战略将有助于人们了解自身需求和潜力，并成为人们规划自身发展的议程，最终为全体国民的利益而采取共同行动。尽管太平洋国民已经在努力应对气候变化、灾害频发以及日益增多的非传染性疾病患者等问题，但新冠肺炎大流行及全球安全挑战依然给当地国民带来了巨大的社会和经济压力。此外，本区域还继续面临着海洋及陆地资源可持续性和安全性相关的挑战，均给域内国家政府带来了日益扩大的财政赤字。

本战略由区域的历史、当前及不断演变的时代背景所决定，确定了本区域内的国家和领地作为蓝色太平洋大陆，将在何处以何种方式开展合作，并与区域内所有利益攸关方建立伙伴关系。这以一系列区域协议和宣言为基础，如《太平洋计划》（2003 年）、《太平洋大洋景观框架》（2010年）、《太平洋领导人性别平等宣言》（2012 年）、《太平洋区域主义框架》（2014 年）、《区域可持续渔业发展路线图》（2015 年）、《蓝色太平洋叙事》（2017 年）、《博埃宣言》（2018 年）和《太平洋区域文化战略》（2022 年）。在当前背景下，本区域将更加迫切采取集体行动，以推动在流行病防治、气候变化和灾害风险应对、性别平等、区域安全、海洋治理以及经贸发展等重大问题上取得进展。本战略是一份动态文件，是在区域和国家两级，与成员国、太平洋区域组织理事会各机构、非国家行为体、区域内外专家进行全面协商后制定的。战略将可评估预测未来潜在的风险事件，将会有政策概要和执行计划来支持，其中将详细说明有次序的集体行动以及详细的监测和报告框架。

第六节　首要方法

《大陆战略》包括各国领导人为实现该愿景而加强集体行动和深化区域

主义所做出的 10 项承诺。为了支持上述承诺的兑现，本战略汇集了 7 个相互关联的专题领域，是由成员国、太平洋区域组织理事会各机构、非国家行为体、区域内外专家进行全面协商后制定的。7 个专题领域包括：①政治领导与区域主义；②以人为本的发展；③和平与安全；④资源与经济发展；⑤气候变化与灾害；⑥海洋与环境；⑦技术与互联互通。每个专题领域下均包含着区域国家的雄心，代表到 2050 年谋求在该领域实现的转型变革。实现各层次下的雄心目标均有助于愿景的最终实现。为推动目标的实现，每个专题领域都包含有若干战略路径，聚焦于治理，包容及公平，教育、研究及技术，适应力及福祉，伙伴关系及合作。战略路径与我们的价值观保持一致，并以反映各专题领域内在联系的方式制定。战略路径还与太平洋岛国论坛领导人的承诺相一致，并将作为战略实施计划的一部分，用以指导确定和制定集体行动。战略路径概述如下。

一、战略路径的定义

（1）治理战略路径强调太平洋岛国论坛有效领导、共同承诺和问责制度的重要性以及强有力及持续稳定的政策和进程，以确保各实体之间的广泛合作、协调和参与，从而最终构成区域框架。

（2）包容及公平战略路径承认太平洋文化价值观的多样性和共同遗产，确保所有太平洋岛国的国民均得到保护，并使人人有权生活在都能参与和繁荣的社会之中。

（3）教育、研究及技术战略路径旨在鼓励基于科学的研究、创新和创造，同时考虑到我们最好的传统知识及文化实践。

（4）适应力及福祉战略路径强调，必须继续加强太平洋地区及其国家、社区、国民有效应对困境的能力，包括在环境保护方面的能力，同时建立和维持自由、健康且富有成效的生计。

（5）伙伴关系及合作战略路径强调了本区域共同努力的重要性以及与广泛的全球和区域利益攸关方合作的重要性。所有利益攸关方都尊重本区域的信仰、文化价值观和传统知识，真正持久的伙伴关系应基于国家和区域自主、相互信任、透明和问责的原则。

第七节　专题领域

一、政治领导与区域主义

太平洋区域主义的演进历史，证明了强大和持久的领导能力和政治意愿对于应对日益复杂的地缘政治环境和新兴问题的重要性。有效的治理、包容性和自主权将助力集体行动的实施，从而建立领导能力和外交能力以及对区域主义的承诺。

本专题领域的成功取决于区域的共同努力，包括与非国家行为体的合作，通过建立一个区域系统以有效补充国家层面的努力，推动落实我们作为蓝色太平洋大陆的共同愿望和优先事项。在尊重国家主权和保护我们的集体利益的同时，本区域将团结一致地采取行动，与伙伴进行接触和宣传。

（一）现状

自成立以来，太平洋岛国论坛主导实施了包括《太平洋区域主义框架》在内的一系列区域合作措施。本区域面临多方面的安全和政治挑战，地缘政治环境多变。非国家行为体和发展伙伴不同程度地参与其中，总的来说这是一个支离破碎的区域框架。太平洋区域组织理事会由九个组织组成，每个组织都有不同的成员资格和理事会安排。

（二）战略路径

1. 治理

确保建立有效的区域框架，投资于领导能力和伙伴关系建设，以支持负责任和统一的区域领导，推动《大陆战略》的实施。

2. 包容及公平

确保维护太平洋地区的全部声音及各方利益，包括非国家行为体，鼓励其多样化实施和监测《大陆战略》以及主要宣言和承诺。

3. 教育、研究及技术

加强利用科学研究和技术以及我们的文化价值观和传统知识，以加强领导力和循证决策。

4. 适应力及福祉

维护我们的领导地位、集体所有权和政治意愿，保护太平洋岛国国民的福祉和环境。

5. 伙伴关系及合作

加强太平洋地区的领导力、发言权和参与度，确保对太平洋岛国文化、价值观、优先事项、集体利益的认可和一致。

（三）实现目标

所有太平洋岛国国民都将受益于太平洋岛国论坛领导人的共同努力。我们保卫、保障和发展蓝色太平洋大陆，并通过太平洋岛国论坛"团结一致"的方式开展政治领导以及符合该地区优先事项和价值观的区域框架，以积极实现区域优先事项。合作伙伴认可并尊重我们作为蓝色太平洋大陆的集体做法。

二、以人为本的发展

本专题领域认识到，太平洋岛国国民从其文化多样性以及对其陆地和海洋深厚的文化和精神依恋中，不断汲取认同感和灵感。尽管太平洋地区为促进卫生和教育改善采取了一系列举措，但未来仍有较多工作要做，如应对边缘化群体的排斥及性别不平等问题，从而保护全体国民平等享有人权及环境权利。以人为本的发展包括青年培育、文化发展、文化福祉以及体育运动参与。适应和保护我们的原住民知识、社会包容和社会保护，是以人为本发展方针的重要因素，也是我们区域在全球层面上定位的重要因素。

（一）现状

本区域采取了一系列举措，加强应对以人为本的问题，其中包括 2012 年《性别平等宣言》《太平洋区域教育框架》《太平洋非传染性疾病控制和预防框架》《太平洋残疾人权利框架》以及最近更新的《太平洋文化战略》。需要在该领域下获得改善的问题包括：应对本区域非传染性疾病高发的挑战；为全体国民提供优质教育；少数人士对人权、性别平等和社会包容的承诺有限。随着社会和经济的变化，保护太平洋地区的文化精髓，确保文化和传统价值观的代际传递将变得更加困难。

（二）战略路径

1. 治理

确保包括非国家行为体在内的所有太平洋国民参与确定、制定和实施太平洋岛国论坛领导人提出的优先事项。

2. 包容及公平

通过区域合作，支持和加强国家层面的努力，使全体国民均能获得可负担的优质教育、保健、体育和其他服务，并尊重我们国民及其信仰、性别、文化价值观和传统知识的多样性。

3. 教育、研究及技术

在所有部门加强以科学和循证为基础的创新和整体政策和规划，保护和利用太平洋原住民知识、实践和理念。

4. 适应力及福祉

认识到信仰、文化价值观、包容性教育、健康、体育和其他服务在建设太平洋社区复原力以及获得食物、生计、健康和人身安全方面的重要性。

5. 伙伴关系及合作

在全球层面上定位我们的地区，确保外部伙伴承诺提供转型和文化领域相宜的项目。

（三）实现目标

太平洋各国国民继续在文化和精神上深深依恋着陆地和海洋，全体国民均可得到安全、保障、性别平等以及获得教育、保健、体育和其他服务的机会，将确保不让任何人掉队。

三、和平与安全

本专题领域突出了和平与安全在确保我们各国和领地实现一个安全、有保障和繁荣的区域方面的核心作用。在认识到成员国和平与安全受到整体威胁迫切性的同时，蓝色太平洋大陆将继续致力于民主、善治和不干涉他国内政的原则。太平洋地区国家将继续为促进全球和平与安全做出宝贵贡献。在此过程中,各国认可安全概念的扩展,包括人类安全、经济安全、人道主义援助、环境安全、网络安全和跨国犯罪以及建立抵御灾害和气候变化能力的区域合作。在社区一级确保和平与安全得到宗教组织和非政府组织的支持。面对复杂的全球挑战和关系,太平洋岛国论坛成员将继续合作维护区域和平与安全,并为维护全球层面的和平与安全而努力。

(一)现状

由于安全挑战的多元性和地缘政治环境的动态变化,区域安全环境日趋复杂。

《博埃宣言》中确立的以规则为基础的和平与安全秩序面临着日益增加的压力,太平洋区域也不可幸免。气候变化是本区域安全面临的最大威胁。全球主要国家在本区域持续开展的地缘政治博弈以及对本区域的地缘战略定位,将对区域造成长期安全威胁,并正在影响域内国家的政治和安全考量。本区域的地理位置,加之日益增强的全球连通性,为维护社区和平带来了进一步的风险,也为域内国家执法方面的工作带来了潜在挑战,使区域更易受到跨国犯罪的影响。

(二)战略路径

1. 治理

建立灵活、反应灵敏的区域安全与应急管理体系和实施程序,促进和平,确保太平洋能够解决本区域的传统及非传统安全问题。

2. 包容及公平

在国家和社区层面维护和平的基础上,建立更具包容性和创新性的区域安全方法。

3. 教育、研究及技术

加强决策者之间的协作与合作;非国家行为体,包括宗教组织、学术界、私营部门要加强当前及新兴安全问题预测和应对的能力。

4. 适应力及福祉

加强本区域应对安全威胁的能力,迅速恢复不安全社区的和平与安全。

5. 伙伴关系及合作

强化伙伴关系及夯实合作机制，确保本区域伙伴认识到亚太对全球和平与安全的贡献，并积极支持本区域和平与安全优先事项。

（三）实现目标

一个和平、安全、有保障的蓝色太平洋地区，将坚决维护国家主权，域内国民可以充分发挥个人、社区和国家的潜力，亚太地区也可以进行充分协调，以便共同应对安全挑战，为全球和平与安全的维护做出贡献。

四、资源与经济发展

本专题领域强调了通过加强所有权以及确保区域自然及人力资源的可持续管理和开发，以加速实现区域经济增长愿望的重要性。资源的可持续管理将要求采取以下三种措施：一是制定控制措施；二是开展环境、社会和文化影响评估；三是识别和评估本区域的生态系统产品和服务。这对于增强本区域的抵御能力和确保经济持续发展和增长至关重要。太平洋地区已面临短期财政可持续性风险和关键领域融资短缺的双重挑战，特别是在应对气候变化方面，制定创新性融资工具和机制尤为紧迫。实现投资组合的多元化，增强私营部门在渔业、农业、林业、矿业和旅游业以及文化产业等重要领域的作用，在中小微企业中创造就业和创业岗位，对于改善和扩大太平洋国民的福祉机遇至关重要。本区域继续受益于劳动力流动计划、促进技能发展和外汇引入的职业体育。

（一）现状

太平洋地区在某些领域的资源管理（包括高度洄游渔业）上处于全球领先水平。尽管如此，本区域仍面临着与气候变化压力、森林覆盖率降低和生物多样性丧失有关的若干挑战，某些自然资源正呈现即将耗竭的态势。在区域层面，域内国家已做出努力，加强与私营部门进行接触，并更加重视青年和女性的就业和创业。本区域继续面临一系列经济挑战，进而引发不平等、青年失业率高、进口产品成本过高等情况。在科学研究和其他研究议程中，也缺乏对传统知识和本土化的考量。

（二）战略路径

1. 治理

加强区域机制，包括社区参与，以反映文化价值观和传统知识，提高问责制和透明度，以解决资源的可持续管理和开发问题。

2. 包容及公平

增加包括女性在内的所有太平洋国民参与经济活动的机会，包括促进资源管理和中小微企业进一步发展等，涉及文化产业和职业体育领域。

3. 教育、研究及技术

采用适当的、以科学为基础的研究、技术和创新形式，以配套辅助经济政策的制定，促进区域资源的可持续管理和增值发展。

4. 适应力及福祉

加强太平洋经济体应对风险的能力，包括通过可持续管理和开发区域资源，体现我们生态系统产品和服务的价值。

5. 伙伴关系及合作

确保建立真正的全球及区域战略伙伴关系，以加速经济增长，评估生态系统产品和服务的价值，并积极发展蓝绿经济。

（三）实现目标

所有太平洋岛国国民都受益于可持续和有弹性的经济发展模式，包括赋能性公共政策和充满活力的私营部门等，通过确保在本区域获得就业、创业、贸易和投资机会，进而改善社会经济福祉。

五、气候变化与灾害

本专题领域突出了气候变化和灾害的诸多影响，及其对本区域国民未来和许多太平洋岛国国家地位的威胁。必须通过文化适宜的方式，积极且集体一致地实施商定的措施，应对气候变化以及当前和未来所面临的灾害影响，包括极端天气事件、气旋、干旱、洪水、海平面上升和海洋酸化。其他重要问题包括气候融资、减少灾害风险机制、损失和损害、厘清气候变化与海洋之间的联系、确立海洋边界、保障人权、保障妇女和女童的权利、保障受气候变化影响国民的权利、维护粮食和水安全、解决因灾害及气候变化等发生的人员流动问题(涉及重新安置和迁移)。

(一)现状

本区域已经制定了《太平洋抗灾发展框架》，这是应对本区域气候变化和灾害风险管理的综合方法。尽管太平洋在气候变化问题上一直处于领导地位，但关键问题仍有待解决，包括：大气中温室气体水平不断上升；灾害和极端天气事件愈发频繁和强烈。此外，尚存有一些其他问题，例如，获取气候变化和灾害应对的国际资金受阻；继续使用低效能源；缺乏安全饮用水和卫生设施；粮食安全；海洋边界维护；人权和文化保护等。

(二)战略路径

1. 治理

加强区域合作和承诺，积极努力将全球变暖限制在比工业化前水平高1.5℃范围内，并增加创新性融资，以应对气候变化和灾害风险。

2. 包容及公平

确保在有关减少气候和灾害风险的全球和区域议定书中保护和实践太平洋国民的权利、文化价值、遗产和传统知识以及对发生气候迁徙及流离失所的国民进行重新安置。

3. 教育、研究及技术

加强对太平洋地区科学、文化和传统知识以及创新研究的投资，以应对气候变化和灾害风险，并逐步谋求向可再生能源转型。

4. 适应力及福祉

加强区域合作与协作，包括通过设立太平洋复原力基金，建设社区的能力和复原力，以有效应对气候变化和灾害的影响，涉及性别影响。

5. 伙伴关系及合作

与我们的合作伙伴一道倡导、确保现有和新的全球承诺(包括融资方面的承诺)能够满足区域在气候变化和减少灾害风险方面的需求。

(三)实现目标

太平洋各国国民仍然能够抵御气候变化和灾害的影响，足以过上安全、有保障和繁荣的生活。本区域国家将继续在全球气候行动中发挥领导作用。

六、海洋与环境

本专题领域侧重于太平洋区域通过对海洋和陆地的集体责任、承诺和投资来管理蓝色太平洋大陆，包括对本区域支持海洋和陆地主权权利的投资，如支持各国的大陆架划界主张。

认识到蓝色太平洋为地球提供的基于环境和生态系统的重要服务。本区域由海洋和环境处受益的能力，取决于其做出正确政策选择、伙伴关系和投资的能力，包括采取预防性和前瞻性的方法，保护本区域的生物多样性、环境和资源免受开采、退化、核污染、废弃物、污染和健康威胁。

（一）现状

太平洋区域先后制定了多份政策文件，一是制定了《太平洋大洋景观框架》，以解决海洋可持续发展和管理问题；二是制定了《自然保育及受保护区域框架》，为自然保育的规划、优先次序及实施提供了指导；三是制定了《更清洁太平洋 2025》，以作为本区域解决废弃物和污染问题的框架，其中包括解决区域海洋垃圾和区域海洋溢油事故的专题计划。

本区域继续面临与海洋资源枯竭和海洋生态系统退化相关的问题，引发了安全问题、土地和海洋污染、缺乏废弃物管理和处置、能源使用效率低下。

（二）战略路径

1. 治理

加强区域协调与合作，包括采取政策、管理和立法措施，实施预防性措施，以解决海洋和陆地环境的可持续利用及环境保护问题。

2. 包容及公平

加强包括非国家行为体在内的全体太平洋国民的参与，确保其文化价值观和传统知识在保护海洋和陆地环境举措中得到体现。

3. 教育、研究及技术

开展基于科学的研究、创新、数据及信息，为保护和维护蓝色太平洋大陆的政策和实践提供信息。

4. 适应力及福祉

支持在社区层面保护及养护海洋和陆地环境而做出的努力。

5. 伙伴关系及合作

区域合作伙伴承诺保护太平洋的环境和资源不受开发、退化和污染威胁。

（三）实现目标

所有太平洋岛国国民生活在一个可持续管理的蓝色太平洋大陆上，同时坚定地保持抵御环境威胁的能力。

七、技术与互联互通

本专题领域强调需要建立一个连通性良好的区域，确保包容、可负担和无障碍的海陆空运输和信息通信技术相关基础设施和服务。技术和基础设施通常不可负担、难以获得且难以维护。采用新兴可持续数字技术需要有效的伙伴关系和适当的区域监管安排，并尊重本区域的共同价值观。本专题领域还需注意分类数据和数据主权的重要性以及在确保采取保障措施的同时，提供更详细的信息以改进决策。

（一）现状

我们仍然需要获取和接受技术进步。需开展能力建设，以便利用为解决孤立的小岛屿国家内在需要而开发的技术。本区域需要采用最新技术，以提高空中和海上运输的安全和保障。

（二）战略路径

1. 治理

加强伙伴关系和监管安排，促进区域交通和信息通信技术互联互通。强化区域合作，同时在数据及信息的收集、分析和使用方面尊重数据主权，以支持有效决策。

2. 包容及公平

所有成员国都相互连通，其城市、农村和外岛社区都可获得安全、可靠、可负担且具有文化敏感性的空中、陆地和海上运输以及信息通信技术服务。

3. 教育、研究及技术

加强以科学为基础的研究和技术，以发现改善交通和连通性的机会并管理相关风险。

4. 适应力及福祉

利用新兴技术降低风险，更有效地应对逆境，加强区域内和全球互联互通。

5. 伙伴关系及合作

寻求真正的战略伙伴关系，加强区域政策和投资，促进区域内和全球有效的交通、通信和互联互通。

(三)实现目标

所有太平洋地区国家的国民都能受益于可负担、安全可靠的陆地、空中和海上运输以及信息通信技术相关基础设施、系统和运营，同时确保具有文化敏感性的用户保护和网络安全。

第八节 实现方法

为确保《大陆战略》的有效实施和太平洋岛国论坛领导人愿景的实现，势必会制订一个全面的实施和监测计划。该计划将详细规定实现每个专题领域雄心水平所需的集体行动，以支持实现《大陆战略》。实施计划将确定所有专题领域的内在联系，并确保与时间表、资源、关键利益攸关方及相关技术机构的参与进行协调。这将是监测和衡量每个专题领域进展情况的基础，并在此过程中查明可能阻碍进展的风险、执行问题或制约因素。实施计划将利用本区域文化价值和传统知识的有利方面，并反应如何设计和执行各项活动，还将突出伙伴在支持集体行动方面的作用和责任。

为确保落实《大陆战略》的问责制和承诺，重要的是建立一个强有力的监测和报告框架，使用可量化的数据和合格的信息，以监测每个战略路径下绩效及预期成果的实现情况。作为起点，区域可持续发展目标指标集将用于监测每个专题领域的执行情况。同样重要的是，要考虑是否需要制定其他与太平洋相关的目标和指标，进而监测伙伴关系的成功与否以及按照

《太平洋区域主义框架》规定深化区域主义所取得的进展。

第九节　指导原则

实施办法将以下列原则为框架：

（1）实施办法和集体行动将以尊重国家主权和不干涉国家内政原则的方式制定。

（2）根据《大陆战略》制定的集体行动，应与国家行动和政策立场相呼应、相协调并相互补充；《太平洋区域主义框架》确定了支持国家优先事项和目标的集体行动，如在某个问题上存在共同规范、标准或共同立场的集体行动；提供公共产品或准公共产品；克服国家能力限制；实现规模经济或促进经济及政治一体化。

（3）根据现有的区域和国家政策框架、太平洋岛国论坛领导人的宣言和决定以及集体行动，如在卫生、教育、贸易和可持续发展等领域集中服务、简化政策、调动资源、提供技术援助和创造公共产品，在集体外交中发挥领导作用。

（4）采用由成员国主导和推动的有效治理和报告程序，以建立成员国和相关区域组织在履行《大陆战略》中概述的太平洋岛国论坛领导人承诺方面的执行问责制。制订实施计划所需的治理结构尚未确定，将适时定稿，供太平洋岛国论坛领导人审议。

（5）包括一种包容和综合的方法，促使成员国、太平洋区域组织理事会各机构、非国家行为体团体、宗教组织充分参与实施计划以及监测和报告框架的制定。

（6）确保基于证据和包括全面风险评估在内的强效且灵活的方式制定集体行动。

第二十四章 2022年太平洋岛国论坛经济部长会议联合声明

2022年8月，太平洋岛国论坛经济部长会议在瓦努阿图维拉港成功召开。在会后发表的联合声明中，部长们围绕八部分谈及区域经济发展事项，为今后的蓝色太平洋经济发展指明了方向，包括：《蓝色太平洋大陆发展战略(2050)》和2022年《太平洋可持续发展报告》所涉经济部分、支持经济复苏稳定、利用好气候变化融资机遇、提议将分管国有企业的部长纳入太平洋岛国论坛经济部长会议机制、欧盟非合作税收的管辖范围、代理银行选择问题、绿色气候基金关于观察员的申请以及下届太平洋岛国论坛经济部长会议等。

第一节 2022年太平洋岛国论坛经济部长会议 （线上/线下会议）

2022年太平洋岛国论坛经济部长会议于2022年8月11—12日召开。会议由瓦努阿图财政和经济管理部长强尼·科纳普·拉索阁下主持，并得到太平洋岛国论坛秘书长亨利·普纳先生的支持。

下列太平洋岛国论坛成员均有委派代表出席会议：澳大利亚、库克群岛、斐济、密克罗尼西亚联邦、法属波利尼西亚、法属新喀里多尼亚、新西兰、纽埃、帕劳、巴布亚新几内亚、萨摩亚、所罗门群岛、汤加、图瓦卢和瓦努阿图。

托克劳和东帝汶分别以太平洋岛国论坛准成员和观察员的身份出席了此次会议。

太平洋岛国论坛经济部长会议技术观察员代表包括：亚洲开发银行、亚洲基础设施投资银行、国际货币基金组织常驻代表机构、大洋洲海关组织、太平洋最高审计机构协会、太平洋巨灾风险保险公司、太平洋金融技术援助中心、联合国常驻协调员办事处、联合国机构(联合国亚太经社会–

太平洋办事处）、世界银行。

下列太平洋区域组织理事会机构也有委派代表出席会议：太平洋航空安全办公室、太平洋岛屿发展署、太平洋岛国论坛渔业局、太平洋共同体、南太平洋区域环境署、南太平洋旅游组织、南太平洋大学。

来自绿色气候基金（GCF）、法国发展署、太平洋融合中心的代表作为太平洋岛国论坛经济部长会议主席的特邀嘉宾出席了会议。

太平洋岛国论坛经济部长们还于2022年8月12日与太平洋地区私营部门和民间社会组织代表举行了对话会，并举行了第三届区域发展伙伴圆桌会议，确认了他们各自为经济复苏做出的贡献。

第二节　太平洋岛国论坛文件中所涉经济部分

一、《蓝色太平洋大陆发展战略（2050）》

太平洋岛国论坛经济部长们审议了《蓝色太平洋大陆发展战略（2050）》。该战略已于2022年7月获得太平洋岛国论坛领导人批准实施。部长们重申，为保障太平洋地区利益最大化，应团结一致推进区域优先事项。此外，部长们认识到本区域在当前全球地缘战略格局下的特殊优势，强调要加强合作以应对本区域和民众面临的诸多挑战，包括气候变化影响和各经济产业部门的复苏。

太平洋岛国论坛经济部长们强调了在国家层面落实《蓝色太平洋大陆发展战略（2050）》的重要性，特别是制订好国家发展计划。部长们还认识到与合作伙伴及金融机构合作支持本区域实现《蓝色太平洋大陆发展战略（2050）》的重要性。

太平洋岛国论坛经济部长们讨论了制定《蓝色太平洋经济战略》的价值，同时考虑到本区域在实现联合国2030年议程方面取得的进展，2022年《太平洋可持续发展报告》以及新冠肺炎大流行的影响。

太平洋岛国论坛经济部长：

（一）欢迎《蓝色太平洋大陆发展战略（2050）》，重申必须将其执行工作与国家发展计划相结合；

（二）强调《蓝色太平洋大陆发展战略（2050）》与《蓝色太平洋经济战

略》之间存在的明确联系；

（三）注意到区域架构的审查，讨论其对任何新冠肺炎经济复苏特别工作组（CERT）机制和区域经济架构配套安排的影响，认识到区域层面的敏捷性、响应性和高效决策的重要性。

二、《蓝色太平洋经济战略》

太平洋岛国论坛经济部长们审议了《蓝色太平洋经济战略》当前编制情况，并称赞其与《蓝色太平洋大陆发展战略（2050）》保持着一致步调。部长们强调迫切需要我们采取区域和国家集体行动，以实现《蓝色太平洋经济战略》，并重申新冠肺炎对本区域的重大挑战，为此应采取更加主动的行动。本次会议指出，各国应认真及优先安排《蓝色太平洋经济战略》的制定，包括将重点放于预期成果之上。部长们在会上重申了《关于援助效力的巴黎宣言》诸多原则，特别是关于国家所有权及使用国家系统的重要性。

太平洋岛国论坛经济部长们强调，太平洋地区对《蓝色太平洋经济战略》的所有权，将是该经济路径取得成功的基础，并强调了问责制、明确行动和战略制定方法的必要性。部长们还认识到将区域经济协调机制制度化的价值，以加强太平洋岛国论坛经济部长会议的区域经济任务。根据对区域框架的审查工作，制定和实施《蓝色太平洋经济战略》。

太平洋岛国论坛经济部长：

（一）强调迫切需要加强对所有利益攸关方参与区域经济的战略协调，以避免重复建设，因此批准了《蓝色太平洋经济战略》的概念说明；

（二）重申在确保海洋及其海洋资源的健康度和完整性的同时，在利用和最大限度地实现蓝色经济可持续收益方面发挥海洋中心地位；

（三）责成太平洋岛国论坛秘书处确保《蓝色太平洋经济战略》和《蓝色太平洋大陆发展战略（2050）》保持一致，同时考虑到即将开展的区域框架审查，并敦促与所有利益攸关方进行密切且包容的磋商。

三、2022 年《太平洋可持续发展报告》

太平洋岛国论坛经济部长们审议了 2022 年《太平洋可持续发展报告》。该报告提供了太平洋区域在落实联合国"可持续发展目标"和"萨摩亚路径"

方面的最新情况。部长们关切地注意到，预计到 2020 年实现的 21 项目标未能实现任何一项。但部长们也认识到新冠肺炎对各国实现联合国"可持续发展目标"的努力产生了重大影响。

太平洋岛国论坛经济部长们进一步认识到，新冠肺炎加剧了现有的系统脆弱性，并讨论了加强经济多样化以应对未来潜在危机的价值。部长们讨论了将可持续经济复苏重心放于解决基本问题上的重要性，包括生产成本、生产率、市场准入和劳动力技能投资。此外，部长们还重申以私营部门为主导的经济复苏和增长的重要性以及确保强有力的商业环境以支持经济复苏和增长的价值。

太平洋岛国论坛经济部长：

（一）原则上核准 2022 年《太平洋可持续发展报告》，作为对 2018 年版本报告和 2020 年版本报告的更新，并作为落实《蓝色太平洋大陆发展战略（2050）》的进一步投入和指导；

（二）同意将 2022 年《太平洋可持续发展报告》作为新冠肺炎前区域可持续发展的基准；

（三）确认并承诺落实 2022 年《太平洋可持续发展报告》的主要建议；

（四）确认并重申强有力的发展伙伴以支持对推进可持续发展目标的重要性。

第三节　支持经济复苏稳定

一、支持经济复苏的区域倡议

太平洋岛国论坛经济部长们审议了 CERT 为支持论坛成员从新冠肺炎中恢复经济而开展的举措，并肯定了该工作组取得的各项工作成效以及论坛成员主导的经济复苏战略。此外，本次会议确认了发展伙伴在提供必要支持以应对新冠肺炎影响方面发挥的重要作用，并为加强合作以及应对未来冲击铺平道路。部长们呼吁加强合作，加快公共财政管理（PFM）领域改革，强化当前的经济复苏及应对财政冲击的能力。

太平洋岛国论坛经济部长：

（一）认可 CERT 新提出的相关举措；

（二）责成太平洋岛国论坛秘书处确定区域经济和政治宣传及相关参与战略，以加快、简化和增加太平洋区域获得全球融资的途径，并将多维度的脆弱性指数纳入适合太平洋国家的减让性融资安排的设计；

（三）责成太平洋岛国论坛秘书处制定可持续区域机制的概念说明，以便各成员参与并与发展伙伴就基金管理机制研讨会和太平洋区域债务会议提出的关键问题进行宣传，谋求与《蓝色太平洋经济战略》保持一致，并对相关的区域框架进行审查；

（四）注意到新西兰太平洋贸易投资局在太平洋岛国论坛秘书处的支持下，为展示私营部门在促进区域经济韧性方面的重要作用而做出的努力。

二、关于供应链中断的审查

太平洋岛国论坛经济部长们审议了 2021 年太平洋岛国论坛经济部长会议授权的供应链中断研究结果。

太平洋岛国论坛经济部长们注意到供应链中断研究的成果，并邀请希望采纳相关建议的成员寻求太平洋岛国论坛秘书处的支持。

三、新冠肺炎经济复苏工作组的未来

太平洋岛国论坛经济部长们讨论了 CERT 的未来安排。该工作组在2020 年太平洋岛国论坛经济部长会议上成立，旨在支持域内国家应对新冠肺炎对经济的影响。

太平洋岛国论坛经济部长们认识到，将单一的中央平台制度化，以推动太平洋岛国论坛经济部长会议决定的区域经济战略制定、协调和实施的价值。此外，部长们认识到拟议中的太平洋经济委员会（PEC）可作为太平洋岛国论坛经济部长会议的技术咨询机构，以确保成员的监督权和所有权。部长们进一步强调，有必要确保临时经济方案在制定其职权范围时的资源分配方式。

太平洋岛国论坛经济部长：

（一）欢迎将 CERT 的建议纳入 PEC；

（二）责成太平洋岛国论坛秘书处与成员及发展伙伴展开协商，以确定职权范围，包括为 PEC 制定适当的资源计划，供太平洋岛国论坛经济部长会议在其闭会期间审议及核准。

四、包容性的社会保护及恢复

太平洋岛国论坛经济部长们反思了确保新冠肺炎带来的经济复苏公平的重要性，特别是对于妇女及女童、儿童早期发展、青年和残疾人而言。部长们进一步认识到，社会保护措施对于保护弱势群体、促进家庭消费、刺激新冠肺炎后经济复苏的重要性。部长们还指出了提升社会福利的重要性，特别是在当前财政紧缩的情况下。

太平洋岛国论坛经济部长：

（一）审议并欢迎关于开展包容性社会保护制度工作的区域活动的概念说明，以实现财政可持续性和保护弱势群体的复原力，并在《蓝色太平洋大陆发展战略（2050）》背景下确保与《蓝色太平洋经济战略》的相互联系；

（二）责成秘书处继续开展协商，以确保为执行区域活动提供资源；

（三）要求秘书处向太平洋岛国论坛经济部长会议汇报区域活动的建议，以供下届会议进行核准。

五、太平洋复原力机制

太平洋岛国论坛经济部长们承认，鉴于当前全球地缘政治形势的变化，澳大利亚和新西兰所提供资金的最新情况以及太平洋复原力机制的技术问题，故推迟了太平洋复原力机制的认捐活动。本次会议认可在此背景下重新制定减贫战略框架的建议，并敦促继续与发展伙伴进行协商，以了解和解决现有和新兴的关切。部长们还考虑了建立加勒比复原力基金的问题，试图了解该基金的竞争优势，以使其发挥积极的作用，并避免与该区域的同类基金发生重复。

太平洋岛国论坛经济部长：

（一）重申太平洋复原力机制的重要性，并注意到该机制的下一步工作步骤，赞同将认捐活动推迟到今后的时期；

（二）敦促在建立太平洋复原力机制之前，需重新努力理解及解决发展伙伴对该机制的关切；

（三）承认新西兰对太平洋复原力机制资本化做出的贡献；

（四）指示在通过咨询程序后，立即提交一份关于灾后重建基金临时行政安排的拨款建议。

第四节 利用好气候变化融资机遇

一、气候变化融资

太平洋岛国论坛经济部长们审议了外商投资国家获得气候融资的现状以及加快气候行动投资和创新方法转变，更加注重支持调动创新和私人融资的机遇。部长们指出，在太平洋岛国论坛成员为 2022 年 11 月在埃及举行的《联合国气候变化框架公约》第 27 次缔约方大会（COP27）做准备之际，及时获得扩大规模的气候资金仍是太平洋区域的关键优先事项。

太平洋岛国论坛经济部长：

（一）关切地注意到现有的全球气候基金、授权的太平洋区域组织理事会机构、PFM 气候资金技术工作组未能满足域内国家的气候融资需求，也未能加快建设国家能力和公共财政管理系统，以改善融资扩张和创新机制的获取及管理；

（二）赞扬太平洋岛国论坛秘书处为评估气候互换债务、蓝绿色债券、碳排放定价等创新融资工具可行性而开展的工作，并请秘书处及成员与太平洋区域组织理事会机构开展合作，寻求合作伙伴的资金支持，进一步将此类举措转化为提案，供 2023 年太平洋岛国论坛经济部长会议审议；

（三）欢迎绿色气候基金、联合国开发计划署支持与太平洋岛国论坛秘书处开展合作，进一步确定创新气候融资工具的可行性，供部长们在 2023 年太平洋岛国论坛经济部长会议审议；

（四）指示太平洋岛国论坛秘书处与太平洋区域组织理事会机构及合作伙伴开展协调，加大区域层面的努力，获取全新的和创新的可持续融资机遇，包括用于减轻债务的蓝/绿色赠款以及动员私人资金，对现有双边及多边气候资金做出补充；

（五）批准太平洋岛国论坛秘书处关于制定区域气候融资战略的建议，以供 2023 年太平洋岛国论坛经济部长会议审议，与太平洋岛国论坛成员、太平洋区域组织理事会机构、《联合国气候变化框架公约》秘书处开展合作，并将区域改革努力与新兴的全球气候融资机遇相协调；

（六）注意到并赞扬纽埃关于海洋保护信贷概念的更新，责成太平洋区域组织理事会机构与发展伙伴开展合作，并敦促发展伙伴支持进一步推动该倡议，将其作为区域可持续融资的选择；

（七）充分支持政治气候拥护者在气候融资方面发挥作用，推动 COP27 区域气候资金优先事项，并责成秘书处和太平洋区域组织理事会专项小组及成员开展合作，分析和整合太平洋区域的气候资金需求，为《联合国气候变化框架公约》关于 2025 年后新的集体量化气候资金目标的审议提供信息；

（八）呼吁即将上任的 COP27 主席和《巴黎协定》所有缔约方，支持在两项会议上列入一个议程项目，讨论为避免、尽可能减少和应对与气候变化不利影响相关的损失及损害活动提供资金的安排。

二、灾害风险融资

太平洋岛国论坛经济部长们考虑了对灾害风险融资技术工作组所开展工作的更新，由于该工作组已批准在 2021 年之前担任太平洋岛国论坛经济部长会议的咨询小组。部长们还审议了 2022 年 5 月举行的首届太平洋区域灾害风险金融研讨会的最新成果。部长们还指出，需要制定《国家灾害风险融资战略》的指导方针以及支持灾害风险融资的区域伙伴（包括太平洋岛国论坛秘书处）如何最好地支持域内国家加强其财务保护和抗灾能力。

太平洋岛国论坛经济部长们重申了他们的关切，即在世界上最脆弱的 20 个国家中，有 6 个国家是域内国家。部长们考虑到在灾害风险援助方面存在重复援助的可能性。

太平洋岛国论坛经济部长：

（一）承认太平洋岛国论坛秘书处和灾后重建工作组在区域层面的灾害风险融资上取得的进展，欢迎太平洋岛国论坛秘书处、世界银行太平洋恢复力方案、联合国资本开发基金会通过太平洋岛国气候适应方案及太平洋巨灾风险保险公司近期组团访问汤加；

（二）注意到首届太平洋区域灾害风险金融研讨会的成果，并要求太平洋岛国论坛秘书处与灾害风险融资技术工作组相协调，编制区域灾害风险路线图，包括制定国家灾害风险融资战略的指导方针，借鉴萨摩亚和汤加的成功经验与失败教训；

（三）赞扬太平洋岛国论坛秘书处开展的工作，包括通过太平洋恢复力伙伴关系下属灾害风险融资技术工作组及其他伙伴开展的工作，与部长们于 2021 年批准的《行动框架》实施工作计划保持一致；

（四）鼓励所有成员积极参与灾害风险融资技术工作组，包括组织国内联合任务、灾害风险融资培训及研习会，以促进对太平洋区域灾害风险融资的了解；

（五）重申大力支持太平洋巨灾风险保险公司的工作，特别是参数保险模式，并敦促发展伙伴考虑加强与太平洋巨灾风险保险公司的接触及合作。

第五节　提议将分管国企部长纳入论坛经济部长会议机制

太平洋岛国论坛经济部长们审议了汤加提出的将分管国有企业的部长纳入太平洋岛国论坛经济部长会议机制的建议。

太平洋岛国论坛经济部长：

（一）原则上赞同汤加关于将分管国有企业的部长纳入太平洋岛国论坛经济部长会议机制的建议；

（二）鼓励太平洋岛国论坛经济部长会议的方案及议程提及国有企业相关问题，以便共同制定关于国有企业改革的区域解决方案；

（三）指示太平洋岛国论坛秘书处将涉及太平洋岛国论坛经济部长会议的任何修订，包括扩大会议成员等，与《蓝色太平洋经济战略》及相关区域框架的审查保持一致。

第六节　欧盟非合作税收的管辖范围

太平洋岛国论坛经济部长讨论了涉及欧盟非合作税收管辖范围内黑名单的问题。部长们认识到，欧盟的上述单方面决定，对于域内国家的经济发展、吸引投资能力、获得国际金融服务能力造成了有害及不成比例的影响。部长们还指出，他们担心欧盟的做法错误地暗示域内国家是避税天堂。

太平洋岛国论坛经济部长：

（一）重申致力于根据符合本区域发展背景的国际最佳实践，维护健全的税收制度和标准；

（二）对欧盟单方面决定表达关切，并呼吁采取更强有力的区域方法，应对欧盟非合作税收管辖范围内黑名单对本区域的挑战，确保欧盟的要求反映海外金融机构的能力，并更好地认识到海外金融机构为加强其税收体系所做的建设工作和持续努力；

（三）指示太平洋岛国论坛秘书处对欧盟黑名单程序进行独立评估，以更好地了解欧盟的关切；

（四）责成太平洋岛国论坛秘书处确保技术援助，以支持各成员进行能力建设和改进相关技术标准。

第七节　代理银行问题

太平洋岛国论坛经济部长们认识到，在整个区域提供可获得和可负担的银行服务至关重要，这是吸引投资、促进贸易机会、促进域内国家经济全面发展的先决条件。本次会议指出，代理银行关系终止对太平洋岛国人民的生活造成了严重影响，包括季节性工人、微型中小型企业和其他弱势群体。

太平洋岛国论坛经济部长：

（一）欢迎澳大利亚和新西兰提供紧急援助，协助太平洋岛国论坛成员重新建立代理银行关系；

（二）承认将太平洋国家列入欧盟非合作税收管辖范围内黑名单对促进国际金融交易的不利影响；

（三）认识到有助于太平洋区域降低风险的复杂因素，同意继续参与亚太反洗钱工作组和金融行动特别工作组的政策制定进程，重申上述工作组在考虑域内国家独特风险及背景方面的重要性。

第八节　绿色气候基金关于观察员的申请

太平洋岛国论坛经济部长批准了 GCF 成为太平洋岛国论坛经济部长会议特别技术观察员的申请。

第九节　下届太平洋岛国论坛经济部长会议

太平洋岛国论坛经济部长们注意到，根据太平洋岛国论坛经济部长会议宪章，2023 年和 2024 年的太平洋岛国论坛经济部长会议将在位于斐济苏瓦的太平洋岛国论坛秘书处举行。

第二十五章　印度《2022 年南极法案》

2022 年 3 月 16 日，印度内阁批准了由地球科学部提交的《2022 年南极法案》，4 月 1 日提交议会下院审议，8 月正式获得议会批准。该法案是印度首部关于南极的国内立法，为印度在南极的科学考察、旅游及其他非政府活动制定了一套全面的法规，设立了南极行政许可制度，赋予印度法院对印度公民或参与印度探险队的外国公民在南极所犯罪行的管辖权。

第一节　序　言

1. 本法自中央政府通知指定之日起生效，本法不同规定可指定不同日期。

2. 本法适用于：

（a）印度公民；或

（b）任何其他国家公民；或

（c）根据印度现行法律成立、设立或注册的集团、法人团体、公司、合伙企业、合资企业、个人协会或任何其他实体；或

（d）在印度或印度境外注册的任何船舶或飞机；

（e）南极洲包括以下区域：

（i）南极大陆，包括其冰架；

（ii）南纬 60°以南的所有岛屿，包括其冰架；

（iii）与该大陆或南纬 60°以南岛屿相邻的大陆架所有地区；

（iv）南纬 60°以南的所有海域和空域；以及

（v）《南极海洋生物资源养护公约》第一条规定的区域。

3.（1）在本法中，除非上下文另有要求：

（a）"活动"指在南极洲的任何类型活动，包括旅游、研究、保护、捕鱼和商业捕捞；

（b）"飞机"应具有 1934 年《印度飞机法》第 2 条第（1）款赋予其的相同

含义；

（c）"分析员"指委员会根据第31条第（2）款指定的收集和分析任何样品或物质的人员；

（d）"《条约》另一缔约方"或"《议定书》另一缔约方"指印度以外的任何缔约方；

（e）"南极洲"指第2条第（e）款所指的南极地区；

（f）"南极环境"指南极环境及依附于它的生态系统；

（g）"委员会"指根据第23条第（1）款设立的南极治理和环境保护委员会；

（h）"综合环境评估"指第27条第（5）款所述的对环境影响评估的综合评估；

（i）"《公约》"指1980年5月20日在澳大利亚堪培拉签署的《南极海洋生物资源养护公约》；

（j）"协商国"指《南极条约》和《关于环境保护的南极条约议定书》的签署国，对南极条约协商会议通过的任何决定、措施和决议拥有表决权；

（k）"印度探险队"指由印度组织的任何人或多人前往南极洲的探险队；

（l）"初步环境评估"指第27条第（5）款所述的环境影响评估的初步评估；

（m）"陆地"包括所有岛屿、大陆架和冰架，但不影响冰架的科学定义；

（n）"通知"指在官方公报上发布的通知，"通告"或"通报"应据此解释；

（o）"运营人员"，就船只或飞机而言，是指船东或当时管理该船只或飞机的人；

（p）"缔约国"指《南极条约》的签署国或联合国成员国；

（q）"许可证"指委员会根据第27条颁发的许可证；

（r）"人员"指第2条第（a）、（b）和（c）款所述的人员或实体；

（s）"规定"指根据本法制定的规则、规定；

（t）"《议定书》"指1991年10月4日在西班牙马德里签署的《关于环境保护的南极条约议定书》，该议定书于1998年1月14日生效；

（u）"站"包括南极洲的任何工地、建筑及建筑群或任何临时设施；

（v）"《条约》"指 1959 年 12 月 1 日在美国华盛顿特区签署并于 1961 年 6 月 23 日生效的《南极条约》；

（w）"船舶"应具有 1958 年《商船法》第 3 条第（55）款赋予其的相同含义；

（x）"废弃物"指所有者或生产者所排放的、或为了维护公共福祉特别是保护环境而需要处置的、无法利用的动产，包括固体、液体和气体物质；或被拆解或拆除设施的残余放射性物质或放射性成分，其处置应按照 1962 年《印度原子能法》进行。

（2）本法中使用的未定义的，但在《条约》《公约》或《议定书》中定义的词汇和表述，应具有《条约》《公约》或《议定书》中分别赋予其的相同含义。

第二节　关于许可证的要求

4. 未经《议定书》另一缔约方的许可证或书面授权，印度探险队的任何人不得进入或停留在南极洲；

但如为途经公海或从公海前往南极洲以外的直接目的地，则无须许可证。

5. 未经《议定书》另一缔约方的许可或书面授权，任何人不得进入或停留在南极洲的印度站。

6. 未经《议定书》另一缔约方的许可或书面授权，在印度注册的船舶或飞机不得进入或停留在南极洲；

但如船只途经公海或从公海前往南极洲以外的直接目的地，则无须许可证；

此外，前往南极洲以外直接目的地的飞机无须许可证。

7. 在南极洲，任何个人或船只都不得：

（a）钻探、挖掘或开采矿产资源；

（b）收集任何矿产资源样本；或

（c）为确定特定矿产资源矿点或矿藏，或确定可能发现此类矿点或矿藏的区域而采取任何行动，但根据本法颁发许可证的除外；

除非委员会信纳此等活动只为本条的目的而进行，否则不得为本条之目的发放许可证；

（a）科学研究；或

（b）与在南极洲建造、维护或维修印度站，或由印度或代表印度维护的任何其他建筑物、道路、跑道或码头有关。

8. 在南极洲，未经《议定书》另一缔约方的许可或书面授权，任何人不得：

（a）故意移除或破坏本土植物，使其在当地的分布或丰度受到严重影响；

（b）故意飞行或降落直升机或其他飞行器，扰乱任何本土鸟类或海豹的聚集；

（c）故意使用车辆或船只，包括气垫船和小船，扰乱任何本土鸟类或海豹的聚集；

（d）故意使用爆炸物或枪支，扰乱本土鸟类或海豹的聚集；

（e）在步行时，故意扰乱正在繁殖或换毛的本土鸟类或海豹的聚集；

（f）通过飞机降落、驾驶车辆或行走，严重破坏任何陆地原生植被；

（g）从事导致任何受特别保护的物种或本土哺乳动物、本土鸟类、本土植物或本土无脊椎动物种群生境发生重大不利变化的活动；

（h）故意清除土壤或南极洲原生的任何生物材料；或

（i）杀死、伤害、捕获、处理或骚扰本土哺乳动物或本土鸟类，除非此类行为是为了保护人类的生命。

9. 任何人、船只或飞机不得在南极洲的任何地方引进任何非南极洲本土物种的动物，或任何非本土植物，除非按照许可证或《议定书》另一缔约方书面授权；

但本条款规定不适用于家禽或活体动物以外的食物。

10. 任何人不得将非南极洲本土物种的任何微生物引入南极洲的任何地方，除非按照许可证或《议定书》另一缔约方书面授权。

11. 任何人、船只或飞机不得进入南极洲特别保护区或规定的海洋保护区，除非按照许可证或《议定书》另一缔约方书面授权。

12. 任何人、船只或飞机不得在南极洲处置废弃物，除非按照许可证或《议定书》另一缔约方书面授权。

13. 任何船只在南极洲不得向海里排放任何油类或油性混合物、污水、舱底水或任何食物垃圾，除非按照许可证或《议定书》另一缔约方书面授权。

14.（1）委员会可在个别情况下，出于书面记录的理由，为以下目的发放许可证，即：

（i）获取标本或任何其他样本以供研究或提供科学信息；

（ii）为博物馆、植物标本室、动植物园或其他教育或文化机构或用途获取标本；

但该等许可证须予限制，以确保：

（a）仅采集严格符合本节要求，且必需的本土哺乳动物、鸟类、无脊椎动物、植物或任何其他样本；

（b）只杀死一定数量的本土哺乳动物或鸟类，使其在下一季节通常可以通过自然繁殖得到补充；

（c）维持物种的多样性及其生存所必需的栖息地和南极洲现有的生态系统的平衡；

（d）罗斯海豹或任何其他已纳入保护的物种应受到特别保护，并且只有在不危及该物种或当地种群的生存或恢复，并尽可能使用非致命技术的情况下，才可为科学目的发放捕杀、伤害、捕获或处理这些物种的许可证；

（e）捕杀、伤害、捕获或处理哺乳动物或鸟类的方式应尽量减少其痛苦。

（2）为本条款之目的而签发的许可证应特别注明签发机关和许可证接收者的姓名、许可证活动的持续时间和地点，包括拟采集样本的大小、重量和体积。

15. 第 4、5、6、11、12 和 13 条之规定不适用于涉及人员安全、环境保护或任何具有重大价值的船舶、飞机、设备或设施安全的紧急情况。

16. 任何计划前往南极进行商业捕捞的人员，应通过南极海洋生物资源养护委员会向该委员会秘书处申请许可证。

第三节　禁　令

17. 任何人不得在南极洲进行任何核爆炸或处置任何放射性废料。

18. 任何人或船只不得将带菌土壤引入南极洲任何地方。

19. 任何人、船只或飞机不得将规定的任何物质或产品引入南极洲。

20. 任何人不得损害、破坏或移走规定的南极洲境内的任何历史遗迹、纪念物或其任何部分。

21. 任何人、船只或飞机在南极洲停留期间，不得拥有、出售、要约出售、交易、给予、运输、转让或发送违反本法规定而获得的任何物品。

22. 任何船只在南极洲期间，不得向海里排放任何对海洋环境有害的垃圾、塑料或其他产品或物质。

第四节　南极治理和环境保护委员会

23.（1）中央政府应通知设立南极治理和环境保护委员会，由下列成员组成：

（a）地球科学部秘书，主席；

（b）由中央政府提名的十名不低于联邦秘书级别的成员，来自中央政府处理以下事务的任何部委或部门或组织：

（i）国防；

（ii）外交；

（iii）金融；

（iv）渔业；

（v）法律事务；

（vi）科学和技术；

（vii）航运；

（viii）旅游业；

（ix）环境；

（x）通信；

（xi）航天；

（xii）国家极地和海洋研究中心；

（xiii）国家安全委员会秘书处；

（c）由中央政府提名的两名专家，来自以下领域：

（i）南极环境；

（ii）地缘政治；

（d）由中央政府提名的相关领域的其他专家。

（2）一名职级不低于地球科学部联席秘书的官员任成员秘书。

（3）根据第（1）款第（c）项和第（d）项提名的成员任期应符合第（1）款所述通知中规定的条款和条件。

（4）根据第（1）款第（c）项和第（d）项提名的成员有权获得规定的津贴或费用，以出席委员会会议。

（5）各成员在履行其职能时，应遵循规定的程序。

24. 委员会应按规定的时间周期召开会议，并遵守其会议上有关事务处理的议事规则（包括会议的法定人数）。

25. 委员会应履行下列职能：

（a）监测、执行并确保运营人员或在南极开展计划和活动的任何其他人员遵守保护南极环境的相关国际法、排放标准和规则；

（b）开展与南极洲计划和活动有关的任何咨询、监督或执法活动；

（c）获取并审查《条约》《公约》和《议定书》缔约方和在南极洲开展计划和活动的其他缔约方提供的相关信息和报告；

（d）保存与缔约方在南极洲开展的计划和活动有关的记录；

（e）确保计划和活动符合印度根据《条约》《公约》和《议定书》承担的义务以及印度目前生效的其他相关法律；

（f）确定根据本法案颁发的许可证的条款和条件；

（g）与《条约》《公约》和《议定书》的其他缔约方就南极洲的计划和活动逐案协商费用；

（h）与其他缔约方合作实现上述目标；

（i）中央政府可能赋予的其他职能。

26. （1）中央政府可向委员会发出其认为必要的指示，为有效实施本法，委员会应遵守这些指示。

（2）委员会与中央政府发生争议时，中央政府的决定为最终决定。

第五节　许可证的授予、暂停或吊销

27. （1）根据本法被授予许可证的每项申请均应按照本节规定向委员会提出。

（2）根据第（1）款提出的每项申请均须采用订明的格式、载有订明的详情，并附有订明的费用。

（3）委员会在进行其认为合适的调查并考虑到第（4）款提及的细节后，可根据规定的条款和条件，为本法目的发放许可证。

（4）在根据第（3）款授予许可证时，委员会应考虑以下事项：

（a）对气候或天气模式的不利影响；

（b）对空气、雪、土壤、土地或水质的不利影响；

（c）大气、陆地、水生、冰川、噪声或海洋环境的重大变化；

（d）本土微生物、动植物物种或其种群的分布、数量或生产力发生不利变化；

（e）损害或危害濒危物种或种群；

（f）损害或严重危害具有环境、生物、地质、科学、历史、荒野或美学意义或具有原始性质的地区；

（g）对南极环境及依附于它的生态系统造成其他重大不利影响。

（5）委员会在签发许可证之前，应要求申请人以规定的方式对拟议活动进行环境影响评估，如果其中规定的条件已得到满足，则应签发许可证；

但任何与在南极洲进行的活动有关的许可证申请，如有理由认为该活动对环境造成的影响轻微或短暂，则该许可证应在拟议活动开始前六个月向委员会提出；

此外，在审查一项活动时，委员会应考虑独立专家的意见：

如果审查后，委员会认为有合理理由担心此类活动会对环境造成轻微或暂时影响，则委员会应要求申请人在拟议活动开始前三个月进行初步环境评估，并就此向其提交报告；

如果在进行初步环境评估后，委员会认为这些活动对环境的影响并非轻微或暂时的，委员会应要求申请人进行综合环境评估，并就此提交报告。

（6）尽管本法有规定，委员会不得根据本条款授予许可证，授权任何人、船只或飞机参加印度考察，除非委员会确信已按照规定的方式编制了考察的废弃物管理计划和应急计划；

废弃物管理计划应包括拟从南极洲运往印度领土或任何其他缔约方领

土进行处置的此类废弃物的详细信息。

(7)根据本条款授予的许可证，除非提前撤销，否则应在许可证规定的期限内保持有效，并可在其到期日前60天就此提出申请后，在规定期限内并在支付规定的费用后续期；

但如委员会信纳有充分理由无法按时提出申请，则许可证可在有效期满前60天内根据申请续期。

28.尽管当时生效的任何其他法律中有规定，如果船只或飞机是印度考察队或南极洲捕鱼活动的一部分，但其所有者或运营人员不隶属于该考察队或捕鱼队，则许可证中通过等级或其他描述充分确定的这种所有者或运营人员也应受许可证条件的约束。

29.(1)如果委员会有合理理由相信任何许可证的持有人在申请中做出了不正确或虚假的陈述，或隐瞒了任何重大事实，或违反了本法的任何规定或根据本法制定的规则、命令或发出的通知，或违反了任何许可证条件，委员会可以通过命令，在完成对该许可证持有人的任何调查之前，暂停该许可证。

(2)在根据第(1)款进行调查后，委员会可在不影响该许可证持有人根据本法规定可能承担的任何其他处罚的情况下，吊销该许可证；

但除非许可证持有人获得合理的陈辞机会，否则不得根据第(1)款暂停或根据本款吊销许可证；

如果委员会基于书面记录的理由，认为该许可并非合理可行，则委员会有权不给予许可证持有人陈辞机会而直接暂停或吊销其许可证。

(3)尽管第(1)款或第(2)款有规定，中央政府或委员会可出于维护国家安全、法律和秩序或任何其他公共利益的考虑，在不影响该许可证持有人根据本法规定可能受到的任何额外处罚的情况下，命令暂停或吊销该许可证。

(4)根据第(1)款被暂停许可证的任何人，应在许可证被暂停后立即停止所有与许可证授予有关的活动，直至暂停令被撤销。

(5)被暂时撤销或吊销的许可证持有人，须在该暂停或吊销后，立即将该许可证交还委员会。

(6)本条款规定的每项暂停或取消许可的命令均应以书面形式做出。

第六节 视 察

30.（1）中央政府可指定任何具有规定资格和经验的官员担任视察员，以履行本法规定的职责，并行使本法规定的视察权。

（2）为实现本法案的目的，视察员可以：

（a）进入并视察任何地方，包括船舶、集装箱、海上平台、运输集装箱或运输工具；

（b）视察任何物质、产品或物品；

（c）打开并视察含有任何可疑物质、产品或其他物品的容器或包装；

（d）视察任何书籍、记录、数据或其他文件，并对其进行复制或摘录；

（e）在相关的情况下，对物品进行取样；

（f）进行任何测试或测量；

（g）规定的其他职能。

（3）视察员可以没收当事人违反根据本法颁发的许可证而采集的样品。

（4）被视察场所的所有人或负责人以及在被视察场所的每个人都应：

（a）提供一切合理的协助，使视察员能够根据本法履行其职责；

（b）提供视察员可能需要的任何信息。

31.（1）委员会应组成一个视察组，由其认为必要的视察员组成，并应委派其中一人作为视察组组长，以便按照规定的方式在南极洲进行视察。

（2）委员会可指定任何具有规定资格和经验的官员担任分析员，该分析员应为视察组成员。

（3）分析员应收集和检查任何样品或物质，并履行视察组组长授予其的其他职责。

（4）如有必要，可与一个或多个缔约国共同在南极洲进行视察。

（5）视察组可在事先通知拟视察其站点的一方或多方后视察任何站点。

（6）视察组可在任何合理时间进入印度在南极洲管理的任何地方，包括船舶、航空集装箱、海上锚定平台、船舶集装箱或运输工具，视察组有合理理由相信本法的规定适用；

但本条款规定不适用于不隶属于印度考察队的船只或飞机。

（7）视察组可在任何合理时间登上或乘坐南极洲的船只或飞机，并可在事先通知有关缔约国后，对该船只或飞机或其通信系统进行视察。

（8）尽管本条款有规定，但视察组不得视察任何非印度公民或非印度考察队停靠在海上的站点、装置、设备和平台，除非已向该财产或设施的所有人送达视察该财产或设施的适当通知。

（9）根据本法接受视察的场所所有者或负责人以及在该场所的每一个人，应提供一切合理的协助，使视察组能够根据本法履行其职能，并提供其可能需要的任何信息。

（10）视察组可以行使规定的其他权力和履行规定的其他职责。

32.（1）任何人不得妨碍视察员或视察组在印度或南极洲履行其职责。

（2）任何人不得故意或无意地向他人提供虚假或误导性信息、结果或样本，或提交包含虚假或误导性信息的文件。

第七节　废弃物处置和管理

33. 陆地和废弃工地上的废弃物处置场应由废弃物生产者和废弃物使用者进行清理；

但如拆除任何构筑物或废料相比将该构筑物或废料留在其现有位置，可能导致第 27 条第（5）款所述的任何不利环境影响，则本条款规定不适用。

34.（1）委员会应建立废弃物分类系统，以便：

（a）记录本法授权人员在南极洲活动产生的废弃物；

（b）促进科学活动和相关活动对环境影响的研究。

（2）就第（1）款而言，应将废弃物分为以下几类，即：

（a）污水和生活废液；

（b）其他液体废弃物，如医疗和化学废弃物，包括燃料和润滑剂；

（c）待焚烧的固体，包括有机废弃物；

（d）其他固体废弃物；

（e）放射性物质；

（f）规定的任何其他废弃物。

（3）委员会应编制、每年审查并更新其废弃物管理计划，包括减少、储存和处置废弃物的计划，具体说明每个站点、设施、现场、现场营地、船只和飞机。

（a）清理现有废弃物处置场和废弃工地的方案；

（b）当前和计划中的废弃物管理安排；

（c）分析废弃物和废弃物管理环境影响的现行安排和计划安排；

（d）其他旨在尽量减少废弃物和废弃物管理对环境影响的措施。

（4）对于在固定点位作业的小型船舶，不要求其单独提供信息。

（5）在编制本条规定的废弃物管理计划时，应考虑船舶和飞机的现有管理计划。

（6）委员会应在切实可行的范围内，编制过去活动地点的清单，包括穿越区域、燃料库、野外基地、坠毁飞机或任何其他事故以及规定的其他区域。

（7）废弃物管理计划及其执行情况报告应纳入与《条约》其他缔约方的年度信息交流。

（8）委员会应为每个站点、设施和工地任命或委派一名废弃物管理官员，负责监督废弃物减少和处置计划的实施，并为其持续发展提出建议。

35.（1）此类废弃物的产生者在南极洲产生的下列废弃物应从南极洲清除，即：

（a）1962 年《印度原子能法》所规定的放射性物质；

（b）各种电池或其组件；

（c）液体和固体燃料；

（d）含有有害重金属或剧毒或有害持久性化合物的废弃物；

（e）聚氯乙烯、聚氨酯、聚苯乙烯泡沫塑料、橡胶、润滑油、经处理的木材以及其他含有添加剂的、焚烧后可能会产生有害排放物的产品；

（f）所有其他塑料废弃物；

（g）物流所需以外的燃料桶；

（h）其他固体、不可燃废弃物，包括但不限于玻璃和金属废料；

（i）引入动物尸体的残余物；

（j）实验室培养的微生物和植物病原体；

（k）引进禽类产品；

（l）焚烧产生的灰烬和产物；

（m）无法使用的机械和设备，包括电子设备；

（n）规定的其他废弃物。

（2）第（1）款的规定不适用于下列废弃物：

（a）焚烧、高压灭菌或以其他方式处理以使其无菌；

（b）如果清除此类废弃物会比将其留在现有地点更可能造成第 27 条款第（5）款所述的不利环境影响。

（3）生活垃圾和其他液体垃圾在从南极移走之前应进行处理，并应在无冰陆地区域、海冰、冰架或接地冰盖上进行处理，不得直接或间接排入湖泊；

但污水排放的标准应按规定执行。

（4）第（3）款的规定不适用于位于冰架或接地冰盖上的站点产生的物质，前提是这些废弃物在处理后被置于深冰坑中，这是唯一可行的选择，而且这种冰坑不位于终止于无冰区或高度消融区的已知冰流线上。

（5）本条款所指的废弃物须在根据第 12 条款颁发的许可证的限制下处置入海。

（6）野外营地产生的废弃物应转移至辅助站或船舶进行处置。

36.（1）未被废弃物生产者清除的可燃废弃物应尽可能在焚烧炉中焚烧，以避免有害排放，且不得露天焚烧。

（2）第（1）款规定的废弃物焚烧以及其他设备和车辆的排放标准应符合规定。

37.（1）从南极洲移走的所有废弃物，或由废弃物生产者以其他方式处置的所有废弃物，均应以防止其扩散到环境中的方式进行隔离、控制和储存。

（2）存放或用于储存危险废弃物的容器和储罐系统应：

（a）完好且无泄漏；

（b）由不会与待储存废弃物发生反应的材料制成，以确保容器具有容纳此类废弃物的能力；

（c）储存方式应便于检查和应对紧急情况；

（d）每周至少进行一次检查，以识别任何泄漏和老化，并应记录在案。

第八节　防止海洋污染和环境应急责任

38.（1）委员会应确保许可证持有人在南极环境及依附于它的生态系统

中开展的任何活动遵守《公约》《条约》或《议定书》的规定或其他国际义务。

（2）许可证持有人应保存所有废弃物和污水相关记录，包括船舶操作导致的所有引入和排放到海洋环境的记录，并在需要时将上述记录提交给根据 1958 年《商船法》任命的总干事和委员会。

39.（1）如果南极环境及依附于它的生态系统发生环境紧急情况，运营人员应立即采取有效的响应行动，并将此类环境紧急情况通知委员会和根据 1958 年《商船法》任命的总干事。此后，委员会应将其转交给条约缔约国。

（2）如果运营人员未根据第（1）款采取响应行动，且环境紧急情况的性质要求立即采取响应行动，则船舶或飞机注册方可代表运营商采取此类行动，运营人员应按照《议定书》附件六的规定，负责支付一方或多方采取此类响应行动的费用。

（3）如果运营人员或任何缔约国未采取响应行动，运营人员应接受根据《议定书》附件六规定的处罚。

40. 如证明环境紧急情况是由以下原因引起的，则运营人员无须对第 39 条款所指的环境紧急情况负责：

（a）保护生命所必需的作为或不作为；

（b）无法合理预见的特殊性质的自然灾害，且运营人员已采取一切合理措施降低环境紧急情况的风险和潜在不利影响；

（c）恐怖主义行为；

（d）针对运营人员活动的战争行为；

但运营人员应在紧急情况发生之日起六十天内向委员会提交其作为或不作为的解释说明。

第九节　罪责及罚则

41. 任何人违反：

（a）第 4 条、或第 5 条、或第 8 条、或第 12 条、或第 18 条、或第 19 条、或第 20 条、或第 21 条、或第 29 条、或第 36 条、或第 37 条的第（4）款，应处以两年以下监禁，或处以 10 万至 50 万卢比的罚款，或两者并处；

（b）第 7 条、或第 9 条、或第 10 条规定，应处以 7 年以下监禁，并处以 10 万至 50 万卢比的罚款；

（c）第 17 条，应处以罚款：

（A）对在南极洲发生的任何核爆炸判处不少于 20 年的监禁，但可延长至终身监禁，并处以不少于 50 亿卢比的罚款；

（B）在南极洲处置任何放射性废料，应处以不少于 14 年的有期徒刑，但可延长至终身监禁，并可处以不少于 25 亿卢比的罚款。

（d）第 11 条、或第 16 条、或第 33 条、或第 35 条规定，应处以三年以下监禁，或处以 15 万至 75 万卢比的罚款，或两者并处；

（e）第 14 条、或第 32 条规定，应处以一年以下监禁，或处以 5 万至 20 万卢比的罚款，或两者并处。

42. 如果违反本法的行为涉及船只，则该船只的运营者应受处罚：

（a）违反第 6 条、或第 11 条、或第 12 条、或第 13 条、或第 18 条、或第 19 条、或第 21 条、或第 22 条规定，应处以三年以下有期徒刑，或处以 1 亿至 5 亿卢比的罚款，或两者并处；

（b）违反第 7 条、或第 9 条、或第 39 条，应处以七年以下有期徒刑和 2 亿至 10 亿卢比的罚款，或两者并处。

43. 如果违反本法的行为涉及飞机，则该飞机的运营者应受处罚：

（a）违反第 6 条、或第 11 条、或第 12 条、或第 19 条、或第 21 条规定，应处以三年以下有期徒刑，或处以 1 亿至 5 亿卢比的罚款，或两者并处；

（b）违反第 9 条，应处七年以下有期徒刑和 2 亿至 10 亿卢比的罚款，或两者并处。

44. 任何人违反本法规定，或未能遵守其有义务遵守的任何规定，且本法未明确规定处罚的，应处以最高可达 10 万卢比的罚款。

45.（1）如果本法规定的任何罪行是由一家公司所犯的，则在该罪行发生时负责公司业务或对公司负责的每一个人，均应被视为犯有该罪行，并应受到相应的起诉和惩罚；

但如该人证明该罪行是在其不知情的情况下犯下的，或其已尽一切应尽努力防止该罪行的发生，则本款所载任何规定均不适用该人。

（2）尽管有第（1）款规定，如果公司所犯本法规定的任何罪行，并证明该罪行是在公司任何董事、经理、秘书或其他高级职员的同意或纵容下所犯的，或可归因于其任何疏忽，该董事、经理、秘书或其他高级职员应被视为犯有该罪行，应被起诉并受到相应惩罚。

第十节　杂　项

46.（1）应设立名为"南极基金"的基金，并将下列款项记入其中：

（a）根据本法案，为授予许可证而收取的所有费用以及为南极相关活动收取的费用；

（b）中央政府为本法目的可能提供的任何赠款或贷款；

（c）任何机构为本法目的可能提供的任何赠款或贷款。

（2）该基金将用于南极研究工作的福利和南极环境保护。

（3）委员会须按订明的方式维持及管理基金。

47.（1）委员会可要求申请人以规定形式交纳一定数额的保证金。

（2）委员会可使用保证金全额或部分偿还政府为防止、减轻或补救许可证持有人或受许可证条件约束的人员或船舶造成的任何不利环境影响而产生的合理费用。

48.（1）为迅速审判本法规定的罪行，中央政府在咨询相关高等法院或其认为必要的高等法院首席法官后，应指定一个或多个开庭法院为指定法院，并可指定该法院的属地管辖权。

（2）指定法院有权审判根据本法应受惩罚的任何罪行。

（3）除非中央政府授权的官员提出书面申诉，否则任何指定法院都不得对根据本法应受惩罚的罪行进行审理。

（4）指定法院在仔细阅读根据本法提出的申诉后，无须将被告人交付审判，可以直接认定该罪行。

（5）尽管 1973 年《刑事诉讼法》中有规定，但为了授予管辖权，任何人或运营人员在南极洲所犯的本法所述罪行应视为在印度所犯。

（6）在审理本法规定的罪行时，指定法院也可审理任何其他法律规定的罪行，但本法规定的罪行除外，根据 1973 年《刑事诉讼法》，被告可能在同一审判中被起诉。

49. 如果发生本法规定的犯罪行为，委员会指定的官员或南极站站长或运营人员应立即向委员会报告该犯罪行为，此后，委员会应将其转交中央政府采取必要行动。

50.（1）尽管 1973 年《刑事诉讼法》中有规定，但就本法而言，中央政府可通过通知，授予中央政府、邦政府或委员会的任何官员逮捕、调查、搜查、扣押和起诉的权力，该权力可由一名警察根据该法行使。

（2）其他警察应协助第（1）款所述的警察执行本法规定。

51. 除本法另有规定外，1973 年《刑事诉讼法》的规定应适用于指定法院的诉讼程序，在指定法院进行起诉的人应被视为检察官。

52.（1）委员会应保存与基金有关的适当账目和其他相关记录，并与印度审计官和审计长协商，以规定的格式编制年度账目报表，包括损益表和资产负债表。

（2）基金账目应由印度审计官和审计长按照其指定的时间间隔进行审计。

53.（1）委员会应在规定的时间，以规定的形式和方式，或按照中央政府指示的方式，向中央政府提供其可能不时要求的有关促进和发展南极洲环境保护的任何拟议或现有方案的反馈和报表，并提供有关细节。

（2）在不损害第（1）款规定的情况下，委员会应在每个财年结束后尽快以规定的形式和方式向中央政府提交一份报告，真实完整地说明其在上一财年开展的活动、政策和计划。

54. 中央政府、邦政府或委员会或其成员、官员和其他雇员，或中央政府或委员会授权的任何官员，不得因其根据本法规定善意行事或打算行事而对其提起诉讼或其他法律程序。

55.（1）中央政府可制定实施本法规定的规则。

（2）在不影响前述权力的一般性原则的情况下，此类规则可规定以下所有或任何事项，即：

（a）第 11 条规定的南极特别保护区和海洋保护区；

（b）第 14 条第（1）款第（d）条规定的任何其他物种；

（c）根据第 19 条不得引入南极洲的物质或产品；

（d）第 20 条规定的历史遗迹或纪念物或其部分；

（e）第（4）款下提名成员的津贴或费用以及第 23 条第（5）款下成员应遵循的程序；

（f）委员会开会的时间间隔、关于会议事务处理的议事规则以及第 24

条规定的法定人数；

（g）第 27 条第（2）款规定的许可证的申请形式、细节和费用；

（h）第 27 条第（3）款规定的许可证条款和条件；

（i）第 27 条第（4）款第（g）条规定的对南极环境及依附于它的生态系统的其他重大不利影响；

（j）申请人根据第 27 条第（5）款进行环境影响评估的方式；

（k）根据第 27 条第（6）款制订废弃物管理计划和应急计划的方式；

（l）根据第 27 条第（7）款授予许可证的期限和续期费用；

（m）根据第（1）款被委任为视察员的官员资格和经验以及根据第 30 条第（2）款第（g）条被委任为视察员的其他职能；

（n）根据第（1）款进行视察的方式，根据第（2）款分析员的资格和经验以及根据第 31 条第（10）款视察组的其他权力和职能；

（o）第（2）款第（f）条下的任何其他废弃物以及根据第 34 条第（6）款可编制位置清单的其他区域；

（p）第（1）款第（n）条规定的其他废弃物以及第 35 条第（3）款但书规定的污水排放标准；

（q）第 36 条第（2）款规定的可燃废弃物、设备和车辆排放标准；

（r）许可证持有人根据第 38 条第（1）款应遵守的其他国际《公约》《条约》或《议定书》或其他国际义务；

（s）第 39 条第（2）款下响应行动的成本和运营人员根据第 39 条第（3）款应缴纳的罚款金额；

（t）委员会根据第 46 条第（3）款维持和管理基金的方式；

（u）可向委员会存入保证金的申请人类别、保证金形式以及第 47 条第（1）款规定的保证金金额；

（v）委员会根据第 52 条第（1）款编制年度账目报表的格式；

（w）委员会向中央政府提交第 53 条第（1）款下的申报表和声明的时间、形式和方式以及第（2）款下的报告形式和方式；

（x）将要或可能规定的任何其他事项。

56. 如果在实施本法的规定时出现任何问题，中央政府可通过在官方公报上公布的命令，制定其认为为解决问题而必要的不与本法规定相抵触的规定；

但自本法生效之日起三年期满后，不得根据本条款做出此类命令。

57. 根据本法发布的每项规则和每项通知或命令，应在制定或发布后尽快提交议会每一届会议期间的众议院，总期限为三十天，可分为一届会议或连续两届或两届以上会议，如果在紧接上述会议或后续会议之后的会议结束前，两院同意对规则、通知或命令进行任何修改，或两院同意不应制定或发布规则、通知或命令，规则、通知或命令此后仅以修改后的形式视情况生效或无效；然而，任何此类修改或废除不得损害之前该规则、通知或命令的有效性。

第二十六章 《韩国印太战略》

2022年12月28日，韩国总统府发布《韩国印太战略》，分为四部分介绍印太战略推进的背景、愿景、合作原则和地域范围以及重点推进课题等情况。该战略取代了文在寅政府时期的"新南方政策"，重新规划了韩国未来的战略走向。

第一节 推进背景：印太地区的战略重要性

韩国是印太国家，印太地区的稳定与繁荣直接关系到韩国的国家利益。印太地区人口占世界总人口的65%、GDP占62%、贸易占46%、航运占一半。该地区具有很高的经济和技术活力，半导体等未来战略产业的关键合作国家均分布在此地(图26.1、图26.2)。

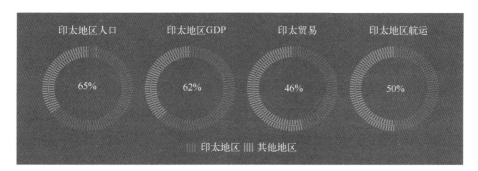

图26.1 印太地区的重要性

来源：《经济结构杂志》，2020年7月。

鉴于印太地区的战略重要性，域内外主要国家纷纷提出本国的印太战略，加大对印太地区的关注。韩国尹锡悦政府上台后制定的韩国版印太战略，是一部涵盖经济、安全的全面地区战略，能够提高韩国外交政策的可预测性、拓宽战略活动空间。

为使韩国的民主和经济发展取得更大的飞跃，需要确保印太地区和平稳定。韩国是开放型贸易国家，2021年韩国的对外贸易额占GDP的85%，

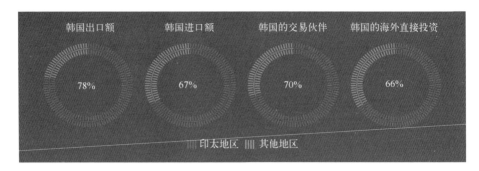

图 26.2 韩国和印太地区

来源：韩国进出口银行、关税厅，2022 年。

出口对经济增长的贡献率较高。其中，印太地区约占韩国出口总额的 78%、约占进口总额的 67%。韩国的前二十个贸易伙伴多半位于印太地区，韩国 66% 的海外直接投资集中在印太地区，这表明韩国与印太地区有密切关系。

此外，印太地区还存在多条具有战略意义的核心海上物流通道。韩国的贸易大部分依赖海上交通路线，其中相当一部分经过霍尔木兹海峡—印度洋—马六甲海峡—中国南海。其中，南海是韩国原油和天然气运输的重要海上交通枢纽，运输量分别占总量的 64%、46%。

最近对印太地区的自由、和平、繁荣构成威胁的综合挑战增多，安全环境的不确定性增加，维护地区秩序变得越来越困难。一些国家的民主主义倒退，自由、法治、人权等普遍价值受到挑战等情况引人担忧。

此外，围绕外交、安全、经济、技术、价值观、规则的地缘政治竞争加剧，印太地区国家开展合作的驱动力减弱。该地区的军备竞争日益激烈，在军事、安全方面未能采取措施提高透明度和建立信任，安保脆弱性正在增大。朝鲜不断升级的核弹能力严重威胁朝鲜半岛、印太地区乃至全球的和平与稳定。

排他性贸易保护主义加剧、供应链分裂等全球治理的衰退，也成为人们关注的焦点。一直以来，对印太地区的稳定与繁荣发挥重要作用的自由贸易主义国际秩序正在削弱，印太地区的经济增长动力正在下降。

韩国作为开放的贸易国家，愿与域内外主要国家一道实现印太地区的自由、和平、繁荣。韩国将加强基于规则的国际秩序，为印太地区的稳定和繁荣做出贡献，同时促使各国合力建设共赢的地区秩序。

印太地区的未来取决于地区国家能否应对复杂多样的挑战，共同寻求解决方案，从而创造可持续且有恢复力的地区秩序。韩国将积极开发合作议题，显示韩国是主导地区国家合作的"全球枢纽国家"。韩国的自由、和平、繁荣的印太战略，将成为对所有人有利、面向未来促进印太地区合作关系的蓝图。

第二节 印太战略的愿景、合作原则和地域范围

一、愿景：建立自由、和平、繁荣的印太地区

从半导体、电池、核能产业到流行音乐、大众文化，韩国的经济、社会、文化能力得到国际社会的关注，期望韩国发挥相应的作用和贡献。韩国有意愿、有能力顺应国际社会的期待，为解决地区悬而未决问题和实现理想的秩序发挥作用。今后，韩国将基于自由、和平、繁荣的愿景，扩大对印太地区事务的参与和合作(图 26.3)。

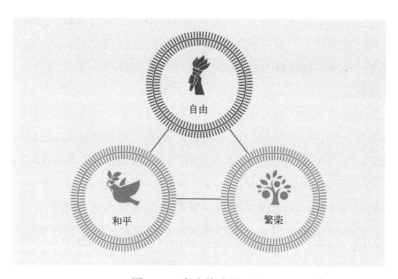

图 26.3 印太战略的愿景

第一，韩国的自由民主主义是经过斗争和牺牲换来的，因此韩国向往自由的印太地区。韩国支持遵守国际规范，维护建立在自由、民主、法

治、人权等普遍价值基础上的基于规则的秩序。

韩国将联合共享普遍价值的国家，促进基于规则和普遍价值的地区秩序，而不是基于压迫和强制性的国际秩序。韩国反对依靠实力单方面改变现状，维护尊重彼此权益、寻求共同利益的和谐地区秩序。基于自由、人权等普遍价值开展合作，能够促使提高创造力和进行革新，有利于推动印太地区的未来发展。

第二，基于规则防止发生纷争和武力冲突，促使各方遵守通过对话和平解决的原则。遵守普遍接受的国际法和国际规范、建立稳定的国际关系，能够减少矛盾、冲突和实现地区和平。韩国将在传统、非传统安全领域全面加强合作，包括朝鲜、朝核问题以及核不扩散、反恐、海洋、网络、卫生安全问题。

韩国再次确认了联合国追求和平的原则。韩国向往不同政治体制的国家以和平方式，基于规则开展竞争与合作，谋求共同发展的印太地区。韩国支持地区各种机制发展，坚定支持通过对话和基于国际法原则和平解决纷争。

第三，谋求印太地区的共同繁荣。地区的繁荣体现在个人、企业和国家能够自由、稳定地从事经济活动。韩国将致力于构建开放、公正的经济秩序。通过提高贸易、投资网络的连通性和互补性获得增长动力，营造合作、包容的经济、技术环境。另外，通过提高前沿产业的竞争力，引领地区技术创新。

韩国维护印太地区供应链的稳定和恢复力，率先参与构建自由、公正的经济秩序，防止经济问题过度安全化。同时，努力缩小国家间的数字鸿沟。为应对气候变化、卫生威胁，实现地区可持续发展目标和加强恢复力，韩国将积极开展贡献外交。

为实现印太地区的自由、和平、繁荣，韩国将包容性地联合与之共享普遍价值和地区蓝图的国家，构建地区所有国家和谐共存的印太地区。

二、合作原则：包容、信任、互惠

韩国将在"自由、和平、繁荣"三大愿景和"包容、信任、互惠"三大合作原则下实施印太战略（图 26.4）。

第一，韩国的印太战略是不针对和排斥特定国家的包容性构想。韩国愿与符合本战略愿景和合作原则的所有伙伴国家合作。为实现自由、和平、繁荣的印太地区这一共同利益，韩国将以开放的姿态与域内外国家开展合作。

第二，韩国追求基于稳固互信的合作关系。因为，基于信任的合作关系是以可持续的方式，共同应对地区及全球挑战的必要因素。韩国尊重原则和规范，将成为域内外国家可以信任的合作伙伴。

第三，对各方都有利的参与才是最为持久和有效的，基于这一认识谋求互利合作。韩国将共享经济增长、民主化等成功经验，利用技术、文化竞争力方面的优势，为伙伴国家提供实际利益，同时促进人员、文化交流和推进互惠合作。

图 26.4　印太战略的三大合作原则

三、地域范围

韩国是全球枢纽国家，希望扩大合作的地理范围和合作议题的维度。韩国将在共同利益基础上，深化双边合作关系。同时，与符合合作原则的小多边机制、地区及国际组织，构建并强化多维度、全面的合作网络。

韩国将在朝鲜半岛和东北亚的地理范围以外，与东南亚、南亚、大洋洲、印度洋及其沿岸的非洲等印太主要地区深化战略合作，扩大外交范围，与各地区针对性地建立战略合作机制。同时，为增进印太地区的和平与繁荣，将与欧洲、中南美洲紧密合作。

（一）北太平洋

韩国位于北太平洋地区，希望在该地区深化互惠互利的双多边合作。韩国将进一步加强美韩同盟。过去 70 多年，美韩同盟是维护朝鲜半岛和地区和平、繁荣的核心力量，以自由、民主、人权、法治等共同价值为基础，正在发展为涵盖安全、经济、高新技术、网络空间、供应链的全球全面战略同盟。

面向未来，韩国将与最近的邻国日本建立符合共同利益和价值的合作关系。同日本改善关系是韩国与共享普遍价值的地区国家开展合作和联合的必要因素。为了与日本恢复互信和发展关系，韩国正付诸外交努力。中国是实现印太地区繁荣、和平的主要合作国家，韩国将立足于国际规范和规则，在相互尊重和互惠基础上谋求共同利益，展现更加健康、成熟的中韩关系。

此外，在北太平洋地区韩国还将与加拿大、蒙古等共享价值的国家围绕议题进行协作和合作，为解决印太地区和全球问题做出贡献。加拿大是与韩国共享价值的综合战略伙伴，双方通过双方的印太战略，将在气候变化应对、供应链稳定等经济安全议题以及强化基于规则的秩序方面开展合作。蒙古是韩国的战略伙伴，双方将在矿物资源和开发合作领域以互惠的方式持续合作，谋求实现东北亚地区的自由、和平、繁荣。

（二）东南亚、东盟

东盟是韩国的第二大贸易对象（2021 年贸易规模约 1765 亿美元）和海外投资对象（2020 年投资规模约 100 亿美元），是韩国人到访最多的海外地区（2019 年约有 1000 万人到访），也是韩国政府开发援助（ODA）最多的地区（2020 年约 6.05 亿美元，占双方 ODA 总额的 31%）。韩国发表"韩国与东盟团结构想"，将东盟作为打造地区和平与共同繁荣的主要伙伴。今后将不限于贸易和分领域合作，还将有针对性地与东盟开展全面性、战略性合作。

在双边关系方面，韩国希望与特别战略伙伴印度尼西亚、全面战略伙伴越南、战略伙伴泰国，湄公河地区的柬埔寨、老挝、缅甸及海洋地区的文莱、马来西亚、菲律宾、新加坡、东帝汶在多领域开展合作，为印太地区的自由、和平、繁荣做出贡献。

2019 年，东盟发表了有关印太地区的单一立场文件《东盟印度洋-太平洋展望》，强调东盟在地区合作中发挥中心作用，并提出开放、透明、包容的合作原则，表明将为东亚和印太地区的和平、自由、繁荣做出贡献。韩国在与东盟合作时，坚定支持东盟中心性和《东盟印度洋-太平洋展望》。

另外，韩国将协调东盟需求和本国优势，以数字、气候变化、环境、卫生领域为中心，开展实质性互惠合作。为此，将继续增加韩国-东盟、韩国-湄公河的合作资金。特别是考虑到不断变化的安全环境，除了朝鲜半岛和南海的传统安全以外，还要在经济安全、海洋安全等新兴安全问题上加强战略沟通和合作。

双方通过互惠的和实质性的合作，谋求建立"韩国-东盟全面战略伙伴关系"。同时，还将提升同东盟各国之间的双边关系。长期以来，通过政治、经济合作和人员、文化交流形成的纽带关系，将成为韩国和东盟为实现印太地区共同目标而合作的坚实基础。

(三)南亚

南亚位于东亚—西亚及大陆—海洋之间的交叉口，世界总人口的 24% 居住在南亚，南亚地区增长潜力巨大，韩国将加大对重要合作伙伴南亚国家的参与和贡献。

印度是地区核心国家，而且是与韩国共享价值的特别伙伴。印度拥有世界第二大人口量和信息技术、太空领域高新技术，是一个增长潜力巨大的国家。韩国将通过外交、国防高级别交流，与印度加强战略沟通与合作，升级《韩国与印度经济伙伴关系协定》，巩固双方经济合作基础。

韩国将与巴基斯坦、孟加拉国、斯里兰卡、尼泊尔等其他南亚国家通过贸易、投资和 ODA，开展经济开发外交，谋求建立可信任、互惠互利的经济合作伙伴关系。

另外，韩国还将与环印度洋联盟、南亚地区合作联盟等地区小多边机制推进实质性合作，为构建开放、包容的南亚地区秩序做出贡献。

(四)大洋洲

澳大利亚和新西兰是与韩国共享价值和利益的立场相近国家。以此为纽带，韩国将在印太地区和全球层面加强战略沟通和合作。

澳大利亚是韩国的全面战略伙伴，也是互补韩国经济结构的大洋洲地区最大的交易国。韩澳两国将在国防、国防产业、安全、关键矿产、气候变化应对、供应链等领域持续发掘合作议题和深化关系。韩国是新西兰的第五大贸易国，两国将持续扩大经济领域合作。包括澳大利亚和新西兰在内，韩国将通过积极开展小多边合作，在多个领域形成合作动力，为维护基于规则的地区秩序密切合作。

韩国正在扩大对太平洋岛国的参与和贡献，太平洋岛国面临的气候变化挑战是需要人类共同应对的国际社会议题。韩国支持太平洋岛国履行长期开发战略——《2050蓝色太平洋大陆战略》，将根据太平洋岛国的实际需求，在气候变化、卫生医疗、海洋水产、可再生能源领域扩大合作。韩国还将参与立场相近的太平洋岛国提出的"蓝色太平洋伙伴"倡议，加强对太平洋岛国的支援。

（五）印度洋及其沿岸的非洲

韩国印太战略的地理范围和合作对象，将扩大到印度洋及其沿岸的非洲。印度洋沿岸是通往非洲和中东地区的战略要地，韩国将与非洲和印度洋沿岸非洲地区国家加强互惠的和面向未来的合作。2024年，韩国将召开韩国-非洲特别首脑会议，与包括印度洋沿岸非洲国家在内的非洲大陆进一步深化关系。

自2009年以来，韩国为保障国际海上安全和应对恐怖袭击积极开展国际合作。韩国向亚丁湾海域派遣清海部队，探索与印度洋沿岸非洲地区的海洋合作方案。通过针对性开发合作，帮助地区伙伴国家实现可持续发展目标，共同应对跨国挑战。另外，考虑到地区各国的特色，将通过合作项目共享韩国的经济、社会发展经验和知识。韩国将与对话伙伴国、环印度洋联盟、印度洋委员会及其他地区机制建立新的合作关系，与包括非洲东部国家在内的印度洋沿岸国家巩固合作网络。

（六）欧洲、中南美洲

欧洲持续扩大对印太地区的参与，是韩国实施印太战略的重要伙伴。韩国同包括英国、法国、德国在内的欧洲国家共享自由、民主、人权等核心价值。为了实现印太地区的自由、和平、繁荣，韩国将与欧盟积极开展务实合作（价值观外交）。希望通过与印太地区和欧洲地区增强联系和合作，为维护基于规则的国际秩序做出贡献，同时发掘印太地区新的合作议题。

2022 年 6 月，韩国总统首次出席北约首脑会议，表明韩国政府将与共享民主、法治等核心价值的北约加强联合，为维护基于规则的国际秩序做出贡献。韩国和北约的伙伴关系，通过最近开设的驻北约代表部得到进一步发展和落实。

中南美洲是韩国的主要合作区域，韩国的传统友邦国家多数分布在此地。2022 年是韩国与 15 个中南美洲国家建交 60 周年，以此为契机，将进一步发展双边关系。不仅在经济安全和贸易领域，还会在国际舞台上就全球问题扩大合作和联合，不断加强中南美地区共同体和地区多边合作机制。

第三节　重点推进领域

为实现自由、和平、繁荣的印太地区，韩国提出 9 个重点推进领域。

一、建立基于规范和规则的地区秩序

为实现自由的印太地区，韩国将与共享自由、法治、人权等普遍价值和国际规范立场相近的国家联合，为印太地区的稳定和繁荣做出贡献。韩国将同国际社会一同严厉谴责和共同应对威胁普遍规范和价值的行为。韩国尊重并履行既定的规则，同时探索新领域的普遍规则，力求在稳固基于规则的国际秩序方面发挥主导作用。

韩国希望与拥有共同愿景和合作原则的国家就广泛的全球问题开展全面合作，发挥在印太地区合作网络中的中心作用。根据议题发展各有特色的地区小多边机制，有助于增强印太地区的合作动力、稳固基于规则的国际秩序。

美、日、韩是共享自由民主主义和人权价值的国家，三方缔结的机制，有助于解决供应链不稳定、网络安全、气候变化、国际卫生危机等新出现的地区和全球问题及应对朝鲜核导弹威胁。

此外，美、韩、澳也拥有共同价值，在解决供应链、关键矿产、新兴技术、网络安全和气候变化应对等一系列地区挑战方面有足够的合作潜力。2022 年 6 月，亚太伙伴四国（韩国、日本、澳大利亚、新西兰）在北约峰会上举行了会晤。以此为契机，韩国将为加强印太地区基于价值、规则的国际秩序而扩大联合与合作。

韩国将加大努力，在多边舞台上维护国际规范。韩国支持联合国为维护基于规则的国际秩序发挥作用，积极参加联合国大会和相关会议，继续发挥建设性作用。

二、合作促进法治和人权

《联合国宪章》第一条规定，维护国际和平与安全是联合国的主要目标。韩国作为模范民主主义国家，将不断努力促进自由、民主、法治和人权。

法治是支撑联合国活动的三大核心议题，即和平与安全、人权、发展的基础。韩国用半个世纪同步实现民主主义和经济增长，其背后有法治的推动。韩国根据这些经验，力争将法治列入 2030 年联合国可持续发展目标，强调联合国成员国应为增进法治而在国内、国际两方面倾注努力。韩国愿意积极促进地区法治，支持各方遵守国际法原则和联合国章程，以解决印太地区冲突。基于对普遍价值的共同理解和尊重，韩国将参与增进地区的人权，特别是支持女性、儿童、残疾人等社会弱势群体增进人权并强化力量。另外，韩国将为发展中国家提供教育和培训机会，帮助其提高治理能力和选举管理水平，并扩大人员交流，为构建地区民主主义奠定基础。

三、加强核不扩散、反恐合作

韩国将与地区主要国家促进安全合作，这有助于维护印太地区的和平。朝鲜半岛和东北亚的和平是世界和平的重要前提，也是维护韩国和世界公民自由的基础。特别是，朝鲜的完全无核化对于维护朝鲜半岛、东亚和全世界的长久和平至关重要。对于朝鲜的核导弹威胁，韩国将以美韩同盟为基础，维持和强化联合防卫态势，扩大美日韩安全合作，使和平守护能力倍增。

朝核计划是对国际核不扩散体系的重大且严重的挑战，应明确表明，国际社会对朝鲜无核化的承诺比朝鲜发展核武器和导弹的意愿更强烈。这要求韩国与联合国和其他国际社会合作构建强有力的联合应对态势，促使印太地区国家履行安理会对朝制裁决议，加强国际合作，阻止朝鲜在地区实施逃避制裁的活动。同时，继续敞开与朝鲜对话的大门，为了基于"大胆构想"实现朝鲜完全无核化，与国际社会密切合作。

韩国将支持发展中国家提升核不扩散能力，积极参与裁军、核不扩散领域小多边机制，为巩固印太地区的核不扩散规范做出贡献。另外，为了防止印太地区军备竞赛过热和建立信任而促进地区对话，为了防止发生偶发性军事冲突和探索建立地区危机管控体系而在多边机制中发挥积极作用。同时，为了负责任地利用太空空间和防止发生太空军备竞赛，将与太空安全主导国家加强对话和合作，以建立国际规范。

韩国将积极参与联合国的反恐活动，为加强印太地区的反恐力量做出贡献。将在小多边及地区合作机制中恢复反恐协商，通过与地区主要国家进行双边合作，加强打击恐怖主义和暴力极端主义的能力。此外，韩国将继续通过反洗钱金融行动特别工作组和亚太反洗钱组织，努力制定和执行防止洗钱、用于恐怖主义的恐怖资金、用于核扩散的金融的国际标准。

四、扩大全面安全合作

韩国认为，21 世纪复杂的安全挑战需要多维度、全面的应对。基于这一认识，将谋求开展包括传统和非传统安全威胁在内的地区包容性安全合作。

韩国将深化地区海洋安全合作。印太地区与海洋相连，为保护海上交通路线、打击海盗和确保航行安全，国家间的合作非常重要。南海是主要海上交通要道，南海的和平稳定、航行和飞越自由必须得到尊重。台湾海峡的和平与稳定关乎朝鲜半岛的和平与稳定，对于印太地区的安全与繁荣至关重要。

韩国遵守 1982 年《联合国海洋法公约》规定的、以国际法原则为基础的海洋秩序，促进地区和平与繁荣。韩国政府通过《亚洲地区反海盗及武装劫船合作协定》、派遣清海部队，致力于加强印太地区的海洋安全。

韩国还将参加关于建立海域态势感知系统的国际讨论，促进实施海洋监视和信息共享合作。韩国将为东盟国家提供海军舰艇等军需物资，并与这些国家在海上反恐和海洋执法领域进行合作，确保自由、安全的海上交通路线。而且，将与东盟国家在海洋安全、海域感知、海洋经济、海洋环境领域加强合作。另外，还将参与东亚峰会有关地区安全问题的战略讨论，为在印太地区建立多边安全合作秩序做出贡献。

韩国将加强网络、卫生等非传统安全领域的合作。韩国正在参与联合国旨在建立安全网络空间国际规范的讨论，在与各国进行双边网络协商的同时，考虑到各国网络能力的差异，计划扩大网络威胁信息共享。另外，考虑到网络安全能力薄弱的国家发生大量网络威胁案件，正在努力加强发展中国家的网络安全能力。

新冠肺炎流行以后，卫生领域的联合与合作变得越来越重要。韩国将扩大对发展中国家的卫生能力建设援助，重点是疫苗和生物领域。2022 年11 月，韩国主办了全球卫生安全构想部长级会议。而且，为了加强全球卫生体系，参加了"大流行病条约"协商和传染病相关《国际卫生条例》的修订协商。自 2006 年以来，韩国作为北约的全球伙伴，在网络、反恐和核不扩散领域开展合作。今后，韩国计划进一步扩大与北约的合作，以有效应对新兴技术和气候变化等跨境安全挑战。

韩国希望与四边机制扩大对接，在韩国具有优势的传染病、气候变化、新兴技术领域与四边机制开展合作，逐渐扩大合作基础，从而强化全面应对地区安全威胁和挑战的能力。

五、建立经济安全网络

为建立稳定的供应链和增强恢复力，韩国将扩大地区经济安全网络。同时促使地区自由贸易，加强基于规则的经济秩序。积极参与多边合作，建立预警系统和关键产业富有恢复力的供应链。另外，为了实现经济关系的多元化、管理供应链保持稳定，促进双边及小多边机制加强沟通与合作。韩国追求开放自由贸易，加入了印太经济框架。为使印太经济框架成为印太地区实质性经济合作机制，韩国将与主要国家紧密合作，率先参与地区新的经济、贸易秩序相关讨论，参与《区域全面经济伙伴关系协定》《全面与进步跨太平洋伙伴关系协定》，签署新的贸易协定，促进自由贸易和打击保护主义，建立开放和有活力的印太经济合作体系。同时，韩国加大投资，谋求地区基础设施的可持续发展。

新冠肺炎促使数字化转型和无接触经济得到发展，以印太地区为中心，数字贸易规范的讨论正在积极进行。韩国作为信息通信技术强国，引领数字化转型，将参与世界贸易组织多个国家之间的电子商务协商，争取加入《数字经济伙伴关系协定》。在双边层面，与新加坡、欧盟等一起，为建立公平、互惠的数字贸易规范做出贡献。同时，韩国将与印太地区各国分享数字化转型知识和经验。

韩国将通过参与地区多边贸易合作讨论，为实现印太地区的稳定和繁荣做出贡献。东盟主导"东盟+中日韩"、东亚峰会讨论。韩国将与东盟在经济、金融、粮食领域开展合作，并参与加强东亚地区金融安全网的讨论。2025 年韩国将主办亚太经合组织领导人非正式会议，期间韩国将继续与亚太经合组织开展合作，以实现贸易和投资自由化、创新、数字经济、包容性和可持续增长。

六、加强高科技领域合作和缩小数字鸿沟

韩国作为科技创新方面的全球领先国家，将致力于缩小地区数字鸿沟，促使地区就半导体、人工智能、量子、前沿生物、下一代通信和空间领域的高新技术开展合作。韩国将在关键技术和新兴技术领域开展国际合作，包括研究开发、标准化、技术规范、技术保护和人员培养。韩国将与美国等技术领先国家建立合作网络，并与欧洲国家、加拿大、澳大利亚等国扩大技术合作。

另外，还将与主要数字领先国家开展合作，共同研究制定技术标准，用开放包容的方式引领数字国际标准化和制定规范。韩国还将通过国际合作，建立开放和透明的通信网络，包括参加布拉格网络安全会议、美韩 5G 开放式无线接入网络合作。

韩国将鼓励地区各国以尊重人权、法治、言论自由等国际普遍价值的方式发展和使用技术。此外，为支持实现可持续发展目标，韩国将支援发展中国家开展人员培训，以技术合作为契机，进一步促进地区合作。

韩国凭借科学、信息通信技术能力和数字转型经验，将致力于消除国家间数字不平等和支持发展中国家完成数字化转型。特别是，利用信息和通信技术，帮助发展中国家的经济社会领域弱势群体能够享受数字服务，

建立信息利用中心，强化数字边缘地区的数字网络。韩国将通过国际合作，促使印太地区实现包容的、可持续的数字化转型。

七、引领气候变化和能源安全合作

为在气候变化应对、能源转型、能源安全领域实现地区可持续发展目标以及在跨境挑战方面获得恢复力，韩国将在印太地区层面付诸努力，将与域内外国家开展多种形式的小多边合作，努力解决地区及全球问题。

为实现碳中和目标，韩国将在温室气体排放、气候变化适应及技术合作领域，努力构建印太地区气候变化应对机制。特别是通过地区碳市场发展、无公害汽车（电动车、氢能车）、绿色航运、甲烷减排领域合作，共同降低温室气体排放。韩国希望与地区国家在电动汽车基础设施建设、技术标准化、电池再生利用领域共同描绘未来合作蓝图。

通过与域内外国家建立双多边、多层次合作关系，韩国希望为印太地区气候变化应对基础设施建设做出贡献。同时，通过韩国与东盟环境气候变化对话，在气候变化应对政策方面进行合作，促使印太地区共同应对气候变化。

俄乌冲突导致全球能源市场不稳定，可见为实现能源转型和能源安全，国际社会需要更加紧密合作。在化石燃料等传统能源资源逐渐成为战略武器的趋势下，急需通过清洁能源转型稳定能源供应。在加快稳定印太地区能源市场的同时，为实现脱碳、扩大清洁能源和发展氢能经济，韩国将加强国际合作。

韩国将在印太地区巩固核能合作体系。韩国已具备世界最高水平的安全、高效、经济的核能发展经验和能力，在此基础上，韩国将积极开拓印太地区核能市场。为安全和平利用核能，韩国将支持地区增强力量，保障核能安全和核安全。韩国国内教育培训机构将引进国际原子能机构的国际教育和培训课程，而且召开核物质安全管理和防止核恐怖袭击相关国际研讨会。

同时，提前开发和商业化小型模块核电站，力求更加安全、有效地利用核能，并主导小型模块核电站基础设施规制相关讨论。

中、日、韩三国占世界总人口的 20%、世界 GDP 的 25%，为实现印太地区稳定、繁荣与和平，中、日、韩合作必不可少。韩国将致力于重启中日韩首脑会议、强化中日韩合作秘书处的功能和组织、探索东北亚域内合作新机遇和动力。特别是在绿色转型和数字转型领域，将构建中日韩合作机制。韩国希望通过协调发展美日韩合作和中日韩合作，为地区和平与发展做出贡献。

八、通过针对性地发展合作关系促进"贡献外交"

韩国作为全球枢纽国家，将开展符合经济地位的"贡献外交"，为印太地区的经济、社会发展做出贡献，实现印太地区的和平、繁荣。

韩国是唯一从接受国际社会援助的最贫穷国家变成经济合作与发展组织资助方的国家。为响应地区国家对发展和经济增长的愿景，韩国愿意分享韩国经验和知识。

韩国有 27 个重点开发合作国家，其中 13 个在印太地区。韩国计划将 ODA 规模扩大到世界前 10 位，加强印太地区的开发合作。

东盟是韩国的优先合作对象。韩国将根据合作国家对数字、教育、气候变化、智能城市、交通方面的需求和韩国自身的优势，进一步扩大支援。另外，将在海洋环境、气候变化、卫生、数字、网络领域，与美国、澳大利亚、新西兰、欧盟、英国等主要资助方寻求合作方案。

在南亚地区，将推进卫生、交通、地区开发、能源领域的合作。同时，根据太平洋岛国应对气候变化的能力极其脆弱的现状，将启动绿色 ODA，支持太平洋岛国应对气候变化和向低碳能源转型。而且，支持非洲东部地区提高教育、农业、卫生、电力、气候变化应对等方面的能力，实现可持续发展目标。

为最大限度发挥开发效果，韩国将根据合作对象的实际需求针对性地提供援助，在卫生、气候、环境等韩国的优势领域扩大合作。在卫生领域，为促进新冠肺炎医药和疫苗的研发以及新冠肺炎基本卫生技术的开发、生产和公平利用，联合国提出了"全球合作加速开发、生产、公平获取新冠肺炎防控新工具"倡议。韩国积极响应倡议，追加 3 亿美元资助，扩大对全球基金的贡献，以提升全球卫生体系。同时，支持发展中国家制定卫生、医疗开发计划，建设卫生、医疗基础设施，为提高印太地区传染病应对能力做出贡献。

在气候环境领域，到 2025 年将绿色 ODA 比重扩大到经济合作与发展组织平均水平以上，韩国支持太平洋岛国的低碳能源转型，并分享韩国的创新性绿色技术。

韩国还会与国际组织、企业、学界、社会团体等民间部门开展合作。另外，与美国、欧盟、澳大利亚、新西兰等共享印太地区战略重要性的主要资助国扩大战略伙伴关系，促使对印太地区的关切产生协同效应，实现共同繁荣。

九、促进相互了解和交流

韩国为实现全球枢纽国家建设目标，将增进印太地区的对口交流和双向交流，尤其要促进未来主人公青少年间的交流。未来一代之间建立互信和友情是延续健康、成熟的国家关系的基础，文化交流是印太地区年轻人之间建立纽带、形成共同历史认识的最有效、最具魅力的方式。多样化的文化和人员之间的交流，能够为印太地区的未来一代形成坚实的连带关系打下基础。

为满足小地区及对象国需求，韩国将推进双向公共外交，特别是在能够体现韩国特点的数字、文化领域开展公共外交。

韩国的流行音乐、电影、电视剧、游戏等韩流文化的创意赢得了全世界的好感。韩国凭借软实力，将与印太地区开展多种文化交流并努力形成共识，通过公共外交建立合作关系。随着数字转型和无接触经济的发展，我们应关注通过元宇宙、在线视频服务等新形式达成的文化共识。

另外，鉴于新冠肺炎流行后无接触沟通方式常态化，韩国将采取数字公共外交的方式进行沟通。通过与具有不同人种、宗教、文化、历史背景的印太地区国家深化文化合作，力求在文化、经济、社会领域建立互惠且可持续的纽带。

第四节　结　论

印太地区的自由、和平、繁荣，对于地球村的未来至关重要。为实现印太地区的自由、和平、可持续繁荣，与域内外国家合作的需求比任何时候都迫切。一直以来，基于规则的秩序为印太地区的稳定和繁荣做出了贡献。唯有支持基于普遍价值的地区秩序，印太地区才能成为各国和谐共存、繁荣的地区。

韩国向往成为全球枢纽国家，而且有能力、有意愿做出更多贡献、发挥更大作用。730万海外同胞也将对印太地区的自由、和平、繁荣起到重要作用。韩国将与域内外国家共享国家的战略、展望、构想中包含的地区目标和合作原则，以普遍价值为基础，为实现共同目标紧密合作。

在印太战略基础上，为增进印太地区自由、和平、繁荣，韩国政府各相关部门将以9个重点推进课题为中心，制定详细的实施计划。为有效实施印太战略，将具体制定"韩国与东盟团结构想"等小地区政策构想。希望通过此举提高韩国外交的一贯性和可预测性，并扩大合作范围。

第二十七章 《布克纳德尔声明》

2022年6月，"海洋十年基金对话"在联合国海洋大会期间发布《布克纳德尔声明》，重申其投资于变革性海洋科学以促进可持续发展的承诺，旨在提高人们对增加海洋科学投资以支持可持续发展的必要性的认识。

联合国"海洋科学促进可持续发展十年"（以下简称"海洋十年"）基金对话是由社区、企业和私人基金会组成的非正式全球网络，致力于共同支持"海洋十年"愿景，即"构建我们所需要的科学、打造我们所希望的海洋"。这一声明是2021年和2022年"海洋十年基金对话"探讨几个月的结果。2022年6月，"海洋十年基金对话"在摩洛哥西迪·布克纳德尔穆罕默德六世环境保护基金会哈桑二世国际环境培训中心举行会议，由"海洋十年联盟"赞助人摩洛哥公主拉拉·哈斯娜主持。

"海洋十年基金对话"成员：

认识到海洋是世界各地人民健康和福祉的基础，但其正面临着前所未有的威胁，阻碍联合国《2030年可持续发展议程》及其可持续发展目标以及《巴黎协定》等全球和区域性政策框架所体现的可持续和公平发展的全球愿景的实现；

承认相关的、变革性的海洋科学、技术与知识是气候行动、经济和社区弹性、粮食和能源安全以及生态系统管理和复原力的关键性前提条件；

注意到尽管慈善界、行业和政府方面的伙伴已做出努力，但当前海洋科学所需的物力、财力和人力资源在世界各地分布不均，且投资严重不足；

欢迎"海洋十年"创造的千载难逢的机会，在共同确定海洋知识创造、发展、传播和应用的优先领域已取得重大进展，为实现17项可持续发展目标做出贡献；

坚信我们需要在以发现为导向、以应用为激励的海洋科学的投资规模、类型与协调方面进行范式转变。这一转变需要填补数十亿美元的投资缺口，以应对"海洋十年"的十大挑战，实现其宏伟目标，并为可持续的海洋管理提供信息；

强调慈善界在催化、孵化、测试和加速科学技术创新与变革方面的根本作用，召集社会各方伙伴，探索融资、投资、借贷等新兴领域；

强调慈善界在协同发展中增加投资机会，共同传播，沟通、分享与理解，发展与海洋科学有关的能力，支持将科学转化为可持续发展所需的技术解决方案；

庆祝由肯尼亚和葡萄牙在里斯本举办的 2022 年联合国海洋大会提供的独特机会，这是有史以来涉海慈善界在联合国海洋大会上规模最大的聚会；

邀请更广泛的慈善界与我们一道，在"海洋十年"框架内开展基金对话，以：

——支持协同发展，共同传播，沟通、分享与理解，世界各地、包括最不发达国家和小岛屿发展中国家在内的不同利益攸关方共同发展海洋科学和知识的能力；

——与慈善界合作，并与政府、行业、国际和区域性融资机构、联合国机构以及其他伙伴合作，建立创新型混合融资机制和伙伴关系，调动支持当前及未来"海洋十年"行动所需的资源；

——致力于对地方、国家、区域和全球范围不同规模、不同地域的倡议进行长期投资，以促进可持续、稳定且长期的影响；

——鼓励并促进公开且透明地分享和发布海洋数据、信息与技术，确保所有人，不论年龄、性别或地域，都能获得这些数据、信息与技术；

——继续探索、审查和投资相关技术，支持实现可持续发展的变革性海洋科学，确保世界各地开展有影响力的海洋科学活动；

——倡导并鼓励那些关注《2030 年可持续发展议程》及海洋科学与知识的投资方和伙伴对海洋科学进行投资；

——扩大基金对话网络的覆盖范围、影响和多样性；

——与作为"海洋十年"协调机构的联合国教科文组织政府间海洋学委员会合作，致力于确定、推进和支持共同投资的优先事项，旨在到 2030 年实现我们的海洋愿景。

第二十八章 《联合国教科文组织海洋计划》

2022 年 5 月，联合国教育、科学及文化组织（UNESCO）官网发布《UNESCO 海洋计划》，概述了联合国"海洋科学促进可持续发展十年（2021—2030）"（以下简称"海洋十年"）、2022 年国际海洋峰会、UNESCO 海洋行动与承诺等相关内容，聚焦五大领域：一是测量与认知，涉及全球海洋观测系统、通用大洋水深制图、海洋生物多样性信息系统、海洋脱氧、海洋酸化、环境 DNA 研究、蓝碳、数据与信息；二是预警，涉及全球海啸预警系统、有害藻华计划；三是评估与管理，涉及海洋报告、海岸及海洋管理–海洋空间规划；四是教育与能力，涉及全球海洋教师学院、海洋素养；五是保护与传播，涉及 50 处 UNESCO 海洋世界遗产地、水下文化遗产、海洋非物质文化遗产、生物圈保护区、地质公园。

第一节　序　言

海洋是生命的起源，庇护着 15.7 万种已知物种和 100 万种未知物种。海洋这个蓝肺吸收了全球 1/4 的二氧化碳排放量，若没有海洋，地球将无法呼吸。此外，30 亿人，几乎占人类总数的一半，直接依赖海洋维持生计。

然而，当前，海洋的未来处于危险之中。气候变化正造成损害，海水变暖，海洋酸化加剧，生态系统遭受破坏。过去 200 年，地球上珊瑚礁覆盖面积减少一半，红树林覆盖面积减少 3/4。根据 UNESCO 报告，海洋可能将由吸收碳转为排放碳。可以说，这将是一场灾难。

如果我们仍然对海洋一无所知，我们就无法应对上述挑战。海洋覆盖世界表面积的 71%，但迄今，人类只探索了 20% 的海洋。海洋研究所获资金仍然不足，平均不到国家研究预算的 2%。

就在人类把目光投向火星时，我们仍需要探索海洋，这是世界上最不为人知的区域。我们须努力了解海洋，以便为人类面临的威胁提供可持续的解决方案。加之世界共有海洋，多边主义是唯一有效的途径，UNESCO致力于实现这一目标。UNESCO 有 150 个会员国加入政府间海洋学委员会（IOC），依托在文化和教育领域的专业知识，UNESCO 确保各国政府、科学家、私营部门、民间团体及其他联合国机构能够采取一致行动。我们共同创建海啸预警系统，绘制深海地图，识别物种，努力确保将环境教育和海洋素养纳入学校课程，同时保护水下遗产。

独特的海洋遗产拥有重要的生物多样性、地质过程和无与伦比的美景，UNESCO 是其守护者。目前，我们在全球拥有 232 个海洋生物圈保护区和 50 处具有突出普遍价值的海洋世界遗产地。但仍有很多工作要做。当前，UNESCO 通过领导"海洋十年"，加强海洋领域的集体动员。在此背景下，2022 年将举行几次重要的国际峰会，加深我们对海洋的了解，从而更好地保护海洋，在未来十年里让人类认识到海洋对于地球的重要性。我们的命运取决于我们共同关心海洋的方式。

第二节 "海洋十年"

"海洋十年"由 UNESCO 领导，为确保海洋科学充分支持各国实现《2030 年可持续发展议程》提供共同框架。

"海洋十年"正式批准 361 项"十年行动"，推动海洋行为体采取行动，产生更多更好的海洋科学知识，并将这些知识转化为可持续发展的变革性解决方案。

第三节 2022 年国际海洋峰会

2022 年，"海洋十年"组织了 3 次重要的国际峰会，加强集体动员。
- 2 月 9—11 日，同一个海洋峰会(法国布雷斯特)
- 4 月 13—14 日，我们的海洋大会(帕劳、美国)
- 6 月 27 日至 7 月 1 日，联合国海洋大会(葡萄牙里斯本)

第四节　UNESCO 的海洋承诺

一、到 2025 年将海洋素养纳入国家课程

UNESCO 致力于到 2025 年将海洋素养教育纳入其 193 个会员国的学校课程。为实现这一目标，UNESCO 向各国政府提供海洋教育工具包，将有助于促进未来人类与海洋之间建立新的且更可持续的关系。

二、到 2030 年绘制至少 80% 的海底地图

UNESCO 承诺，在日本财团的特别支持下，通过 UNESCO 和国际水道测量组织（IHO）合作的"海床 2030"项目，到 2030 年，将绘制至少 80% 的海底地图，当前已绘制 20%。

了解海床的深度和地形对于掌握海洋断层的位置、洋流和潮汐的规律以及沉积物的迁移至关重要。这些数据有助于人们预测地震和海啸风险，确定需要保护的地域及可持续开发的渔业资源，从而提升人民福祉。这些数据还有利于规划海上基础设施建设，有效应对油料泄漏、空难和沉船等灾难，同时在评估海水升温和海平面上升等气候变化的影响方面也发挥着重要作用。

第五节　测量与认知

一、全球海洋观测系统

全球海洋观测系统（GOOS）是持续向 IOC-UNESCO 成员国提供海洋数据的合作平台。在 IOC-UNESCO 及其伙伴的协调下，GOOS 提供的信息可支持气候研究、海洋预报甚至搜救行动等广泛服务，如寻找马航 MH370 飞机残骸。

GOOS 支持的政府间协调意味着，所有 IOC-UNESCO 成员国都受益于全球每年约 10 亿美元的海洋观测投资。研究表明，上述投资在多个全球经济部门都有可观回报。据估计，仅在美国，GOOS 提供的信息所支持的厄

尔尼诺预测系统改进后，小麦和玉米等主要作物生产者每年至少增加 1 亿美元的收入。

通过互联的海洋数据收集平台系统，包括潮汐测量仪、研究和商业船只、海洋浮标、Argo 漂流浮标阵列和动物追踪设备，GOOS 监测海洋温度和盐度、表面风以及浮游生物、氧气和碳等生物及生物地球化学变量。

这一全球系统将从事海洋观测各方面工作的专家联系起来，但其也依赖于科学家、研究人员和海洋管理人员的自愿支持，以最大限度地发挥数据收集的影响，并将数据转化为气候和天气预报等重要知识"产品"。作为全球气候观测系统(GCOS)的海洋领域组成部分，GOOS 还为政府间气候变化专门委员会(IPCC)的工作提供支持。

二、通用大洋水深制图

海洋有多深？所谓的"海底山脉"有多高？大部分尚未探明的海洋深处隐藏着什么？这些只是通用大洋水深制图(GEBCO)试图回答的几个基本问题。GEBCO 旨在提供最权威的、公开的全球海洋水深测量。

了解海底的深度和形状是理解海洋环流、潮汐、渔业资源、沉积物运输、环境变化、水下地质灾害、海啸预测、规划基础设施建设和维护、电缆和管道路由等诸多问题的基础。

了解海床的深度和地形是认识洋流、潮汐、渔业资源、沉积物运输、环境变化、水下地质灾害、海啸预测、基础设施建设和维护规划、电缆和管道线路等诸多问题的基础。

一半以上的世界人口以海产品为主要食物。然而，如何在掌握不到 20% 海底数据的情况下维持和发展蓝色经济(渔业、水产养殖、能源、矿产开采、旅游、商业和航运)？

因此，UNESCO 致力于协调这一领域的国际努力，以加速绘制海底地图。2022 年 2 月 10 日，在法国布雷斯特举行的"同一个海洋"峰会上，奥黛丽·阿祖莱宣布 UNESCO 的新承诺，即在日本财团的特别支持下，通过 UNESCO 和 IHO 合作的 GEBCO"海床 2030"项目，到 2030 年，将绘制至少 80% 的海底地图，当前已绘制 20%。

以高分辨率绘制海底地图，有利于：

● 识别鱼类栖息地和鱼类种群；

- 确定能够支持可再生能源项目的地点；
- 保护自然资产，如珊瑚礁和海滩；
- 保护沿海人口。约有 30 亿人生活在海岸线 20 千米以内，超过 6 亿人生活在海拔低于 10 米的沿海地区。随着海啸和沿海洪水灾害频发且影响越来越大，深入认识我们的海底将有助于拯救生命、应对灾难和紧急情况。无论是马航 MH370 飞机、深水地平线漏油事件，还是沉船事故，绘制海底地图可确保紧急情况和灾难响应人员高效快速地完成工作。

三、海洋生物多样性信息系统

海洋生物多样性信息系统（OBIS）是全球开放性海洋生物多样性数据和信息交换所，旨在促进科学、保护和可持续发展。

数以千计的科学家与数据管理人员合作，为 OBIS 提供丰富信息，为研究、管理和公众意识提供数据。

OBIS 集成质量控制，并提供 15.7 万种海洋物种的 6000 多万次发现记录，这一数字每年以数百万计的速度增长。

OBIS 致力于通过帮助确定海洋生物多样性热点和所有海洋盆地的大尺度生态格局，支持海洋生态系统保护。

OBIS 不归任何国家所有，而是由集体贡献，为个人与合作国决策提供信息。

例如，美国国家海洋与大气管理局（NOAA）国家海洋渔业局的科学家利用 OBIS 数据，评估了 82 种鱼类在一系列功能和栖息地需求方面对气候变化的脆弱性。

根据这些数据，他们发现，最易受影响的物种是在咸水和淡水之间迁徙的底栖物种和两栖物种，这有助于科学家提出更清晰的政策建议。

四、海洋脱氧

氧气对地球健康至关重要，影响着碳、氮及其他关键元素的循环，是从海岸到海洋最深处海洋生物的基本需求，沿海和开阔海域氧气的减少情况都正在恶化。

UNESCO 全球海洋氧气网络（GO2NE）致力于提供全球和多学科的脱氧观点，重点是多方面了解脱氧及其影响。GO2NE 的目标是改进观测系统，确定和填补知识空白以及在世界范围内制定和实施能力建设活动。GO2NE的沟通工作包括：建立网站 http://ocean-oxygen.org，向科学家、利益攸关方和感兴趣的公众提供有关脱氧的最新信息；每月举办一次网络研讨会，有机会听取两位科学家、一名大三学生和一名大四学生介绍海洋脱氧的潜在机制和影响。

自 2021 年以来，GO2NE 成为全球海洋氧气十年（GOOD）倡议的先锋。GOOD 倡议下的活动将基于跨学科研究、创新推广、教育和素养，就如何最大限度地减少脱氧对海洋经济的影响提供指导，包括地方、区域和全球方法。

五、海洋酸化

2021 年，UNESCO 强调了自工业革命以来海洋在吸收人类活动产生的碳方面的作用。事实上，如果没有海洋和陆地碳汇，大气中的二氧化碳水平已经接近 600 ppm（ppm 为 10^{-6}），比 2019 年记录的 410 ppm 高出 50%。

海洋每年吸收约 1/4 的人为二氧化碳排放量，这些二氧化碳溶解在海水中。然而，这给海洋带来高昂代价，因为其吸收的二氧化碳与海水发生反应，导致海洋碳酸盐化学变化，增加海洋酸度；这些过程累积起来被称为海洋酸化，海洋碳酸盐化学变化对海洋生物和生态系统产生广泛影响。

东南亚等地的社区状况令人担忧，那里高达 70%～90% 的渔业依赖珊瑚礁，而海水酸度上升导致珊瑚礁骨骼溶解速度加快，削弱软体动物外壳发育。极地水域本来就富含二氧化碳，因此，北冰洋也是最先受到海洋酸化影响的地区之一。

目前，一些国家正在制订国家观测计划，但如果与全球和区域层面观测结合起来，其价值将大大提高。

UNESCO 在这方面发挥着核心作用，将各国团结起来，分享知识，促进应对行动。

全球海洋酸化观测网络（GOA-ON）于 2012 年成立，UNESCO 是其合作伙伴，为其提供 1/3 的工作人员。

目前，这一独特的网络有来自 100 多个国家的 900 多名成员，汇集了致力于解决同一问题的科学家、海洋管理人员和政策制定者，拥有报告数据的通用技术和方法，以确保可以在不同地区进行比较。

UNESCO 及其合作伙伴支持与海洋酸化有关的可持续发展目标指标（SDG 14.3.1）的数据信息收集和活动开展，推动"海洋十年"，促进海洋酸化可持续性研究，即研究海洋酸化问题以及如何适应和减缓其影响。

六、环境 DNA 研究

UNESCO 宣布启动环境 DNA 项目，采集鱼类废弃物、黏液或细胞样本。样本不是直接从单一生物体中采集，而是从环境（土壤、水、空气）中采集。

环境 DNA 项目在海洋世界遗产地开展，为期两年，将有助于衡量海洋生物多样性对气候变化的脆弱性以及气候变化对海洋生物分布和迁徙模式的影响。

环境 DNA 项目将动员生活在海洋世界遗产地附近的科学家和公众，学习保护当地海洋环境生物多样性所需的技能。

所有数据将由 OBIS 处理和发布，这是世界上最大的关于海洋物种分布和多样性的开放数据系统，由数千名科学家、数据管理人员和用户组成的全球网络共同维护与支持。该系统致力于增进人们对海洋生物的认识，并帮助建立为保护和管理政策提供信息的指标。

环境 DNA 项目计划于 2022 年初夏启动，在佛兰德斯政府的支持下，由 IOC-UNESCO 和世界遗产中心实施。

七、蓝碳

自 2010 年以来，UNESCO 通过与保护国际基金会（CI）和世界自然保护联盟（IUCN）共同发起的"蓝碳倡议"（BCI），支持旨在深入认识沿海蓝碳生态系统在减缓和适应气候变化方面的潜力的科学努力。通过科学和政策工作组，BCI 致力于沿海蓝碳生态系统的保护、恢复和可持续利用，将其作为减缓和适应气候变化的基于自然的解决方案。

"蓝碳"是指储存在沿海及海洋生态系统中的碳。蓝碳生态系统，如红树林、潮汐盐沼和海草床，是高生产力的沿海生态系统，其中的碳储存在植物和沉积物中。科学表明，蓝碳生态系统比陆地森林多吸收 2~4 倍的碳，是应对气候变化的基于自然的解决方案。

健康的蓝碳生态系统对于生物多样性和可持续发展至关重要，可为海洋物种提供栖息地，支持鱼类资源和粮食安全，维持沿海生计，净化流入海洋的水，保护海岸线免受侵蚀、海啸和风暴潮的影响。除南极洲外，各大陆都有蓝碳生态系统，总面积约为4900万公顷。

沿海蓝碳生态系统至关重要，但却是地球上受威胁最严重的生态系统之一。自19世纪以来，全球沿海湿地近50%的工业化前自然面积已经消失。红树林采伐、沿海城市和工业发展、污染以及农业和水产养殖的压力是沿海生态系统退化的主要原因。蓝碳生态系统固碳量巨大，在退化或消失时成为温室气体排放的重要来源。

八、数据与信息

自1961年以来，国际海洋数据和信息交换委员会（IODE）致力于促进全球各国海洋数据和信息的交换。通过遍布全球（68个成员国）的国家海洋科学数据中心（NODCs）和数据节点，IODE网络收集了数以百万计的海洋观测数据，许多科学家依靠这些数据来应对关键的海洋挑战。

IODE框架下有100多个NODCs、联合数据节点和联合信息节点，包括越来越多的管理关键海洋数据的研究小组、项目、计划和机构。作为世界上最大的海洋生物多样性数据库，OBIS也是IODE网络的一部分。

单一海洋研究数据集通常规模相对较小，但整合后，可支持大型科研。各国政府可全面整合IODE网络提供的数据并进行分析。

IODE为图书馆管理员及其他海洋信息专业人员提供支持，日益需要这些人员通过基于互联网的海洋信息资源来引导用户。当前，创建电子文献资源库有助于获取科学出版物全文。

IODE还通过"海洋教师"培训系统为发展中国家的海洋信息专家提供培训。

第六节 预 警

一、全球海啸预警系统

全球海啸预警系统由UNESCO负责协调，覆盖所有主要海区（太平洋、北大西洋和地中海、印度洋、加勒比海），在拯救生命和最大限度减少对脆弱沿海社区的破坏方面发挥着关键作用。

当发生海啸时，UNESCO 通过全球海啸预警系统快速向成员国发出危险警报；同时在海啸发生前开展培训工作。

1965 年，UNESCO 首次建立太平洋海啸预警系统，2004 年海啸后，该系统协调印度洋、加勒比海、东北大西洋和地中海及相连海域的海啸预警和减灾系统发展。IOC-UNESCO 的许多成员对这些海域的海啸预警系统开发运行进行大量投资。

为应对 2004 年的印度洋海啸，建立印度洋海啸预警和减灾系统（IOT-WMS），耗资约 4.5 亿美元，运行和维护费用为每年 5000 万至 1 亿美元。

东北大西洋和地中海及相连海域海啸预警和减灾系统（NEAMTWS）为 39 个国家、1.3 亿沿海人口提供服务。这些数字在夏季旅游旺季会激增。

近期的重大进展是建立加勒比及邻近地区早期预警系统（CARIBE EWS）。2004 年前，海啸威胁在这一地区被广泛忽视，但近些年举行的 CARIBE WAVE 年度海啸演习明显推动了社区参与。

2019 年，来自所有 CARIBE EWS 成员国的 80 多万人参加海啸演习。然而，48 个国家和地区中仅有 11 个被认为做好了海啸应对，这表明仍有大量工作要做。

二、有害藻华计划

当前，世界上几乎每个沿海国家都受到有害藻华（HABs）、微型藻类或浮游藻类的影响，这些藻类通过污染海产品危害海洋生物，甚至人类健康。

HABs 还可能对海水淡化和水产养殖基础设施造成恶劣影响，导致重大的设备损失和服务中断。尽管 HABs 是自然现象，但近年频发，很大程度上与人类活动有关，如污水排放和压载水中的有害藻类引入。

UNESCO 有害藻华计划旨在促进和协调有关藻华成因的科学研究，预测其发生并减轻其影响。

在许多国家，有害藻华计划助力研究、监测和管理，并增加科学家获得资助的机会。当一国难以维持减少 HABs 影响所需的必要资金和支持时，UNESCO 的作用显得尤为重要。

2021 年，UNESCO 发布过去 33 年全球 9500 起 HABs 事件的分析结果，发现 HABs 造成的危害随着水产养殖和海洋开发的增长而增加，这表明需要进行更全面的跨学科研究。

这一分析制定了世界上首个跟踪未来 HABs 位置、频次和影响变化的基线。250 种有害海藻的种类和发生地点不同，情况会有所不同，因此需要对种类和地点进行逐一评估。

为开展全面研究，UNESCO 在七年时间里召集了 35 个国家的 109 名科学家。

第七节 评估与管理

一、海洋报告

《2020 年全球海洋科学报告》(GOSR2020) 是全球海洋科学的参考文件，提供了关于科研队伍、基础设施、设备、经费、投资、出版物、蓝色专利、数据流和交换政策以及国家战略的全球记录。

报告提供了关于现有人员和技术能力的最新摸底信息，以便国际社会能够跟踪和评估"海洋十年"在提升海洋科学能力方面的进展。

二、海洋及海岸管理——海洋空间规划

海洋空间规划(MSP) 是更合理利用海洋空间及其用途(交通、渔业、能源等)之间的相互作用、平衡发展与环境保护需要并实现社会和经济发展的切实可行的方法。

自 2006 年以来，UNESCO 负责 MSP 的标准制定。2017 年，UNESCO 和欧盟委员会通过联合路线图，以加快推进全球 MSP 进程。

第八节 教育与能力

一、全球海洋教师学院

IOC-UNESCO 全球海洋教师学院(OTGA) 是由区域和专门培训中心组成的全球网络，提供海洋科学、服务以及海洋和信息数据管理(包括海洋

生物多样性数据和海洋最佳做法）方面的培训。全面基于网络的海洋教师电子学习平台支持课堂培训（面对面）、混合培训（课堂与远程学习相结合）以及在线（远程）学习。

"海洋教师"项目为希望学习海洋数据和信息管理或使用的海洋数据管理人员、海洋信息管理人员和海洋研究人员提供端到端培训系统。这一培训平台利用先进的信息技术和多语种的培训资源，提供从海岸带综合管理到海啸预警系统等一系列主题的课程。

二、海洋素养

海洋素养，即"理解海洋对人类的影响以及人类对海洋的影响"。UNESCO 致力于支持世界各地的海洋研究机构加强公众参与，提升海洋素养，确保人们能够更好地了解如何采取措施保护海洋健康。

UNESCO 海洋素养门户网站（https：//oceanliteracy.unesco.org/）是全球性的一站式网站，为全民提供资源和信息，旨在建立海洋素养社会，有能力就海洋资源及其可持续发展做出明智且负责任的决策。

2022 年 2 月 10 日，阿祖莱在法国布雷斯特举行的"同一个海洋"峰会上宣布，UNESCO 承诺"到 2025 年将海洋教育纳入 193 个成员国的学校课程"。为实现这一目标，UNESCO 向各国政府提供海洋教育工具包，将有助于促进人类与海洋建立新的、更可持续的关系。

第九节　保护与传播

一、50 处 UNESCO 海洋世界遗产地

自 1981 年首个海洋遗产地被列入 UNESCO《世界遗产名录》以来，UNESCO 世界海洋遗产计划已发展成为全球性项目。目前，《世界遗产名录》共列出 37 个国家的 50 处海洋遗产地，这些遗产地拥有重要的生物多样性、地质过程和无与伦比的美景。

世界海洋遗产计划汇集并促进开放性的科学研究工作，特别是致力于为气候变化对海洋世界遗产地的影响做好准备。70% 的海洋世界遗产地已受到全球变暖的威胁，75% 的海洋世界遗产地尚未为应对气候挑战做好

准备。

2021 年，UNESCO 发布首份海洋世界遗产地蓝碳生态系统全球科学评估报告，强调这些栖息地的关键环境价值。2018 年，这些栖息地的碳封存量相当于全球年度温室气体排放量的 10%，避免数十亿吨二氧化碳及其他温室气体进入大气。虽然海洋世界遗产地占世界海洋面积的比重不到 1%，但却涵盖了至少 21% 的蓝碳生态系统以及 15% 的世界蓝碳资产。

报告对这些遗产地的碳价值进行量化，建议制定具体的蓝碳战略予以保护，并警告称，若得不到保护，这些遗产地将释放大量碳进入大气，从而加剧而非减缓全球变暖。UNESCO 的研究成果为寻求保护这些遗产地和实施蓝碳战略的国家、地区与当地社区指明方向。

二、水下文化遗产

水下文化遗产见证了人类数千年的历史。然而，这些水下遗产却受到掠夺和商业开发、工业拖网捕捞、沿海开发以及自然资源和海床开发的威胁；同时，受到全球变暖、海水酸化和污染的危害。

为更好地保护、认识和宣传水下文化遗产，UNESCO 于 2001 年通过《保护水下文化遗产公约》，迄今已实施 20 多年，成为保护水下文化遗产的全球法律参考框架。

UNESCO 制定保护地潜水道德守则，适用于缔约国的所有潜水员或公民，并就审查保护水下文化遗产的国家立法提出具体建议，包括遵守明确的国家干预条例，开展各机构的义务合作，或遵循国家清单编制指南。

对于缺乏水下考古学家，但因偶然发现、探险或科学研究而面临问题的缔约国，科学与技术咨询委员会（STAB）应提供协助。

三、海洋非物质文化遗产

2003 年，UNESCO 通过《保护非物质文化遗产公约》，以保护与海洋有关的技能和传统。非物质文化遗产名录包括可持续的捕鱼技艺、相关人员与海洋之间特殊联系的纪念仪式等。

2020 年，中国和马来西亚联合提名的"送王船——有关人与海洋可持续联系的仪式及相关实践"列入《人类非物质文化遗产代表作名录》。

"送王船"仪式及相关习俗源于民间对"王爷"的崇拜，即"代天巡狩"

的地方保护神。15—17 世纪，"送王船"在中国闽南地区发展起来，目前主要分布在厦门湾和泉州湾的沿海地区、马来西亚马六甲州的华人聚居区。

海难遇难者被称为"好兄弟"。仪式开始时，人们聚集在海边，欢迎"王爷"来到宫庙，竖起灯篙召唤"好兄弟"，将其从孤独、漂泊的痛苦中解救出来，俗称"送王船"为"做好事"。表演队伍走在最前面，为"王爷"的王船(木质或纸质的船模)开道。

表演包括高甲戏、歌仔戏、舞龙舞狮和木偶戏等。"送王船"唤起了人们对先辈走向海洋的历史记忆，重塑了遭遇沉船等突发事故后的社会联系，体现了人与自然和谐相处，见证了跨文化对话。

四、生物圈保护区

约 50 年前，UNESCO 发起了开创性的可持续倡议，即人与生物圈(MAB)计划，建成庞大的世界生物圈保护区网络，分享陆地和海洋可持续发展的最佳做法。这一网络包括 232 个海洋生物圈保护区，海洋总面积超 21 万平方千米。

自 2012 年以来，MAB 计划推出世界海岛与海岸带生物圈保护区网络(WNICBR)，专门致力于研究、实施和宣传岛屿和沿海战略，以保护生物多样性和遗产，促进可持续发展，适应和减缓气候变化的影响。

WNICBR 汇集了来自世界各地海岛与海岸带生物圈保护区的代表，并向所有希望加入该网络的海岛与海岸带生物圈保护区开放。WNICBR 的代表性倡议包括"零塑料"运动，旨在减轻对海洋和海洋生物损害严重的塑料污染的影响。

五、地质公园

UNESCO 世界地质公园(UGG)网络分布在 40 多个国家和地区，致力于保护海洋，特别是海岛与海岸带环境。

UGG 是单一、统一的地理区域，依照保护、教育和可持续发展理念对具有国际地质意义的遗产地和景观进行管理。

UGG 的重要海洋保护行动包括在西班牙巴斯克海岸成功实施的沙丘恢复计划，利用并支持自然过程，特别是在海滩后方广泛种植当地植物，短短几年就以超低成本对大部分被破坏的沙丘进行重建。

得益于 UGG，西班牙巴斯克吉普斯夸省西海岸形成的沙丘有助于恢复动植物多样性，同时为沿海地区提供自然保护，确保其免受海平面上升的影响，并减轻海上风暴潮的影响。其他 UGG 也实施了类似项目，如爱尔兰巴伦和莫赫悬崖 UGG。Ciletuh-Palabuhanratu UGG 位于印度尼西亚爪哇岛，拥有重要的海龟栖息地，是东南亚最大的绿海龟栖息地之一，通过与 Ujung Genteng 海龟保护中心合作，提高对该物种的保护。

第二十九章 《蓝色追踪：可持续海洋经济从雄心到行动》（节选）

2022 年 9 月，可持续海洋经济高级别小组发布《蓝色追踪：可持续海洋经济从雄心到行动》，概述了小组成员国在国际海洋会议平台作出的自愿承诺的进展情况。报告展示了成员国海洋经济转型行动实例，以提供在实践中处理类似问题的解决方案。报告强调，仅靠单一部门的行动无法实现可持续海洋经济转型，鼓励成员国建立伙伴关系，加强与私营部门、金融机构、慈善机构和非政府组织合作，积极推动相关进程。

第一节 介 绍

2020 年 12 月，可持续海洋经济高级别小组发布《可持续海洋经济转型：保护、生产和繁荣的愿景》，规划了未来十年的行动路线，确定将在海洋健康、海洋财富、海洋公平、海洋知识和海洋融资五个关键领域采取优先行动。所有小组成员国均承诺，将在 2025 年前，实现其国家管辖范围内 100%海域的可持续管理。随着世界进入关键十年，人类目前面临诸多挑战。本报告分享了海洋小组在实现转型和《2030 年可持续发展议程》方面的进展，以发展更强大、更可持续的海洋经济。

第二节 方 法

一、框架

海洋小组进展的跟踪方法包括两部分：一是跟踪国际论坛上海洋相关承诺进展；二是跟踪国家更新。

二、进展

(一)跟踪国际论坛上海洋相关承诺进展情况

制定"承诺和审查"系统，以追踪在"我们的海洋"大会(OOC)和联合国海洋大会(UNOC)相关平台上公开承诺的状况和进展。

(二)跟踪国家更新

海洋小组成员国对秘书处提出的指导问题做出答复，其答复构成了本报告第四节内容。

第三节　盘点海洋承诺

2017—2022 年，海洋小组成员国在 UNOC 和 OOC 上宣布并登记了 652 项承诺，涵盖了五个领域：海洋健康行动占 40%，海洋知识行动占 27%，海洋财富行动占 22%，海洋公平行动占 6%，海洋融资行动占 1%。另有 4% 行动未反映在本报告中。

2017 年，近 50% 的承诺是关于海洋健康，其次是关于海洋知识和海洋财富。2022 年，以海洋健康为重点的行动比例下降至约 34%，海洋知识保持在约 24%，海洋财富跃升至约 29%。涉及海洋融资和公平的承诺占比与 2017 年相似，这些领域在总体议程中的代表性较少，是需要进一步关注的关键领域。

453 项承诺中，有 26 项承诺完成度无法得到各国验证，49 个承诺在两个平台重复，因此在分析中删除了重复项。另有 2 项承诺被标记为"停止"，各国表示由于政策变化，无法再执行或监测承诺，最终分析了 345 项承诺。其中，54% 的承诺已经完成，例如日本承诺"日本海岸警卫队成立流动协作小组"(MCT)。截至 2018 年 12 月 20 日，MCT 的 54 名成员已被派往印太地区的 8 个国家执行了 15 次任务，以帮助该地区国家提高海上安全和安保能力。40% 的承诺仍在进行中，例如肯尼亚"加强可持续渔业和海洋环境治理以促进社会经济利益"。肯尼亚和世界银行于 2020 年启动为期五年的海洋渔业和社会经济发展项目，旨在改善捕捞和水产养殖管理，编制蓝皮书。另有 6% 的承诺未取得任何进展，或者无法获得足够的信息或证据来评估进展。

第四节　行动中的转变

本节介绍了海洋小组成员国为推进可持续海洋经济转型而采取的一系列行动。

一、海洋核算（澳大利亚）

（一）海洋知识。

（二）实施区域：大洋洲和亚洲。

（三）实施规模：国家、地方。

（四）当地组织和利益攸关方：澳大利亚各级政府、私营部门、学术界和环保非政府组织。

（五）背景：澳大利亚政府计划在 2021—2022 年投资 110 万澳元，以支持在全国范围内推广海洋核算。澳大利亚于 2022 年 8 月发布了国家海洋生态系统核算第一阶段成果，重点关注蓝碳生态系统及其减缓和恢复气候的益处。第二阶段于 2022 年 11 月启动，预计未来四年将投资 755 万澳元用于建立海洋账户。

（六）积极影响：

·编制国家海洋生态系统账户过程中采用以人为本的设计方法，使账户有助于政策和管理决策；

·积极支持全球海洋核算能力建设，有利于推动全球使用一致的方法；

·开发蓝碳生态系统海洋账户，解决资金、管理决策障碍，为扩大沿海蓝碳生态系统的投资铺平道路。

（七）挑战：澳大利亚拥有大量海洋资源，核算方法面临技术挑战，如数据可用性、数据集成。

（八）成功经验：在专家顾问的协助下，澳大利亚已经确定了完整的国家海洋核算范围，并制定了战略优先次序。

二、幽灵渔具项目（加拿大）

（一）海洋健康。

（二）实施区域：美洲、非洲和大洋洲。

（三）实施规模：跨国。

（四）背景：项目于 2019 年启动，加拿大开发了渔具报告系统，要求强制报告所有在商业渔业中丢失的渔具。自 2020 年以来，已为 49 个倡议提供 1670 万加元资助，涵盖尼日利亚、瓦努阿图等多个国家。2022 年，为幽灵渔具项目追加 1000 万加元。

（五）积极影响：

·已从加拿大水域打捞出 1300 多吨废弃渔具；

·支持针对性回收行程 700 余次。

（六）挑战：在强制实施遗失渔具报告后，提交报告的数量急剧增加。为此，加拿大创建渔具报告系统，收集这些数据并生成地图，以便检索并识别热点地区。另一个挑战是确保信息与捕鱼者共享。

（七）成功经验：开展教育和宣传活动，让公众了解该项目，减少因处理幽灵渔具而可能受到的指责，同时制定预防和减少未来渔具损失的战略。

三、蓝船 (智利)

（一）海洋健康–海洋财富–海洋知识。

（二）实施区域：美洲。

（三）实施规模：国家。

（四）背景：安装浮标，在保护鲸类动物的同时收集海洋数据，分析海洋状况和气候变化的影响。该倡议在智利安库德湾和科尔科瓦多湾之间的水域实施，第一批浮标于 2022 年 9 月安装。

（五）积极影响：

·浮标收集数据，使鲸类动物免受附近船只影响；

·获得的数据用于监测该地区鲸类动物的活动；

·从浮标获得的数据能够加强对民众的海洋教育。

四、绿色航运走廊网络 (智利)

（一）海洋财富。

（二）实施地区：美洲。

（三）实施规模：全国。

（四）背景：未来 3~8 年将对在智利建立绿色航运走廊的路线进行可行性评估，以确定绿色航运走廊地点、减排影响和使用的燃料类型。

（五）积极影响：

· 实现私营部门和公共部门间的有效合作；

· 推动零碳海洋燃料和技术发展；

· 为陆上和海上可持续商业模式奠定基础，加速研究并促进全球碳中和经济。

五、国家海洋政策（斐济）

（一）海洋财富–海洋健康–海洋公平–海洋知识–海洋金融。

（二）实施地区：大洋洲。

（三）实施规模：全国。

（四）背景：《国家海洋政策》《气候变化法》是斐济政府的里程碑式成就。《气候变化法》包括减少塑料污染的措施。

（五）积极影响：

· 各部委已开始实施气候变化政策；

· 个人碳排放超过限额可能会受到罚款；

· 某些活动的运营方式受到更严格的审查和限制；

· 将促进斐济在碳封存方面的努力；

· 将帮助斐济获得并协调可持续的气候融资。

（六）成功经验：制定气候变化法案是一个利益攸关方驱动的过程，必须在发展阶段进行强有力的对话。

六、零塑料入海（法国）

（一）海洋财富。

（二）实施地区：欧洲。

（三）实施规模：全国。

（四）背景："2020—2025 年零塑料入海"是法国处理海洋垃圾的主要行动倡议，重点是防止陆源塑料污染，减少河流、废水、海滩和海洋中的垃圾，并通过教育活动提高人们对这一问题的认识。

（五）发展阶段。

1. 阶段一：

· 强化生产者在清理沿海垃圾和打击乱扔垃圾方面的责任；

· 开展研究，开发不会损害人类健康的塑料替代品。

2. 阶段二：

· 加强河岸清理，开发在垃圾到达水生环境之前回收垃圾的设备。

3. 阶段三：

· 改进港口垃圾收集工作；

· 制订渔具收集和回收计划。

4. 阶段四：

· 启动"打捞垃圾"倡议，鼓励渔民回收垃圾；

· 开发一个多利益攸关方平台，收集全国各地公民收集垃圾事件的信息。

(六)成功经验：每部分都有明确的目标和战略，从而能够采取具体行动，确保到 2025 年实现零塑料入海的目标。

七、恢复过度开发的鱼类资源(加纳)

(一)海洋健康-海洋财富

(二)实施地区：非洲

(三)实施规模：全国

(四)背景：2021 年，加纳渔业和水产养殖发展部宣布 7 月 1—31 日为小规模手工渔民禁渔期、7 月 1 日至 8 月 31 日为工业捕捞渔民的禁渔期。该部门正在寻找另一个合适的月份实施休渔，使得鱼群数量能得到全年性恢复。

(五)积极影响：

· 1~2 个月的休渔期将有助于恢复该国"过度开发和枯竭"的鱼类资源，以促进经济增长；

· 根据封闭渔区后的调查，大多数渔民表示，开渔后渔获量迅速增加。

(六)挑战：为确保在整个加纳能够实现全年捕鱼，可能需要采取更严格的措施，包括更频繁地实施休渔。部分渔民不遵守限制，未停止捕捞活动，因此遭到逮捕和起诉。

八、蓝色债券(印度尼西亚)

（一）海洋金融。

（二）实施地区：亚洲。

（三）实施规模：全国。

（四）背景：为促进可持续蓝色金融发展，印度尼西亚在2020—2021年期间发布了蓝色金融政策文件、蓝色金融路线图并成立了蓝色金融咨询小组。

（五）积极影响：

·这些举措为带来环境和社会效益的项目提供资金，以帮助国家实现可持续发展议程；

·印度尼西亚已与联合国开发计划署合作制定框架，以确保与可持续发展目标保持一致。

（六）挑战：实施可持续蓝色金融的主要挑战之一是，投资通常强调增长，而传统的可持续性做法并非如此。蓝色债券开发相关可行性的研究数量有限，准确预测未来结果有限。

九、海洋政策和立法(牙买加)

（一）海洋健康。

（二）实施区域：美洲。

（三）实施规模：全国。

（四）背景：牙买加经济增长和创造就业部(MEGJC)与国家环境和规划局合作，确定保护《综合保护区政策》《流域管理政策》等国家政策。

（五）积极影响：

·为该国300多个保护区提供了管理框架。

（六）挑战：目前，MEGJC正在推进修改《野生动物保护法》《森林法》等地方性物种相关规定，预计未来将批准《特别保护区和野生动物议定书》。

十、成立海洋知识教育中心(日本)

（一）实施区域：亚洲。

（二）实施范围：地方。

（三）背景：东京大学海洋知识与教育中心（COLE）是一个学术实践研究机构，旨在加强对海洋和海洋教育的关注。COLE 正在开发一套新的海洋教育实践课程。

（四）积极影响：

·COLE 的成立促进了日本海洋教育的发展；

·多地开展了以社区为基础的海洋教育，部分地区在学校课程中开设了海洋相关学科。

（五）挑战：创建 COLE 的挑战之一是协调教师和海洋学家的观点和立场，前者倾向关注学习者的发展，而后者倾向关注海洋本身。

（六）成功经验：提高海洋素养的关键是展示人们离开海洋就难以生存的事实，既需要人文视角，也需要科学视角。

十一、Mikoko Pamoja：通过碳金融管理肯尼亚红树林（肯尼亚）

（一）海洋健康–海洋公平。

（二）实施地区：非洲。

（三）实施规模：地方。

（四）背景：Mikoko Pamoja 项目是世界上第一个由社区领导的项目，通过出售碳信用额来恢复和保护红树林。国际上对 Mikoko Pamoja 项目碳信用额的需求量已超过了供给量。

（五）时间表：

·2017 年：获得联合国赤道奖。获得 5 万美元资金支持，以帮助位于肯尼亚和坦桑尼亚的跨国红树林项目万加蓝色森林（VBF）复制 Mikoko Pamoja 项目经验；

·2019 年：VBF 每年将提供 5500 吨二氧化碳当量信用额度，为当地社区创造 3000 美元/年的收入。

（六）挑战：过去 40 年，肯尼亚至少有 40% 的红树林已经消失。按照每年 10 亿吨二氧化碳当量的保守排放值，肯尼亚红树林的损失和退化造成每年约 2400 万吨二氧化碳当量排放。

十二、开发海洋知识平台（墨西哥）

（一）海洋知识。

（二）实施区域：美洲。

（三）实施规模：全国。

（四）背景：墨西哥联邦政府各部委联合起来，推出《墨西哥海洋信息整合展望：差距与机遇》，描述了国家在生成海洋活动数据和信息方面的主要努力和差距。

（五）积极影响：

·改善墨西哥海洋和海岸数据及信息的获取，加强多部门经验交流。

（六）挑战：所涉及的挑战之一是在多个利益攸关方之间进行协调，此外，还确定了信息缺乏和可用资源方面的障碍。

十三、减少船舶温室气体排放（纳米比亚）

（一）海洋健康。

（二）实施地区：非洲。

（三）实施规模：全国。

（四）背景：纳米比亚承诺到 2050 年将船舶温室气体排放减少 50%，要求在水域作业的所有船舶都必须使用含硫量不超过 0.5% 的燃料。2020年 3 月 1 日起，纳米比亚对使用不合规燃料的船舶实施运输禁令，要求所有当地燃料油供应商必须向海事总局登记。

（五）积极影响：

·超过 95% 的纳米比亚远洋船舶使用低硫环保燃料；

·全球海事界意识到，纳米比亚在批准并实施《1973 年防止船舶污染国际公约》附件Ⅵ方面已处于领先水平。

（六）挑战：由于缺乏符合标准的燃油，一些船舶被迫使用不符合公约标准的燃油。

（七）成功经验：必须建立能够确保航运公司执行燃料标准的制度，鼓励船东和运营人员制订实施计划。

十四、《全球渔业跨国有组织犯罪国际部长宣言》和"蓝色正义倡议"（挪威）

（一）海洋财富-海洋公平。

（二）实施区域：非洲、美洲、亚洲、欧洲和大洋洲。

（三）实施规模：跨国。

（四）背景：2018年，挪威和其他7个国家通过了打击渔业部门有组织犯罪的《全球渔业跨国有组织犯罪问题国际宣言》(《哥本哈根宣言》)。挪威于2019年在奥斯陆举行的"我们的海洋"大会上宣布启动"蓝色正义倡议"，协助各国政府应对《哥本哈根宣言》所确定的挑战。

（五）积极影响：

·《哥本哈根宣言》促使加勒比区域渔业机制部长级理事会通过了一项区域部长决议；

·2021年，与斯里兰卡合作破获非法贸易案件；

·挪威、牙买加、伯利兹、圣文森特和格林纳丁斯、加勒比共同体、加勒比区域渔业机制组织召开了一场关于应对渔业犯罪的国际和区域措施的高级别边会活动。

（六）挑战：这一问题的能力建设往往因国家众多变得复杂化，联合、协调打击渔业部门有组织犯罪是"蓝色正义倡议"的主要挑战。

（七）成功经验：《渔业部门有组织犯罪蓝皮书》确定了"行动机遇"：第一阶段是通过加强对全球渔业部门跨国有组织犯罪的共同理解开展行动；第二阶段是开发切实可行的工具，以加强执法能力。

十五、我们的食物是我们的责任(帕劳)

（一）海洋财富。

（二）实施区域：大洋洲。

（三）实施规模：全国。

（四）背景：该国承诺将粮食产量可持续增长两倍。帕劳的八个部委组成倡议工作组，致力于制定跨部门方案和指标，开展提高公众认识的运动。

（五）积极影响：

·该倡议旨在增加公众对当地渔民和农民的支持；

·使当地生产的食品充分实现可获得、安全；

·鼓励消费者、生产者、加工商、分销商选择健康食品，减少浪费；

·八个部委将把粮食安全优先事项纳入行动主流，鼓励社会广泛参与，提高粮食安全水平。

（六）挑战：帕劳 85% 的食物都是进口的，价格昂贵，许多人无法获得有营养的食物。农业和渔业部门一些做法是不可持续的。

十六、无垃圾海洋渔业（葡萄牙）

（一）海洋健康。

（二）实施地区：欧洲。

（三）实施规模：全国。

（四）背景：目标是使葡萄牙渔民认识到在捕鱼活动中回收海洋垃圾的重要性，为此向渔船船长提供了特殊集装箱，并在港口建立基础设施以处理垃圾。

（五）积极影响：

·该项目已在 17 个渔业社区实施；

·该项目已收集到 6877 立方米的垃圾；

·正在测试一个手机应用程序，可以自动量化渔网中的废弃物。

（六）挑战：废弃物收集和处理公司分散，只有在一些港口才能实现真正的循环经济。

十七、全大西洋研究与创新联盟（美国）

（一）海洋知识。

（二）实施区域：美洲、非洲和欧洲。

（三）实施规模：跨国。

（四）背景：2013 年，欧盟、美国和加拿大代表签署了《关于大西洋合作的高威声明》，以更好地了解大西洋并促进资源可持续管理。加拿大、欧盟、巴西和南非于 2017 年签署的《关于大西洋研究和创新合作的贝伦声明》。2022 年 7 月，最终合并为全大西洋研究和创新联盟，通过《全大西洋研究与创新联盟宣言》正式成立。

（五）积极影响：

·举行了五次全大西洋研究论坛；

·举办了几十次讲习班，出版了十几种出版物，包括北大西洋生态系统管理路线图、海洋素养工具包和大西洋海底测绘路线图；

·2015—2020 年，海底测绘总面积超 100 万平方千米。

（六）成功经验：《关于大西洋合作的高威声明》《关于大西洋研究和创新合作的贝伦声明》吸引更多合作伙伴加入。

第五节　从雄心到行动：取得快速、大规模的进步

一、迈向可持续海洋规划和实现 100%承诺的阶段

（一）澳大利亚正在确定其可持续海洋计划的进程和内容，采取的行动包括：

· 将专属经济区内海洋保护区覆盖率提高到 45%；

· 全面实施《港口国措施协定》；

· 承诺到 2050 年实现净零排放；

· 制订《2025 年可持续海洋计划》。

（二）加拿大最近对《渔业法》进行了修订，制订并实施枯竭种群的恢复计划，加强对海洋哺乳动物的保护，制定海洋保护区国家保护标准，禁止石油和天然气开采、采矿和底拖网捕捞活动。加拿大政府正在制定一项全面的《蓝色经济战略》，以推动蓝色经济发展。2021 年 7 月，加拿大宣布在五年内为海洋保护提供 9.768 亿美元的资金。

（三）智利外交部部长发表了智利的海洋承诺：

· 智利正在建立 Tic Toc Golfo Corcovado 海洋公园，保护蓝鲸等物种的觅食区；

· 发起"蓝船倡议"，保护鲸类动物，发挥其在减缓气候变化方面的作用；

· 开发绿色走廊网络；

· 将智利 43%的管辖水域指定为保护区。

（四）实现国家管辖范围内水域的 100%可持续管理是斐济《2020—2030年国家海洋政策》的两个关键优先事项之一。

（五）法国已将 33%的海洋领土划为保护区，承诺将在 10 年内处理废弃海洋垃圾，进一步打击海洋污染。法国海岸分为东航道–北海、北大西洋–西航道、南大西洋和地中海四部分，各部分均有相应战略，为国家政策提供支持，将海洋规划、生物多样性和保护区战略以及欧盟和国际各类

协定联系起来。

（六）加纳政府成立了一个专家小组，以支持加纳可持续海洋计划的编制，并为此调动技术和资金支持。

（七）印度尼西亚政府已经确定了制定印度尼西亚可持续海洋计划（ISOP）的步骤：一是通过部委间协商确定 ISOP 的范围、制定愿景、优先事项和时间表；二是建立一个 ISOP 核心小组；三是与学术界、非政府组织进行焦点小组讨论；四是将 ISOP 纳入国家发展计划，与国家发展规划局等建立伙伴关系。

（八）牙买加政府承诺到 2025 年以可持续方式管理国家管辖范围内100%海域。在联合国经济和社会事务部的支持下，牙买加政府目前正在审查海洋管理体制、法律框架。牙买加目前正在与世界银行 PROBLUE 项目合作，以确定实现经济多样化和蓝色增长的途径，为制定牙买加蓝色经济路线图提供信息。

（九）日本一直在主动采取行动，创造并利用海洋能源和矿物资源、海洋可再生能源、深海生物资源和海洋休闲活动。相关行动在日本《海洋基本法》中得到了很好的反映。

（十）肯尼亚已采取步骤制订可持续海洋计划，实现国家管辖范围内100%海域可持续管理的总体承诺。

（十一）墨西哥通过四个领域同时开展海洋小组的工作：协调、规划、财务和法律框架。

·协调：2008 年，根据总统指示，成立了海洋和海岸可持续管理高级别部际委员会，改进和协调政府间和部门间行动。

·规划：墨西哥《可持续海洋经济实施战略（2021—2024 年）》有三个主要目标：一是确定可持续海洋经济对国家的意义；二是确定该国实现总体承诺的优先事项；三是展示该国现有或新的海洋测绘工作进展。

·资金：目前的工作是通过政府和战略伙伴进行财政支持。

·法律框架：2021 年 12 月，墨西哥众议院举行了"制定促进可持续海洋经济的立法议程"圆桌会议。

（十二）纳米比亚已将可持续海洋食品、可持续海洋能源、可持续海洋旅游业等九个主题列为实现海洋管理的优先事项，制定了一项包容、全面的蓝色经济政策。

（十三）挪威的海洋综合管理计划将于 2024 年更新，实现海洋的可持续利用。通过挪威研究委员会和欧盟委员会"地平线欧洲"的资金支持，促进机构、企业间合作。挪威每年将 144 亿挪威克朗用于海洋相关研究，占挪威总研究预算的 44%。

（十四）2022 年，帕劳启动"蓝色繁荣计划"，旨在提供经济效益的同时，保护帕劳生态资源。

（十五）葡萄牙于 2021 年 5 月批准《国家海洋战略（2021—2030 年）》，为了实现这一总体承诺，葡萄牙一直在制订海洋空间规划和综合海岸管理计划，建立海洋保护区和其他有效的区域保护措施。《国家海洋空间规划基准》《国家海洋保护区网络实施战略指南和建议》《海洋水域良好环境状况评估》是确保该国海洋生态系统保护的重要基准。

（十六）2018 年，美国发布了《海洋科学和技术十年愿景》。作为世界上专属经济区面积最大的国家之一，需要通过广泛的测绘、勘探活动全面了解其专属经济区，以支持可持续的海洋规划和管理。

二、合作或援助的优先领域

（一）"蓝碳国际伙伴关系"由澳大利亚协调，已发展成为一个由世界各地 50 多个非政府组织、政府间组织和研究机构组成的全球网络，将各国政府与蓝碳从业者和科学家联系起来，提高人们对蓝碳保护的认识。

（二）对加拿大而言，优先合作领域包括但不限于以下方面：

· 国家管辖范围以外区域海洋生物多样性高雄心联盟；

· 海洋空间规划；

· 联合国"海洋十年"。

（三）在区域一级，智利希望与区域内各国合作增加发展可持续海洋经济的可能性。为此，智利推动建立了美洲保护海洋联盟，在区域一级就海洋保护问题进行合作。

（四）为加快加纳可持续转型进程，确定了以下合作重点：

· 支持编制和实施海洋空间规划；

· 调动私营部门投资。

（五）印度尼西亚认为应在蓝色经济、减缓气候变化和气候适应等议题上加强伙伴关系。

（六）对牙买加而言，海洋空间规划和渔业部门存在合作机会。牙买加确定了下列行动：

· 建设水产养殖设施，支持研究开发以及水产养殖人员培训，以制定水产养殖发展的综合方法；

· 开发鱼类保护区，促进幼鱼种群保护；

· 设立专用资金支持可持续捕捞和水产养殖业；

· 投资研究船、实验室和设备。

（七）对墨西哥而言，发展国际合作项目，促进知识、实践、能力建设交流，对于加快转型至关重要。

（八）纳米比亚转型主题包括可持续海洋食品、可持续海洋能源、可持续海洋运输、预防性海底采矿、减少温室气体排放、保护和恢复海洋生态系统、减少海洋污染。

（九）挪威认为，应对海洋和气候挑战需要合作，挪威和美国发起"绿色航运挑战"，帮助国际航运业于 2050 年前实现全面脱碳。

（十）帕劳确定了合作和援助的三个优先领域：

· 增加海洋科学投资、伙伴关系；

· 原住民知识对补充科学研究的重要性；

· 增加小岛屿发展中国家获得融资的机会。

（十一）葡萄牙正在进行以下工作：

· 发展蓝色生物技术，建立"国际蓝色生物经济中心"；

· 发展蓝色循环经济，推广以收集海洋垃圾为重点的商业模式；

· 致力于海洋可再生能源；

· 保证海洋资源管理和国家海洋空间规划实施；

· 实施国家海洋保护区网络，并确定国家管理计划；

· 投资海洋森林，支持生物多样性。

（十二）对美国而言，在以下领域开展合作可以加速转型：

· 开展前沿科学研究；

· 开发和采用新工具和技术；

· 交流知识，共享有效的海洋资源管理战略。

三、向可持续海洋经济转型的优先问题

（一）澳大利亚认识到，健康海洋是可持续海洋经济的基础，包括以下

优先领域：

· 管理海洋保护区，将澳大利亚受保护水域的比例提高到 45%；

· 制定监管框架以支持海上可再生能源项目；

· 制定国家废弃物政策及行动计划管理塑料污染；

· 支持蓝碳生态系统的恢复和保护；

· 采用新技术跟踪定位并回收幽灵渔具；

· 在珊瑚礁恢复和适应气候变化方面开展科学研究；

· 增加原住民保护区面积。

(二)解决气候变化问题仍然是加拿大国内和国际层面的优先事项：

· 加拿大政府发布《加拿大 2030 年减排计划》，投入 91 亿加元资金，推动加拿大发展可持续经济。

· 加拿大交通部支持该国向净零过渡，于 2022 年 4 月签署了《2050 年零排放航运宣言》。

· 加拿大政府正在进行一项政策分析，以响应加拿大海洋法案现代化的承诺。

(三)智利的主要优先事项之一是提高海洋素养和技能。智利推动建立了美洲保护海洋联盟，形成海洋保护区和海洋养护方面的协调合作机制。

(四)斐济致力于实现"蓝色经济复苏"，正在通过发行第一批蓝色债券来实现这一目标。

(五)对加纳而言，IUU 捕捞、海洋污染和海洋空间规划是该国高度关注的三大问题。

(六)印度尼西亚致力于海洋健康和海洋融资的优先问题和行动。

(七)日本重视渔业可持续发展，与粮农组织、区域渔业管理组织合作解决 IUU 捕捞问题。日本宣布打算在 2050 年实现净零排放，为此，日本将加快引进长期、稳定、廉价的海上风能，开发世界级、顶尖的海上浮动风力发电技术。

(八)肯尼亚强调了其支持海洋小组的承诺，重点优先行动包括：

· 建立具有法律约束力的塑料污染文书；

· 制定具有法律约束力的化学品和塑料管理国际文书；

· 加强与非洲集团、七国集团和中国的讨论，确保实现疫情后绿色复苏。

(九)墨西哥目前正优先采取以下行动：

·在现有国家文书、海洋法律和政策的基础上，建立可持续海洋计划；

·有效实施《墨西哥可持续海洋经济实施战略》中的优先行动路线图；

·有效实施有关倡议和项目以及墨西哥政府之前在国际论坛上宣布的海洋承诺。

(十)纳米比亚致力于实现大规模、低成本的海洋可再生能源开发，将于 2022 年和 2023 年建设国内绿色氢能工厂。

(十一)2005 年以来，挪威通过一项国家跨学科计划绘制其专属经济区的海底地图，挪威统计局开发了一个海洋卫星账户试点，将其作为开展全面海洋核算、实现海洋生态系统可持续管理的工具。挪威还承诺投资约 170 亿挪威克朗用于 Longship 碳捕获和封存项目。绿色航运是该国海事政策的核心，挪威计划到 2030 年将国内船舶和渔船的排放量减少一半，并为所有船舶部署零排放和低排放解决方案。

(十二)帕劳的三大优先领域是可持续捕捞、水产养殖和旅游业。

(十三)蓝色经济是葡萄牙的战略重点。为实现这一目标，葡萄牙将创建蓝色中心，将蓝色经济初创企业的数量增加一倍，优先领域如下：

·葡萄牙将充分利用亚速尔群岛的中心位置，形成空间、大气观测、海洋、气候和能源领域的科学合作网络；

·到 2022 年底建立联合国"海洋十年"办公室；

·确保到 2030 年，葡萄牙管辖范围内 100% 的海域被评估为"良好环境状态"，并将 30% 的区域列为保护区；

·到 2030 年发电能力达到 100 吉瓦。

(十四)根据海洋政策委员会的指示，美国的优先领域如下：

·最大限度保护环境；

·制定以海洋为基础的气候变化解决方案；

·确定海洋科技战略方向，为政策制定和可持续管理提供信息。

第六节　结　　论

这份进度报告评估了海洋小组成员国的集体进展，突出了可为其他国家借鉴的实例，传达了各国的合作优先事项，明确了需进一步援助的领域。

　　海洋小组通过发布行动议程和声明，为制定和宣传海洋国际政策做出重要贡献。通过各国元首会议，海洋小组成员国聚集在一起，制定以海洋为基础的气候解决方案，并强调海洋行动对于实现可持续发展议程的重要性。海洋小组委托进行的全面评估已为政府决策层提供了信息，并促使商业、金融和民间社会采取一系列响应行动。

　　海洋小组成员国将继续在这些努力的基础上，加强合作，增加公众宣传和参与，开发新的资源和工具，促进可持续海洋经济。

第三十章 《转载自愿准则》

2022年9月12日，联合国粮食及农业组织（FAO）召开渔业委员会（COFI）第三十五届会议，审议了此前召开的转载自愿准则技术磋商会的会议成果，并批准将《转载自愿准则》作为新文书纳入FAO《负责任渔业行为守则》框架。《转载自愿准则》旨在协助各国、区域渔业管理组织及其他相关政府间组织制定或审查转载政策和法规，为其提供适用的标准，以便监管转载活动，促进渔业可持续发展并防止来自非法、未报告和无管制捕捞的海产品进入市场。

第一节 范围和目的

1. 本准则为自愿性质文书，涉及对未上岸鱼品（无论是否加工）转载的监管、监测和控制规定。本准则中的措施旨在补充和支持现有政策，并认识到应根据国际法和其他国际文书，采取一切可用手段来防止、消除非法、未报告和无管制（IUU）捕捞以及相关支持性活动。本准则规定供货船和接货船的船旗国承担落实转载法规的主要责任，防止利用转载，支持IUU捕捞和相关产品进入海产品供应链。本准则认识到沿海国、港口国和区域渔业管理组织的作用和责任，为养护和管理措施，特别是对港口国措施提供宝贵补充，并为解决其他关切问题提供支持。

2. 本准则旨在向各国、区域渔业管理组织、区域经济一体化组织和其他政府间组织提供援助，以便制定新转载条例、修订现有条例并将这些条例纳入更广泛的管理框架。

3. 本准则的解释和适用应符合国际法的有关规则。本准则不影响《联合国海洋法公约》所反映的各国在国际法下的权利、管辖权或义务。本准则中的任何内容不会影响各国、区域渔业管理组织通过并实施比本准则中规定的更为严格的转载管理、监测和控制要求。

第二节 定 义

4. 就本准则而言：

（a）"供货船"（donor vessel）系指从事转载业务，将船上鱼品转移到另一艘船舶的任何船舶；

（b）"鱼品"（fish）系指所有未上岸的海洋生物物种，不论是否经过加工；

（c）"捕鱼相关活动"（fishing related activities）系指支持捕鱼的任何活动，包括鱼品上岸、包装、加工、转载或运输以及人员、燃料、工具和其他海上用品补给；

（d）"上岸"（landing）系指船舶上鱼品的转移，包括将鱼品转移到港口设施，通过港口设施或其他运输工具转移到另一艘船舶以及将鱼品从船舶转移到集装箱、卡车、火车、飞机或其他运输平台；

（e）"接货船"（receiving vessel）系指从事转载作业，从另一艘船舶接收任何数量鱼品的任何船舶；

（f）"区域渔业管理组织"（regional fisheries management organization）系指有权酌情制定养护和管理措施，包括转载有关措施的政府间渔业组织；

（g）"转载"系指在任何地方将船上任何数量的鱼品从一艘船直接转移到另一艘船，但不将相关鱼品记录为上岸；

（h）"船舶"（vessel）系指用于或拟用于捕鱼或与捕鱼相关活动（包括鱼品转载）的任何船舶、其他类型的船或艇，或任何浮动平台。

第三节 原 则

5. 本准则所依据的原则是，为了防止 IUU 捕捞，转载的监管、监测和控制应：

（a）符合国际法有关规则；

（b）确保充分记录本准则所述所有鱼品相关活动，如转载及其他相关活动；

（c）确保供货船和接货船获得适当授权，以从事转载业务；

（d）报告程序透明，以便在事前和事后对授权和转载数据的核准验证；

（e）确保采取基于风险的方法，确保措施优先级与风险成比例，以有效减少和减轻这些风险；

（f）如有可能，要求电子报告并鼓励进行电子监控；

（g）确保转载事件得到充分监管、授权和监测，并辅之以港口国和沿海国措施或船旗国与转载鱼品上岸相关的行动，并尽可能支持可追溯性。

第四节 适 用

6. 本准则适用于第 4 条中所定义的转载行为。

7. 一国可选择根据其国情和能力，对在其国家管辖范围内发生的、有权悬挂其国旗的船舶之间的转载采取与本准则效力相当的替代措施。

8. 鼓励各国和有关国际组织根据本准则，考虑采取适当措施，监测转载活动中可能发生的其他转移活动，例如，物资、船员和其他材料的转移。

9. 入港，包括上岸和转载，须遵守港口国措施以及区域渔业管理组织规定的相关船旗国和沿海国的要求及措施。

10. 本准则不适用于水产养殖产品。

第五节 授 权

11. 船旗国不应授权有权悬挂其国旗的船舶从出港到下一次入港的任何特定时期内既充当供货船又充当接货船。

12. 本准则中的任何内容均不妨碍供货船和接货船在发生不可抗力或遇险的情况下进行转载。供货船和接货船都应在合适时间范围限内，使用包含船舶、捕获鱼品和活动等信息的声明，向有关国家和区域渔业管理组织报告转载活动，包括引发不可抗力或危险的情况。

13. 船旗国应只授权有权悬挂其国旗的船舶从事转载活动，此类船舶必须安装船舶监测系统，且系统运作正常。

14. 供货船和接货船应纳入相关区域渔业管理组织的所有船舶授权记录，如适用，还应纳入《全球渔船、冷藏运输船和补给船记录》。

15. 只有有权悬挂特定区域渔业管理组织缔约方或合作非缔约方旗帜的供货船和接货船，才有资格获得授权在该区域渔业管理组织的监管权限范围内进行鱼品转载。供货船和接货船的授权应符合区域渔业管理组织制定的规则。

16. 船旗国应要求有权悬挂其国旗的船舶在其国家管辖范围以外地区进行转载之前，必须获得授权。

17. 船旗国应要求有权悬挂其旗帜的船舶，若计划在某沿海国的管辖范围内进行转载，则应事先获得该沿海国的授权；若计划在船旗国以外国家的港口进行转载，则应事先获得有关港口国的授权。

18. 对于区域渔业管理组织监管范围的转载活动，只有在供货船和接货船都已被各自的船旗国列入相关授权船舶清单的情况下，方可予以授权。

19. 若涉及的任何船舶被列入相关区域渔业管理组织制定的 IUU 捕捞渔船清单中，则不得进行转载。

20. 应要求所有有资格获得国际海事组织编号的供货船和接货船具备该编号，以便获得船旗国转载授权，无论转载活动的发生地点。应向所有相关国家和相关国际组织提供该编号。

21. 转载控制措施应涵盖船舶获得转载授权的具体标准，包括：

(a)船旗国授权有权悬挂其国旗的船舶执行转载的条件；

(b)沿海国或港口国授权船舶在其国家管辖范围内执行转载的条件；

(c)发生转载必须采取的监测、控制和监督措施；

(d)数据收集和报告要求；

(e)确保转载操作符合相关区域渔业管理组织、船旗国、相关沿海国和港口国的管理制度。

22. 船旗国应仅当其监测、控制和监督主管部门有能力监测控制转载活动，包括能够对港口和海上转载分别进行风险评估时，才可授权有权悬挂其国旗的船舶参与转载。

23. 如鱼品要在港口上岸或转载，船旗国应鼓励有权悬挂其国旗的船舶前往遵守《关于预防、制止和消除 IUU 捕捞的港口国措施协定》（以下简称"《港口国措施协定》"）或以符合《港口国措施协定》方式行事的国家港口。

第六节　标准化通知和报告

24. 与转载有关的信息，如通知和授权、转载和上岸声明以及观察员报告，应以商定的格式报告。

25. 鼓励各国和区域渔业管理组织在不损害本准则所述措施效力的情况下，简化通知和报告要求。

第七节　事前通知和验证

26. 各国应确保所有计划执行转载的船舶，无论是作为供货船还是接货船，在可支持有效监测、控制和监督的时限内，尽快向有关主管部门和有关区域渔业管理组织提供关于具体转载活动的事前通知。

27. 供货船应在转载前报告船上的鱼品数量和将要转载的数量，包括受管制和不受管制的物种以及任何副渔获物。接货船应在转载前报告船上的鱼品数量，包括受管制和不受管制的物种以及任何副渔获物。报告内容还包括物种、产品形式和捕捞区域。

28. 供货船和接货船的事前通知还应包括计划转载活动的日期、时间和地点。

29. 船旗国在收到供货船发出的转载事前通知后，在承认和确认转载可以进行前，应验证该供货船是否遵守有关养护和管理措施以及监测、控制和监督措施，包括近实时船舶监测系统报告以及其他适用的电子监测和观察员覆盖要求。

30. 在供货船开展具体转载活动之前，船旗国应该验证该供货船自最后一次出港以来是否定期报告了捕捞情况，包括捕捞量和捕捞强度数据。

31. 所有计划在区域渔业管理组织监管权限范围内进行转载的供货船和接货船，在根据区域渔业管理组织措施进出其管辖区时，都需要通知该特定区域渔业管理组织。

32. 针对在港口执行的转载，本节中任何规定都不能取代港口国责任。

第八节 事后报告

33. 应要求参与转载的所有供货船和接货船记录转载活动，并提供转载声明，内容包括船舶、捕捞鱼品和活动的信息。在可支持有效监测、控制和监督的时限内，并在授权任何上岸或随后的转载前，尽快提交给所有相关主管部门和相关区域渔业管理组织。船舶应保管船上记录，包括每份转载声明；声明的副本也应随同转载的鱼品在接货船上保管。

34. 若转载由观察员独立监测，则无论转载活动的发生地点，均应要求观察员在可支持有效监测、控制和监督的时限内，尽快向所有相关主管部门和相关区域渔业管理组织提供所有转载活动的报告。

35. 观察员报告应由相关主管部门审查，当观察员报告指出，供货船和接货船的船长所报告的数据不一致，或可能不遵守适用规则时，应启动适当的控制措施。

36. 作为转载声明的一部分内容，供货船和接货船都应使用关于船舶、捕捞量和活动的信息，报告转载的鱼品数量以及转载后船上的鱼品数量。鱼品数量应分物种、产品形式和捕捞区域进行报告。还应报告转载的日期、时间和地点。

37. 在相关区域渔业管理组织监管权限范围内进行的渔获上岸和转载信息，应根据该组织规则向其报告。

38. 转载的事前通知和事后报告程序应尽可能电子化。应提供通知、声明、报告和登记册，支持开展监测、监管和报告；并在检查时或应上岸港的要求出示这些文件。

第九节 后续程序

39. 应建立程序，以交叉验证船舶、船旗国、沿海国、港口国、区域渔业管理组织、检查员和观察员报告的所有转载数据。对于在船旗国、沿海国或港口国国家管辖范围内发生的转载，可根据船旗国、沿海国或港口国法律，并酌情根据相关区域渔业管理组织规定，在适当考虑保密要求的情况下完成此程序。

40. 第4条所定义的上岸量应附带声明，如船舶、捕捞量和活动的相关信息。对于《港口国措施协定》第3条第1款（b）项所述的豁免，应要求提供此类声明。

41. 应制定具体的报告程序，根据相应的转载数据和信息，按物种、产品形式、区域、加工鱼品原产国收集并交叉验证上岸鱼品数量数据及信息。

42. 应制定程序，跟踪对参与转载船舶违规行为进行的执法过程，包括起诉和实施有效、有威慑力的处罚或其他制裁，并酌情将涉事船舶列入参与 IUU 捕捞的船舶名单。应向相关主管部门和相关区域渔业管理组织报告这种跟踪的情况。

43. 区域渔业管理组织合规审查程序应评估与转载相关的所有义务，包括船舶授权、转载通知、报告以及转载数据的交叉比对。

第十节　监　控

44. 船旗国应要求有权悬挂其国旗并从不止一艘供货船接收鱼品的接货船分别存放从每艘供货船接收的鱼品及相关文件；在港口国和沿海国相关主管部门提出要求时，应出示这些文件。分开存放的方式应能确保区分船上鱼品的每一部分来自哪艘供货船（如用帆布或网将船上的鱼品分开和在箱子上贴上适当标签）。船旗国还应要求接货船保管最新的存放计划和其他文件，显示从每艘供货船收到的鱼品的位置和数量。这些文件应提供给有关主管部门，并在船上保管，直到鱼品完全卸下。

45. 应要求所有获准进行转载的供货船和接货船在船上安装经批准的船舶监测系统，并确保该系统在任何时候都完全正常，并从出港到入港始终传输船舶监测系统信息。船旗国应监测传输的数据，以便进行有效的监测、控制和监督。

46. 应制定程序，确保能够近乎实时地向相关主管部门报告船舶监测系统数据，如适用，还应向区域渔业管理组织报告数据，特别是当船舶从事其监管范围内的活动时。

47. 尽管有第45条的要求，应制定相关要求和程序，供在船舶监测系统发生故障或失灵情况下报告船舶情况。如果船舶监测系统发生故障或失灵，在本准则所规定的报告要求和程序得到确立和遵守前，不得开始进一步的转载。

48. 对从事转载活动的船舶应实施独立的转载核查机制，如采取人工观察、电子监测，或同等的传感器技术，或采取以上三种办法，对接货船的覆盖率应达到100%。只有在相关国家或区域渔业管理组织按照《港口国措施协定》要求，已经采取了一整套基于风险的海上和港口综合监测措施，足以实现相当程度的控制时，才能采用替代措施。

49. 应授权观察员出于科学和合规目的，使用其独立收集的转载活动信息和数据。

50. 如港口国，或沿海国，或区域渔业管理组织提出要求，作为船旗国应在合理的时间内确认，是根据相关沿海国或相关区域渔业管理组织的适用规则和法规接收供货船提供的鱼品。

51. 对于接货船将转载鱼品上岸的港口，包括供货船从渔场抵达后进行直接上岸或转载的港口，港口国应制定并实施符合《港口国措施协定》的措施，包括将收集的数据与现有捕捞量和转载信息进行交叉验证以及根据《港口国措施协定》第四部分进行检查并采取后续行动。

52. 船旗国应确保，对于有权悬挂其国旗、没有资格在国际海事组织船舶识别码制度下获得国际海事组织编号的船舶，任何转载活动都应以与本准则有关规定同样有效的方式进行监管、监测和控制。

第十一节 数据交换和信息共享

53. 应在所有相关国家和区域渔业管理组织之间建立转载数据共享程序，如授权船舶名单、转载通知、授权和声明、报告的鱼品、上岸声明、观察员报告、检查报告、违规行为和制裁。应根据相关国家和区域渔业管理组织的数据保密规定，尽可能及时地以电子方式共享或交换转载数据，以支持对转载活动进行有效的监测、控制和监督。

54. 应在区域渔业管理组织之间建立正式的转载数据共享程序，特别是在管辖范围重叠的区域渔业管理组织之间以及在同一接货船被授权在多个区域渔业管理组织管辖区内参与转载的情况下。

55. 与某区域渔业管理组织监管权限下的转载活动有关的信息，如转载次数、地点、转载和上岸的鱼品数量（按物种、产品形式和捕捞区域分列），应每年公布一次，并适当考虑保密要求。也请各国采用同样的做法。

56. 应通过区域渔业管理组织的船舶授权记录、FAO《全球渔船、冷藏运输船和补给船记录》和/或其他适当手段，公开所有授权转载的供货船和接货船的最新名单，并提供详细信息。

第十二节　承认发展中国家的特殊需要

57. 各国应充分承认发展中国家，尤其是最不发达国家和小岛屿发展中国家的特殊需求，以确保其有能力落实本准则。

58. 在此方面，各国可直接或通过包括区域渔业管理组织在内的国际组织向发展中国家提供援助，以便提高其能力，包括：

（a）为转载和上岸制定适当的法律和监管框架；

（b）加强所需机构组织和基础设施，以确保转载规定得到有效落实；

（c）在国家和区域层面加强机构和人员在监测、控制和监督及培训等方面的能力；

（d）加强港口国措施的制定和实施；

（e）参加任何支持和促进有效制定、实施转载条例的国际组织。

59. 如涉及鱼品上岸或转载，船旗国应根据本准则第 17 条，酌情鼓励有权悬挂其国旗的船舶使用发展中国家的港口，以增加发展中国家实施检查和促进经济发展的机会。鼓励尚未成为《港口国措施协定》缔约国的国家加入。

60. 各国可直接或通过 FAO 评估发展中国家在落实本准则方面的特殊要求，包括第 58 条中确定的援助需求。

61. 各国可合作建立适当的机制，协助发展中国家落实本准则，包括加强监测计划，使沿海国能够全面了解在其水域内发生的所有船舶的转载情况，而不论船舶悬挂的旗帜、大小或使用的工具。

62. 为实现本准则载列的目的，在与发展中国家开展合作以及在发展中国家之间开展合作时，可通过双边、多边和区域渠道提供技术和资金援助，包括南南合作。

63. 鉴于此，各国可设立一个特设工作组，定期就以下工作提交报告和建议：建立包括捐助计划在内的供资机制；确定并实施供资安排。

第三十一章 《美国印太战略》

2022 年 2 月 11 日，美国白宫发布《美国印太战略》（以下简称《印太战略》），阐释拜登政府的印太地区承诺及其面临的地区环境，重点提出印太战略目标、实现路径和行动计划。《印太战略》明确提出拜登政府在印太地区的战略目标是推动建立更紧密、更繁荣、更安全、更具弹性的自由开放的印太地区，并为此制定了五大具体目标和未来 1~2 年的十项行动计划。

第一节 印太地区承诺

美国是印太地区大国，该地区从美国的太平洋沿岸延伸至印度洋，拥有一半以上的世界人口、近 2/3 的世界经济体量和全球实力领先的七支军队。驻扎在该地区的美军数量超过美国本土之外的其他任何地区。印太地区支撑着美国 3000 多万个就业岗位，是美国近 9000 亿美元外资的来源地。未来，考虑到该地区推动 2/3 的全球经济增长，其影响力将越来越大，对美国的重要性也越来越大。

美国始终承认印太地区对国家安全和繁荣至关重要。美国与印太地区的联系始于两个世纪前，当时美国人来到该地区寻求商业机会，并随着亚洲移民抵达美国而不断发展。第二次世界大战提醒美国，只有亚洲安全，美国才能安全。因此，第二次世界大战后，美国与澳大利亚、日本、韩国、菲律宾和泰国签订条约建立坚定的联盟，巩固了美国与该地区的关系，奠定了安全基础，促使该地区民主国家实现繁荣发展。随着美国支持区域性组织，特别是东盟，发展紧密的贸易和投资关系，致力于维护从人权到航行自由的国际法和规范，这些关系得到进一步发展。

随着时间推移，美国发挥一贯作用的战略必要性日益凸显。"冷战"结束，考虑到 21 世纪该地区的战略价值将持续增加，美国拒绝撤回军事存在。从此，两党政府都对该地区作出共同承诺。小布什政府深知亚洲的重要性日益增长，并与中国、日本和印度密切接触。奥巴马政府明显提升亚洲在美国考量中的优先性，在该地区投入新的外交、经济和军事资源。特朗普政府也承认印太地区是世界的重心。

在拜登总统的领导下，美国决心加强在印太地区的长期立场和承诺。美国将关注该地区的每个角落，从东北亚和东南亚，到南亚和大洋洲，包括太平洋岛国。与此同时，美国许多盟友和伙伴，包括欧洲盟友和伙伴，越来越多地把注意力转向该地区；美国国会两党也对此给予广泛认同。在快速变化的战略格局中，美国认识到，只有将美国牢牢地锚定在印太地区并筑牢域内外最紧密的盟友和伙伴关系，才能增进美国利益。

美国如此重视印太地区，原因之一是该地区面临越来越多的挑战，特别是来自中国的挑战。中国正统筹其经济、外交、军事和技术力量，在印太地区寻求势力范围，并致力于成为世界最具影响力的大国。

就美国而言，目前正夯实国内实力基础，与海外盟友和伙伴保持策略一致，并与中国竞争，以捍卫美国与其他国家的共同利益和未来愿景。美国将加强国际体系，坚持基于共同价值观并进行更新以应对 21 世纪的挑战。美国的目标不是改变中国，而是塑造其所处的战略环境，在世界范围内建立于美国、盟友和伙伴以及共同利益与价值观最为有利的影响力平衡。美国还将寻求负责任地管理与中国的竞争。在气候变化和核不扩散等领域，我们将与盟友和伙伴合作，同时寻求与中国合作。美国认为，任何国家都不应因双边分歧而在跨国问题上停滞不前，这符合该地区及世界的利益。

印太地区还面临其他重大挑战。随着南亚冰川融化、太平洋岛国海平面上升，气候变化愈加严重。新冠肺炎大流行继续给该地区人民造成痛苦和经济损失。朝鲜继续扩大非法的核武器和导弹计划。印太地区各国政府努力应对自然灾害、资源短缺、内部冲突和治理挑战。如果不加以控制，这些因素可能破坏地区稳定。

随着决定性的十年到来，印太地区充满巨大的希望和历史性障碍，美国在该地区的作用必须比以往任何时候都更加有效和持久。为此，美国将推进长期联盟现代化，加强新兴伙伴关系，并投资于区域性组织，这些集体能力建设将使印太地区适应 21 世纪的挑战并抓住机遇。面对中国、气候危机和新冠肺炎大流行的考验，美国必须与盟友和伙伴一道，努力实现积极愿景，即建立更紧密、更繁荣、更安全、更具弹性的自由开放的印太地区。本项国家战略概述了这一路径，并承诺美国将致力于取得成功。

第二节 美国的印太战略

美国致力于建立自由开放、紧密、繁荣、安全和弹性的印太地区。为实现这一愿景，美国将强化自身作用并加强地区能力。这一路径的基本特征是无法单独实现：不断变化的战略环境和历史性挑战要求我们与拥有共同愿景的国家进行前所未有的合作。

几个世纪以来，美国和世界大部分国家视亚洲为地缘政治竞争的舞台，这种认识过于狭隘。如今，印太地区国家正助力确定国际秩序的本质，其结果与美国全球盟友和伙伴利益攸关。因此，美国的路径借鉴了最亲密朋友的路径，并与之保持一致。与日本一样，美国认为，成功的印太愿景必须推进自由开放，并提供"自主选择"。美国支持强大的印度作为这一积极地区愿景的伙伴。与澳大利亚一样，美国寻求维护稳定，反对大国的胁迫性行为。与韩国一样，美国的目标是通过能力建设促进地区安全。与东盟一样，美国将东南亚视为地区架构的核心。与新西兰和英国一样，我们寻求在基于规则的地区秩序中构建弹性。与法国一样，美国认识到欧盟日益增长的地区作用具有战略价值。与欧盟《印太合作战略》的路径一样，美国的战略将具有原则性、长期性并根植于民主弹性。美国将与盟友和伙伴以及区域性组织合作，在印太地区寻求实现五个目标，即推进自由开放的印太地区、建立域内外联系、推动印太地区繁荣、加强印太地区安全、构建抵御 21 世纪跨国威胁的地区弹性。

一、推进自由开放的印太地区

美国与最密切伙伴的切身利益需要自由开放的印太地区，各国政府可根据国际法规定的义务做出自己的主权选择；海洋、天空和其他共享领域可得到依法治理。因此，美国主张构建国家间弹性。在印太地区，这包括美国为支持社会开放所做出的努力，确保印太地区国家在不受胁迫的情况下做出独立的政治选择；美国将通过投资民主机构、新闻自由和充满活力的民间团体来实现这一目标。美国将支持调查性报道，提升媒体素养，促进独立媒体多元化，加强合作以应对信息操纵威胁，旨在加强信息和言论自由并打击外国干预。根据美国首个反腐败战略，美国还将寻求提高印太地区的财政透明度，以揭露腐败并推动改革。通过外交接触、对外援助以及与区域性组织的合作，美国将成为加强民主制度、法治和负责任民主治理的伙伴。美国将与伙伴一道，抵制经济胁迫。

除个别国家疆界外，美国将与志同道合的伙伴密切合作，以确保该地区的开放和自由进出以及根据国际法管理和使用海空。特别是，美国将支持海洋领域基于规则的方针，包括在南海和东海。

美国还将与合作伙伴一道，推进关键和新兴技术、互联网和网络空间的共同路径。我们将为开放、协同、可靠和安全的互联网提供支持；与伙伴协调，维护国际标准机构的诚信，促进基于共识、以价值观为导向的技术标准；促进研究人员的流动和科学数据的开放，促进前沿合作；致力于实施网络空间负责任行为框架及其相关规范。

二、建立域内外联系

新时代，只有加强集体能力建设，才能实现自由开放的印太地区；当前，共同行动是战略需要。必须调整美国及伙伴建立的联盟、组织和规则；必要时，必须对其进行共同重塑。美国将通过强大的、相辅相成的联盟体系来实现这一目标。

从最为紧密的盟友和伙伴关系入手，美国正以创新的方式修复这些关系。美国正深化与澳大利亚、日本、韩国、菲律宾和泰国这五个地区盟友的关系，并加强与印度、印度尼西亚、马来西亚、蒙古、新西兰、新加坡、越南和太平洋岛国等主要地区伙伴的关系。美国还将鼓励美国的盟友和伙伴加强彼此之间的联系，特别是日本和韩国。美国将支持并允许盟友和伙伴发挥区域领导作用，美国将以灵活的集团方式，集中集体力量，应对我们这个时代的决定性问题，特别是通过"四方安全对话"（Quad）。美国将继续加强 Quad 在全球卫生、气候变化、关键和新兴技术、基础设施、网络、教育和清洁能源方面的合作，并与其他伙伴一道为实现自由开放的印太地区而努力。

同时，美国欢迎强大且独立的东盟在东南亚发挥领导作用。美国肯定东盟的中心地位，并支持东盟为该地区最紧迫的挑战提供可持续的解决方案。为此，美国将深化与东盟的长期合作，并在卫生、气候和环境、能源、交通以及性别公平和平等方面进行新的深度接触。美国将与东盟努力，将其打造为地区领导机构，并将探索 Quad 与东盟的合作。美国还将支持南亚地区伙伴与东盟建立更为紧密的联系。美国与南亚地区伙伴将优先建立机制，以解决人道主义援助和救灾需求、海上安全、水资源短缺和流行病应对问题。美国将寻求成为太平洋岛国不可或缺的伙伴，承诺与其他伙伴进行更为紧密的协作，并有意扩大美国在东南亚和太平洋岛国的外交存在。美国还将优先与自由联系国就《自由联系条约》进行谈判，以此作为美国在太平洋地区发挥作用的基石。

域外盟友和伙伴对印太地区给予了更多新的关注，特别是欧盟和北约。美国将利用这一机会调整思路，统筹实施各项措施，提高效率。美国将携手共建以数字领域为重点的地区联通，维护国际法，特别是海洋国际法。在此过程中，美国将领导推动集体行动的共同议程，在印度洋–太平洋和欧洲–大西洋之间建立联系，并拓展到其他地区。美国还将通过联合国的密切协调推进共同愿景。

美国的联系连结美国的政府，也连结美国的人民。美国是向印太地区留学生提供教育的国际领先者，近 68% 的在美留学生来自印太地区，其建立的纽带有利于激发下一代的活力。美国将重振长期维系国家间关系的青年领导力、教育和专业交流以及英语培训项目，包括东南亚青年领袖倡议（YSEALI）。同时，美国将在关键科学技术领域前沿联合研究方面建立新的伙伴关系，包括新的 Quad 研究基金计划，以支持澳大利亚、日本、印度和美国的研究生在科学、技术、工程、数学（STEM）领域学习。通过这些及其他项目，美国将继续投资于下一代的人文联系。

印太战略要素：

·战略目标：推动建立更紧密、更繁荣、更安全、更具弹性的自由开放的印太地区。

·战略路径：强化美国的作用，与盟友和伙伴以及区域性组织加强集体能力建设。

·战略手段：现代化的联盟；灵活的伙伴，包括被赋予权力的东盟、起领导作用的印度、强大可靠的 Quad 和参与其中的欧洲；经济伙伴关系；新的美国国防、外交、发展和对外援助资源；美国各级政府对该地区的持续关注与承诺。

三、推动印太地区繁荣

美国的长期繁荣与印太地区息息相关。美国将创新性地提出一个新框架，使美国的经济适应当前的形势。密切的经济一体化为此奠定坚实的基础。2020 年，美国与印太地区的双边贸易总额达 1.75 万亿美元，支持超过 500 万个地区就业机会。2020，美国对外直接投资总额超过 9690 亿美元，在过去十年间几近翻了一番。美国是东盟成员国的第一大投资伙伴，投资额超过东南亚第二大、第三大和第四大投资伙伴的总和。美国还是该地区的主要服务出口国，促进了该地区的增长。

新冠肺炎大流行表明亟须促进基于经济增长的复苏。这需要投资来鼓励创新，增强经济竞争力，创造高薪工作，重建供应链，并为中产阶级家庭增加经济机会：这十年，印太地区将有 15 亿人步入全球中产阶级。

美国将与伙伴一道，提出印太经济框架——21 世纪多边伙伴关系。这一经济框架将助力美国的经济体利用技术快速转型，包括在数字经济领域，并适应即将到来的能源和气候转型。美国将与伙伴一道，确保太平洋两岸的国民从历史性经济变革中获益，并深化一体化。美国将制定符合劳工和环境高标准的新贸易措施，并将根据开放原则治理美国的数字经济和跨境数据流动，包括通过新的数字经济框架。美国将与伙伴合作，推动多元、开放、可预测的具有弹性且安全的供应链，并消除障碍，提高透明度和信息共享。美国将共同投资于脱碳和清洁能源，并在美国主办 2023 年亚太经合组织会议期间及以后，致力于促进自由、公平和开放的贸易与投资。

美国还将加倍努力助力印太地区伙伴缩小该地区基础设施差距。通过与七国集团伙伴的"重建更美好的世界"倡议，美国将为该地区的新兴经济体提供高标准基础设施，助其增长与繁荣，并为太平洋两岸创造良好的就业机会。同时，美国将促进具有弹性且安全的全球电信，重点关注 5G 供应商多元化和开放无线接入网技术，并寻求接受新的、可靠的进入者的电信供应市场。美国还将与在制定 21 世纪经济活动规则方面发挥主导作用的区域经济伙伴并肩作战。同时，美国将经济快速转型作为所有人的共同机会。

四、加强印太地区安全

75 年来，美国长期保持着支持地区和平、安全、稳定与繁荣所必需的强大且持久的防务存在。美国始终是坚定的地区盟友，在 21 世纪亦是如此。如今，美国正扩大这一作用并推动现代化：美国正加强自身能力，以捍卫自身的利益，并阻止侵略行为，反对针对美国领土与盟友和伙伴的胁迫。

综合威慑将是美国的策略基石。美国将更紧密地整合自身在作战领域和冲突范围内的努力，以确保与盟友和伙伴共同阻止或击败任何形式或领域的侵略行为。美国将制定加强威慑和反对胁迫的措施，如反对改变领土边界或破坏主权及国家海洋权利等。

美国将重申对创新的关注，以确保美国军队在快速发展的威胁环境中作战，包括太空、网络空间、关键和新兴技术领域。美国正开发新的作战概念，建立更具弹性的指挥和控制，增加联合演习和行动的范围与复杂性，并寻求多样化的兵力态势机会，将加强美国与盟友和伙伴共同且更加灵活的作战能力。

与美国更广泛的战略路径相一致，美国将优先考虑安全联盟和伙伴关系网络。在印太地区，美国将与盟友和伙伴合作，深化互操作性，发展和部署先进的作战能力，支持捍卫本国公民和主权利益。美国将继续推进与澳大利亚、日本、韩国、菲律宾和泰国的联盟现代化；稳步推进美国与印度的主要防务伙伴关系，并支持其作为网络安全的提供者；构建南亚、东南亚和太平洋岛国等伙伴的防务能力。美国将加强自身在印太地区及其他地区的盟友和伙伴之间的安全联系，包括寻找联通国防工业基地的新机会，整合国防供应链，共同研发关键技术，以巩固集体军事优势。同时，美国将创新方式，将印太地区和欧洲伙伴团结起来，包括通过澳英美三方安全同盟(AUKUS)。

随着朝鲜继续发展破坏稳定的核武器和导弹计划，美国将继续寻求严肃且持续的对话，以实现朝鲜半岛完全无核化，解决其持续的侵犯人权行为，改善朝鲜人民的生活和生计。同时，美国正加强与韩国和日本的延伸威慑与协调，以应对朝鲜的挑衅，随时准备阻止并在必要时击败任何对美国和盟友的侵略，同时，加强印太地区的反扩散努力。针对核武器和弹道导弹系统以及其他对战略稳定的新威胁，在加强对其进行延伸威慑的同时，美国将寻求与广泛的行为体合作，包括美国的竞争对手，以预防和管控危机。

美国还将创新性地应对平民面临的安全挑战，加强美国海岸警卫队的存在、培训和咨询，以提升美国伙伴的能力。美国将合作打击并预防恐怖主义和暴力极端主义，包括识别和监测前往该地区的外国武装分子，制定减轻网络激进主义的方案，并鼓励印太地区的反恐合作。美国将提升地区集体能力，以预防和应对环境与自然灾害，自然发生、意外或蓄意制造的生物威胁以及武器、毒品和人口贩运。美国将改善该地区的网络安全，包括提高美国伙伴的网络安全事件防范、恢复和应对能力。

五、构建抵御 21 世纪跨国威胁的地区弹性

印太地区是气候危机的中心，同时也是解决气候问题的关键。为实现《巴黎协定》的目标，该地区主要经济体需要将其目标与《巴黎协定》设定的温控目标保持一致。这包括敦促中国履行承诺并实施行动，以实现将全球升温限制在 1.5℃ 的目标。美国在印太地区共同应对气候危机，既是政治需要，也是经济机遇，世界 70% 的自然灾害都发生在印太地区。美国将与伙伴一道，制定符合将全球升温限制在 1.5℃ 的 2030 年和 2050 年的目标、战略、计划与政策，寻求成为未来印太地区向净零排放过渡的首选伙伴。通过"清洁能源优势行动计划"等倡议，美国将鼓励清洁能源技术的投资和应用，旨在推动能源部门脱碳，鼓励与应对气候变化相关的基础设施投资。美国将与伙伴合作，降低其在应对气候变化和环境退化影响时的脆弱性，并支持关键基础设施弹性和解决能源安全问题。美国还将努力保障印太地区广袤海洋的健康和可持续利用，通过合法使用其资源，加强研究合作，并促进有益的商业和运输。

美国将与印太地区伙伴合作，助力抗击新冠肺炎大流行，构建应对共同威胁的弹性。美国将与伙伴密切合作，加强其卫生系统建设，增强抵御未来冲击的能力，推动对全球卫生安全的投资，扩大区域平台以预防、发现和应对包括生物威胁在内的紧急情况。美国还将通过世界卫生组织、七国集团、二十国集团和其他多边机制加强防范与应对。美国将与东盟、亚太经合组织、太平洋岛国论坛等组织密切协调，推进抗疫努力。

第三节 印太地区行动计划

为实施这一战略，美国将在未来 12~24 个月开展十项核心工作。

一、为印太地区注入新资源

建立共享能力要求美国在该地区进行新的投资。美国将开设新的大使馆和领事馆，特别是在东南亚和太平洋岛国，并加强美国现有使领馆的能力，改善美国在气候、卫生、安全和发展方面的工作。美国将扩大美国海岸警卫队在东南亚和南亚以及太平洋岛国的存在与合作，重点是提供咨询、培训、部署和能力建设。美国将重新把安全援助的重点放在印太地区，包括建立海洋能力和海域感知。美国还将扩大包括和平队在内的人文交流的作用。在美国政府内部，将确保具有必需的能力和专业知识来应对印太地区挑战。在这一过程中，美国将与国会合作，确保美国的政策和资源得到两党的必要支持，以支撑美国强大且稳定的地区作用。

二、启动印太经济框架

2022 年初，美国将启动新的伙伴关系，旨在促进和推动高标准贸易，管理数字经济，提高供应链的弹性和安全性，促进对透明、高标准基础设施的投资，建立数字连接，极大地加强美国与该地区的经济联系，并为广泛共享的印太机遇做出贡献。

三、加强威慑

美国将捍卫其利益，阻止对美国及其盟友和伙伴的军事侵略，通过发展新能力、新作战概念、新军事活动、新国防工业倡议和更具弹性的力量态势，促进地区安全。美国将与国会合作，为太平洋威慑倡议和海上安全倡议提供资金。通过 AUKUS 伙伴关系，美国将确定尽早向澳大利亚皇家海军提供核动力潜艇的最佳方式。此外，美国将通过先进能力方面的具体工作计划，以深化合作并增强互操作性，包括网络、人工智能、量子技术和水下能力。

四、巩固强大且统一的东盟

美国正对其与东盟的关系进行新的投资，包括首次在华盛顿举行具有历史意义的美国-东盟特别峰会。美国致力于东亚峰会和东盟地区论坛，并将寻求与东盟建立新的部长级接触。美国将实施超过 1 亿美元的美国——东盟新倡议。美国还将在东南亚地区扩大双边合作，优先加强卫生安全，应对海上挑战，增加联通性，并深化人文关系。

五、支持印度的持续崛起和地区领导地位

美国将继续建立由美国和印度共同努力的战略伙伴关系，并通过地区集团促进南亚稳定；在健康、太空和网络空间等新领域开展合作；深化两国的经济和技术合作；为自由开放的印太地区做出贡献。美国认识到，印度是南亚和印度洋地区志同道合的伙伴与领导者，积极参与并连结东南亚，是 Quad 和其他地区机制的推动力，是地区增长和发展的引擎。

六、履行 Quad 承诺

美国将强化 Quad 作为首要地区集团的地位，并确保其在印太地区重要问题上发挥作用。Quad 将在应对新冠肺炎大流行和全球卫生安全方面发挥主导作用，履行其向印太地区及世界提供额外 10 亿支疫苗的投资承诺。Quad 将推进关键和新兴技术工作，推动供应链合作、联合技术部署，并推进共同技术原则。Quad 将建立绿色航运网络，并将协调卫星数据共享，以提高海域感知和气候应对能力。Quad 成员国将共同为南亚、东南亚和太平洋岛国提供高标准基础设施，并将努力提高其网络能力。Quad 研究基金计划将于 2022 年正式启动，在 Quad 成员国招收第一批 100 名学生，自 2023 年起在美国攻读 STEM 研究生学位。Quad 将继续定期举行首脑峰会和部长级会议。

七、扩大美日韩合作

几乎每个印太地区的重大挑战都需要美国盟友和伙伴的密切合作，特别是日本和韩国。美国将继续通过三边渠道就朝鲜问题进行密切合作。除安全问题外，美国还将在该地区发展基础设施、关键技术和供应链问题以

及妇女领导力和赋权方面的合作。美国将更多寻求在三边框架下协调美国的地区战略。

八、共建太平洋岛国弹性

美国将与伙伴一道，建立多边战略集团，以支持太平洋岛国作为安全且独立的行为体提升其能力和弹性。同时，美国将通过太平洋基础设施基金开展气候弹性建设；协调缩小太平洋地区基础设施差距，特别是在信息和通信技术领域；促进交通运输便利；合作改善海上安全以保障渔业发展，提升海域感知，加强培训和咨询。美国还将优先考虑完成与自由联系国达成的《自由联系条约》。

九、支持善政和问责制

美国将支持印太地区国家自主做出政治选择，通过对外援助和发展政策，利用在七国集团和二十国集团的领导地位，在开放政府伙伴关系中重新发挥作用，以帮助其整治腐败问题。美国还与各国政府、民间团体和新闻媒体合作，确保其有能力揭露和减轻外国干涉与信息操纵风险。美国将继续支持缅甸民主，与盟友和伙伴密切合作，向缅甸军方施压，要求缅甸恢复民主，包括有效落实执行五点共识。

十、支持开放、弹性、安全和可靠的技术

美国将促进安全和可靠的数字基础设施，特别是"云"和电信供应商的多样性，包括创新网络架构，如开放无线接入网，鼓励规模化商业部署和测试合作，如通过对测试平台的共享访问来实现通用标准的开发。美国还将深化关键治理和基础设施网络的共享弹性，同时，建立新的区域倡议，以改善集体网络安全并迅速应对网络事件。

第四节　总　结

美国已进入美国外交政策的新的重要时期，较第二次世界大战以来，对美国在印太地区提出更多要求。美国在印太地区的关键利益日渐清晰，且愈加难以维护；美国将不再奢求在强权政治和打击跨国威胁之间做出选

择；美国将在外交、安全、经济、气候、疫情应对和技术等方面发挥领导作用。

印太地区的未来取决于美国现在的选择。美国面向的决定性的十年将决定印太地区能否面对和解决气候变化问题，揭示世界如何从百年一遇的新冠肺炎大流行中复苏重建，并决定美国能否维持推动印太地区的开放、透明和包容原则。如果美国与盟友和伙伴一道，加强在该地区应对 21 世纪挑战的能力，抓住机遇，那么印太地区将走向繁荣，为美国和世界提供支持。

美国的战略雄心源于这样一个信念：对世界和美国而言，印太地区的重要性超过其他任何地区，美国与盟友和伙伴对此拥有共同愿景。通过实施具有共同基础支柱的战略，并加强该地区实现这些目标的能力，美国可与其他国家一道，为后代建立自由、开放、紧密、繁荣、安全、弹性的印太地区。

第三十二章　印度发布北极政策

2022 年 3 月 17 日，印度政府正式发布题为《印度的北极政策：建立可持续发展伙伴关系》(以下简称《政策》)的战略文件。《政策》概述了印度北极利益，回顾了印度参与北极事务的过程，并从科学与研究、气候与环境保护、经济和人类发展、交通和互联互通、治理和国际合作、国家能力建设六个方面对印度参与北极事务做出详细安排。《政策》体现了印度力图全面参与北极事务的雄心，未来印度将以更积极的姿态、更全面的领域、更务实的手段介入北极事务，在当前地缘政治形势影响蔓延至北极地区的复杂背景下，印度强化北极战略目标对我参与北极事务机遇与挑战并存。

第一节　印度的北极任务

一是加强印度与北极地区的合作。

二是将极地研究与世界第三极——喜马拉雅山脉地区研究相协调。

三是为增进人类对北极地区的认识做出贡献。

四是加强应对气候变化和保护环境的国际努力。

五是促进印度国内对北极的研究和认识。

第二节　引　言

一、北极——对印度的重要性

北极通常指北纬 66°34′以北的北极圈区域，其中包括以北极为中心的北冰洋。八个北极国家——加拿大、丹麦、芬兰、冰岛、挪威、俄罗斯、瑞典和美国组成了北极理事会。北极地区有近 400 万居民，其中约 1/10 为原住民。

北冰洋及其周围地貌一直是全球科学界极为关注的话题和高度优先的

研究领域，对决策者也十分重要。北极影响着地球生态系统的大气、海洋和生物地球化学循环。

北极地区容易受到前所未有的气候变化的影响，表现为海冰、冰盖的消失以及海洋和大气的变暖。这将导致海水盐度降低，热带地区陆地和海洋之间温差上升，亚热带地区变得干燥，高纬度地区降水量增加。

这些变化可能对国家发展、经济安全、水安全和可持续性、天气状况和季风模式、海岸侵蚀和冰川融化等关键方面产生影响，印度受到的影响尤为严重。印度农业严重依赖季风。印度约70%的年降雨量来自夏季。水稻、豆类等夏季主要作物的产量几乎占印度粮食总产量的50%，这些作物的产量取决于这一时期的降水量。良好的季风对印度的粮食安全及其广大农村地区福祉至关重要。北极的变化，尤其是北极冰层的融化，可能会对印度国家发展、1300多个属岛和海洋特征的可持续性以及13亿印度人的福祉造成严重破坏。

新冠肺炎大流行显示了病原体可能造成的破坏规模。全球变暖导致的永久冻土融化也可能释放数千年来一直处于休眠状态的病毒和细菌，从而增加大流行的可能性。

极地研究和喜马拉雅地区研究之间存在一些协同作用。印度在南极和世界第三极——喜马拉雅山脉（其拥有世界上除地理极点外最大的淡水储备）的科学研究方面具有丰富经验，将有助于印度科学界认识北极地区。

北极冰层的融化也带来了能源勘探、采矿、粮食安全和航运等新机遇。印度可做出自身贡献，确保随着北极变得更易到达，其资源的利用是可持续的，并符合国际最佳实践。

二、印度与北极——一部合作的历史

印度的北极研究史：

——1920年在巴黎签署《斯瓦尔巴条约》；

——2007年开展第一次北极科学考察；

——2008年启用位于斯瓦尔巴群岛新奥勒松的"黑玛德瑞"（Himadri）研究基地）；

——2014年在孔斯峡湾部署首个多传感器系泊观测站"IndArc"；

——2016年在斯瓦尔巴群岛新奥勒松建立格鲁韦巴德实验室。

印度与北极的接触始于 1920 年 2 月，当时印度在巴黎签署了《斯瓦尔巴条约》。2007 年，印度启动了首次北极科学考察，在生物科学、海洋和大气科学以及冰川学领域开展一系列基线测量。随后，位于斯瓦尔巴群岛斯匹次卑尔根岛的新奥勒松国际北极科考基地的印度研究站"黑玛德瑞"于 2008 年开始为印度服务。

2014 年，印度在孔斯峡湾部署首个多传感器系泊观测站"IndArc"。2016 年，印度最北端的大气实验室在格鲁韦巴德（Gruvebadet）建立。该实验室配备了多种仪器，可以研究云层、降水、远距离污染物和其他大气参数。印度研究人员还监测北极冰川的物质平衡，将其与喜马拉雅地区冰川进行对比。这些均证明了印度科学家在认识北极方面的技术能力和决心。

印度与北极的联系是其相互关联的极地活动计划的一部分，该计划包括在北极、南极和喜马拉雅地区的活动。印度的极地研究始于 1981 年，当时印度首次对南极进行科学考察。在过去 40 年，印度在南极的科学合作已发展到了诸多方面。印度是《南极条约》体系、南极研究科学委员会、国家南极局局长理事会和南极海洋生物资源养护委员会的成员。

在北极地区，印度是新奥勒松科学管理委员会、国际北极科学委员会、北极大学联盟和极地科学亚洲论坛的成员。印度在有关北极的所有国际问题和观察中发挥着重要作用。印度决心将其对北极事务的参与扩大到更高水平。

印度对冰冻圈研究的重视以及对永久冻土、冰雪的研究，有助于增进对北极的认识。印度还积极参与北极海洋学、大气、污染物和微生物学相关研究。印度目前有超过 25 个研究所和大学参与北极研究。自 2007 年已经发表了约 100 篇关于北极问题的同行评审论文。

印度的"黑玛德瑞"北极站目前每年大约有 180 天时间有人值守。自建立以来，已有 300 多名印度研究人员在该站工作。自 2007 年以来，印度已向北极派出 13 支科考队，并开展了 23 个活跃项目。随着参与斯瓦尔巴沿海巡航和一些其他国际考察活动，印度在北极的参与度近来大幅提升。

自 2013 年成为北极理事会观察员国以来，印度一直参与北极理事会高级官员委员会会议，并为北极理事会的六个工作组做出贡献。印度还持续参加了北极能源峰会、北极科学部长级会议和特别工作组会议。

三、印度政府与北极

印度政府地球科学部国家极地和海洋研究中心（NCPOR）是印度包括北极研究在内的极地研究工作的关键机构。外交部负责与北极理事会的对外联络。其他几个部委和机构也参与了北极活动，并准备在未来更深入参与。这些部门包括环境、森林和气候变化部，科技部，航天部，石油和天然气部，航运、港口和水道部，矿业部，电信部，商工部，农业和农民福利部，渔业、畜牧业和乳业部，新能源和可再生能源部，生物技术局以及科学和工业研究理事会。

四、政策支柱

印度的北极政策将建立在六大支柱上：

一是科学与研究；

二是气候与环境保护；

三是经济和人类发展；

四是交通和互联互通；

五是治理和国际合作；

六是国家能力建设。

第三节　科学与研究

一、科学

印度作为一个几十年来持续参与北极、南极和喜马拉雅地区科学研究的国家，可以为北极科学研究和认识北极做出很大贡献。印度将进一步加强其在科学研究领域的能力，并与全球研究机构建立伙伴关系和合作桥梁。印度将积极参与全球研究项目、科学政策对话和决策进程。

目标：

一是强化位于斯瓦尔巴群岛新奥勒松的现有"黑玛德瑞"研究基地，加强观测和各种仪器，保持全年存在，并在北极建立更多研究站。

二是使印度的北极活动与北极理事会和国际北极科学委员会联合倡议

的斯瓦尔巴北极综合地球观测系统及北极可持续观测网络相结合。

三是鼓励研究与社会经济、政治、人类学、人种学和传统知识领域的国际北极优先事项保持一致。

四是购置一艘专门的冰级极地研究船,并提升本土建造此类船只的能力。

五是引导和利用大气和海洋科学、冰川学、海洋生态系统(包括渔业)、地质学和地球物理学、地球工程、极地基础设施、低温生物学、生态学、生物多样性和微生物多样性研究等学科的现有极地研究专长,以推进北极研究。

六是参与北极空间数据基础设施合作框架,为"北极空间数据基础设施"机构获取和贡献数据。

七是在国家层面为北极研究提升专项机构资金支持。建立国际合作和公私部门联合项目的资金渠道。

八是在各类北极论坛下与北极国家及其他合作伙伴发展双边和多边项目。

九是增加对北极理事会各工作组和特别工作组科学活动的参与。在该理事会环极地项目中开展合作。

十是作为《野生动物迁徙物种保护公约》的缔约国,印度将与北极国家合作研究和保护北极生物多样性,包括跟踪和监测鸟类疾病及其发生途径。

十一是扩大与北极地区国际研究机构的合作。这将涉及更多地参与多国项目和科学政策活动。

十二是积极参与国际北极科学委员会、新奥勒松科学管理委员会、斯瓦尔巴北极综合地球观测系统、北极大学联盟、北极圈论坛、北极前沿大会、北极科学峰会论坛等活动,鼓励在印度举办与北极相关的活动。

二、空间技术

印度拥有世界上最发达的空间项目之一。随着 2020 年在空间部门引入的改革,这一领域有望迅速扩大。印度空间研究组织(ISRO)运营着一个庞大的卫星星座。其中,雷达成像地球观测 RISAT 系列卫星可用于北极地区的研究。此外,ISRO 的光学、高分辨率和高光谱成像能力也可用于协助北极地区的发展。

印度的区域导航卫星系统（IRNSS）已被国际海事组织认可为全球无线电导航系统的组成部分。IRNSS 系统也可用于协助北极海上航行的安全。

NASA-ISRO SAR（NISAR）任务将于 2023 年发射其第一颗卫星。该卫星将测量地球不断变化的生态系统、动态表面和冰团。这将特别提供有关生物量、自然灾害、海平面上升和地下水的信息。NISAR 的数据将帮助科学家更好了解地表变化的原因和后果、气候变化的影响和速度。这将使包括北极在内的全球自然资源和灾害得到更好管理。

北极地区具有数字连接度低的特点。印度在为偏远地区提供有效卫星通信和数字连接方面的专长，可能填补这些空白。

目标：

一是将遥感能力扩展到北极地区，并与北极国家合作，以互利方式分享印度用于土地和水资源管理的资源卫星数据。

二是开发设施，在北极建立电信和互联互通、海上安全和导航、搜索和救援、水文测量、气候建模、环境监测和监视、测绘和海洋资源可持续管理等相关服务。

三是在北极建立卫星地面站，以最好利用印度在极地轨道上的卫星。

第四节　气候与环境保护

气候变化是一项紧迫的全球性挑战。作为《联合国气候变化框架公约》（UNFCCC）和《巴黎协定》以及《生物多样性公约》（CBD）和《国际防止船舶污染公约》（MARPOL）等相关国际条约的缔约国，印度处于全球应对气候变化努力的中心。它是世界上为数不多的几个有望超过《巴黎协定》承诺和目标的国家之一。

气候变化是印度北极科学研究一个至关重要的方面。研究北极地区气候变化的影响，可以改善全球其他地区的应对机制。北极地区的大气变暖正在加快，而印度洋的海洋变暖也在加快。因此，了解这种变暖的因果机制并预测其结果是非常必要的。政府间气候变化专门委员会发布的《气候变化中的海洋和冰冻圈特别报告》（2019 年）中充分记录了北极冰川和喜马拉雅冰川之间的联系。

目标：

一是提高印度与北极地区在实现联合国可持续发展目标方面的合作质量。

二是与合作伙伴一起改进地球系统模型，以支持对全球天气和气候的预测。

三是参与关于生态系统价值、海洋保护区和传统知识体系的研究，以保护北极生物多样性和微生物多样性。

四是为北极地区的环境管理做出贡献，涉及范围包括来自人类活动和永久冻土的甲烷排放、黑碳排放、海洋微塑料、海洋垃圾、对海洋哺乳动物的不利影响等。与国际合作伙伴及论坛合作，如北极理事会短期气候污染物专家组。

五是与北极理事会突发事件预防、准备和响应工作组合作，为北极地区的环境紧急情况、搜救、自然和人为灾害及事故做出贡献。

六是与北极理事会北极动植物保护工作组和北极海洋环境保护工作组合作，促进知识交流、寻求基于自然的解决方案及发展循环经济。

七是促进印度企业在该地区从事科学和经济活动时遵循高环境标准。

第五节　经济和人类发展

北极地区机遇与挑战并存。虽然丰富的未开发生物和非生物资源加上较短的过境路线是机遇，但经济活动增加的不利影响对脆弱的环境构成了危险。北极地区的经济活动必须建立强有力且有效的管理机制，促进以可持续发展三大支柱——环境、经济和社会为基础的负责任的商业活动。

印度寻求以可持续方式开展经济合作，这对包括原住民社区在内的北极居民来说是有价值的。北极为不同领域提供了机会，使印度企业可以参与其中，成为国际商业的一部分，促进传统知识、商业，并推广最佳实践。

一、能源、矿产和其他资源

印度对北极地区经济发展的方针以联合国可持续发展目标为指导。根据这些目标，印度支持北极经济理事会概述的北极可持续商业发展。

北极地区是地球上最大的未勘探油气远景区。该地区还蕴藏着铜、磷、铌、铂族元素和稀土等矿藏。印度可以协助北极国家进行调查，以评估其全部储量。由于人类活动增加，还需要定期进行环境和社会影响评估。

可再生能源（水电、生物能、风能、太阳能、地热能和海洋能）和微电网在北极和亚北极地区发挥着关键作用，因为这些地区地处偏远且人口稀少。从冰岛的地热能，到加拿大的水电项目，开发可再生能源为北极地区提供能源的潜力是巨大的。

印度寻求与北极国家合作，在北极的可持续生物资源和非生物资源开发中发挥更大作用。为此需要摸清机遇，确定潜在的合作和联合勘探项目。

目标：

一是探索负责任地勘探北极自然资源和矿产的机会。

二是寻求与北极国家、观察员国和其他经济行为体的合作，以实现互利和可持续的经济合作及投资。

三是与北极国家建立数字伙伴关系，促进该地区的电子商务。

四是确定对北极地区基础设施的投资机会，如海上勘探/采矿、港口、铁路、信息通信技术和机场等领域。鼓励在这些领域具有专长的印度公共和私营部门实体参与其中。

五是鼓励印度工商联合会加强北极地区的私人投资，包括通过公私合作方式。鼓励印度企业获得北极经济理事会成员资格，并与负责任的资源开发、海上运输、互联互通、投资和基础设施、蓝色经济五个工作组合作。

六是探索离网可再生能源、生物能源、推广清洁技术方面的合作机会。

七是在冰冻圈地区开发故障-安全种子储存设施。

二、人类发展

北极原住民的特殊文化和传统生计正不可避免地受到气候变化、经济发展和连通性改善的影响。这与喜马拉雅人的社会-生态-经济困境类似。印度在应对这些挑战方面拥有丰富的专业知识，在与北极国家合作、协助其原住民社区应对类似挑战方面，印度处于独特的地位，能够做出积极贡献。

印度在利用数字化和创新构建强大的低成本社交网络方面有着丰富经验，这些网络提供了从教育、食品供应到卫生系统等领域的服务。印度在此方面的专长可与北极国家分享。

印度不断增长的购买力促进了国内外消费的增长。出境游客流量稳步上升，为全球收入做出贡献，并帮助了当地社区。印度支持北极海洋旅游项目最佳实践指南，该指南旨在以负责任、安全和环境可持续的方式促进北极海洋旅游。

目标：

一是与北极国家分享原住民社区及其他社区治理和福利方面的专业知识。

二是鼓励印度参与北极的可持续旅游业。

三是作为"世界药房"，在北极地区提供医疗保健服务和技术解决方案（远程医疗、机器人、纳米技术、生物技术）。探索在传统医学体系中的合作，包括阿育吠陀学、西达医学、尤纳尼医学。

四是在喜马拉雅山冰川和北极冰川地区原住民社区之间开展文化和教育交流。

第六节　交通和互联互通

北极地区的无冰环境导致新航线的开辟，这可能重塑全球贸易。交通量，尤其是通过北极航线的交通量，正在呈指数级增长，预计到2024年将增至8000万吨。北极航行需要特定的水文和气象数据、通信覆盖范围、无冰航道的季节性测绘、冰级标准的船舶和训练有素的极地航运船员。

印度在海员供应国中排名第三，满足了全球近10%的需求。印度的海洋人力资源可以为满足北极地区日益增长的需求做出贡献。

印度还拥有发达的水文能力，可以协助北极航线的勘测和测绘工作。印度是南极水文学委员会成员，并与俄罗斯共同编制了《南极水域国际图》。

印度还寻求参与环境监测研究，以评估未来可能穿越该航线的冰级船的预计排放量。需要评估黑碳、氮氧化物和硫氧化物对环境空气质量的影响，以保护原始北极环境免受日益增加的人类活动的影响。

目标：

一是参与环境监测和监管，收集水文和海洋学数据，建立海上安全设施（如浮标、船舶报告系统），并对在该地区作业的船舶进行卫星覆盖。

二是在船舶建造领域，与拥有建造适合极地作业的冰级船专业知识的伙伴合作，并就采用符合国际海事组织（IMO）条例和准则的可持续航运技术进行经验交流。

三是为印度海员提供在北极过境船只上工作的机会。

四是致力于将国际南北运输走廊与统一深水航道网连接起来，并将其进一步延伸至北极。南北互联互通将比东西互联互通更能降低航运成本、促进内陆和原住民社区的整体发展。

第七节　治理和国际合作

北极地区包括拥有各自主权管辖权的民族国家以及国家管辖范围外的区域。该地区受各国国内法、双边协定、国际条约和公约以及原住民习惯法管辖。

北极理事会是北极合作的主要高级别政府间论坛，其任务是环境保护和可持续发展。它由成员国、常任理事国和观察员组成。该理事会有六个工作组，负责监督自愿资助的项目。此外，还有其他独立论坛专注于具体问题，如北欧防务合作论坛、北极海岸警卫队论坛和离岸监管机构论坛。

北极经济理事会是一个促进企业间活动的独立论坛。与北极理事会一样，它也有五个工作组支持可持续发展目标，并制定了《北极投资议定书》。

其他相关的国际框架包括《联合国海洋法公约》（UNCLOS）、国际环境条约、石油和天然气溢漏和碎片责任条例以及国际人权文书。

在区域层面，重要的文书包括《斯瓦尔巴条约》《保护北极熊协定》《北极海空搜救合作协定》《北极海洋石油污染预防与应对合作协议》以及《加强北极国际科学合作协定》。还有一些具体部门的法律文书和制度，如《北冰洋中部渔业协定》、北极理事会的石油和天然气溢漏和碎片责任条例及《北极投资议定书》。

北极治理的第三层包括国家和次国家层面的立法。其中一些法律，如加拿大和俄罗斯的国内法从 UNCLOS 第 234 条中获得授权，也影响到了北极地区的国际航运和良好秩序。加拿大、格陵兰岛（丹麦）、阿拉斯加（美国）和俄罗斯也在使用次国家级别的法律。此外，区域组织，如北极理事会、巴伦支海欧洲–北极理事会、北欧理事会和区域渔业组织主要通过协商一致的方式来管理该区域部分地区的活动。

印度批准了几乎所有与北极相关的国际条约，并且是与北极有关的国际组织的成员。

目标：

一是根据国际条约和公约促进北极地区的安全与稳定。

二是与该区域所有利益攸关方开展国际合作并建立伙伴关系。

三是维护国际法，特别是 UNCLOS，包括其中所载的权利和自由。

四是积极参加与北极有关的国际气候变化和环境条约框架。

五是加强参与印度作为成员国的北极地区相关组织，如 IMO 和国际水文组织。

六是加强对北极相关国家和次国家立法的了解。

七是促进与北极国家、专家机构和组织的政府间交流及其他交流。

第八节　国家能力建设

随着北极地区出现新的机遇，印度将提高并增强其能力。从科学和勘探到航海和经济合作，印度与北极的合作将得到符合"自力更生的印度"（Aatma Nirbhar Bharat）理念的强大人力、体制和财政基础的支撑。

目标：

一是通过加强 NCPOR，使印度其他相关学术和科学机构参与其中，确定关键机构，促进机构间的伙伴关系，扩大北极相关科学研究的能力和认识。

二是促进印度高校在与北极有关的地球科学、生物科学、地理科学、气候变化和空间相关项目领域的研究能力。

三是扩大与北极相关的矿产、石油和天然气勘探，蓝色生物经济和旅游业等领域的专家库。

四是加强航海培训机构，对海员进行极地/冰面航行培训，并提升进行北极航行所需的区域水文地理能力和技能。

五是在建造符合冰级标准的船舶方面建立本土能力，包括用于研究的船舶。

六是增加印度在海上保险、船只租赁、仲裁和经纪方面训练有素的人力资源，以便在北极地区发挥潜在作用。

七是在研究北极海洋、法律、环境、社会、政策和治理问题方面培育广泛的机构能力，包括对 UNCLOS 及其他管辖北极地区条约的适用。

第九节　结论和实施方案

印度在北极的利益包括科学、环境、经济以及战略。正因如此，印度几十年来始终与北极地区保持着持续和多层面的接触。印度认为，人类在这一脆弱地区的任何活动都应是可持续、负责任和透明的，并基于包括 UNCLOS 在内的国际法的基础上。

印度的北极政策旨在使本国为未来做好准备，因为只有通过集体意愿和努力，才能成功应对气候变化等人类面临的最大挑战。印度能够，也准备好发挥自身作用，为全球利益做出贡献。与北极地区国家和其他国际合作伙伴建立密切伙伴关系，确保北极地区的可持续发展、和平与稳定，对于实现印度的国家发展计划和优先事项也至关重要。这种方法符合印度"天下一家"（Vasudhaiva Kutumbakam）的理念。

印度的北极政策应通过行动计划和由部际授权北极政策小组组成的有效治理和审查机制来实施。实施将基于时间表、活动优先顺序和必要资源的分配。实施将涉及包括学术界在内的所有利益攸关方、研究团体以及工商界。

第三十三章 《南大洋行动计划（2021—2030）》

2022 年 4 月，"南大洋"特别工作组根据联合国"海洋科学促进可持续发展十年"行动计划制订并发布了《南大洋行动计划（2021—2030）》（以下简称《南大洋行动计划》）。《南大洋行动计划》旨在动员"南大洋"共同体，并鼓励所有利益攸关方寻求参与机会，提供创新性解决方案，维护"南大洋"的独特条件。该计划提出了一个初步路线图，以加强科学、工业和政策之间的联系，并鼓励国际合作，以弥补南极活动参与者在知识和数据覆盖方面的差距。

第一节 如何实现清洁的"南大洋"：发现、减少或消除污染源

人类社会制造了形形色色的污染物和污染源，其中包括海洋垃圾、塑料、过量营养物质、人为水下噪声、危险化学品、有机毒素和重金属。这些污染物的源头各异，但均来自陆地和海洋，包括点源和非点源污染，影响海洋的可持续性，并危及生态系统、人类的健康和生计。因此，最为紧迫的是消除知识差距，对污染的原因和来源及其对生态系统和人类健康的影响形成优先的跨学科和公认知识。这些知识将为多个利益攸关方共同提出的解决方案提供支撑，从源头消除污染，减少有害活动，消除海洋污染物，支持社会向循环经济转型。

一、评估"南大洋"的污染范围

（一）确定有关当前海洋污染物在极地物种和非生物环境中分布及浓度的基础知识，查明数据差距（包括尚未检出的潜在污染物）。

（二）扩大数据覆盖范围，深入了解感兴趣的或受关注的污染物的空间（垂直和水平）和时间分布，判断其来源、过程和积累"热点"地区。

（三）确定本地污染源（如研究站周围）和外部污染源（如洋流和大气输送）。

（四）查清海洋环境（如海冰、冰架或海底底质）中污染物的二次流转。

（五）了解南极的环境条件（例如，南极绕极流造成的物理隔离、低温、季节性光照条件、海冰、季节性臭氧消耗和紫外线辐射）对污染物的分布、降解和沉降率有何影响。

（六）开发污染物分布及其流动的交互式三维模型，以提前预判。

（七）了解气候变化的影响（风型、洋流和天气的变化）及其对污染物在"南大洋"中的流动、降解和转化有何种影响。

二、深入了解污染对"南大洋"生物群和生态系统当前和未来的影响

（一）识别营养物质流动的主要污染物途径（如持久性有机污染物、重金属、微塑料），评估上层营养水平在生物体内的积累及其生物放大作用。

（二）了解污染物中哪些成分危害最大，判断关键物种的毒性阈值。

（三）查清不同类型污染物对多种压力源的影响：污染物间的相互作用如何，是否会产生叠加、拮抗或协同压力源，哪些是最敏感的物种以及对种群动态有何种影响。

（四）解决污染物如何与其他气候压力因素结合的问题（如气候变化、海洋酸化等），进而在脆弱物种和生态系统中产生较低的生物阈值。

（五）了解船舶作业、飞机、建筑物和其他海洋科研产生的人为噪声对海洋生物有何影响。

（六）通过生态毒理基因组学的方法确定生物和遗传适应策略，这些策略可以提供对抗环境污染的复原力。

（七）确定高影响地区的抗生素耐药性水平，了解其对南极物种有何潜在影响。了解疾病在南极物种之间传播的程度和机制（如 SARS 传播）。

（八）评估南极环境污染给人类和动物种群带来的主要健康风险（例如，商业捕捞物种和空间站废弃物的积累）。

（九）查清污染物在种群/物种减少趋势中的作用/是否起作用（例如，污染物在对海洋物种的总体影响中起何种作用）。

（十）了解自然污染和人为污染对包括监测在内的南极长期研究活动有

何影响。

(十一)评估污染对"南大洋"磷虾捕捞、渔业和旅游活动的影响。

三、预防和缓解环境损害并从中恢复

(一)全面清查现有的污染地和污染源。

(二)与南极运营商合作,了解废弃物(如包装,包括塑料和微塑料)的管理方式。设法进行知识和最佳实践的共享,在装船运往南极并在《南极条约》规定范围内从源头减少废弃物。

(三)查清如何以大规模和低成本的方式促进污染地区的修复(例如,深入了解在低温和有限氧气和水体的条件下对污染物的微生物/真菌生物修复)。

(四)与国家计划合作,为制定具体的应急反应计划提供进一步的参考,同时考虑冰油相互作用的漂移方式。

(五)评估全球范围内的自然和社会变迁(例如,西风带增强、南半球城市发展加快)对"南大洋"内污染物的分布和浓度的变化有何影响。

(六)确定"南大洋"条件下适用的防控技术和方法的最佳实践,防止污染物转移。

(七)研究如何最好地将南极船舶(包括科考船)使用的燃料替换为环保的清洁能源。

(八)确定污染地修复技术和方法的最佳实践,特别是要符合大规模和低成本要求。

第二节 如何实现健康且富有活力的"南大洋": 认识和管理海洋生态系统

由于陆地和海上的活动不可持续,海洋生态系统的退化正在加速。以可持续的方式管理、保护或恢复海洋和沿海生态系统,需要面临生态系统的优先知识差距及其对多种压力源的反应的挑战,尤其在包括海洋酸化和气温升高在内的多种人类压力源与气候变化相互作用的情形下。此类知识对于通过开发工具实施管理框架非常重要,这种框架有助于增强活力、判断阈值、规避生态临界点,确保生态系统的功能和持续提供生态系统服

务，促进社会和全球人类的健康和福祉。

一、深入了解主要驱动因素的变化及其对南大洋物种和生态系统的影响

（一）强化各种时空尺度（例如，区域和环极尺度上与冰相关的、中层海洋、深海和底栖生物群落）上的南极海洋生物的多样性、生理学和生态学的基本知识。

（二）判断关键物种的生活史及其策略（包括生境利用）。

（三）了解浮游生物在不同生活阶段与食物网其他组成部分（包括微型浮游动物和浮游植物、冰藻、迁徙和栖息的捕食者和底栖生物群落）之间的作用及其对能量流动和生物地球化学循环的潜在影响。

（四）判断"南大洋"生态系统的结构和功能。

（五）判断造成变化的主要驱动因素及其对"南大洋"物种、生态系统结构和功能的影响。其中，应包括强调海冰条件变化对关键物种（如南极磷虾、上层营养层物种）的影响。

（六）区分人为过程/压力源造成的自然气候变化对"南大洋"食物网结构的影响与自然变异的影响。

（七）查清气候变化以及直接和间接的人类活动（例如，海上交通、旅游业、渔业、污染物，包括新出现的污染物和塑料、入侵物种、寄生虫和疾病）给"南大洋"系统造成的潜在变化。

（八）了解入侵物种和本地物种的范围变化对生态系统和人类福祉的影响。

（九）判断何种外来物种引进途径的风险最大，何处最易受到入侵。

（十）对南极生态系统中"南大洋"污染（如塑料、痕量金属、持久性有机污染物）的来源、去向和影响进行评估。

（十一）确定相关生物安全技术，降低引入风险，制定应对现有入侵的方法和疾病监测/检测方案。

（十二）了解微生物群在南极生态系统中的作用。

（十三）深入了解低温-深海-底栖生物耦合以及多种驱动因素对不同生态区（如浅水、深水、离岸和近海、高纬度和低纬度、海湾、峡谷、陆架区等）的影响。

(十四)了解潜在未来影响情况下的细菌-藻类耦合。

(十五)确定具有生物多样性的海洋生物地理区和相关进程及其在维持生态系统的结构、功能、服务和保护方面的作用。

(十六)了解环境因素的变化在种群、群落和生态系统层中的体现(例如,未来条件下微生物物种致病形式的持续存在或出现)。

(十七)了解海洋环流和水团特征的变化对早期生命史阶段扩散和集群状况的影响。

(十八)了解各物种的同步进化,或关键性海洋作用的崩溃。

(十九)确定物种进化的关键因素。

(二十)评估海洋酸化和脱氧对上层海洋生物地球化学过程和食物网动态的时空影响。

(二十一)了解铁(和其他痕量金属)在环境塑造中所起的作用:探究其来源(如热液、沉积、冰川、海冰)、对微生物和微藻生长的作用及其在食物网循环中的作用以及在调节微量金属在生物地球化学重要过程(如硝化、反硝化和二氧化硅同化)中的有效性方面,微生物配基——EPS、铁载体和微生物所产生的影响。

(二十二)了解深海生态系统如何应对深水形成的变化及其与浅水生态系统的相互作用。

(二十三)查清南极海洋生物的生理极限、阈值和临界点及其对南极生态系统的影响。

(二十四)判断浮游动物对变化的适应能力。

(二十五)判断生物体在应对环境变化方面的生物和遗传适应潜能,这可能会增强活力。

(二十六)判断导致灭绝和崩溃的阈值。

(二十七)评估"南大洋"生态系统在人类和自然综合、多重压力影响下的脆弱性。

(二十八)确定可作为营养作用、食物网络结构和环境变化生物指标的关键海洋物种,建立"生态系统健康"系统。

(二十九)评估"南大洋"生态系统变化的长期趋势(例如,利用长期监测方案和历史数据)。

(三十)"南大洋"物理特征的变化对微生物循环的功能和适应有何影响

以及跨营养层的碳转移发生耦合的速率。

（三十一）改进建模工具，在政府间气候变化专门委员会（IPCC）框架内预判"南大洋"未来的变化。

（三十二）确定"南大洋"物种和生态系统的特性和地方性（及其内在价值）如何应对全球变化和其他压力因素。

（三十三）判断突变速度和基因流动的范围。

（三十四）确定并提出相关标准或指标，监测南极社会生态系统的状况和复原力。

（三十五）判断分子和细胞的适应性，了解细胞在低温下的功能。

（三十六）了解蛋白质在低温下如何发挥作用及其如何与暖水物种的其他细胞成分（如水、渗透分子）以不同的方式相互作用。

（三十七）评估南极海洋生物的遗传/基因组生物多样性状况与其复原力和适应能力的关系。

（三十八）评估南极海洋食物网在复原力和适应性方面与其他地方的食物网相比有何不同。

（三十九）针对不同的保护场景，促进今后"南大洋"生态系统养护的发展，包括海洋保护区的生态连接和气候智能网络，评估实际战略并提出新的概念，最终实现提高效率以适应近期和未来的发展目标。

（四十）评估"南大洋"生物多样性的变化对全球海洋生物多样性（在物种和功能层面）、渔业和食物网有何种影响。

（四十一）深入了解深海斑块分布（生物多样性、特有性和生态系统功能方面的热点和冷点），识别关键过程和脆弱群体，为生态系统的管理和养护提供支持。

（四十二）判断南极海洋生物的抗生素抗性水平。

（四十三）了解疾病如何在南极无脊椎动物和脊椎动物之间传播。

二、突出强调南半球的冰（海冰、陆冰和海底永久冻土）在"南大洋"生态过程中的相关性

（一）了解不同类型的冰在生态系统结构和功能上的区别。

（二）评估海冰变化对南极食物网基础的影响以及对生态系统结构和功能的影响。

(三)根据海冰种类在生态系统服务中的内在价值和作用(如遗传资源和药用资源)界定其独特性。

(四)了解南极海冰和冰架下的海洋环流、特征和过程。

(五)了解海冰生态系统如何与远洋和底栖生态系统相联系。

(六)了解淡水通量的变化(由冰山融化、亚冰架融化、冰下流量和海冰引发)对海洋环流、生物地球化学和海洋生态系统有何种影响。

(七)对海冰-海洋-大气特征和生物过程进行量化,包括对浮冰大小分布、海浪-海冰相互作用和冰缘/边缘冰带变形过程的量化。这一点对于理解南极海冰在体积、特征、浮冰大小和分布方面发生变化和变异的过程非常重要,同时,对了解大气、海洋特征、海洋生物地球化学及生态系统循环的影响也很重要。

(八)了解南极固定冰带的动态及其在保护冰川/冰架前缘、冰间湖形成/保持和水团性质变化方面的作用。

(九)评估季节性冰区对温室气体和气溶胶通量、碳吸收和输出的作用。

(十)评估受海冰影响的"南大洋"基本气候变量的空间、季节和年际分布,减少气-冰-海通量的不确定性。

(十一)评估海洋-大气界面的湍流通量,考察海冰的季节性变化对热量收支的贡献。

(十二)探索北极和南极海冰过程的区别。

(十三)了解固定冰在冬末/夏初期间对生态系统的作用以及如果通过航运导致提前破裂是否存在环境风险。

(十四)了解南极海冰和冰架下的海洋环流的特性和过程。

(十五)了解南极冰带的动态及其在保护冰川/冰架前缘、与南极生态系统有关的冰间湖形成/维持和水团性质变化方面的作用。

(十六)评估受海冰影响的"南大洋"主要气候变量的空间、季节和年际分布,减少气-冰-海通量的不确定性。

三、深入了解"南大洋"与海冰、冰川、冰架和空气有关的生物地球化学过程

(一)评估海平面上升将带来何种变化或催生何种新的生境。

（二）了解海冰对极地物种生命史的重要性。

（三）了解冰川消融对进入海洋（如微生物群和微生物环路）和大气的碳通量和硫通量的广泛影响以及这些影响因素如何因行动/管理决策而变化。

（四）了解冰山融化、冰架下融化、冰下排放和海冰引起的淡水通量变化对海洋环流和海洋生态系统有何影响。

（五）改进冰下和大陆架水深测量，了解它如何影响南极冰盖和相关生态系统，以应对气候变化。

（六）了解气候变化对南极海底永久冻土的影响及其对生态系统和生物地球化学循环的影响。

（七）提出一种研究水文-冰-海洋相互作用的整体性策略。

四、深入了解"南大洋"在全球气候系统中有何作用

（一）了解营养动态和生物地球化学过程在不同时空尺度上的模式和变化及其与物理和生物过程的相互作用。

（二）了解代谢多样性和进化在"南大洋"生物地球化学循环和海洋生态系统过程中的作用。

（三）了解"南大洋"环流、水团、生物地球化学循环和冰冻圈之间的反作用，包括沿海和开阔大洋冰间湖的作用。

（四）评估有冰和无冰水域中气候活性气体（如二甲基硫化物）和卤素的空间、季节和年际分布。

（五）了解与气候有关的成分（如气溶胶、气体）在海洋、冰和大气之间的通量。

（六）确定初级生产力和生物碳泵的关键驱动因素——光、捕食和养分供应——并对这些参数的持续变化进行评估。

（七）再循环和再矿化对水体中的营养物质和碳循环有何影响，对此进行量化统计（包括通过微生物碳泵手段），量化统计范围还应包括对大型和小型底栖动物群落的影响。

（八）了解上升流、混合流和横向海洋平流等物理过程对营养物质和二氧化碳的分布及通量有何种作用。

（九）了解海洋物理和海洋生态系统的综合变化对"南大洋"二氧化碳汇的影响。

(十)判断西风对海洋环流、碳吸收和全球遥感的影响。

(十一)优先了解南极磷虾和其他生物,如鲸目动物在碳的吸收、储存和长期封存中的作用。

(十二)使用沉积物捕集器评估生物碳泵、硫泵和氮泵的效率,洞察与下沉颗粒和聚集体组成相关的微生物。

(十三)了解臭氧层空洞的恢复对区域和全球大气循环、气候和生态系统有何种影响。

(十四)了解控制极地生态系统(即南极和北极)的过程,包括气候系统、社会生态系统结构和功能以及不同的知识系统及其多重相互作用。

(十五)了解海洋在决定/调节全球和区域气候变异性自然模式方面的作用。

(十六)了解海冰(主导)区在决定气候变率的具体作用。

(十七)确定和理解气候调节的区域性差别机制。

(十八)通过数据采集和长期观测,加强对极地气候系统各组成部分之间相互作用的控制过程和由此产生的反馈的认识。

(十九)确定在时空尺度上的主要作用和反作用,更好地描述在耦合地球系统模式和耦合区域模式中的过程。

(二十)更好地将大气、海洋、冰冻圈和生物地球化学循环的作用代入相关模型,深入了解温室气体的气候敏感性和气候营力。

(二十一)了解人类活动对"南大洋"有何影响,特别是人为的热和碳对水团的特征、形成和环流有何影响以及地表通量和冰冻圈淡水输入的变化。

(二十二)了解气候变化对海平面、海洋热含量、海洋–冰冻圈作用和水循环的区域影响和沿海影响。

(二十三)了解控制海岸动力和上升流系统的过程,包括气候变化的影响。

(二十四)了解海洋对瞬变气候的敏感性有何种制约作用,包括海–气交换、海洋热量吸收和输送及地球能量收支。

(二十五)了解火山活动对全球大气、冰冻圈构成(即冰川和冰盖)和海洋生态系统的稳定性有何影响。

(二十六)查清储存在南极和"南大洋"包合物、沉积物、土壤和永久冻土中的温室气体是否会因气候变化而扩散。

（二十七）了解"南大洋"如何调节南半球的云层和气候。

（二十八）深入了解地球系统生态反馈。

（二十九）量化"南大洋"生态系统对全球碳循环的贡献。

第三节　如何实现富饶多产的"南大洋"：支持可持续的食品供应和可持续的海洋经济

海洋是未来全球经济发展和人类健康福祉的根基，包括全球数亿最贫困人口的食品安全和生活保障。知识和工具非常重要，其作用包括：在保护基础生物多样性和生态系统的同时，支持野生鱼类种群恢复，推广可持续渔业管理；支持可持续水产养殖业的可持续发展。海洋还可为矿产资源开发、能源、旅游业、运输业、制药等各种新兴和成熟产业提供基本的产品及服务。在增加对创新、技术开发和决策辅助工具的知识和支持方面，最大限度地减少风险、促进可持续海洋经济的发展，避免持久损害，每个行业都有特定的优先需求。各国政府还需要信息和工具，如通过纳入海洋指标的国民账户，以指导和促进可持续海洋经济的发展。

一、加强对支持基本服务的生态系统现状的评估

（一）提出和制定相关生态指标，评估"南大洋"及其提供服务面临的风险，监测生态系统的健康和变化速度及其与人类活动之间的相互作用。

（二）深入了解人类活动引起的变化对极地生态系统服务的影响。

（三）制定可持续监测和定期评估的指导方针，便于对实现预期目标方面取得的进展进行评估。

（四）深入了解冬季生态系统调控的关键机制。

（五）评估"南大洋"生态系统的生态系统服务对全球预算产生的贡献及其是否会在空间和时间上发生变化。

二、以生态系统方法实现渔业的可持续管理，包括过度捕捞物种的恢复和气候变化对生态系统的影响

（一）深入了解鱼类种群的可持续性及其复原力，综合考虑各种作用，

包括海洋、气候、生态系统结构和功能、连通性以及捕捞活动之间的作用。

(二)提出有效整合定量和定性数据的新方法,查明关键数据差距,分析短期内不可逆的跨阈值的潜在影响。

(三)提出综合种群评估方法,考虑渔业的生态系统。

(四)开发模型须考虑生态系统要素之间的功能连通性,包括所有基本方向的驱动因素(例如,环极地、亚热带对极地的影响)。

(五)确定阈值以及突发或不可逆转的变化。

(六)开发决策支持工具(DST),及时管理捕捞配额。

(七)制定过度开发物种的恢复战略,考虑生态系统的生态作用及其当前和未来的状况(这可能会影响其最终恢复丰度)。

(八)了解蛇鼻鱼对消费者、生产者和作为可开采资源的作用。

(九)了解裘氏鳄头冰鱼对消费者、生产者和作为可开采资源的作用。

(十)对齿鱼种类的认识与管理研究的进展。

(十一)对南极磷虾的认识与管理研究的进展。

三、确保空间规划进程的科学性和有效性,包括海洋保护区,同时考虑可持续渔业和旅游业管理

(一)对目前"南大洋"海洋保护区在实现养护目标方面所取得的成就进行评估,包括作为科学参照区,确定实现区域养护和研究目标的其他要求。

(二)推动实施有效的"南大洋"空间规划,包括新的研究和监测项目,为新的和现有的海洋保护区提供支持;考虑对生态系统进程的影响、资源的可持续利用、物种分布的历史变迁和未来预测以及气候驱动的变化。

(三)在不同的时间尺度上,制定管理、适应和养护优先事项的明智战略。

(四)制定协调"南大洋"养护优先事项和人类活动可持续管理的机制。

(五)制定一套框架,对负责任的、可持续的海洋运输和旅游业进行评估,关注与"南大洋"海洋空间规划之间的协调。

四、努力加强科学、产业和政策之间的联系，确保南大洋的可持续捕捞和富饶多产

（一）确定生态系统功能认知方面存在的复杂性和不确定性在管理建议的编写和提出方面应当怎样体现。

（二）根据不断变化的环境和不断扩大的人类需求，评估进行资源可持续利用的必要性。

（三）确定"南大洋"如何推动蓝色增长和低碳能源转型。

（四）查清怎样通过研究和政策有效应对整个开采周期（从勘探到关闭作业的最后阶段）及相关修复和复垦活动。

（五）判断对南极海洋生物资源养护委员会（CCAMLR）决策进程构成挑战的体制性、政治性和实质性障碍。

（六）评估外部压力和地缘政治力量格局的变化如何影响南极治理和南极科学。

（七）南极运营商凭借知识成为制定负责任战略的主要贡献者，通过可持续的方案实现经济收益，并从绿色经济中获得包容性惠益。

第四节　如何实现可预测的"南大洋"：增进社会理解及应对不断变化的海洋状况

面对浩瀚的海洋，我们既没有进行充分的测绘和观测，又缺乏深入的了解。探索和认识不断变化的海洋的关键要素极其重要性，其中包括物理、化学和生物成分以及与大气层和冰冻圈之间的相互作用，特别是在气候不断变化的条件下。从全球海岸带的陆海交界面直到外海，再从海面到深海海床，每一部分都离不开这些知识，应将过去、现在和未来的海洋状况全部囊括在内。针对海洋生态系统及其反应和相互作用，开展更具相关性和全面性的研究和准确预测，将有助于实施适应不断变化的环境和海洋用途的动态化海洋管理。

一、提高空间和时间覆盖

（一）全年观测。

（二）多地观测。

(三)概括区域季节性变化/变量特征。

(四)扩展冰环境下的观测。

(五)垂直通量特征概况。

二、改进海冰含量测量

(一)准确估算冰量对于理解热力学至关重要。

(二)南极校准海冰模式。

(三)强化在雪-冰比例和密度方面的知识。

(四)厚度测量的新方法。

三、跨营养层观测与建模

(一)水体中的初级生产力和碳的去向。

(二)改进中上层物种和生态系统的观测和建模。

(三)高级捕食者活动和分布的改进模式。

(四)改进一系列生境中不同营养水平物种行为和分布变化的知识和模式。

四、改进区域环境模式

(一)改进"南大洋"特定模式的参数化。

(二)碳循环的详细建模,包括改进生物过程的表示。

(三)三维通量(生物、地球化学和生态)的分析和模式。

(四)开发"南大洋"高分辨率模式和方法,从全球模式缩小比例尺,改进投影。

第五节 如何建设安全的"南大洋": 保护生命和生计免受威胁

水文气象、地球物理、生物和人为灾害对沿海社区、海洋利用者、生态系统以及经济造成了毁灭性、连锁性和不可持续的影响。天气和气候灾害的频率及强度的变化正在加剧这些风险。为减缓陆地和海上的短期和长期风险，需要建立相关的机制和程序，评估重点风险，减缓、预报和预警此类危害，并制定适应性对策。从准实时到十年期的尺度，都需要提高海洋数据密度，加强预报系统，其中包括与海平面、海洋天气和气候有关的预报系统。当这些强化工作与教育、外联和交流形成合力时，有助于提升政策和决策的能力，将个人和社区的复原力纳入主流。

一、提高预判能力

（一）了解极端事件的概率在全球变暖和自然变化下有何种变化以及此类状况对我们的预报能力有何种影响。

（二）发展可以从全球尺度缩小到区域和地方尺度进行环境预报的技术。

（三）了解极端事件对南极冰冻圈和"南大洋"有何种影响。

（四）绘制详细的风暴潮风险图。

（五）对严重的空间天气事件的脆弱性进行量化、预测和判断。

（六）了解南极变化过程如何影响中纬度地区的天气和极端事件。

二、了解环境条件变化对风险和脆弱性的影响

（一）了解物理变化和由此产生的生物效应最终产生何种级联效应，造成经济和社会行为主体发生何种不可预测的复杂意外状况、风险和影响。

（二）评估哪些以"南大洋"及其周边为生计的群体、经济部门和活动在面临紧急情况时最为脆弱及其原因（例如，是否由于政策问题、制度不公正等）。

（三）了解"南大洋"人类活动不断变化的条件及尺度对风险和脆弱性的类型与程度有何种影响，判断此类风险和脆弱性存在于哪些地方。

（四）查明"南大洋"的风险脆弱性，确定应对气候变化的适应活动和缓解活动。

（五）确定控制冰川和冰盖稳定与平衡的过程及其今后对全球海平面有哪些影响。

（六）了解冰盖床的特征，如地热通量和沉积物分布，如何影响冰流和冰盖的稳定性。

（七）预估可能预示整个或部分南极冰盖崩塌的二氧化碳当量阈值。

(八)了解因南极大陆边缘不稳定带来的海啸风险。

(九)了解海底和冰下沉积物中天然气水合物的广泛分解。

三、提高应急处置能力

(一)了解用户需求和人类行为。通过共同的知识生产、信息服务、跨学科项目和研究,对用户对于预报(环境预测)和危险预警信息的感知、决策和反应进行经验检验,在强化服务的同时提高人类的安全和应变能力。

(二)关注环境和航行安全,确保所有船舶在离开出发港口后进入"南大洋"之前遵守《极地规则》《海上人命安全公约》和《国际防止船舶造成污染公约》。

四、与政策制定者互动

(一)了解各群体和"南大洋"运营商对环境变化持何种态度,他们将受何种影响,将如何适应此类变化及他们今后对环境信息有何种需求。发展跨学科项目,以便就不断变化的环境条件和对"南大洋"的影响交流研究成果。

(二)与运营商和国家计划合作,将南极理解为一个工作场所,将工人对安全的看法、劳动力构成以及未来极地劳动力所需要的培训和技能包含在内。

(三)与治理机构积极配合,确保最新的相关研究提供最新的指导意见和规则。

(四)将重点放在共同制定政策上,保护"南大洋"社会生态系统(包括人类使用)的健康和福祉。

第六节 如何建设透明开放的"南大洋":
加强数据、信息、技术和创新的
开放并注重公开和公正

有必要通过强化数据、知识技术的获取和质量控制,来消除海洋科学能力领域的不平等。此外,还需要增强参与数据采集、知识创造和技术开发的技能和机会，特别是在最不发达国家（LDCs）、小岛屿发展中国家（SIDS）和内陆发达国家（LLDCs）。通过相关和可获得的产品，向学术界、政界、教育工作者、工商界和公众更多地传播有质量控制的海洋知识，有助于改善管理、创新和决策，为实现可持续发展的社会目标做出贡献。

一、利用"南大洋"的基础设施，包括"南大洋"以外的计算设施

（一）研究设施、船舶、设备和计算能力的开放和利用。

（二）数据开发（如通过网站服务）。

（三）设计后勤信息发现工具。

（四）船舶及其航行时间成本阻碍很多国家研究人员的参与，造成人才浪费。

二、建立"南大洋"数据和信息获取及交换的数字生态系统，作为全球十年数字生态系统的一部分

（一）样本和数据的空间和时间覆盖范围，特别是在偏远和封闭区。

（二）（准）实时提供模式输入和决策所需的观测数据，包括灾害/灾难减缓决策。

（三）数据和研究基础设施具有可查找性。

（四）数据、标准和研究基础设施具有互操作性。

（五）数据的可追溯性（来源）及其质量。

（六）加强跨学科研究，对社会科学和人文科学与其他研究分支进行整合。

（七）数据资源和基础设施的资金长期可持续性，包括维护、升级和适应新技术。

（八）让共同体有时间利用现有的和新的资源（资源维护、教育和能力建设）（全球议题）。

三、加强和落实极地数据政策方面的建议

（一）确保数据的共享及使用合乎道德。

(二)执行标准化、可进行机器操作的数据管理计划(DMP)。

四、发展和提升数据最佳实践

(一)发展并推行最佳实践,对数据、质量及其来源进行说明和注释。

(二)提供可复制的工作流。

五、提升数据素养

(一)提高数据管理员、研究人员、政策制定者和利益攸关方的数据素养(读取、理解、创建和交换数据和信息的能力)。

(二)提供教育资源。

第七节 如何实现鼓舞人心和引人入胜的 "南大洋"价值:全社会从人类福祉和可持续发展 着眼,了解海洋、爱护海洋

为鼓励人们改变行为方式及确保"海洋十年"的方案行之有效,需要逐步改变人类社会与海洋的关系。实现该目标的措施包括:提升海洋素养、正式和非正式的教育、强化认知工具以及确保海洋公平开放的措施。总体而言,此类措施有助于全社会广泛了解海洋的经济、社会和文化价值以及海洋在支撑健康、福祉和可持续发展方面的多种价值。该成果将凸显海洋的奇迹和灵感所在,因此也会影响下一代科学家、决策者、政府官员、管理人员和创新者。

一、承认"南大洋"的价值

(一)制定和实施研究项目与计划,调查全球社会各阶层在"南大洋"及其附属生态系统方面的知识状况,包括"南大洋"对全球健康的关键作用。

(二)制定和实施研究项目和计划,调查有关区域的知识与环境友好型决策和行为之间的联系。

(三)承认"南大洋"和南极决策方面现有的专业知识,特别是《南极条约》体系和南极海洋生物资源养护委员会(CCAMLR)及国家南极局局长理

事会（COMNAP）、南极研究科学委员会（SCAR）和国际南极旅游组织协会（IAATO）等组织的知识和经验。

二、界定爱护"南大洋"和参与"南大洋"的不同方式

（一）承认合理用途（科学、旅游、交通、渔业）是人类参与和管理"南大洋"研究的重点领域。强化知识整合可纳入强化管理实践。

（二）承认以人类为中心的"南大洋"和南极洲研究、评估和利用造成了某种伦理困境，确认非人类生命形式的作用并尊重其权利的重要性以及人类在过去、现在和未来对其生境所造成的不利影响。

（三）开发决策支持工具（DST），支持与"南大洋"挑战有关的明智决策。

（四）确保 DST 能借鉴整个"南大洋"学术界现有的学科门类知识。

三、支持海洋教育

（一）发展新型教培系统，整合不同学科门类的知识，有助于培育可持续发展所需的技能，提升社会参与度，强化公众对极地价值的了解和认识。

（二）促进跨国合作与优势互补。

（三）联合"南大洋"的商业运营人员，共同持续推动教育和对外宣传。

（四）提高社会对"南大洋"问题的认识，深入了解"南大洋"特殊环境所具备的内在价值，认识"南大洋"在地球系统和调节气候变化中的作用的全球价值。

（五）鼓励"南大洋"公民通过公民科学参与相关项目。

（六）促进《南极条约》缔约方之间在"南大洋"教育和外展方面的沟通、合作和接洽。

（七）利用循证结论来判断形成长期影响的活动的优先顺序。

四、培育和"南大洋"之间的文化联系

（一）为"南大洋"领域的沟通和参与活动提供资助，提高参与质量。

（二）发挥艺术的力量，激励和鼓舞不同的受众群体。

（三）从国家层面将艺术纳入科学战略。

(四)通过举办庆典活动及加强文化生产,让人们与"南大洋"建立远程连接。

五、建设具有包容性的南极

(一)突出强调背景各异的年轻人在不断变化的地球环境中具有后继者的地位。

(二)找出关键对话中所忽略的人群和知识体系,采取相关行动,以有意义和尊重的方式解决上述问题。

(三)与"南大洋"的受众之间开展有意义的互动,不论其距离"南大洋"是远是近。

(四)突出强调门户国家或南缘国家原住民与南极洲和"南大洋"的长期联系。

(五)使用参与性技术,如情景分析,深入理解并阐明利用循证知识进行决策的优势。

六、强化"南大洋"区域新知识的共同生产

(一)进一步加强科研人员、产业界、政策制定者和决策者之间的联系,为项目的共同规划和"南大洋"新知识的生产贡献力量。

(二)确定在时间、项目和后勤方面有哪些需求,促进自然科学、社会科学、艺术和人文之间的有效交流,大力支持此类跨学科参与。

(三)提升旅游业在公民科学和交流平台中的作用。

(四)在更广泛的极地范围内拓展"南极大使"的概念,突出强调IAATO领导的活动是共同的事业。

(五)对现有的活动所取得的成果做出判断,注意到很多游客在到访南极和"南大洋"之前、之中和之后都与该区域有良好互动。

(六)与旅行社合作,最大限度地实现南极旅游业的可持续,刺激世界其他地区的旅游业。

第三十四章 俄罗斯《海洋学说》(节选)

2022 年 7 月 31 日，俄罗斯总统普京签署并批准了新版《海洋学说》（以下简称《学说》），这是继 2001 年和 2015 年以来，俄罗斯颁布的第三版《学说》。《学说》是一份战略规划文件，反映了俄官方对国家海洋政策和海上活动的基本立场，重新定义了大国对抗背景下俄国家海洋政策的目标、任务和优先方向，阐明了国家利益以及未来几年俄罗斯海军将面临的主要威胁，概述了俄罗斯海军的发展计划、主要方向，明确勾勒出俄罗斯国家利益的边界和区域，是系统研究俄罗斯海洋发展战略的最权威文件。

第一节 世界海洋中俄罗斯的国家利益、面临的挑战和威胁

一、世界海洋中俄罗斯的国家利益

（一）保障俄罗斯国家独立和领土完整，在内水、领海以及相关底土和空域的国家主权不受侵犯；

（二）确保俄罗斯在其专属经济区、大陆架上的主权权利和管辖权；

（三）维护俄罗斯海洋大国地位，维护世界海洋战略稳定，加强国家影响力并在新兴多极世界的海洋领域发展互利伙伴关系；

（四）开发海洋潜力并提高俄罗斯在世界海洋中的国防能力；

（五）维护公海自由，其中包括航海、航空、捕鱼、科研自由，俄拥有铺设海底电缆和管道以及勘探和开采国际海域矿产资源的权利；

（六）保障海上油气运输管道系统的安全运行，这对确保俄罗斯的国内消费和发展对外经济活动具有战略意义；

（七）开展海军演习，以保障俄罗斯在世界海洋中的国家利益，维护战略和地区稳定；

(八)保障海上人命安全;

(九)确保在世界海洋作业期间的环境安全,防止海洋污染,包括生产和消费废物的污染,并保护海洋环境的生物多样性;

(十)综合研究和合理利用世界海洋资源与空间,确保俄罗斯,特别是其沿海地区的社会经济可持续发展;

(十一)将俄罗斯北极地区作为战略资源基地,并对其进行开发和合理利用,其中包括对俄罗斯 200 海里专属经济区以外的大陆架进行全面开发,该边界是依据 1982 年 12 月 10 日签署的《联合国海洋法公约》(以下简称《公约》)第 76 条划分的;

(十二)开发北方海航道,使之成为在国际市场上具有竞争力的重要航道。

二、就重要性而言,确保俄罗斯在世界海洋中国家利益的地区(区域)可分为国家存亡攸关地区、重要地区和其他地区

(一)属于对俄罗斯具有国家存亡攸关意义的地区(区域)包括:

1. 俄罗斯内水、领海以及海床、底土和领海上方空域;

2. 俄罗斯专属经济区和大陆架,其中包括由《公约》第 76 条认定的在北极海域 200 海里专属经济区以外的俄罗斯大陆架;

3. 包括北方海航道水域在内的俄罗斯北极沿岸水域;

4. 鄂霍次克海和归俄罗斯所有的部分里海海域。

(二)属于对俄罗斯具有重要作用的地区(区域),对经济发展、人民物质生活水平提升、俄国家安全保障以及对维护国家战略和区域安全有重大影响的地区(区域),包括:

1. 与俄罗斯海岸相邻的海洋,包括亚速海和黑海;

2. 地中海的东部地区;

3. 黑海、波罗的海和千岛海峡;

4. 世界海运航道,包括沿亚洲和非洲海岸的航道。

(三)其他保障俄罗斯在世界海洋中国家利益的地区(区域)是指公海中除被列为具有国家存亡攸关意义的地区和重要地区以外的其他区域。

三、在世界海洋中，俄罗斯国家安全和可持续发展面临的主要挑战与威胁

（一）美国及其盟国致力于限制俄罗斯获取世界海洋资源和重要的海上航线；

（二）部分国家对俄罗斯沿海和岛屿领土提出要求；

（三）北大西洋公约组织（NATO）的军事基础设施推进到俄罗斯的边界，增加了俄罗斯领土附近海域的军事演习频次；

（四）部分国家致力于削弱俄罗斯对北方海航道的控制，越来越多的国家在北极部署海军力量，该地区发生冲突的可能性越来越大；

（五）部分国家为了实现自己的地缘政治目标，试图修改现行的国际航运活动法律规范制度；

（六）国际恐怖主义、海盗以及海上非法运输武器、麻醉药品、精神药物及制毒原料、化学和放射性物质的现象增多。

四、海洋活动的主要风险

（一）俄罗斯商船队在全球国际运输中的参与度不足，特别是悬挂俄罗斯国旗的船只在世界商船队船只总数中只占很小一部分；

（二）俄罗斯外贸活动严重依赖海上运输和海上管道系统的运作；

（三）俄罗斯科研船队的规模和现状与俄罗斯在海洋科研领域的现实需求及任务规模不匹配；

（四）部分国家对俄罗斯国防工业综合体的造船企业以及石油、天然气公司施加限制，其中包括对现代技术转让、设备供应和吸引长期融资的限制；

（五）国际法对北极地区海洋的划界不完整，试图修改用于规范北极、黑海（1936 年 7 月 20 日《蒙特勒海峡公约》）和其他地区海洋活动的国际法规定；

（六）在俄罗斯境外缺乏足够的基地来支持其在世界海洋偏远地区执行任务的海军舰船；

（七）世界海洋对大气过程和气候变化的全球性影响，表现为对海洋活动产生消极影响的自然灾害（包括在俄罗斯沿海地区）发生的频率和强度在增加。

第二节 俄国家海洋政策的战略目标及原则

俄罗斯在世界海洋中的国家利益决定了国家海洋政策的战略目标和原则。

一、俄国家海洋政策的战略目标

(一)国家海洋政策的战略目标为：

1. 使俄罗斯发展为海洋强国并巩固其在世界领先海洋大国中的地位；

2. 提高保障俄罗斯在世界海洋中国家利益的能力；

3. 维护世界海洋战略稳定，对潜在对手进行战略和区域威慑，防止其对俄实施海上挑衅；

4. 实现并保护在俄罗斯大陆架上勘探以及开发自然资源的国家主权；

5. 提高俄罗斯海洋运输综合体以及北方海航道在海洋运输市场的竞争力；

6. 提高海军舰队作战能力，以保障俄罗斯国家安全，保护其在世界海洋中的国家利益；

7. 提高对俄罗斯海洋国家边界保护和保卫的有效性；

8. 保护海洋自然生态系统，合理利用海洋资源；

9. 提高预测世界海洋气候条件变化的效率以便适当应对，及时预防对俄罗斯沿海地区可能产生的负面影响并维护地区的可持续发展；

10. 提高俄罗斯科学在世界海洋基础及应用科学研究方面的竞争力；

11. 为俄罗斯沿海地区创造新的就业岗位，推动该地区社会发展；

12. 根据《公约》第 76 条规定，在大陆架界限委员会内明确俄罗斯 200 海里专属经济区外的俄罗斯北极大陆架边界。

二、俄国家海洋政策原则

(一)国家海洋政策执行主体遵循国家海洋政策原则进行海洋活动，保障俄罗斯在世界海洋中的国家利益，具体原则如下：

1. 遵循俄罗斯法律，遵循公认的国际法原则和准则以及俄罗斯所参与的国际条约规定；

2. 对俄罗斯国家安全面临的挑战和威胁采取适当、及时的应对措施，有效结合非军事与军事手段，优先考虑政治外交、法律、经济、信息以及其他非军事方法和手段来保障俄罗斯在世界海洋中的国家利益；

3. 有效利用海军潜力；

4. 发展对俄罗斯沿海区域、内水、领海、专属经济区以及大陆架的国家综合生态监测；

5. 维护海员及海上基础设施项目人员的健康；

6. 秉持将海洋环境与海洋活动视为一个相互联系的整体的生态观点；

7. 巩固科学研究的物质技术基础以便发展海洋活动，挖掘海洋潜力，保障俄罗斯国家安全，降低自然和人为灾害可能造成的损失；

8. 为俄罗斯自然人和法人的海上活动（包括国际海底区域矿物资源的勘探和开采活动）提供法律保障；

9. 利用盟友及其他合作伙伴国家的能力实现俄罗斯在世界海洋中的国家利益。

第三节　功能性海洋活动的优先发展事项

功能性海洋活动主要包括与研究、开发和利用世界海洋资源及空间相关的活动领域。

一、发展海洋运输

（一）发展海洋运输的优先方向为：

1. 更新和发展俄运输船队，提高其在国际海运市场中的竞争力；

2. 为北方海航道作为俄罗斯国家运输线路的发展创造条件，考虑到其国际应用的可能性，要确保该航道在运输服务质量及航行安全方面的国际竞争力；

3. 通过俄罗斯海港的建设和现代化改造以及专用铁路和公路的建设和改造工作，保障港口基础设施的平稳运行和发展；

4. 在俄罗斯各区域海港基地建设现代化的大型海洋运输物流中心，以确保其能够服务俄罗斯海上进出口活动，为与其他国家海港集群进行竞争创造条件；

5. 发展和平稳运行航海安保系统。

二、开发和保护世界海洋资源

(一)发展海洋渔业和水产养殖的优先方向为：

1. 实施新渔船修建项目，创造条件，以为俄罗斯造船企业优先分配建造渔船的订单，新建鱼类加工和制冷设备，确保经济有效地捕获水生生物资源；

2. 扩大渔业科研与开发的方向和规模，对世界海洋水生生物资源进行定期研究与国家监测；

3. 保护和合理利用俄罗斯领海、专属经济区及大陆架内的水生生物资源；

4. 加强俄罗斯参与国际渔业组织利用世界海洋水生生物资源的活动，进一步发展渔业的国际协作及完善国际法律的监管过程，提高保护海洋环境的要求；

5. 保障俄罗斯在保护和使用里海及亚速海海域内水生生物资源的利益，制定并确保遵循旨在保护珍稀濒危水生生物资源物种种群的协调措施；

6. 加强俄罗斯在世界鱼类及其他水生生物资源制成品市场上的地位；

7. 制定并推行国家环境认证体系，对所捕获的水生生物资源及其制成品进行认证。

(二)开发世界海洋矿物及油气资源的优先方向为：

1. 通过开展测量、测绘、钻探、洋底起重作业来研究俄罗斯大陆架地质结构并确定其资源潜力，实现对地质环境的国家监测，通过国家和个人投资，加强地质勘测工作(包括与非传统能源原料来源开发相关的勘测，如气体水合物等)；

2. 增加在俄罗斯大陆架内，包括在俄罗斯北极地区以及里海俄罗斯部分的地质勘测工作及油气资源的开采；

3. 为俄罗斯企业出口海上油气资源提供支持，确保有效使用管道系统(海洋及陆地)和海上船舶(油轮及天然气运输船)运输油气资源；

4. 俄罗斯科技基地的加速发展是矿产资源勘测与开采新方法、新工具研制的基础，包括为了勘测和开发深海与北极大陆架矿床所研发的现代国内技术与设备，不同类别的海上平台建造也归属其中；

5. 履行与《公约》下设的国际海底管理局签订的有关铁锰结核、海底多金属硫化物及富钴铁锰结壳勘测契约的义务；

6. 勘测、研究和明确世界海洋未被探索过的海底区域内的资源潜力以便扩大俄罗斯的矿物原料基础。

三、发展海洋管道运输系统

发展海洋管道运输干线网络的优先方向为：

1. 保障关乎俄国家利益的海洋管道运输的有效运作和发展，从而减少本国碳氢化合物资源出口对经过他国的陆上运输管道系统的依赖；

2. 通过对近海管道的设计、建造和运营实行国家控制（监督），包括研发和使用自动化设备与系统等现代技术手段，防止人为和技术性灾害；

3. 保护环境免受建造和运营近海管道系统可能产生的负面后果的影响，并制定专项规定、许可条件及要求。

四、海洋科学研究

海洋科研领域的优先工作方向是：

1. 扩大基础和应用性综合科学研究的规模（特别是考察方面），这些科研活动目标是对世界海洋、北极和南极地区的海洋环境、资源以及空间进行研究；

2. 在世界海洋进行生态和气候研究，包括对古气候、沉积岩、海冰、南极冰川以及俄境内北极岛屿、海岸和大陆架的研究；

3. 对现有的科研船进行现代化改造并建造包括远洋级多用途科研船在内的新科研船，并为其配备现代化设备，以开展现代海洋学研究及地质勘探工作；

4. 发展远程观测技术和设备，包括通过卫星频道通信的独立站点以及能进行卫星通信和水声通信的自由浮潜式独立综合观测系统；

5. 在国际组织框架下发展海洋科研领域的国际合作。

第四节　俄国家海洋政策的区域性优先方向

国家海洋政策的区域性优先方向被划分为北极方向、太平洋方向、大西洋方向(波罗的海、亚速海–黑海地区和地中海海域)、里海方向、印度洋方向和南极方向。这些区域方向的国家海洋政策是按照地区的地理和社会经济特征及其对俄国家的地缘政治及军事战略意义所制定的。

一、北极区域

俄在北极地区海洋政策的优先方向为：

1. 确立俄罗斯在研究和开发北极海洋空间的领先地位，包括进行地理勘探作业、更新矿床资料以及对俄罗斯北极大陆架的自然资源矿床进行安全开发利用；

2. 加强北方舰队和太平洋舰队以及联邦安全机构的作战能力，确保俄罗斯在北极地区的既定作战制度以及战略稳定；

3. 全面发展北方海航道以使其成为俄国家安全的、永久的且具有国际竞争力的交通运输线路；

4. 对外国政府在北方航道水域开展的海军行动实施管控；

5. 广泛地开发自然资源，主要是俄北极专属经济区和大陆架内的燃料能源，为俄罗斯石油天然气开采和运输公司发展创造有利条件；

6. 完善北方海航道水域的航运体系，综合发展其沿岸港口的基础设施，打造必要和充足的破冰、救援和辅助船队，完善航行水文地理和水文气象保障工作，建立紧急救援中心，以确保北方海航道能够安全地、经济有效地实现全年通航；

7. 建立突发石油泄漏预防安全体系和清除体系；

8. 积极与北极国家合作，以期在国际法准则和相互协定的基础上，维护俄罗斯的国家利益，划定包括北冰洋大陆架在内的海洋空间；

9. 继续进行海洋研究和勘察作业，从法理上巩固、扩大俄罗斯在北冰洋大陆架的外部边界。

10. 在俄北极地区建立统一的交通通信系统，建设跨北冰洋的水下通信光缆。

二、太平洋区域

俄国家海洋政策在太平洋区域的优先任务是：

1. 改善远东与俄罗斯工业化地区在经济和基础设施方面隔绝的状态，

使之与西伯利亚和俄罗斯欧洲部分的城市及居民点建立可持续的海运（河运）、航空和铁路联系，并纳入北方海航道开发工作；

2. 确保主要的全国性、区域性和地方性的海港，海上运输和物流枢纽协调发展，使远东融入亚太区域经济空间，恢复和发展远东海域的定期海上客运服务；

3. 在远东开发现代高技术造船综合体，以建造适用于北极开发和现代海军航空母舰的大吨位船只；

4. 提高太平洋舰队的实力，完善驻军制度，提高联邦安全局部队、俄联邦近卫军特种部队的作战实力，在数量和质量方面确保军队作战实力得到提高；

5. 为海军在亚太地区的活动创造条件，以监测该区域海上运输通信安全；

6. 积极开发俄大陆架的自然资源，包括提高对日本海、鄂霍次克海和白令海的地理研究水平；

7. 在俄罗斯同国际海底管理局间合约框架下，通过寻找铁锰结核和钴结壳完成俄罗斯勘探范围内的地质勘探工作；

8. 建立资源基地，具备液化天然气生产和运输能力，建立专门的转运终端，保障对俄国内企业的天然气长期供应及对外出口活动；

9. 研究并推广水产资源再生产的新技术，建立并发展渔业技术推广的创新生物技术园区、畜牧型鱼类养殖企业和工业化的水产养殖企业，发展鱼类和海产品加工、海洋生物制药、餐饮产业，发展为农工综合体及海水养殖提供饲料和生产科技用途产品的相关企业；

10. 研究并推广用来勘探和开采太平洋海底矿物资源的新技术，生产新的深海设备。

三、大西洋区域

（一）大西洋区域国家海洋政策，是结合了北约在该地区存在与活动旨在与俄罗斯及其盟友进行直接对抗的因素后确定的。

（二）俄罗斯不能接受北约将其军事设施推进到俄国家边界的计划和北约试图赋予该组织全球性职能的企图，这仍然是俄罗斯与北约关系中的一个决定性因素。

（三）大西洋地区国家海洋政策的目标是坚决捍卫和巩固俄罗斯在该地区的国家利益，为俄罗斯与外国开展稳定的经济合作创造条件。

（四）大西洋区域国家海洋政策的优先事项有：

1. 与大西洋域内国家开展互动，以确保大西洋水域和邻近领土区域的战略稳定；

2. 实现海运量增长，发展渔业，加强海洋科学研究和海洋环境监测；

3. 扩大海洋科学研究，巩固俄罗斯在大西洋区域的地位；

4. 在俄罗斯与国际海底管理局合约框架内，开发并采用新技术和深海技术综合系统，在俄罗斯所属勘探区内进行地质勘探工作，寻找深海多金属硫化物等大西洋海底矿产资源；

5. 发展国内沿岸港口的铁路、物流中心和港口综合体的基础设施建设；

6. 发展邮轮及游艇旅游；

7. 在国家机构、地方政府机构、公共协会及组织的互动基础上，对海洋历史文化遗产进行保护。

四、里海区域

里海区域国家海洋政策的优先事项有：

1. 加强俄罗斯在里海区域的经济和地缘政治地位，深化与该地区国家的经济、军事和文化联系；

2. 吸引俄罗斯公司参与地质勘探工作，将里海海域俄罗斯相关区域的矿床纳入水下油气运输管道系统，结合环境安全要求，在俄罗斯所属的里海海域和相关沿海区域，建设油气开采综合体以及沿岸转运基础设施；

3. 对俄罗斯海港、铁路和公路的通行能力进行现代化建设和发展，再通过增加海上货物进出口量、多样化发展海运方向、扩大货物供给量与供给能力以及深化国内外市场服务等方法，从而实现里海区域社会经济的进一步发展；

4. 提高水生生物资源（主要是鲟鱼类）保护和再生产的效益，发展整体化渔业养殖；

5. 组织跨境旅游合作，从而构建里海旅游路线；

6. 发展里海舰队的军事力量与驻泊系统，实现其军事力量在质和量双方面的增长，并与里海区域的国家发展国际军事合作。

五、印度洋区域

印度洋区域国家海洋政策的优先事项有：

1. 与印度发展战略伙伴关系，进行海军合作，扩大与伊朗、伊拉克、沙特阿拉伯和该地区其他国家在经贸、军事技术、文化以及旅游产业方面的合作，以期将该地区变成和平稳定的区域；

2. 扩大该地区的俄罗斯航运业；

3. 以红海和印度洋军队物质技术保障点（驻留点）为基础，保障并维持俄罗斯海军在波斯湾区域的军事存在，并借助该地区国家的基础设施来确保俄罗斯海军的活动；

4. 参与该地区海上运输通信的安全保障工作，共同打击海盗；

5. 进行海洋科学研究，保持且加强俄罗斯在该地区的地位。

六、南极区域

国家海洋政策在南极区域的优先事项有：

1. 有效运用《南极条约》体系规定的机制和程序，维持并扩大俄罗斯在南极洲的存在；

2. 全面促进《南极条约》体系的维持与发展；

3. 考虑到南极在全球气候进程中的作用，扩展南极综合性科学研究；

4. 进行地质、地球物理科学研究，了解南极内陆地区及其周边海域的地质构造与演化及资源潜力；

5. 确保俄罗斯南极科考站和野外基地的运作，并定期对科考设备、船舶、器械和技术材料进行更新；

6. 发展南极卫星通信和导航系统，对俄罗斯格洛纳斯全球卫星导航系统地面综合体进行扩展和现代化改造；

7. 保护南极环境。

第五节　海洋活动的保障

一、造船

俄罗斯造船业的优先发展事项有：

1. 研制航空母舰等大吨位船只、军舰、海军辅助舰船、运输船舶、渔用船舶、科研船舶以及其他民用船舶，建造海上民用技术设施(其中包括俄罗斯北极地区海上矿产资源开发平台)，为满足国家和民间需求提供保障；

2. 为造船业的创新和投资活动创造有利条件，促进现有和新兴造船设备的全面升级、改造和技术革新；

3. 引入先进的数字技术和数字服务平台，供舰船和海上设备使用；

4. 增加军民两用海上自动化工业系统的生产能力；

5. 在核动力破冰船的制造和运营方面继续保持世界领先地位；

6. 为破冰船和冰级货轮(其中主要是配备核动力装置的船只)的建造及运营提供国家支持，为以上船只制定专门的驻泊制度。

二、海洋活动领域人员教育和培养

国家海洋政策在海洋活动领域的人员保障、教育培养方面的优先方向为：

1. 发展和完善各相关专业人员的培养教育体系，同时结合国内实施相关海洋活动培训计划的教育组织的经验，解决海洋活动领域专业人员不足的缺陷；

2. 发展专业教育机构，为其配备专业师资，保障船舶建造综合体技术专家和工人的教育和培养工作；

3. 做好海军舰队、联邦安全局、紧急情况部、联邦近卫军队军人及其家属的社会保障工作；

4. 发展符合俄国家和国际标准的海员健康保护、海上交通作业人员安全保障体系。

三、保障海洋活动安全

(一)海洋活动安全保障工作包括航行安全保障、搜救保障、医疗救护保障、海洋基础设施安全保障、打击海盗与恐怖主义等领域。

(二)航行安全保障领域的优先工作方向为：

1. 完善在船舶航行水文-导航保障领域(包括沿北方海航道的航行安全保障)的国家规范性法律条款；

2. 更新电子海图、相关出版物以及参考手册，使其整理和制作水平达到国家现代化要求的水平；

3. 为舰船装备达到国家和国际现代化标准的海上导航和海洋学研究相关设备；

4. 创建并发展俄独立的导航体系，以替代全球卫星导航系统；

5. 及时向海洋活动主体通报危险的海洋水文气象信息，预报海洋环境变化情况以及其他关于航行安全和海洋污染情况的信息；

6. 扩大并完善为海洋活动提供水文气象、海洋学、太阳地球物理学保障的轨道卫星集群以及地球遥感卫星集群，以获取极地水文气象数据和冰情信息。

（三）海洋活动搜救保障领域的优先方向包括：

1. 完善联邦海洋搜救体系和规范性法律基础，以提升海洋搜救体系的工作效率，并对联邦层面、地区间和地方层面海洋搜救设备与力量进行可持续管理；

2. 创建国家政府部门间信息交换自动化体系，实现关于俄国内和外籍船只位置与搜救工作开展情况的信息共享；

3. 新建搜救船舶，同时对海洋紧急救援部门及联邦行政机关搜救和紧急救援小组的搜救船舶进行现代化改装；

4. 发展北极综合紧急救援中心，以预防和消除俄北极地区的突发与极端情况；

5. 实现跨部门海洋紧急救援专业人员培养、搜救技术认证、搜救活动许可体系一体化、规范化管理，在执行国家海洋政策的各个区域培养相应的专业搜救人员，发展潜水医疗救护；

6. 发展并巩固海上搜救领域的国际合作，与外国紧急救援力量开展联合演习及训练。

（四）完善海洋活动医疗卫生保障体系的优先方向为：

1. 将海洋医疗卫生活动的质量提升至国际水平；

2. 协调海上和岸上船员的医疗救助活动，开展相关医学检查与鉴定，同时利用远程医疗技术向海上船员提供医疗咨询服务；

3. 为海洋活动项目提供医疗救助站保障，并为救助站装备现代化的医疗设施，完善俄北极地区海洋活动的卫生医疗保障；

4. 为俄罗斯舰船装备远程医疗综合体设备，并将其并入国家和相关部门的远程医疗系统；

5. 建设现代化的军事医疗船，使其能够在世界海洋的偏远地区部署军事医疗力量，并利用该医疗船完成人道主义救援任务。

(五)海上基础设施及其毗连区域的安全保障工作将通过以下方式展开：

1. 为海上基础设施配备现代化的安保系统，保护其免受非法活动的干扰；

2. 发现、预防和消除针对海洋基础设施的破坏性活动和恐怖主义行为以及其他相关非法行为。

(六)打击海盗、海上恐怖主义等保障海上航行安全的措施将通过以下途径实施：

1. 制定政治、法律、社会经济和军事措施制度体系，以有效防止、制止和消除针对悬挂俄国旗船只的海盗袭击和恐怖主义行为；

2. 制止(控制)武装劫船与海上恐怖主义行为；

3. 对遭受海盗及恐怖主义侵扰的船只给予帮助；

4. 发展打击海上恐怖主义与海盗方面的国际合作与互动。

四、保护海洋环境

(一)在确保海洋生态环境安全、保护及修复海洋生态系统框架内，俄罗斯致力于开展以下工作：

1. 监测海洋生态环境状况与受污染情况，实施一系列预防和消除海洋环境污染后果的措施；

2. 优化海洋环境国家监管制度，对具有核动力及放射性装置的船舶及其他海上设备的运行情况加大国家监督力度；

3. 防止在石油勘探、开采、运输以及在港口石油产品接收终端设备的建设和改建过程中出现石油泄漏事故；

4. 为从事海洋活动的各类主体提供相关制度参考资料、海洋环境与污染情况(包括突发事件)的信息及预报服务；

5. 发展国产核动力船队，完善对国产核动力船队安全运行的监督体系，提升有效利用核动力船舶及其核废料的技术水平；

6. 开展修复海洋生态系统的一系列活动；

7. 形成海洋活动生态风险强制保险制度体系；

8. 提升海洋环境保护水平，逐步实现国产海上船舶所用燃料清洁化，遵守对海上运输投资项目的环保要求，建设新的或改建现有废水处理设备，回收和无害化处理船舶废物。

五、海洋活动的信息保障

（一）建立、发展、维护海洋活动保障信息空间的相关要求：

1. 优化技术设备，为海洋活动主体及其他相关的信息需求者加工并提供关于世界海洋的动态信息；

2. 利用国产轨道卫星集群开展对俄海洋及世界海洋重要战略区域环境状况及污染情况的地球遥感、导航、通信、观测与监测活动，扩大对相关信息的收集能力；

3. 建立高效的海洋情况数据处理中心，在信息中心和主要信息需求者之间搭建具有最佳带宽的通信渠道；

4. 将水文导航、水文气象、搜救、生态保护及其他种类海洋活动信息保障体系的资源、设备纳入俄罗斯统一海洋活动信息保障基础设施网络。

六、海洋活动的国际法律保障及国际合作

（一）海洋活动的国际法律保障与国际合作是俄罗斯国家海洋政策实施的重要方面，在其框架内俄方致力于开展以下活动：

1. 全面促进俄罗斯在海洋活动方面的国家利益，扩大俄罗斯在相关国际组织中的影响力，在南北极地区及其他海洋活动领域拓展海洋活动方面的互利性国际合作；

2. 在制定和落实国际海事组织相关公约及规范时，要在有俄罗斯参与的相关委员会、分委会和工作组中开展平等合作，并维护俄罗斯的国家利益；

3. 积极参与国际组织框架内的世界海洋国际安全问题、航行自由、海洋自然资源开发及其他事关俄罗斯在世界海洋活动重要问题的协商工作；

4. 开展俄罗斯海军舰队与外国海军以及俄联邦安全部门与外国边防部

门(海岸警卫队)的联合海上军事演习;

　　5. 与外国搜救力量定期开展联合海上搜救演习和训练;

　　6. 在全球海上遇险与安全系统框架内,扩大海洋活动安全保障方面的国际合作范围,承担俄罗斯在为舰船提供导航、气象信息服务方面的国际义务。

第三十五章 《加强小岛屿发展中国家海洋科学知识、研究能力和海洋技术转让宣言》

2022 年 6 月 27 日，小岛屿国家联盟发布《加强小岛屿发展中国家海洋科学知识、研究能力和海洋技术转让宣言》。该文件明确了海洋对于小岛屿发展中国家的关键作用，提出要促进上述国家海洋科学知识的储备，大力提升各国的海洋研究能力，并列出了小岛屿发展中国家与他国建立伙伴关系的八点倡议，指出小岛屿发展中国家是关键的合作伙伴，而并非一味被动的技术转让受益者，从而为后续相关领域的合作指明了方向。

宣言正文

认识到小岛屿发展中国家作为海洋守护者的积极作用，其利用传统知识、原住民文化和本地知识体系，在海洋可持续管理和海洋资源养护方面长期发挥着领导作用；

进一步认识到海洋在小岛屿发展中国家文化特征中的核心地位，这些国家依靠海洋供养国民并维系他们的生计，海洋经济对其可持续发展起到重要的促进作用；

承认气候变化和海洋酸化正导致海洋健康状况发生变化，此种变化对小岛屿发展中国家造成了极其严重的影响，预计此种影响在未来还将进一步加剧；

进一步承认能力建设是技术合作中占有、拥有和保持可持续性的关键因素，需要实施有针对性的技术转让和能力建设，以满足全球对可持续利用海洋和保护海洋生物多样性的迫切需求；

关切小岛屿发展中国家在区域、次区域、国家、次国家、个人和机构等层级下，特别是在海洋科学、海洋技术、海洋知识、海洋政策和财政等方面存在着各类及持续存在的能力差距；

同时关切当前的能力建设方式并不完善，对于发展、维系和本地化技

术能力所造成的负担大于收益;

强调需要掌握和优化创新能力,使参与能力建设的各方均实现利益最大化,注重形成可经得起未来考验的长期成果,采用现代化方法以消除过时和无效技术;

以《巴巴多斯行动纲领》《进一步执行小岛屿发展中国家可持续发展行动纲领毛里求斯战略》和《小岛屿发展中国家快速行动方式》等文件所确立的小岛屿发展中国家特殊情况及其独特脆弱性原则为指导,并在《2030年可持续发展议程》《2015—2030年仙台减少灾害风险框架》《亚的斯亚贝巴行动议程》《巴黎协定》和《新城市议程》等文件中进一步确认了这一路径;

以首届联合国海洋大会通过的题为"我们的海洋,我们的未来:行动呼吁"的宣言、《联合国海洋法公约》、联合国"海洋科学促进可持续发展十年"及其对实现我们所需海洋科学的愿景为指导;

认识到国际伙伴关系的重要作用以及有效的能力建设伙伴关系将为所有利益攸关方带来广泛的共同利益,从而进一步促进联合国"海洋科学促进可持续发展十年"目标的实现;

进一步认识到小岛屿发展中国家在获取发展融资上面临的挑战,极大限制了各国在国家发展与加强和保留自身能力方面的努力。

我们呼吁建立伙伴关系,以便使小岛屿发展中国家增加海洋科学知识积累、发展自身海洋研究能力以及对其转让海洋技术,其中包括:

一、真正的、持久的、公平的、可持续的以及满足自身需求的,特别是通过全球、区域、国家政策和战略以及需求评估所确定的伙伴关系。

二、所有伙伴通过积极参与及信息共享,采取共同设计、共同开发和共同实施等方式,以形成对目标、目的和预期结果的共同理解,确保对相关术语进行适当定义,并同时分配以足够的时间和资源,在相互信任和尊重的基础上建立有效且长期的关系;认识到小岛屿发展中国家是关键的伙伴,而不是被动的技术转让受益者。

三、在所有伙伴相互学习和创新的基础上,同时尊重所有伙伴拥有各类形式的知识及经验,包括传统知识、原住民文化和本地知识体系;依据《联合国原住民人民权利宣言》,应遵循自由、优先和知情同意的原则,以获取和使用上述知识体系。

四、在契合国家实际需要和具体情况基础上,设计伙伴关系的合作模式，灵活地适应不断变化的现实需要，并针对面临的新机遇作出反应，认识到需求评估是制定此类战略不可或缺的组成部分。

五、各方在缔约伙伴关系期间应充分支持彼此发展，并为此类关系的发展及构建提供稳定、可预测且可持续的资源以及制定长期性的可持续发展战略及能力建设方案，在必要时还需调配新资源，确保技术转让和能力建设工作具有合适且有效的人力资源支持。

六、建立负责任、包容且透明的伙伴关系，所有伙伴之间要进行开诚布公的沟通交流，从而为利益攸关方提供互相接触的平台，以不断反思能力建设水平的诸多影响因素。

七、接受定期监测、评价和经验反思，旨在通过确立的基准、目标和指标，辅以对数据收集和详情报告的支持，以便根据结果及时调整伙伴关系，并评估此类关系是否取得长期成果。

八、设计灵活、可审查且不断优化的运营、供资和治理结构，以确保不断变化的实际需求能够得到充分反映。

第三十六章　美国《北极地区国家战略》

2022 年 10 月 7 日，美国白宫发布新版《北极地区国家战略》（以下简称《北极地区战略》），作为对 2013 年《北极地区国家战略》（简称《北极地区战略》(2013)）的更新。《北极地区战略》宣称美国寻求建立营造一个"和平、稳定、繁荣与合作的北极地区"，提出安全、气候变化和环境保护、可持续经济发展、国际合作与治理四大支柱，并制定贯穿四大支柱的 5 项原则以及 13 个战略目标，以维护和拓展美国的北极利益。《北极地区战略》将中国北极经济、外交、科学和军事活动视为地区战略竞争加剧的原因，并视俄中为美在北极地区主要竞争对手。

第一节　北极愿景

北极是 400 多万人的家园，拥有丰富的自然资源和独特的生态系统，并正在经历巨大的转变。在气候变化的推动下，这一转变将挑战北极地区的生计，创造新的经济机遇，并可能加剧国家间的战略竞争。阿拉斯加使美国成为一个北极国家，这赋予了管理和保护这一地区的权力和责任，特别是在这个变化时期。

尽管俄乌冲突导致了目前的紧张局势，但美国寻求的是营造一个和平、稳定、繁荣与合作的北极地区。一个和平的北极拥有管理竞争和解决争端的屏障能力，而无须使用武力或胁迫手段。北极的稳定来自各国负责任的行动，并遵循包括航行自由在内的国际法、规则、规范和标准。一个繁荣的北极需要北极社区的健康和活力以及北极可持续经济发展。为了在美国的北极地区和整个北极地区实现这些目标，主要是需要与盟友和伙伴合作，解决共同挑战。俄乌冲突导致美国与俄罗斯在北极地区的政府间合作几乎中断。未来十年，在一定条件下，或许有可能恢复合作。但俄乌冲突不断加剧，使得大多数合作在可预见的未来都不太可能实现。

美国的北极愿景是保护并拓展美国在该地区的利益，包括提供国土安全和防御；增强应对气候变化和减缓生态系统退化的能力；扩大美国的经济机遇；保护和改善生计，包括阿拉斯加原住民社区的生计；维护北极地区的国际法、规则、规范和标准。

《北极地区战略》对《北极地区战略》(2013)进行更新，并以美国北极地区已有政策为基础①，反映北极战略环境的变化，并阐明美国政府实现战略愿景的方法。《北极地区战略》以更大的紧迫性应对气候危机，并指导对负责任的经济发展进行新的投资，以改善北极居民的生计，同时保护环境。《北极地区战略》指出，自 2013 年以来，北极地区的战略竞争日益加剧，美国致力于在有效竞争和管控紧张局势方面处于有利地位。《北极地区战略》阐明了未来十年美国在北极的积极议程，并为美国政府应对北极地区出现的新挑战和新机遇提供了框架。

第二节　北极地区不断变化的情况

北极地区的气候变化以及由此导致的海冰减少、永久冻土层融化和冰盖消融，带来了新的挑战和机遇。北极理事会于 2021 年确认，北极地区变暖的速度是世界其他地区的三倍。气候变化使北极地区比以往任何时候都更易进入，同时也导致了全球海平面上升、海岸侵蚀、更频繁和严重的野火以及生态系统遭到破坏。这些后果威胁着北极居民的生计和阿拉斯加原住民社区的传统生活方式。鱼类和野生动物迁徙模式的变化，加之非生存食物的成本高昂，加剧了北极地区的粮食危机，使文化传统更加难以延续。阿拉斯加的海岸侵蚀、永久冻土层融化以及洪水正在破坏基础设施，迫使一些社区搬迁或在基础设施恢复能力方面大举投资。

一个更易进入的北极可以创造新的经济机遇。地域辽阔、人口密度低、经营成本高、缺乏资金是长期面临的挑战，包括基础设施有限，对石油、天然气和商业渔业部门的依赖。这些制约因素反过来又使生活成本居高不下，并遏制发展其他产业的机会。海冰的减少正在逐渐开辟新的航线，并刺激经济发展。北极蕴藏着大量对关键技术供应链至关重要的关键矿产，这引起了世界各国政府和企业的兴趣。随着北冰洋冰层的减少和鱼类洄游模式的转变，商业渔业可能会转移到新的地区。如果管理得当，并

---

① 第 66 号国家安全总统令/第 25 号国土安全总统令，"北极地区战略"，2009 年 1 月。

与北极居民协商，这些变化可能为北极居民带来经济利益。新的机遇将带来额外的挑战，包括新的非法、未报告和无管制捕捞，更严重的环境退化，海上航行风险，事故发生率提高以及传统生活方式改变。

随着各国追求新的经济利益并为北极活动增加做准备，北极日益增长的战略重要性加剧了北极未来的竞争。过去十年，俄罗斯为北极地区军事存在投入了大量资金，正在对军事基地和机场进行现代化改造；部署新的海岸和防空导弹系统以及升级潜艇；增加军事演习和训练行动；为北极部署一个新的作战指挥力量①。俄罗斯还在其北极领土上建设新的经济基础设施，以开发碳氢化合物、矿产和渔业资源，并试图通过对北方海航道设置严格海事规定以限制航行自由。

俄乌冲突加剧了北极地区的地缘政治紧张局势，增加了意外冲突发生的新风险，阻碍了合作。这场冲突使俄罗斯的军事注意力集中在乌克兰，而对俄罗斯实施的制裁可能会使其在北极的经济投资和军事现代化建设活动更趋复杂化。俄乌冲突加强了北约的团结和决心，并刺激了扩大北约的努力，也加强了美国与北极伙伴的团结，芬兰和瑞典有望加入北约就是最好的证明。

中国寻求通过扩大一系列经济、外交、科学和军事活动来增加其在北极的影响力。中国还强调有意在塑造地区治理规则中发挥更大作用。在过去十年中，中国的投资增加了一倍，主要集中在关键矿产的开采；扩大科学活动。中国扩建了破冰船队，并首次派遣海军舰艇进入北极。其他非北极国家也增加了在北极的存在、投资和活动。

第三节　我们的方法：战略支柱和指导原则

在这个不断变化和充满挑战的时期，实现北极和平、稳定、繁荣与合作的愿景，需要美国在国内外发挥领导作用。美国将通过包括国内问题和国际问题在内的四项相辅相成的支柱以拓展美国利益。

在美国北极地区进行的许多投资不仅使阿拉斯加的居民受益，也将提高美国追求经济和环境机遇以及在整个北极地区投射影响力和保障安全的能力。战略支柱共同指导着美国未来十年在北极地区的积极议程。

---

① 即俄罗斯北极战略司令部——译者注

支柱一——安全：通过加强捍卫美国北极利益所需的能力，抵御美国和盟友面临的威胁，同时协调与盟友和伙伴的共同行动，减少意外升级的风险。根据需要在北极地区强化美国政府的存在，以保护美国人民和捍卫美国的领土主权。

支柱二——气候变化与环境保护：美国政府将与阿拉斯加州政府和社区合作，提升抵御气候变化影响的能力，同时作为全球减缓气候变化努力的一部分，致力于减少来自北极的排放，增进科学理解，并保护北极生态系统。

支柱三——可持续经济发展：通过投资基础设施、改善服务以支持和促进不断发展的经济行业，实现阿拉斯加的可持续发展，改善包括原住民社区在内的阿拉斯加的居民生计。与盟友和合作伙伴一道，在整个北极地区扩大高标准投资，推进可持续发展。

支柱四——国际合作与治理：尽管俄乌冲突给北极合作带来了挑战，但美国将努力维持包括北极理事会在内的北极合作机构，并使其能够应对北极地区日益增多的活动所带来的影响。维护北极地区的国际法、规则、规范和标准。

《北极地区战略》旨在作为一个框架，指导美国政府应对北极地区出现的新挑战和新机遇。在推动实施《北极地区战略》的过程中，将以贯穿四大支柱的 5 项原则为指导。

原则一：与阿拉斯加原住民部落和社区进行磋商、协调和共同管理。美国致力于与阿拉斯加原住民部落、社区、企业和其他组织进行定期、有意义和强有力的磋商、协调及共同管理，并确保公平地接纳原住民及其传统文化。

原则二：深化与盟友和合作伙伴的关系。深化与北极盟友和伙伴的合作，包括加拿大、丹麦（格陵兰）、芬兰、冰岛、挪威和瑞典。与维护北极地区国际法、规则、规范和标准的国家扩大北极合作。

原则三：为长期投资制订计划。《北极地区战略》优先考虑的许多投资将需要较长的投资周期。美国将积极预测未来几十年北极地区发生的变化，为新的投资做好准备。

原则四：培育跨部门联盟和创新理念。北极的挑战和机遇不仅由各国政府来解决，美国将加强和发展私营部门联盟、学术界、公民社会以及州、地方和部落行为体，鼓励和利用创新思维来应对这些挑战。

原则五：致力于全政府参与、采用基于证据的决策。北极问题超出了任何单一地区或政府机构的职责范围。美国政府各部门和机构将共同努力实施《北极地区战略》。采用基于证据的决策，与阿拉斯加州政府、原住民部落、社区、企业和其他组织以及美国国会密切合作开展工作。

第四节　支柱一——安全：发展扩大北极活动的能力

美国政府的首要任务是保护美国人民以及领土主权和权利，并致力于保障条约盟友的安全，支持地区伙伴。北极安全涉及多重利益，包括国防、国土安全、商业和科学活动。然而，北极环境给该地区带来了具体的挑战，需要有针对性的技术、资产、基础设施、培训和规划。随着未来几十年在北极的关注、投资和活动的增加，为确保国家利益，美国将根据需要：提升北极的军事和民用能力，以应对威胁，并预测、预防和应对自然和人为事件；增强对北极环境的了解，并提升整个政府的能力，以支持美国在北极地区不断扩大的活动；深化与北极盟友和伙伴的合作，并管控进一步军事化或发生意外冲突的风险，其中包括由于与俄罗斯的地缘政治紧张关系所带来的风险。这些改进将有利于国家安全和阿拉斯加州的居民生计。

战略目标1：提升对北极作业环境的认识

需要对北极作业环境有更深入的了解，以便为实时决策提供依据，并对不断变化的条件做出及时反应。美国将投资现代化感知领域，以探测和跟踪潜在的空中与海上威胁，并提高感知和观测能力，包括海冰、船舶交通和气象等领域。例如，与加拿大在北美防空司令部现代化方面进行合作。支持拓展观察、建模和分析能力，以增强使用所收集数据预测不断变化的操作环境的能力。提高通信、定位、导航和授时能力，建设适用于北纬地区的通信和数据网络。提升北极观测、测绘和制图能力；提升天气、水和海冰预测能力；做好亚季节性和季节性预测工作；做好应急准备；实现卫星覆盖，促进高效的商业活动，并确保海空安全。

战略目标2：发挥存在力以支持优先目标

美国将维持并根据需要，完善和加强在北极的军事存在，以支持国土防御、全球军事和力量投送以及威慑目标。继续独立以及与盟友和伙伴进行定期、透明和一致的训练、演习和部署。通过有效的海上安全、执法、搜救和应急响应等措施加强国土安全，包括扩大美国海岸警卫队破冰船舰队，以支持在美国北极地区的持续存在，并根据需要在欧洲北极地区增加存在。根据需要进行有针对性的投资，从战略上巩固安全基础设施，以实现这些目标，同时增强关键基础设施抵御气候变化和网络攻击的能力。

战略目标3：与盟友和合作伙伴最大限度地团结努力

最大限度地加强与北极盟友和伙伴的合作，以保障共同安全，抵御对北极地区的"侵略"，特别是来自俄罗斯的"侵略"。与盟友和伙伴密切协调，加深对北极安全挑战的理解，提高集体威慑能力和应对突发事件的能力，共同制定和领导应对安全挑战的方法，包括扩大信息共享。提高对北极地区作战的熟悉度，包括寒冷天气作战和互操作性，加强对联合演习和训练的关注。与北约盟友和北极伙伴开展协调一致的活动，旨在既捍卫北约在该地区的安全利益，同时减少风险，防止意外升级，特别是在与俄罗斯的紧张局势加剧期间。与阿拉斯加州政府、阿拉斯加原住民和农村社区合作，开展有关寒冷天气作战和提高互操作性的联合演习与培训等活动。

第五节　支柱二——气候变化与环境保护：建立复原力及提升适应能力，同时减少排放

气候变化对北极的影响比许多温带地区更大，这导致了地形不稳定、海岸脆弱、生态系统变化和不断加剧的生物多样性危机。由于气候变化，超过60%的阿拉斯加原住民社区被认为受到"环境威胁"[①]。从历史上看，这些社区在获得联邦资源方面存在障碍。美国政府将支持阿拉斯加社区建设，以应对北极巨大变化。作为全球减排努力的一部分，美国将减少北极

---

① "环境威胁"社区被美国德纳利委员会的村庄基础设施保护项目定义为基础设施遭受侵蚀、洪水和/或永久冻土退化严重影响的社区。

温室气体排放，投资科学研究，保护和养护北极生态系统。在此过程中，美国将与阿拉斯加原住民部落、社区、企业和其他组织，阿拉斯加州政府以及国内外的公共、私营、学术和非政府部门等合作，利用实现这些目标所需的全方位知识和资源。

战略目标1：提高社区的气候变化适应能力

气候变化对粮食安全存在不利影响，且更易受到干旱和野火的影响。政府应在社区面对这些挑战时提供数据、资金和技术援助，以实现社区气候变化适应和复原力规划。与阿拉斯加原住民社区合作，确定应对这些和其他气候挑战的首选解决方案。美国将在联邦、州和地方机构进行协调，以确定提供整个政府支持的专门角色和责任。

战略目标2：实施国际倡议以减少北极地区的排放

美国将努力减少二氧化碳、甲烷和黑碳的本地排放，酌情通过现有的和新的双边和多边行动，补充全球气候变化减缓努力。气候变化减缓措施还应包括保护重要储碳库，如森林、苔原和沿海沼泽。

战略目标3：扩大研究，更好地了解气候变化并为政策决策提供信息

更好地了解北极环境快速变化的方式，以预测未来的变化，了解北极对全球气候变化和区域极端事件的影响。美国将通过更完善的数据收集和整合、新的观测工具和数据以及改进区域和全球气候模型，提高监测和预测能力。支持海洋生态系统、野生动物和渔业方面的研究，推进北极基础设施的设计和建设以及解决困扰北极人口的健康危机。探索研究以支持基于科学的决策，增进对永久冻土融化造成的潜在排放和健康威胁等问题的理解。国际科学伙伴关系以及与阿拉斯加原住民社区的知识合作将在研究中发挥乘数效应。在跨部门北极研究政策委员会（IARPC）和美国北极研究委员会（USARC）的研究计划①指导下，对北极气候变化的环境和社会影响以及北极在全球气候动态中的作用进行协调研究。

---

① IARPC，"北极研究计划2022—2026"，2021年12月；USARC，"2019—2020年北极研究目标和目标报告"，2019年5月。

战略目标4：养护和保护北极生态系统，包括联合原住民共同生产和共同管理

美国必须继续开展多边倡议和研究，以养护和保护北极生物多样性、生态系统、栖息地和野生动物，并在"北白令海气候复原区"①等概念的基础上进行扩展。北极的保护与"美丽的美国"倡议相一致，该倡议提出了到2030年保护30%的美国土地和水域的国家目标以及对环保和气候的国际承诺。努力保护重要的栖息地，阻止生物多样性丧失，并使用基于生态系统的方法管理自然资源。加快清理阿拉斯加州污染土地。探索基于自然的解决方案，以减少洪水和侵蚀风险，增强生态系统的复原力和碳储存能力，并产生如栖息地保护这样的共同效益。支持共享性知识生产，酌情制定共同管理的保护举措。确保具备预防和应对北极石油泄漏和其他环境灾害所需的能力，并减少有害污染物，改善废物和水资源管理。

第六节　支柱三——可持续经济发展：改善生计和扩大经济机遇

虽然海冰减少是气候变化加速的明显指标，但提升了进入北极的机会，并可能创造新的经济机遇。美国应在保护环境的同时，抓住潜在机会，与盟友和伙伴密切合作，支持整个北极地区的高水平投资和可持续发展。美国政府将帮助创造条件，负责任地促进阿拉斯加和整个北极地区的经济发展更加包容和透明。投资基础设施，改善获得服务的机会，支持为当地社区扩大经济机遇的产业发展，支持能源转型，并提升美国供应链的韧性。在不损害敏感的北极生态系统的前提下，美国政府将与原住民和当地社区合作开展这项工作。阿拉斯加的经济与北极其他几个地区的经济一样，仍然严重依赖碳氢化合物开采。与阿拉斯加州政府合作，支持阿拉斯加州经济多元化的努力；加速公平的能源转型，包括受影响的工人；确保在能源转型过渡期的能源安全和可负担性。美国政府将包容性经济增长作为优先事项，努力改善阿拉斯加的居民生计，包括改善阿拉斯加原住民社区的生计。

---

① 行政命令13754，"北白令海气候复原力"，2016年12月9日。

战略目标 1：投资基础设施

2021 年，美国通过了在交通、网络通信、清洁水、能源基础设施和复原力方面进行历史性投资的决定。这些投资将提高经济能力和生产力，并在未来十年内支持阿拉斯加等地数百万个就业岗位和数万亿美元的经济活动。美国政府将支持阿拉斯加州亟须的基础设施建设，以满足负责任的发展、粮食安全、稳定住房、气候适应和国防需求。特别是在阿拉斯加投资先进的电信基础设施，包括为阿拉斯加原住民和农村社区提供宽带和 5G 服务，满足从知识经济扩展到远程教育和远程医疗等一系列需求。美国政府将与阿拉斯加州政府及其原住民社区协商，支持在阿拉斯加州诺姆市开发深水港、小港口、机场和其他基础设施，以降低高昂的生活成本，促进负责任的发展，提高事件响应能力和复原力，同时最大限度减少对周围环境和当地社区的影响。在进行这些基础设施投资的同时，探索公私伙伴关系和创新融资机制，使阿拉斯加社区受益的投资发挥乘数效应，同时也使美国能够在整个北极地区强化存在和投射影响力。美国政府将与北极盟友和伙伴合作，保护关键基础设施，并为国家安全目的改进投资筛选。

战略目标 2：改善服务的获取，保护赖以生存的生活方式和文化传统

在追求公平且符合阿拉斯加原住民社区需求的可持续发展时，保护其赖以生存的生活方式，并改善其获得可靠和可负担的服务的机会，包括医疗保健、教育、能源、住房、水、卫生基础设施和公共安全。美国政府将继续努力为 31 个缺乏可靠家庭用水的阿拉斯加原住民社区提供可适应气候变化的水和卫生基础设施。通过提升可再生能源的生产、储存、传输和分配能力，改善获取可负担能源的机会。寻求扩大原住民合作和共同管理协议的机会，重点整治原住民人口失踪和谋杀案件。原住民知识将为阿拉斯加鱼类和野生动物资源的相关决策提供信息，并帮助应对阿拉斯加生存和生活方式所面临的威胁。

战略目标 3：发展阿拉斯加的新兴经济部门

美国政府机构将加大对阿拉斯加可再生能源、关键矿产生产、旅游业和知识经济部门可持续发展的支持，旨在阿拉斯加创造可持续发展和高薪就业机遇，负责任地发展阿拉斯加的替代产业，以支持公正的能源转型，同时保护生物多样性，促进海洋资源的共同利用。探索新项目，以促进阿拉斯加私营部门的投资。寻求通过在阿拉斯加探索可持续的和负责任的关键矿物生产潜力，同时坚持最高的环境、劳工、社区参与和可持续性标准，以增强美国供应链的抗风险能力。与私营部门、阿拉斯加州、阿拉斯加原住民社区以及包括劳工代表、受影响社区和环境正义领袖在内的利益攸关方进行合作，对相关环境影响进行评估。

战略目标 4：与盟友和伙伴合作，增加对北极地区负责任的投资，包括对关键矿产的投资

在更广泛的北极地区，美国政府将与盟友和伙伴合作，包括利用现有政府机构和发展项目，如美国进出口银行、美国国际开发金融公司及美国贸易和发展局，扩大私营部门主导的投资，并在北极地区寻求可持续经济发展，包括在关键矿产领域。加强对战略投资的支持，并鼓励私营部门在北极投资。在北极地区加强基于国家安全、环境可持续性和供应链弹性考虑的潜在投资。继续采用使美国及其合作伙伴有别于竞争对手的最佳做法，如透明度和问责制；高标准的环境、劳工、社区参与和可持续性的标准；公平和道德；由稳健的、可持续融资支持的地方伙伴关系。

第七节　支柱四——国际合作与治理：
维持北极机构，维护国际法

美国致力于维护国际法、规则、规范和标准；弥合治理方面的潜在差距；维护航行自由；保护美国的主权权利，包括大陆架延伸相关的权利。美国珍视自冷战结束以来北极地区普遍具有的国际合作精神。俄乌冲突导致美国与俄罗斯在北极地区的政府间合作几无可能。然而短期内保持与盟友和伙伴的合作，对于推进美国北极目标至关重要。

过去 25 年，美国一直在促进北极区域合作治理架构的发展。美国帮助创建了北极理事会和北极海岸警卫队论坛，并主导了一系列国际谈判以及与北极地区有关的协定，如《预防中北冰洋不管制公海渔业协定》。

随着北极地区变得更易进入以及该地区战略竞争的加剧，美国将继续保持在北极的领导作用，维护现有的多边论坛与法律框架，以应对北极地区所面临的挑战，并认识到北极国家在应对地区挑战方面负有首要责任。在强调现有框架的同时，继续对发展新的双边和多边伙伴关系持开放态度，以推进科学合作及维护美国在北极的其他利益。

战略目标1：维持北极理事会及其他北极机构和协议

美国将致力于维持北极理事会作为北极问题的主要多边论坛的地位，在符合美国对俄罗斯更广泛政策的前提下，尽可能通过北极理事会开展工作，并统筹美国主导的北极理事会活动的资金。努力推进现有国际协议的落实和执行，包括《预防中北冰洋不管制公海渔业协定》《极地规则》《关于加强北极国际科学合作的协定》。扩大美国在北极海岸警卫队论坛和北极研究运营商论坛等其他北极机构的参与度和领导作用，寻求拓展共同利益的新伙伴关系和安排，并为北极地区活动的增加和变化做好准备，包括管理不断增加的海洋活动，促进可持续经济发展，推进保护和科学研究。美国政府各部门和机构均支持这项工作，包括通过增加人员和职位来扩大美国在整个北极地区的外交存在。

俄乌冲突导致美国与俄罗斯在北极地区的政府间合作几无可能。未来十年，在一定条件下，或许有可能恢复合作。同时，坚持与盟友和伙伴以及其他坚持法治的政府合作，以维持北极理事会和其他北极机构的有效性，促使成员国维护国际法、规则、规范和标准。

战略目标2：保护航行自由和大陆架界限

美国将保护在北极航行和飞越自由的权利，并将根据《联合国海洋法公约》相关规定划定美国大陆架的外部界限。美国将继续支持加入《联合国海洋法公约》，广泛遵守国际法，以更有效地捍卫美国的利益。

第八节 未来的方向

北极地区正在经历巨大变化。到2030年，北冰洋可能会迎来无冰的夏季，洪水和野火的发生频率增加，新的经济机遇出现，地缘政治紧张局势加剧。因此，美国必须采取行动，做好准备应对新挑战并寻求新机遇。《北极地区战略》明确了美国的具体行动，美国政府各部门和机构将通过与包括北极盟友和伙伴、阿拉斯加州政府、阿拉斯加原住民社区、地方政府、企业和大学在内的一系列伙伴合作，打造一个和平、稳定、繁荣与合作的北极地区。

附录　2022 年国际海洋大事记

海洋管理大事记

1 月 4 日，挪威气候与环境部在斯沃尔韦尔成立海洋垃圾防治中心。

1 月 5 日，世界经济论坛提出建立绿色廊道以向零排放航运转型。

1 月 5 日，印度尼西亚发布爪哇海、苏拉威西海和托米尼湾（苏拉威西岛）三项区域间空间规划总统令。

1 月 6 日，智利设立海洋部的决议获众议院通过。

1 月 14 日，厄瓜多尔在加拉帕戈斯群岛周围建立赫尔曼达德海洋保护区，以加大对濒危迁徙物种的保护力度。该保护区位于加拉帕戈斯群岛附近，面积约 6 万平方千米。

1 月 20 日，越南资源与环境部公布《2020 年气候变化情况报告》，预测到 2050 年，南海海平面将上升 24~28 厘米，到 2100 年将上升 56~77 厘米。

1 月 21 日，国际专家组发布"国际海洋化学离散观测数据标准"，对数据标题栏、质量控制符和缺省值进行标准化，为海洋化学数据的离散采样提供了统一格式。

1 月 24 日，联合国环境管理工作组（UN-EMG）发布《应对海洋垃圾与微塑料污染：联合国系统的贡献》报告。

1 月 24 日，第 5 届波斯湾海洋学国际会议在德黑兰开幕，会议强调监测沿海、近海和国际水域的重要性。

1 月 27 日，古巴在洛斯科罗拉多斯群岛东部设立新的海洋保护区，覆盖 728 平方千米，包含红树林、海草床、珊瑚以及具有重要经济价值的鱼类繁殖地。

1 月 31 日，联合国贸易和发展会议（UNCTAD）发布《建设小岛屿发展中国家的复原力》报告，内容包括小岛屿发展中国家的生产能力建设、替代经济发展战略的制定、旅游业和不同行业的联系、多重灾难和债务可持续性、经济发展和水资源政策的协调等重要内容。

2月1日，日本政府向联合国教科文组织（UNESCO）提交了将新潟县"佐渡金山"列入世界文化遗产的推荐书。

2月9日，联合国贸易和发展会议（UNCTAD）发布《新冠疫情期间港口新兴战略》。

2月17日，马来西亚海事执法局（MMEA）总结2021年执法情况。2021年，MMEA执行的4项特殊行动均取得巨大成功，包括扣押渔船、利用海上监视系统全天候监测周边海域、处理非法停泊商船、协调海上搜救行动等。MMEA还积极寻求与日本海上保安厅、澳大利亚边防部队、美国海岸警卫队等海上执法机构的合作。

2月24日，世界自然保护联盟（IUCN）发布《水产养殖和基于自然的解决方案》报告，旨在确定沿海社区可持续发展、水产养殖、海洋及沿海保护之间的协同效应。

3月1日，法国整合海洋事务局（DAM）与海洋渔业和水产养殖局（DP-MA），成立海洋事务、渔业和水产养殖总局（DGAMPA），由海洋部和农业与食品部共同管理。

3月2日，世界自然基金会发布《波罗的海海洋空间规划评估报告》。

3月3日，英国皇家财产管理公司更新了其在线海洋数据交换平台（Marine Data Exchange，MDE），更新后的这一数据平台成为世界上最大的海上可再生能源调查资料、研究和证据的数据库，保存了英格兰、威尔士和北爱尔兰海上项目共计200TB以上的免费调查数据。

3月3日，芬兰政府通过《海事政策行动计划》，该计划共包含44项涉及海洋环境保护、海洋产业发展等方面的具体措施。

3月3日，联合国环境规划署（UNEP）发布《区域海洋公约和行动计划对健康海洋的贡献》的报告，通过一系列案例研究了区域海洋公约和行动计划在过去45年累积的影响。

3月4日，印度尼西亚总统签发《印度尼西亚海洋政策行动计划（2021—2025）》（2022年第34号总统令），旨在实现印度尼西亚"全球海洋支点"战略目标。

3月7日，国际野生生物保护学会（WCS）在法国里昂召开《濒危野生动植物种国际贸易公约》(CITES)第 74 次常委会会议，发布了识别非法鲨鱼及鳐鱼产品的新指南。

3 月 10 日，英国政府发布新版《国家造船战略》(NSbS)。根据该战略，英国政府将在未来三年向造船业投资 40 多亿英镑(约合 331 亿元人民币)，为英国各地的造船厂和供应商提供支持。

3 月 11 日，《联合国气候变化框架公约》(UNFCCC)秘书处发布《关于加强海岸及海洋适应措施的政策简报：融合技术与基于自然的解决方案》。

3 月 18 日，欧盟发起的"打击 IUU 捕捞联盟"发布《推动改善全球渔业治理：欧盟 IUU 亮牌警告机制对伯利兹、几内亚、所罗门群岛和泰国的影响》报告，报告详述了《欧盟 IUU 条例》中的亮牌警告机制在改善渔业治理方面取得的切实进展。

3 月 21 日，印度尼西亚出台《印度尼西亚水域和司法管辖区实施安保和执法的规定》，旨在解决多部门海洋执法权重叠问题。

3 月 21 日，英国能源地图出版公司发布全新能源地图，涵盖英国、挪威、荷兰、丹麦、德国北海地区、爱尔兰、法国西北部和比利时。该地图展示了西北欧海上能源资源以及能源过渡的最新情况，反映了碳氢化合物海上能源的来源和正在使用的新绿色技术。

3 月 22 日，澳大利亚新南威尔士州政府公布了卧龙岗市以南谢尔哈伯沿海地区的测绘调查数据，并以此绘制了当地的海底地形图。

3 月 25 日，联合国欧洲经济委员会(UNECE)发布报告《在 2030 年中途：UNECE 区域将实现多少目标?》。

3 月 25 日，欧盟委员会宣布，在俄乌冲突背景下启动欧洲海洋、渔业和水产养殖基金(EMFAF)危机处置机制，通过对经济损失和额外成本的经济补偿，为捕捞、水产养殖和加工部门的运营人员实施即时救济。

3 月 25 日，美国国家环境信息中心(NCEI)发布国际海气综合数据集(ICOADS)的 3.0.2 版本。该数据集是 1662 年至今最大的表层海洋观测资料库，提供如海面温度、大气温度、海面压力、风速和风向等观测数据。

4 月 4 日，葡萄牙撤销海洋部并新组建经济和海洋部。

4 月 4 日，印度尼西亚海洋事务与渔业部发布部长令，对印度尼西亚 11 个渔业管理区的渔业资源潜力和利用水平开展评估。结果显示，印度尼西亚渔业资源潜力评估值为 1201 万吨/年，允许捕捞量为 860 万吨/年。

4月5日，巴西批准并颁布首个《沿海运输激励计划》。

4月6日，德国联邦政府内阁通过了能源紧急措施一揽子计划，为近十年来德国最大的能源政策法律修订。计划旨在到2030年，实现德国总电力生产中至少80%来自可再生能源，陆上和海上风电装机容量分别达到115吉瓦和30吉瓦，太阳能发电装机容量由目前的59吉瓦增至215吉瓦；到2045年，海上风电装机容量达到70吉瓦。

4月7日，韩国海洋水产部称韩国水下基站无线通信网技术成为国际标准。该技术通过建立水下基站，实现水下和陆地间的稳定通信，可实时监测水温、盐度、溶解氧等信息并传输到陆地，未来将在地震、海啸等海洋灾害和污染监测领域广泛应用。

4月7日，美国国家环境信息中心（NCEI）推出海洋科学研究数据网站，发布国际合作伙伴在美国管辖海域内开展的海洋研究计划（MSR）所收集的数据，包括海洋学测量、海洋野生动物观测及海洋地球物理数据等，并对所有公众开放。

4月7日，澳大利亚政府发布首个《国家渔业计划》，从愿景、适用范围、优先领域、发展目标、实施步骤等方面，对2022—2030年的国家渔业发展做出整体部署。

4月12日，印度尼西亚海洋事务与渔业部表示，将与海军合作加强海洋生态系统保护合作，依据《海底电缆管道管理规定》就海底电缆管道的安装与监管事宜开展合作。

4月13日，法国颁布新法令，对保护区的"强力保护"概念做出明确规定。法令规定，被置于"强力保护"下的保护区须"不存在、避免、消除或严格限制可能危害生态保护的人类活动压力"。

4月14日，纽埃宣布，将该国领海及专属经济区全部划设为海洋保护区。

4月14日，韩国《海洋警察装备法》正式实施。"海洋警察装备"是指海洋警察履行职责所需的舰艇、飞机和运载装备。

4月20日，马达加斯加政府发布一份获准在该国水域进行捕捞的船舶清单。

4月25日，地中海渔业总委员会（GFCM）发布《黑海水产养殖市场：国家概况》，阐述了保加利亚、格鲁吉亚、罗马尼亚、俄罗斯、土耳其和乌克兰黑海周边六国 2015 年至 2019 年的水产养殖生产和贸易数据与趋势。

4 月 26 日，联合国环境规划署发布《沙石资源和可持续发展：避免危机的 10 项战略建议》报告，呼吁就沙石资源的开采和管理实践制定国际标准。

4 月 26 日，韩国国务会议通过了国内首个海上机场"加德岛新机场"的建设计划。该机场建设需要投入 13.7 万亿韩元（约合人民币 723 亿元），工程时长约为 10 年。

4 月 27 日，欧洲海洋局（EMB）发布"揭示欧洲海洋地质灾害的潜在威胁"政策简报。

4 月 27 日，马绍尔群岛海洋资源管理局和全球渔业观察项目（GFW）签署协议，承诺马绍尔群岛将在 GFW 的地图上共享其渔船监测数据，以加强海洋治理，提高太平洋岛屿地区捕鱼活动的透明度和合规性，这也标志着马绍尔群岛成为全球首个公开其捕鱼活动的太平洋岛国。

4 月 29 日，全球渔业观察项目（GFW）、海洋行动之友和斯坦福海洋解决方案中心等机构联合发布非法、未报告和无管制（IUU）捕捞供应链风险工具（SCRT）项目的第一阶段报告，阐述如何通过提升海洋数据透明度促使海产品供应链中的企业行为符合可持续发展原则，避免交易 IUU 捕捞产品。

5 月 3 日，欧盟委员会通过《欧盟最外围地区发展新战略》，旨在通过适当的投资和改革措施挖掘欧盟最外围地区的发展潜力，包括加那利群岛、亚速尔群岛、马德拉群岛、留尼汪岛、圣马丁岛、瓜德罗普岛、马提尼克岛、法属圭亚那以及马约特岛九个地区。

5 月 3 日，法国政府公布了首批 126 个受海岸侵蚀威胁的法国城市名单，其中大多数位于大西洋和拉芒什海峡沿岸。

5 月 3 日，欧盟委员会发布"关于海洋空间规划指令执行情况的报告"。报告指出，目前大多数成员国已制订海洋空间规划，但仍有 8 个国家未取得足够进展。

5 月 5 日，欧洲议会发布了针对非欧盟国家 IUU 捕捞采取行动的第六版报告。最新报告显示，截至 2022 年 5 月，欧盟已针对 IUU 捕捞问题与 60 多个国家进行了对话，并根据欧盟 IUU 法规，视具体情况给出黄牌或红牌警告。

5月9日，美国鱼类与野生生物基金会（NFWF）和美国海军宣布推出"关岛栖息地保护倡议"，将提供赠款支持保护、恢复和提高本地石灰岩山地森林、沟谷森林和热带稀树草原栖息地，以保护和恢复濒危物种。

5月11日，意大利参议院批准通过了《保护海洋法》。

5月11日，英国水文局（UKHO）发布研究报告《英国海洋地理空间数据的未来》，强调了海洋地理空间数据对海洋未来发展的关键作用。

5月12日，美国国家海洋与大气管理局（NOAA）渔业部门发布两份重要渔业报告——《2021年储量状况报告》及《2020年美国渔业报告》。报告显示，2021年美国渔业保持稳定，过度捕捞种群变化不大；2020年美国商业渔民捕获38亿千克海产品，价值47亿美元，与2019年相比有所下降。

5月12日，海洋保护协会与博钦律师事务所联合发布《从政策到权力：释放美国海上风电潜力的联邦行动》简报。简报指出，目前美国只有两个正在运行的海上风电项目，总发电量约42兆瓦，政府机构资源不足、运营环境不稳定、与利益攸关方之间缺乏协调是美海上风电发展面临的主要挑战。

5月12日，几内亚湾中西部渔业委员会（FCWC）和挪威渔业信息服务机构（TMT）共同编写并发布了《几内亚湾中西部地区转运问题及应对》报告，主要论述了几内亚湾中西部的区域背景和需求，海上转运的方式和地点以及转运对地区鱼类种群和鱼类贸易的影响。

5月13日，世界海上风电论坛（WFO）发布《浮式海上风电系泊系统白皮书：完整性管理概念、风险与缓解》，为浮式海上风电系泊系统的设计开发与管理提供指导。

5月16日，联合国教育、科学及文化组织官网（UNESCO）发布《UNESCO海洋计划》报告，概述了海洋科学促进可持续发展十年、2022年组织召开的多个国际海洋峰会、UNESCO海洋行动与承诺等内容。

5月16日，联合国教育、科学及文化组织官网（UNESCO）发布《将蓝色渔港纳入海洋空间规划（MSP）：区域研讨会的主要成果》报告。报告认为，渔港可从统筹港口规划与MSP中受益，从而最大限度地减少与其他海岸用途的冲突。

5月16日，帕劳加入"海洋十年"联盟，成为继塞舌尔之后第二个加入

"海洋十年"联盟的小岛屿发展中国家。

5 月 17 日，新西兰通过《海洋权力法》三读。该法授权给新西兰的警察、国防军、海关和保育部，在可疑情况下能够在新西兰专属经济区和国际水域内拦截、登临、搜查和扣押船只。

5 月 18 日，欧盟委员会发布《与海湾地区建立战略伙伴关系的声明》，旨在深化欧盟与海湾合作委员会(GCC)及其成员国的关系。

5 月 23 日，法国海洋开发研究院与法国国立高等农业、食品与环境学院以及比利时佛兰德农业、渔业和食品研究所等联合起草了 2022 年欧洲鱼类种群情况报告。报告显示，2019—2020 年，欧洲过度捕捞现象总体有所减少，鱼类丰度增加，但不同地区存在差距。

5 月 25—27 日，国际捕鲸管理委员会(IWC)举办研讨会，对北大西洋小须鲸、西格陵兰露脊鲸、北大西洋长须鲸实施审查，该审查是 IWC 估算可持续捕捞配额的关键程序，主要用于确定原住民自给性捕鲸的可持续配额，目前尚未用于商业捕鲸。

5 月 27 日，英国普利茅斯海洋实验室与越南岘港自然资源和环境部门合作发布报告《气候智慧型空间规划评估 支持岘港海洋环境保护和蓝色增长》。

5 月 31 日，全球渔业观察和环保组织 Oceana 渔船追踪数据分析显示，2021 年，英国 64 个海洋保护区中，有 58 个存在底拖网捕捞活动，占比 90%，1604 艘渔船在这些海洋保护区共计停留超过 132 267 小时。

5 月 31 日，美国总统拜登签署公告，宣布 2022 年 6 月为国家海洋月。

6 月 1 日，联合国教育、科学及文化组织(UNESCO)发布《"海洋十年"进展报告(2021—2022)》，从十年行动、治理与协调、资源调配、利益攸关方等方面总结"海洋十年"进展的成果信息，并盘点截至 2022 年 5 月批准的十年行动。

6 月 1 日，欧盟委员会对欧盟渔业管理进行年度审查，并发布《在欧盟实现更可持续的捕捞：现状和 2023 年方向》报告。

6 月 2 日，召开关于东南亚和西太平洋地区玳瑁单一物种行动计划(Single Species Action Plan, SSAP)的分布国会议，通过《SSAP》文本，以解决东南亚和西太平洋地区玳瑁的不可持续利用及贸易问题，增强玳瑁种群的复原力。

6月3日，芬兰"海洋十年"指导小组基于《芬兰海洋政策指导方针》等文件，研究制订出"海洋十年"计划。

6月5日，联合国粮食及农业组织将6月5日定为打击非法、未报告和无管制（IUU）捕捞活动国际日。

6月6日，欧洲议会批准欧盟与毛里塔尼亚达成新的渔业协议。该协议有效期为6年，将使来自法国、德国、爱尔兰、意大利、拉脱维亚、立陶宛、荷兰、波兰、葡萄牙和西班牙的船只能够在毛里塔尼亚水域捕捞金枪鱼、小型中上层鱼类、甲壳类动物和底层鱼类，是欧盟与第三国缔结的有史以来规模最大的渔业协议。

6月7日，在日内瓦举行的《巴塞尔公约》《鹿特丹公约》和《斯德哥尔摩公约》缔约方大会上，33个小岛屿发展中国家宣布启动"小岛屿发展中国家实施可持续的低化学和非化学品开发"（ISLANDS）倡议，旨在帮助大西洋、加勒比海、印度洋和太平洋地区的小岛屿发展中国家到2027年减少超过2.3万吨有毒化学品和超过18.5万吨海洋垃圾的排放。ISLANDS倡议由联合国环境规划署领导，由全球环境基金提供资金支持。

6月7日，大自然保护协会（TNC）宣布启动"海洋及海岸网络"（OCN）项目，利用TNC的专业知识和资源，监测、评估和应对美国东南部三个具有内在联系的大海洋生态系统所面临的威胁。

6月7日，英国环境署发布了英格兰地区《到2026年洪水和海岸侵蚀风险管理战略路线图》，总结了到2026年，英格兰依据"洪水和海岸侵蚀风险管理（FCERM）战略"需完成的主要行动。

6月8日，非政府组织全球渔业观察开发首个公开的全球"黑船"地图。

6月13日，世界自然基金会、欧洲海洋环境保护组织和欧洲冲浪基金会等多家组织机构联合发布《蓝色宣言2021年进展评估报告》。报告指出，《蓝色宣言》设定的目标实施进展缓慢，2021年阶段目标的绝大部分未实现或部分实现，部分目标甚至做出降级处理，如欧盟成员国将欧盟防止塑料污染立法转化为国内立法工作。

6月13日，国际海事组织（IMO）海洋环境保护委员会宣布，将制定一项强制性渔具标识要求，并将其纳入《国际防止船舶造成污染公约》附则五中。这是海洋保护组织的"幽灵渔具全球倡议"（GGGI）最佳实践框架和联合国粮食及农业组织《渔具标识自愿准则》推荐的一项战略。

6 月 15 日，越南国会讨论修改《油气法》，增补了关于油气基础调查的诸多规定，鼓励越南和国外投资者进行投资。

6 月 16 日，英国海道测量局(UKHO)完成了对英国海外领地开曼群岛的海底测绘调查，并将相关数据提交开曼群岛政府。

6 月 16 日，越南政府副总理黎文成签署第 729/QĐ–TTg 号行政令，发布《到 2030 年海洋传播计划》。计划明确提出，到 2025 年所有中央、地方新闻媒体和对外媒体均需开设海洋专栏，到 2030 年全部公办、民办、国际教育机构均需开设海洋核心课程和课外活动。

6 月 17 日，世界贸易组织(WTO)第 12 届部长级会议达成《渔业补贴协定》，内容包括停止对非法、未报告和无管制(IUU)捕捞活动提供国家补贴，停止对过度捕捞活动提供国家补贴并报告所有鱼类种群的捕捞状况，禁止对未经任何区域渔业管理机构允许的公海捕鱼提供国家补贴等。

6 月 21 日，湿地国际发布《我们需要湿地：全球湿地目标的案例》白皮书，提出到 2030 年需要保留未排水泥炭地碳库，恢复 1000 万公顷排水泥炭地；全球红树林覆盖面积净增加 20%；保护河流的自由流动并加强其连通性，恢复冲积平原的功能和面积；潮滩面积净增加 10%；在确定的 7000 处重要候鸟湿地中，有 50% 管理良好。

6 月 22 日，瑞典海洋和水管理局发布了题为《促进发展中国家当地蓝色增长的九个因素》的政策简报，介绍了促进发展中国家利用海洋资源、实现当地蓝色增长的关键机制和基础设施因素。

6 月 22 日，挪威政府在特罗姆斯郡和芬马克郡的阿尔塔、哈斯维克和洛帕市建立了挪威最大的海洋保护区——洛帕海海洋保护区，面积 1322 平方千米，由一个较大的区域和两个较小的分区组成，将实施联合管理。

6 月 24 日，欧盟委员会发布《欧盟国际海洋治理新议程》，提出了欧盟为实现海洋安全、清洁和可持续管理将采取的行动。新议程纳入了气候变化、生物多样性危机以及地缘政治条件变化等因素。

6 月 27 日，美国总统拜登签署《关于打击非法、未报告和无管制(IUU)捕捞及相关强迫劳动行为的国家安全备忘录》，推进以全政府参与的方式解决海产品供应链中的 IUU 捕捞、强迫劳动及其他人权问题。

6 月 28 日，全球环境基金(GEF)发布"建设蓝色经济，实现美好未来"的文章，提出到 2030 年保护全球 30% 海洋的六种方法：①通过海洋空间规划将海洋作为共享资源来管理；②通过基于生态系统的渔业管理以促进可持续渔业；③保护沿海生态系统；④治理海洋塑料、氮和磷、持久性有机污染物、工业化学品或副产品等海洋污染；⑤优先考虑公海保护；⑥开展协调一致的跨国合作。

7月1日，德国联邦海事和水文局（BSH）公布了北海和波罗的海区域空间规划草案，到2038年德国将规划出一片海域，其风电装机容量将达到60吉瓦。

7月1日，美国内政部发布"2023—2028年外大陆架海上石油和天然气租赁计划"，提议未来五年禁止在大西洋和太平洋进行新的钻探，但允许在墨西哥湾进行10次租赁，在阿拉斯加库克湾进行1次租赁。

7月4日，《欧盟行动计划：实现空气、水和土壤零污染》指出，到2030年欧盟应将海洋塑料垃圾减少50%，将微塑料减少30%，显示出减少微塑料污染的重要性。

7月6日，英国海道测量局（UKHO）在联合国海洋大会期间宣布成立英国海底测绘中心，以作为对联合国"海洋科学促进可持续发展十年"的贡献和承诺。

7月6日，联合国教科文组织举办了题为"利用海洋科学和创新，促进海岸及海洋生态系统的健康和复原力"的边会，就科学合作、海洋酸化和海洋健康等方面概述进展、挑战和机遇。

7月7日，世界银行《将经济分析运用于海洋空间规划》报告，建议评估可以从海洋空间规划中获得的经济价值，明确海洋空间规划对实现蓝色经济目标的贡献；提出降低海洋投资风险的方法，增强投资者信心；开展情景分析与风险评估，推动新的金融和保险产品研发及科技创新；鼓励小规模融资，推动蓝色经济增长目标的实现。

7月7日，欧盟与挪威达成现代化渔业控制数据交换协议，同意使用由欧盟委员会开发的通用软件平台FLUX进行数据交换，从2023年1月1日起开始使用该软件交换船舶位置数据。

7月7日，联合国粮食及农业组织（FAO）通过了之前在FAO成员国技术磋商会上商议制定的《转运自愿准则》，并将其作为FAO《负责任渔业行为守则》框架内的一项新的国际文书。

7月8日，国际港口和港湾协会（IAPH）、波罗的海国际航运公会

（BIMCO）、船舶经纪人和代理商国家协会联盟（FONASBA）、国际船长协会联合会（IFSMA）、国际船舶管理人协会（InterManager）、国际独立油船东协会（INTERTANKO）、国际多隔舱零担油轮协会（IPTA）、国际海事保险联盟（IUMI）联合发布气候变化术语行业词汇表，明确了碳足迹、脱碳、碳中和船舶运营、碳中和燃料等与气候变化相关的术语定义，确保常用术语在气候变化和航运业潜在解决方案的讨论中保持一致。

7 月 11 日，小岛屿发展中国家全球多利益攸关方伙伴关系年度对话举行。

7 月 11 日，欧盟打击 IUU 捕捞联盟与其合作伙伴共同发布报告《联合国粮食及农业组织（FAO）全球渔船记录：欧盟在全球范围内倡导渔业透明的工具》。截至 2022 年 1 月 5 日，66 个 FAO 成员国至少提交了全球渔船记录 7 个信息模块（船舶详细信息、历史信息、授权信息、核查和监督信息、拒绝入港记录、IUU 清单以及港口信息）中的一项信息。

7 月 11 日，联合国国家管辖范围以外区域海洋生物多样性（BBNJ）官网发布进一步修订的《〈联合国海洋法公约〉下关于 BBNJ 养护和可持续利用协定草案》文本，取代 5 月 30 日发布的版本。

7 月 12 日，全球海洋观测系统（GOOS）及其业务化海洋预报系统专家小组（ETOOFS）发布《实施业务化海洋监测及预报系统》指南。

7 月 12 日，联合国环境规划署（UNEP）全球海洋垃圾伙伴关系（GPML）、地球观测组织（GEO）蓝色星球倡议、全球海洋观测系统（GOOS）、大西洋国际研究（AIR）中心在葡萄牙卡斯凯什召开会议，旨在推动海洋废弃物综合观测系统（IMDOS）的发展，以促进国际海洋垃圾监测行动以供决策。

7 月 12 日，国际野生生物保护学会（WCS）宣布加入水产/蓝色食品联盟，与各国政府和社区合作实施渔业管理，以保护生物多样性。

7 月 13—15 日，瑞典环境部国务秘书安德斯·格伦瓦尔率代表团出席联合国可持续发展高级别政治论坛，并提出确保在其专属经济区内至少有 10% 的沿海和海洋区域得到保护的承诺。

7 月 15 日，联合国贸易和发展会议（UNCTAD）发布《东加勒比海女王凤凰螺价值链蓝色生物贸易区域行动计划》，旨在促进格林纳达、圣卢西亚、圣文森特和格林纳丁斯的女王凤凰螺价值链的可持续发展，并使之符合《生物贸易原则和标准》。

7月18日，在第51届太平洋岛国论坛领导人会议结束以后，主办方正式发布《蓝色太平洋2050战略》。该文件介绍了对地区可持续发展至关重要的七个主要领域，包括政治领导和区域主义、以人为本的发展、和平与安全、资源和经济发展、气候变化和灾害、海洋和环境、技术和连通性。

7月19日，全球渔业观察（GFW）为在全球范围内提高渔船数据透明度，帮助各国政府应对海洋资源面临的威胁，开放了其应用程序编程接口（API），允许合作伙伴和利益攸关方访问GFW动态数据集，并将这些数据纳入自己的平台和研究。

7月20日，全球红树林联盟和湿地国际共同发布《西印度洋红树林状况（2022）》报告，这是第一份利用全球最新数据量化和绘制该地区红树林蓝碳、变化驱动因素和恢复潜力的报告。

7月21日，新西兰发布首张全国海啸疏散地图，提供海啸疏散区、避难所等海啸疏散相关信息。

7月21日，渔业透明倡议（FiTI）发布研究报告《抵制指数的激增：反对将渔业透明度工作进行排名》。

7月22日，日本原子能规制委员会召开临时会议，认为福岛核电站核污水排海计划安全性没有问题，予以批准。东京电力公司表示将在获得当地政府同意后，正式启动排放设备施工，力争明年春季开始排放。

7月25日，蓝色自然资本融资基金（BNCFF）、瑞典环境部等机构联合发布《投资沿海基于自然的解决方案（NbS）：国家和地方政府的机会》报告指出，国家机构的主要作用是将NbS纳入国家政策、保护海岸带、为弱势群体提供法律保护、促进私营部门的投资等；地方机构的主要作用是在地方一级制定激励措施、建立NbS监测程序和监测基础设施、建立蓝色NbS伙伴关系。

7月25日，美国国家海洋与大气管理局（NOAA）发布了首份关于海洋生物资源及其生境的缓解综合政策，该政策将通过避免、最大限度减少和补偿三种级别的方式有效缓解对海洋、河口和淡水资源的不利影响，改进保护工作，同时推进清洁能源发展、基础设施建设和环境目标实现。

7月27日，英国水文局（UKHO）宣布，拟于2026年底前停止生产全球纸质海图，以增加对数字导航产品和服务的关注。

7月28日，南非林业、渔业和环境部（DFFE）启动"陆海一体化（LSI）规划项目"，主要目标是发展协调和综合的海洋和沿海管理体系，并使部门经济战略与可持续发展策略保持一致。该项目设立了多个示范点，包括：德班海滩、德班港、理查兹湾地区和世界自然遗产地伊西曼格利索湿地公园等。

7月28日，韩国海洋水产部发布了《海洋生物产业新增长战略》，以期将海洋生物产业培育成未来新增长产业。该战略主要内容包括：①将深海生物资源与纳米技术相结合，研发海洋生物核心技术；②为促进海洋生物产业的良性发展，扩大投资并建立相关基金，同时通过建设产业集群发展地方经济；③为支持企业自由、创造性地开展活动，打破规制并完善制度。

7月29日，美国国家海洋与大气管理局（NOAA）、环境保护署及地质调查局等共同推出沿海和海洋生态分类标准（CMECS），提供了数据分类层次结构及相关术语定义，支持在任何空间尺度上对数据进行分类。

7月31日，俄总统普京在圣彼得堡举行的海军阅兵仪式上宣布批准新版俄《海洋学说》。普京称，新版俄《海洋学说》明确划定了俄罗斯在北极、黑海等地区的国家边界，并强调俄政府将尽一切努力对其进行维护。

8月2日，新西兰保育部发布《鲨鱼国家行动计划2022》草案，为保护和管理新西兰海域的鲨鱼指明了方向。

8月3日，美国国家海洋与大气管理局（NOAA）宣布，2022年墨西哥湾海洋缺氧区面积约为3275平方英里（约8482平方千米），低于过去五年的平均缺氧区面积4280平方英里（11085平方千米）。

8月4日，国际捕鲸管理委员会启动巡航项目，旨在调查北太平洋水域鲸类种群情况，了解特定物种和地点是否存在保护威胁，并制定应对措施。该项目巡航船由日本政府提供，从日本盐釜启航，巡航时间约为60天。本次巡航项目报告将于2023年春季提交至国际捕鲸管理委员会下属的科学委员会。

8月6日，澳大利亚在维多利亚和塔斯马尼亚沿海地区试行新的海洋公园绘图、监测和报告循证管理框架。

8月9日，英国《商船（船舶压载水和沉积物的控制和管理）条例（2022）》生效，通过禁止船舶将压载水排入英国沿海，避免压载水中携带的外来水生物种（如中华绒螯蟹、斑马贻贝和葡萄牙牡蛎）侵害英国本土物种。

8月10日，南非海事部门在德班港召开会议，决定成立"海事价值链工作组"。该工作组主要由六个分支工作组构成，包括：海事部门空间解决方案工作组、海事人力资源工作组、海事全行业合作升级工作组、通过可再生能源实现海事脱碳工作组、船舶维护中心工作组以及海事交流论坛工作组。

8月10日，欧盟委员会发布题为《在〈欧洲绿色协议〉背景下评估海洋空间规划指令的相关性和影响》的总结报告，分析了MSP指令及其实施的适用性，以应对当前和未来在蓝色经济可持续发展、海洋生态环境保护等方面所面临的挑战。

8月10日，世界银行发布太平洋岛国区域海洋景观计划（PROP）成果简报，指出PROP在基里巴斯资助购买渔业监测和执法船，帮助提升其处理非法捕鱼活动的能力；在马绍尔群岛资助监测技术，使其能够使用基于卫星的系统监测和跟踪捕鱼活动，提供海洋渔业管理技能培训，扩大海产品出口市场，保护海洋并改善生计；在汤加促进珍珠养殖等经济活动，提供渔业管理培训，增加就业机会。

8月18日，印度港口、航运和水道部发布《2022年印度港口法案（草案)》，主要内容包括：防止和遏制港口污染，确保遵守印度加入的海事条约和国际文书规定的义务；采取措施保护港口；授权并建立国家海事委员会以有效管控国家港口；为港口相关争议提供裁决机制，建立促进港口部门结构化发展的国家理事会，确保印度海岸线得以最佳利用，并为附带或相关事宜作出规定。

8月18日，联合国教科文组织政府间海洋学委员会（IOC）和其合作伙伴共同发布关于海洋素养的新版指南报告《新蓝色课程：决策者工具包》，旨在实现《"海洋十年"内的海洋素养行动框架》所提出的战略愿景目标，指导和支持决策者、课程开发者和教育部门将海洋素养作为教育政策制定的重点领域，纳入各国的国家课程框架中，并加强常规教育中的海洋素养课程。

8月18日，丹麦国防部宣布，将启动"国家海洋区域合作伙伴关系"倡议，以提升国家在设计、建造、装备和维护丹麦海军舰队方面的整体能力。根据该倡议,丹麦在未来 20 年内将投资 400 亿丹麦克朗(约合 367.5 亿人民币)用于更换大部分舰船。

8 月 22 日,全球主要航运机构国际航运公会(ICS)、波罗的海国际航运公会(BIMCO)、国际海事承包商协会(IMCA)等联合向国际海事组织(IMO)提交最新提案,决定自 2023 年 1 月 1 日起取消印度洋的海盗高风险区(HRA)。

8 月 23 日,联合国开发计划署(UNDP)宣布最新获得海洋创新挑战赛资金支持的项目名单,这些项目旨在通过技术创新来终止过度捕捞以及 IUU 捕捞活动,预计将为小岛屿发展中国家和最不发达国家带来经济效益,为实现可持续发展目标 14 做出贡献。

8 月 25 日,国际海洋碳协调计划(IOCCP)发布首份《全球海洋氧气十年资讯》季报,内容包括 GOOD 和全球海洋氧气网络的最新动态、活动和公告等。

8 月 29 日,联合国粮食及农业组织(FAO)发布升级版"渔船、冷藏运输船和补给船全球记录"。全球记录是各国和区域渔业管理组织通过共享有关船舶及其相关活动的信息来打击 IUU 捕捞活动的工具,旨在通过其在线门户网站共享来自各国政府的官方数据,提高捕捞作业及其产品的透明度和可追溯性。

8 月 29 日,联合国环境规划署东亚海协作体(COBSEA)发布《2022 年东亚海域海洋保护区现状分析》报告,介绍了中国、印度尼西亚、韩国等 9 个国家海洋保护区以及东亚海域海洋保护区网络的建设情况。

8 月 31 日,沿海灾害转盘倡议(Coastal Hazard Wheel Initiative)最新发布了沿海灾害转盘应用程序,该程序可对全球沿海地区进行自然分类,并基于气候变化绘制生态系统破坏、逐步淹没、海水入侵、侵蚀和洪涝等灾害地图。

9 月 5 日,联合国教育、科学及文化组织(UNESCO)官网发布《海洋素养的最新发展》报告指出,二十年来海洋素养蓬勃发展,并纳入联合国"海洋科学促进可持续发展十年"。当前,全球海洋素养的研究人员和从业者将重点转向为社会提供准确且有针对性的信息。

9 月 15 日,韩国海洋水产部编制《第四期应对气候变化海洋水产部门综合计划(2022—2026)》,提出到 2030 年在海洋水产领域减少温室气体排放量 120 万吨。

9 月 17 日，全球红树林联盟与世界自然基金会等机构合作发布《伯利兹红树林联盟行动计划（2022—2027）》与《伯利兹森林（红树林保护）条例 2018：概述》，旨在推动伯利兹红树林保护修复。

9 月 18 日，印度尼西亚总统佐科与国防部长普拉博沃·苏比安托在马鲁古省视察时透露，目前印度尼西亚政府正在马鲁古省规划建设印度尼西亚国家安全防卫的最外围布点。

9 月 19 日，越南政府副总理黎文成批准《2022—2025 年发展高效和可持续渔业国家计划，展望 2030》。该计划的目标是到 2025 年将远洋捕捞许可证颁发数量较 2020 年减少 10%；根据类别确定金枪鱼的捕捞限额。

9 月 20 日，美国海洋正义论坛推出咨政建言平台"海洋正义平台"。该平台明确了五个优先事项：①保护海洋并确保其惠及全人类；②缓解沿海地区污染压力；③推动沿海地区经济发展；④合理适度地开发海洋可再生能源；⑤加大应急响应投资力度，做好灾后恢复工作。

9 月 20 日，欧洲海港组织和欧洲内陆港口联盟发布联合声明，促进海港与内陆港口之间的合作。声明建议：①加强内河航道基础设施建设，通过水利工程来解决水资源管理问题，并适当疏浚和维护水道来保持通航状态；②促进跨界合作与规划，加强航道和港口的基础设施建设，促进航道试点创新项目和低水位运输激励措施；③建设智能物流系统，及时预测天气和水位变化，加强多式联运的应急解决方案。

9 月 20 日，由海洋风险与复原力行动联盟（ORRAA）、全球渔业观察（GFW）等联合开发的"船舶查看器"正式启动测试。该工具旨在帮助保险公司快速识别准备投保的船舶是否有开展非法、未报告和无管制（IUU）捕捞的风险，切断此类船舶获得保险的途径，提升其运营成本，进而降低运营人员从事 IUU 捕捞活动的可能性。

9 月 21 日，全球红树林联盟发布《世界红树林状况报告（2022）》，汇集了 2016—2020 年有关红树林的最新信息以及为保护红树林所采取的措施。报告显示，世界上还有 14.7 万平方千米的红树林；红树林是地球上最有效的碳捕集和储存系统，目前储存的碳相当于 210 多亿吨二氧化碳当量；红树林每年防止暴风雨造成的财产损失超 650 亿美元，并帮助约 1500 万人免于洪水风险。全球有 8183 平方千米的红树林被认为是可恢复的。

9 月 21 日，美国国家科学基金会（NSF）资助 3000 万美元，用于推进蓝色经济网络融合加速器第一阶段到第二阶段的顺利开展。蓝色经济网络融合加速器旨在增加蓝色经济连通性和加速跨海洋部门的融合研究。

9 月 21 日，全球海事论坛、国际海运保险联合会等发布的最新报告显示，地缘政治在航运中的重要性从 2021 年的第九位上升至 2022 年的第三位，前两位与 2021 年相同，分别是脱碳和新的绿色法规。

9 月 22 日，联合国教育、科学及文化组织（UNESCO）官网发布《建立国际海洋数据和信息交换委员会（IODE）国家海洋数据中心、IODE 联合数据小组或 IODE 联合信息小组的指南（第三次修订版）》，以更新 2008 年的《建立国家海洋数据中心的指南》。该指南强调"海洋十年"背景下数据和信息管理的重要性，阐述 IODE 国家海洋数据中心、IODE 联合数据小组和 IODE 联合信息小组的建立与协调以及与海洋生物多样性信息系统（OBIS）、世界海洋数据库（WOD）、海洋最佳实践系统、海洋专家数据库的合作。

9 月 22 日，跨国红海中心与地区伙伴合作，在约旦和以色列海岸完成其首次多学科调查，为建立首个红海珊瑚生态系统和生物多样性"基线"奠定基础。

9 月 27 日，美国国家环境信息中心（NCEI）宣布对世界海洋地图集（WOA）进行一次重大更新，更新 1991—2020 年 30 年的气候平均值，即最新的气候标准值（climate normals，由世界气象组织制定），包括温度和盐度。

9 月 28 日，印度尼西亚海洋与投资统筹部宣布在海事和渔业部下成立打击 IUU 捕捞指挥中心，该中心使用海上智能平台和基于卫星的监测系统监视渔船活动。

9 月 29 日，阿拉伯联合酋长国能源和基础设施部（MoEI）宣布启动"阿拉伯联合酋长国海事网络"倡议。海事网络将作为该地区和全球海事公司的一个统一门户，拥有一个中央数据库，还将组织活动、会议和小组讨论，将政府和私营部门聚集在一起，讨论并产生有助于推动该行业发展的想法，并帮助制定未来 50 年的海事战略"。

10 月 7 日，联合国"海洋科学促进可持续发展十年"（"海洋十年"）官网发布《联合国非洲海洋十年：非洲需要的海洋科学》报告，基于"海洋十年"十大挑战，分别阐述非洲"海洋十年"面临的挑战，列举与挑战相关的案例研究，并提出相应的应对措施与行动。

10月11日，法国发布《法国港口研究：挑战与雄心》白皮书，分析法国港口研究组织现状并提出评估建议。白皮书指出，目前法国的港口研究存在研究人员分散、数量不足等问题，为此，建议在CNRS海洋研究小组内建立"海港工作组"，以促进和鼓励跨学科对话，应对法国沿海和其他地区海洋及港口面临的科学挑战。

10月11日，国际非营利组织全球渔业观察与巴布亚新几内亚渔业局签署谅解备忘录，将在全球渔业观察地图上共享在巴布亚新几内亚专属经济区内作业的50艘船只的监测数据。

10月12日，美国国家海洋与大气管理局（NOAA）研究中心向综合系统解决方案公司授予了一份价值350万美元的五年期合同，以建立国家海洋学伙伴关系计划（NOPP）办公室，支持NOAA和海军研究办公室（ONR）共同主持NOPP联邦机构间工作组工作。

10月13日，欧盟资助的海洋哺乳动物孪生项目开发了一个工具包，以加强相关技术能力建设，提升海洋哺乳动物保护水平，促进海洋哺乳动物的有效管理。该工具包有3个核心组成部分，即情况说明、自我评估工具和良好实践。

10月17日，美国海岸警卫队发布《美国海岸警卫队战略》，为未来四年及以后的优先事项提供了战略框架，旨在加强美国的海上安全并保障海洋繁荣。

10月20日，在法国马赛举行的蓝色海洋峰会期间，法国海洋事务国务秘书埃尔韦·贝尔维勒代表政府与法国地中海地区的邮轮企业签署了《可持续邮轮宪章》，提出了13项承诺，涵盖四个领域：一是保护物种栖息地；二是避免与鲸类动物的碰撞和噪声；三是限制液体和固体排放；四是限制大气排放。

10月24日，日本基金会和日本水路协会启动一项旨在绘制日本海岸线浅水区地图的项目。该项目将利用空中激光束对水深20米以下的浅水区进行勘测，旨在十年内绘制出日本35 000千米海岸线中90%区域的"海洋地图"。

10月24日，英国海洋管理局为维珍轨道卫星项目的首次发射活动颁发海洋许可证，以允许项目发射所需的部分材料在英国境内海域存放及装载。

10月25日，美国国土安全部科学与技术局（S&T）表示，该局正在向包括美国海洋运输系统委员会（CMTS）在内的所有联邦机构提供国家水道的统一地理空间数据库。该数据库将同步河流、海湾和地标的名称及缩写（这些名称及缩写在当地、州和联邦机构之间可能有所不同），使美国水域的船员能够更加灵活和快速地获得海洋安全信息（MSI），改善机构间协调，推进联邦水道管理。

10月26日，世界自然基金会（WWF）发布《评估欧洲海域人类与自然的平衡》报告，对欧洲17个沿海国家的海洋战略进行分析，结果显示，目前没有国家可以实现欧盟提出的气候和自然领域目标。

10月27日，日本海上保安厅将一架MQ-9B"海洋守护者"无人机部署在日本海和太平洋上空，进行广域海上监视，并执行海上搜救、灾难应对和海上执法任务。该无人机由美国通用原子航空系统公司制造，可从3000米以上高度探测船只，在夜间利用雷达和红外线识别抵近的飞机，并可在各种天气条件下飞行40小时。

11月1—3日，挪威渔业信息服务机构（TMT）和全球渔业观察（GFW）联合肯尼亚渔业局举办了"情报主导的渔港管控计划"（IFPC）指导小组会议，讨论如何在非洲的四个试点国家（肯尼亚、塞内加尔、科特迪瓦和加纳）有效实施该计划以及《港口国措施协定》（PSMA）。该计划由TMT和GFW共同发起，提供来港外国渔船和运输船的具体信息和统计数据，分析船只在航行到港口时的转运作业等情况，并评估IUU捕捞作业风险，以促进当地主管机构开展基于风险的PSMA实施方法。

11月1日，《国际防止船舶造成污染公约》附则Ⅵ修正案正式生效，依据国际海事组织船舶温室气体减排初步战略，对船舶技术和营运条例进行修正，要求船舶在短期内提高能源效率，从而减少温室气体排放。

11月2日，美国加利福尼亚大学圣克鲁斯分校海洋科学研究所、美国国家海洋与大气管理局国家渔业局以及全球渔业观察组织的科研人员使用机器学习方法，将人为故意关闭自动识别系统（AIS）与其他技术问题导致的AIS信号中断区分开来，形成故意关闭AIS的热点地图。

11月2日，"地中海联盟"发布新的数据地图集，首次绘制了地中海地区永久禁止拖网捕捞的保护区地图，并对其开展非法拖网捕捞的情况进行调查。地图集记录了 2020 年 1 月至 2021 年 12 月 305 艘船只 9518 起可能的非法拖网捕捞活动以及 2018 年至 2020 年间确认的 169 起违规案件。

11 月 7 日，英国海事与海岸警卫署发布《海上可再生能源装置：对航运影响》指南。该指南主要面向海上可再生能源装置的开发商，要求其在开发建设中考虑到对导航、应急响应活动、海洋雷达及 GPS 通信的影响并采取应对措施，以保障海上人身安全，将开发影响降至最低。

11 月 7 日，联合国粮食及农业组织（FAO）表示，目前已有 100 个国家签署了《港口国措施协定》，进一步增强了全球打击 IUU 捕捞的成效。

11 月 8 日，南非林业、渔业和环境部（DFFE）与南非国家生物多样性研究所（SANBI）和纳尔逊曼德拉大学（NMU）联合制订并发布南非首份《国家沿海及海洋空间生物多样性计划》，明确了南非的沿海及海洋关键生物多样性区（CBA）和生态支持区（ESA），设定了一系列生物多样性优先领域。

11 月 9 日，俄罗斯国家杜马三读通过一项政府法案，要求俄联邦渔业局对外国船只进行检查，禁止从事非法捕捞活动的外国船只进入俄罗斯港口。

11 月 12 日，欧盟和摩洛哥、阿尔及利亚等地中海邻国在共同渔业政策（CEP）原则基础上首次达成可持续渔业多年管理计划（MAPs），这是改善地中海洋生态环境和经济可持续性的关键步骤，是地中海渔业总委员会（GFCM）第 45 届年会的成果。

11 月 14 日，世界自然基金会、欧洲海洋环境保护组织（Oceana）和皮尤慈善信托基金会联合发布《倡议 ICCAT 支持提高渔业透明度和加强 IUU 打击措施》的声明。

11 月 18 日，美国国家海洋与大气管理局（NOAA）宣布成立新的海洋和沿海地区管理（MCAM）咨询委员会，就海洋、沿海和五大湖基于科学的区域保护、养护、恢复和管理方法向负责海洋和大气的商务部副部长提供建议。其成员包括资源管理者、商业和娱乐用户、科学专家、印第安部落和原住民社区、慈善和非营利组织以及教育工作者，具有广泛代表性。

11 月 21 日，新加坡咨询公司 Mana impact 及新西兰非政府环保组织 EnviroStrat 联合发布《促进基于自然的解决方案（NbS）：开发高质量项目的观点和实践》报告，通过分析 560 个 NbS 项目，发现大多数 NbS 项目集中在森林等陆地生态系统，需要更多关注海洋 NbS 项目。

11 月 21 日，联合国环境规划署（UNEP）、东亚海协作体（COBSEA）等联合发布《海洋废弃物监测方法手册》介绍了海岸、海面、河流和水道等不同栖息地的废弃物调查及监测方法和美国海洋保护协会"国际海岸清理"、"清洁海岸指数"等著名的海洋废弃物监测项目。

11 月 21 日，环境正义基金会（EJF）发布《欧盟渔业制度容忍度的法律分析》和《波罗的海容忍度的个案研究》报告。前者强调渔业数据在国际及欧盟渔业制度框架中的重要性，并对欧盟渔业制度改革的合法性进行法律分析，涉及环境保护、影响评估和信息准确性等。后者强调若无准确的渔获量数据，就无法实施有效的渔业管理，也无法制定并实施有效配额；波罗的海鲱鱼和西鲱的渔获量存在误差，威胁渔业可持续管理；波罗的海鱼类数量减少，若放宽渔获量误差容忍度，将导致对自然资源的错误估计，鱼类资源将面临更大威胁。

11 月 21 日，欧盟委员会提出"欧盟中部地中海行动计划"以应对移民挑战，并提出了 20 项措施，旨在与伙伴国和国际组织开展合作，探索更加协调的搜救方式，同时加强成员国间的团结机制，制定联合路线图。

11 月 23 日，莫桑比克政府部长级会议通过决议，批准了《珊瑚礁管理和保护国家战略》（ECOR 2022—2032）。该战略包括量化目标和指导方针，以增进对珊瑚礁这一重要生态系统的了解并改善其保护状况，同时推出未来十年促进其保护、有效管理和持续监测所需的具体行动。

11 月 23—25 日，在新德里举行第四届印太地区对话会，会议主题是"实施印太海洋倡议"（IPOI）。IPOI 的重点是七个相互关联的支柱：海上安全、海洋生态、海洋资源、灾害风险管控、贸易连通性和海上运输、能力建设和资源共享以及科技合作。IPRD-2022 的几个主题分别为印太地区整体海洋安全；构建印太地区西部和东部海上安全沟通机制；建立海上连通：港口、贸易和运输；加强能力建设；区域蓝色经济的实践手段；减少和管控灾害风险；小岛屿发展中国家和沿海脆弱国家的解决方案。

11 月 28 日，国际海事组织（IMO）举办《联合国海洋法公约》（UNCLOS）40 周年纪念活动，探讨 UNCLOS 与 IMO 的联系。活动围绕两个专题小组展开，分别讨论 IMO 与 UNCLOS 的合作以及 IMO 对 UNCLOS 的贡献。

11 月 29 日，东亚海域环境管理区域项目组织（PEMSEA）在菲律宾马尼拉召开执行委员会扩大会议，批准《2023—2027 年东亚海可持续发展战略实施计划》。该计划综合考虑了联合国可持续发展目标以及在全球、区域和国家层面加快实施可持续解决方案的需要，并纳入了疫情后的恢复措施。

11 月 30 日，国际海洋考察理事会（ICES）发布新版《冰岛水域渔业概览》，指出过去二十年冰岛水域的渔业管理措施导致主要鱼类种群捕捞量减少。

11 月 30 日，联合国亚洲及太平洋经济社会委员会（UNESCAP）通过了《通过亚洲及太平洋区域合作与团结保护我们的地球》部长级宣言，重申亚太国家将在气候行动、海洋保护、城市可持续发展等方面加强区域合作。

11 月 30 日，所罗门群岛渔业和环境部发布《基于社区的沿海及海洋资源管理战略 2021—2025》，提出所罗门群岛实施习惯海洋保有权制度，沿海社区高度依赖海洋资源维持生计、获得营养。

12 月 1 日，越南政府总理范明政主持召开沿海 28 个省市打击非法、未报告和无管制（IUU）捕捞会议。范明政表示，取消欧盟 IUU"黄牌"警告是为了民族利益和国家形象。但目前越南的 IUU 捕捞问题尚未得到彻底解决，因此需要党委、政府、人民都承担起自己的责任。

12 月 1 日，美国国家海洋与大气管理局（NOAA）发布《NOAA 二氧化碳移除研究》报告，总结了有关二氧化碳移除技术的科学研究现状，并要求公众就该机构未来在二氧化碳移除研究中的潜在作用发表评论。

12 月 1 日，法国启动了法海洋规划进程，并将于 12 月 5 日设立新的国家海洋和海岸理事会（SNML），以解决工业、基础设施以及海上风电场规划等问题。

12 月 2 日，在菲律宾巴丹省马里韦莱斯举行的亚洲及太平洋海事学院（MAAP）第 20 届毕业典礼上，菲律宾众议院议长马丁·罗穆亚尔德斯表示，众议院将优先考虑通过拟议的《海员大宪章》，以促进保护菲律宾海员的合法权益制度化，这是参众两院共同立法议程中列为优先事项的 32 项立法措施之一。

12 月 5 日，美国海洋能源管理局（BOEM）和国家海洋与大气管理局（NOAA）渔业部门发布《渔业调查联合战略》，以解决海上风能开发对 NOAA 渔业科学调查的潜在影响，负责任地推进海上风电发展，同时保护生物多样性，促进海洋综合开发利用。

12 月 7 日，挪威渔业信息服务机构（TMT-Tracking）与国际监测、控制和监视网络（IMCS，由美国、澳大利亚、智利、欧盟和秘鲁组建）发布《监测、控制和监视（MCS）从业人员运输船舶入门指南》，旨在为海岸警卫队、海军、海事局等可能在渔业 MCS 中发挥作用的机构提供参考，帮助其积累与冷藏运输船相关的渔业作业和合规风险知识。

12 月 7 日，美国国家环境信息中心（NCEI）对其高清地磁模型（HDGM）进行了年度更新，除进行常规的调整与修正外，为准确表示地球磁场，该模型还整合了 Swarm 卫星任务收集的 9 年数据。

12 月 8 日，联合国大会召开会议纪念《联合国海洋法公约》通过 40 周年。会议审议通过"可持续渔业"决议草案，强调海平面上升、海洋生物多样性丧失和海洋垃圾的威胁。

12 月 8 日，英国环境署发布《自然洪水管理计划：评估报告》，评估了相关项目的积极影响和成功经验。

12 月 8 日，印度联邦国务部长吉坦德拉·辛格（Jitendra Singh）表示，印度国家海岸研究中心（NCCR）和印度地球科学部国家海洋信息服务中心（INCOIS）通过在金奈和本地治里近海部署水质浮标来收集近岸水质的实时信息，这些数据将与各邦的污染控制委员会共享。

12 月 9 日，加拿大海洋与渔业部发布《2022 年认定海洋其他有效的区域保护措施（OECM）指南》，适用于现有以及未来的 OECMs，包括海洋庇护所，这对加拿大政府实现其保护海洋目标至关重要。

12 月 12 日，国际海底管理局（ISA）发布《"区域"多金属结核生产对可能受到最严重影响的发展中陆上生产国（DLBPS）经济的潜在影响研究》技术研究报告，认为由于受影响矿物的价格或出口量降低，"区域"内活动可能对 DLBPS 的出口收益或经济造成严重不利影响；多金属结核商业化生产的时间和强度存在不确定性；矿物市场发展不同步、不协调；价格降低将导致承包商竞争加剧；ISA 不为可能受到最严重影响的 DLBPS 损失提供援助或补偿。

12 月 12 日，瓦努阿图政府正式批准在彭纳马省（Penama）实施该国首个省级海洋空间规划。

12 月 12 日，韩国海洋水产部发布《海洋废弃物再利用战略》，将全面优化海洋废弃物的回收、运输、集货及利用体系，计划到 2024 年建立稳定的海洋废弃物再利用原料供应链，到 2027 年对 20% 以上的海洋废弃物进行再利用。

12 月 15 日，全球渔业观察（GFW）推出最新版 Marine Manager 工具。最新版 Marine Manager 工具与 Google 合作，提供全球环境数据集，可获得每日全球海面温度、盐度和叶绿素 a 浓度等信息，帮助渔业管理人员、研究人员开展相关研究。

12 月 15 日，世界银行集团批准"西非沿海地区复原力投资项目"（WACA ResIP），由国际开发协会向冈比亚、加纳和几内亚比绍沿海地区提供 2.46 亿美元，以应对当地海岸侵蚀、洪水和污染的风险。

12 月 16 日，联合国《生物多样性公约》第十五次缔约方大会（COP15）期间，七国集团发布《海洋协议：进展报告（2022）》，阐述过去半年七国集团在全球海洋保护方面采取的行动。

12 月 20 日，美国国家海洋与大气管理局（NOAA）发布《2022—2025 年渔业战略计划》，包括该机构到 2025 年的发展目标和关键行动。

12 月 20 日，欧盟理事会正式批准欧盟与英国 2023 年渔业协议，确定了欧盟和英国水域约 100 种共享鱼类种群的捕捞权，包括 2023 年每个物种的总捕捞量限制以及 2023 年和 2024 年某些深海鱼类种群的捕捞权。

12 月 21 日，自然与人类雄心联盟宣布成立新的常设秘书处，由世界资源研究所和全球环境基金共同主办。

12 月 21 日，美国海军部长卡洛斯·德尔·托罗宣布，将最新一艘探路者级海洋调查船命名为"罗伯特·巴拉德"号（T-AGS 67）。T-AGS 67 的长度超过 350 英尺（约 106.68 米），价值 1.49 亿美元。该船配备了用于部署和回收无人驾驶车辆的月池，是一艘可进行声学、生物、物理和地球物理调查的多任务船，可为美军提供大量关于海洋环境的信息。

12 月 22 日，印度人民院和联邦院相继通过了《2022 年反海盗法案》，规定杜绝海盗行为，对犯罪人员进行严厉惩罚，包括终身监禁、死刑等处罚手段。

12 月 23 日，美国总统拜登签署了 8580 亿美元的《国防授权法案》。该法案包含了《五大湖冬季商业法案》，将拨付 3.5 亿美元用于新建重型破冰船，同时更新了美国海岸警卫队（USCG）成功破冰的衡量标准。

海洋经济大事记

1 月 6 日，德国最大能源公司——莱茵集团宣布，将和加拿大北方电力公司共同在德国于斯特岛以北的北海海域建造三个新的海上风电场，总装机容量达 1.3 吉瓦，计划于 2026—2028 年投入运营。

1 月 19 日，美国内政部最终批准了 South Fork 海上风电项目，这是美国第二个获准开工建设的海上风电项目，也是纽约州第一个海上风电场。

1 月 19 日，日本国际石油开发公司和日本石油天然气金属矿物资源机构宣布，3 月开始在岛根和山口两县海域勘探海洋天然气，这是日本近 30 年来首个海洋天然气开发计划。

1 月 20 日，英国克拉克森研究公司的最新报告称，2021 年是海上风电行业发展创纪录的一年，海上风电初创企业数量和实施风电项目所需的新造船舶投资均创新高。

1 月 21 日，越南可再生能源公司 Trung Nam Group 表示，在东南亚国家推动清洁能源之际，将启动其首个海上风电场项目。

2 月 3 日，美国航空航天公司空间政策与战略中心发布《全球通信基础设施：海底及其他》报告。

2 月 4 日，中国风力发电机企业明阳智慧能源集团获得日本富山县海域海上风电项目的订单，这是中国企业首次进驻日本市场。

2 月 5 日，全球最大集装箱航运公司马士基集团在巴拿马设立马士基集团拉丁美洲地区总部，该总部负责管理集团在拉美地区的所有部门，包括集装箱货运、海上搜救、拖船服务、散货运输、超重货物运输、码头建设和运营等。

2 月 7 日，世界银行旗下的国际金融公司编制并发布《蓝色金融指南——基于绿色债券原则和绿色贷款原则》。

2 月 17 日，世界海上风电论坛发布《2021 年全球海上风电报告》。

2 月 21 日，由多国电信公司组成的财团宣布，开始建设连接新加坡至法国的 1.92 万千米长的海底电缆，这是第六条连接东南亚、中东和西欧多个国家的海底电缆，预计在 2025 年第一季度完成。

2 月 22 日，由"海洋十年"官方支持的蓝色经济论坛召开，主题为"蓝绿复兴计划与联合国海洋十年"。

3月3日，联合国环境规划署金融倡议发布海洋领域金融指南《深潜：金融、海洋污染和沿海复原力》。

3月7日，国际能源署－海洋能源系统发布《年度报告：2021年海洋能产业活动概览》。

3月8日，哥伦比亚政府宣布启动首个海上风电项目，该项目选址在哥伦比亚大西洋省省府巴兰基亚附近，预计装机容量为350兆瓦。

3月10日，欧洲海洋能组织发布《2021年海洋能产业发展趋势和统计数据》报告。

3月10日，国际可再生能源署发布《可再生能源技术创新能力评价指标》报告。

3月10日，全球风能理事会发布《浮式海上风电：全球机遇》报告。

3月30日，全球最大的反渗透海水淡化工厂——Rabigh 3 IWP在沙特阿拉伯启动，该工厂的产能为60万立方米/日，已被吉尼斯世界纪录认定为"世界上最大的反渗透海水淡化设施"。

4月4日，全球风能理事会发布《2022年全球风能报告》。

4月6—8日，联合国贸易与发展会议第四届海洋论坛在瑞士日内瓦举行，重点关注海洋经济、渔业和海洋环境保护问题，促进后疫情时代经济复苏向可持续海洋经济转型。

4月11日，谷歌宣布计划铺设首个连接加拿大和亚洲的海底电缆，将从温哥华岛西海岸的艾伯尼港穿过太平洋，连接到日本的三重县和茨城县，预计于2023年完成。

4月11日，波罗的海地区海洋资源可持续利用组织宣布，将于2022年8月启动"蓝色生物经济集群项目"，支持欧洲沿海地区向可持续的蓝色生物经济过渡。

4月13日，智利启动"绿色航运走廊网络"项目，成为南美洲第一个宣布发展绿色航运走廊的国家。

4月13日，法国首个海上风电场进入建设的最后阶段，安装了首个风力涡轮机，该风电场位于圣纳泽尔附近，距离盖朗德半岛海岸约11千米。

4月13日，亚洲开发银行启动世界首个蓝色债券孵化器，以扩大蓝色债券的发行规模，并支持亚太地区与海洋相关的项目。

4 月 14 日，海洋风险与复原力行动联盟宣布将与 Saleforce 公司、海洋行动之友、保护国际、自然保护协会等开展合作，推进高质量蓝碳项目和信用标准，塑造强大的蓝碳信用市场。

4 月 20 日，斐济政府成功主办了首届海洋愿景研讨会，提出未来海洋经济发展方向。

4 月 21 日，挪威将启动 88 兆瓦的 Hywind Tampen 浮式风电项目，这将是全球最大的海上浮式风电项目。

4 月 21 日，意大利首个海上风电场"贝莱奥里科"已完成并网，总装机容量为 30 兆瓦，该项目业主是意大利莱内克西亚公司，采用中国企业提供的 10 台风机，由西班牙企业负责风机单桩基础安装，荷兰公司完成吊装，法国银行提供建设融资。

4 月 22 日，能源咨询公司 RystadEnergy 最新研究显示，2022 年欧洲新增海上风电装机容量将创历史新高，首次超过 4 吉瓦，是 2021 年新增装机容量的两倍多。

4 月 25 日，国际能源署-海洋能源系统发布《近海水产养殖：海洋可再生能源市场》报告。

4 月 29 日，比利时安特卫普港和泽布鲁日港宣布合并，组建"安特卫普布鲁日港"，其吞吐量将达到每年 2.78 亿吨，成为欧洲最大的出口港、欧洲车辆吞吐量最大港以及欧洲最大散货港之一。

5 月 2 日，世界银行批准国际开发协会为"刺激加勒比蓝色经济"项目提供 5600 万美元，以支持东加勒比国家激发其海岸及海洋资源的可持续经济潜力。

5 月 11 日，挪威政府宣布启动海上风电大规模发展计划，旨在划定海上风电开发区域，计划到 2040 年海上风电装机容量达到 30 吉瓦。

5 月 11 日，国际能源署发布《可再生能源市场更新》报告。

5 月 19 日，据阿塞拜疆能源部估计，其具有开发约 27 000 兆瓦陆地可再生能源和 157 000 兆瓦海上可再生能源的巨大潜力。

5 月 24 日，欧洲海港组织与国际渡轮协会举行磋商并达成共同行动计划，旨在促进欧洲渡轮业务的可持续发展。

5 月 25 日，世界自然保护联盟发布新版《肯尼亚蓝色经济研究：开启造福人类、海洋和气候的商业解决方案》报告。

5月31日，世界银行批准国际开发协会提供3000万美元，用于佛得角五年弹性旅游和蓝色经济发展项目，并将通过蓝色经济多捐助方信托基金全球计划再提供500万美元。

6月1日，欧洲海港组织及其成员在西班牙巴伦西亚召开会议并发布宣言指出，各国应充分认识到港口在欧洲的经济复苏、脱碳和可持续发展中所发挥的重要战略作用。

6月6日，首条直连拉丁美洲和欧洲的海缆系统EllaLink长6200千米，初始设计传输速率为72太比特/秒，连接巴西和葡萄牙，并设立分支路径连接法属圭亚那、葡萄牙马德拉群岛和佛得角首都普拉亚。

6月7日，英国可再生能源贸易协会RenewableUK宣布成立浮式海上风电工作组，以抢占创新技术的世界领先地位。

6月8日，世界经济论坛发文称，超过30亿人以海洋资源为生，但海洋资源有限，且分布不均，少数国家行为体和公司主导着世界海洋经济。

6月14日，伊朗国家航运公司启动沿南北运输走廊从俄罗斯至印度的试行过境货运活动。

6月15日，可再生能源组织REN21发布《2022年可再生能源全球状况报告》。

6月21日，联合国贸易和发展会议发布《后疫情时代瓦努阿图旅游业和经济复苏的前景》报告。

6月23日，塞舌尔总统在新闻发布会上回应了将与英国石油公司签署塞舌尔领海石油勘探协议的问题，称该国目前只鼓励石油勘探，保护环境和海洋生态仍是塞舌尔的重要领域。

6月24日，由汤加和意大利共同主持的海洋能源/海洋可再生能源合作框架第四次会议召开。

6月27日，世界资源研究所发布《变革之风：对印度海上风电行业的借鉴》报告。

6月28日，联合国贸易和发展会议发布《海上贸易中断：乌克兰战争及其对海上贸易物流的影响》简报。

6月29日，联合国粮食及农业组织发布《世界渔业和水产养殖状况（2022）》报告。

6月29日，联合国海洋大会期间，全球风能理事会发布《全球海上风电报告(2022)》。

7月7日，南十字星电缆公司公开宣布，其南十字星NEXT海底光缆正式投入使用，这将成为连接大洋洲和美国的最大海底网络，并可以加强新西兰、澳大利亚和美国之间的连接。

7月11日，纽埃政府推出名为"海洋保护信用"的创新型可持续融资机制，以用于保护及可持续管理该国的大型海洋公园。

7月12日，塞舌尔的国有岛屿开发公司表示，将在塞舌尔外岛推进大型农业项目。

7月18日，国际可再生能源署发布《2022年可再生能源统计》报告。

7月21日，中国特速、英国KC Liner Agencies和DKT Allseas达成协议，将在中国和苏格兰之间开通集装箱直达航线，运输时间从60天缩短至33天。

7月25日，全球最大的铜生产商智利国家铜业公司Codelco表示，近期将耗资10亿美元建设一座海水淡化厂，由日本丸红株式会社和智利Transelec公司组成的财团负责工厂建设及项目推进，该项目计划于三年内投入运营。

7月28日，国际能源署-海洋能源系统发布《利用海水供热、制冷和发电》报告。

8月3日，希腊议会批准首部《海上风电法》，这是该国启动海上风电开发的重要里程碑。

8月4日，尼日利亚联邦执行委员会批准拨款25.9亿美元，通过公私合作，开发巴达格里深海港项目。

8月11日，德国宇航中心的研究人员利用自主开发的人工智能算法，对欧空局的"哨兵一号"卫星图像进行分析，首次获得海上风电领域的全球概况，研究结果表明，中国、欧盟和英国运营的海上风电场数量巨大。

8月16日，全球绿色目标伙伴2030-实现净零排放联盟发布《航运能源转型：印度尼西亚的战略机遇》报告。

8月22日，国际可再生能源署发布《小岛屿发展中国家灯塔倡议：进展与前进之路》年度报告。

8月24日，巴基斯坦总理谢里夫与卡塔尔投资局代表团会面时提出，建议卡塔尔投资者关注中巴经济走廊带来的机遇，以促进地区互联互通和共同繁荣。

8月30日，丹麦、瑞典、芬兰、德国、波兰、拉脱维亚、立陶宛和爱沙尼亚波罗的海八国在波罗的海能源安全峰会上签署《马林堡宣言》，旨在加速发展海上风电。

8月30日，为了减缓气候变化并与2030年生物多样性战略目标保持一致，世界自然基金会发布《以自然友好的方式加速海上风电部署》报告。

8月31日，丹麦Orsted公司宣布，世界上最大的海上风电场Hornsea 2已经全面投产。

8月31日，联合国贸易和发展会议与英联邦秘书处签署谅解备忘录，以加强合作，促进海洋经济合作、遏制塑料污染、支持最不发达国家、支持数字经济和促进性别平等。

9月7日，世界海上风电论坛发布《2022年上半年全球海上风电报告》显示，2022年上半年，全球新增海上风电装机容量为6.76吉瓦（2021年同期为1.63吉瓦），其中中国新增装机容量为5.1吉瓦；全球新增33个投入运营的海上风电场，其中中国25个、越南5个、英国1个、韩国1个、意大利1个。

9月7日，欧盟委员会、佛得角政府、非洲开发银行、欧洲投资银行、德国开发银行等共同出资，在佛得角马尤岛建设了一个现代化港口，旨在促进佛得角的可持续经济发展。

9月21日，世界海上风电论坛发布《海上风电融资》报告。

9月22日，法国大西洋沿岸圣纳泽尔的海上风电场初步投入运营，成为法国首座落成投产的海上风电场。

9月26日，国际海洋能源咨询公司4C Offshore发布第三季度市场概览报告称，到2030年，全球海上风电装机容量或超270吉瓦。

10月10日，德国基尔大学、德国蒂森克虏伯海事系统公司等50多家研究机构和企业共同创建了新的创新联盟"CAPTN Energy"，旨在对航运燃料向绿氢等可持续能源转型进行研究，并制定具体解决方案，推动北海和波罗的海可持续航运业的发展。

10月18日，国际能源咨询公司伍德麦肯兹预测，到2050年，拉丁美洲海上风电装机容量将达到34吉瓦，巴西和哥伦比亚将成为行业领跑者。

10月25日，根据世界自然基金会的研究，海上风电场对生物多样性的负面影响主要有致使鸟类撞击、噪声干扰、栖息地丧失、对生态系统的间接影响。

10 月 26 日，国际能源署–海洋能源系统发布《海洋可再生能源：环境影响简介》报告。

10 月 26 日，美国国家海洋与大气管理局发布首个五年水产养殖战略计划，以指导该机构 2023—2028 年工作，促进美国水产养殖可持续发展。

11 月 1 日，中国大连船舶重工集团有限公司获得世界首批二氧化碳储存船的建造委托，瑞士 ABB 集团获选为这批船舶提供永磁轴带发电机系统。

11 月 1 日，美国氨动力解决方案公司 Amogy 和船东 Southern Devall 公司宣布，拟首次将氨发电技术用作商业用途。

11 月 2 日，日本政府准备试采在南鸟岛水深 6000 米处发现的稀土资源，并计划从下一个财年开始研发相关开采技术，相关经费已经列入本年度的第二次补充预算案中。

11 月 9 日，中国电信国际有限公司、菲律宾移动运营商 Globe、菲律宾头部电信公司 DITO、新加坡电信有限公司、文莱统一国家网络有限公司宣布将投资 3 亿美元用于亚洲快链海缆的建设，旨在大幅提升区域数据容量，并提供更优质的国际带宽服务。

11 月 12 日，据德国海运经济与物流研究所数据显示，全球商业航运由少数国家和地区主导，中国、希腊、新加坡、韩国、挪威、美国、中国香港等 10 个国家和地区在航运领域全球领先，其中中国的发展尤为突出。

11 月 25 日，世界银行发布《蓝色经济促进非洲韧性计划》简报，介绍了非洲蓝色经济的机遇、挑战和世界银行拟在关键领域采取的重要措施。

11 月 25 日，日本公司户田建设和大阪大学将联合推进世界最大规模浮式海上风力发电设备的实用化研究。

11 月 29 日，联合国贸易和发展会议发布《2022 年海运回顾》报告。

12 月 2 日，Far North Fiber 财团表示，在北极建造首条光纤电缆的计划已获得首笔投资，价值 11 亿欧元。

12 月 15 日，以色列驻土耳其大使馆宣布，土耳其 OREN Ordu 能源公司与以色列 Eco Wave Power 公司签署协议，将建设土耳其首个波浪能发电厂，这将是世界最大的波浪能发电厂。

12月21日，澳大利亚联邦政府宣布，将维多利亚州巴斯海峡水域列为该国首个海上风电区，并将区域内"南方之星"海上风电项目列为重大项目。

12月23日，日本丸红株式会社等共同出资的秋田县能代港大型海上风电场投入运营，这是日本首个商业规模的海上风电场。

12月29日，在日本第一座大型海上风电场投入商业运营后，日本政府为促进海上风电行业发展开启了第二轮拍卖。

海洋科学技术大事记

1月17日，新西兰独家新闻网消息称，日本财团、三菱造船株式会社和新日本海渡船有限公司，成功完成了世界首次自主船舶导航系统在大型汽车渡轮上的测试，被视为沿海航运朝着更安全、更高效迈出的重要一步。

1月18日，南极研究科学委员会地球科学组支持创建了"PetroChron 南极洲"数据库，包含11 559个条目，代表10 056个具有地球化学和地质年代学数据的独特样本。

1月31日，地中海海洋研究中心研制的名为"BathyBot"的小型底栖机器人，被安装在土伦附近海底2500米深处，用于观测地中海底部生物群落，成为全球首台永久安装在深海海底的移动式水下机器人。

2月18日，来自包括德国在内的九个国家的研究人员联合提议，对现有的水下声音相关数据库进行整合和扩建，形成可免费使用的"全球水下生物声音图书馆"，以便更好地研究物种分布和生物多样性，获得海洋保护所需的信息。

3月1日，美国迈阿密大学罗森斯蒂尔海洋与大气科学学院领衔的研究发现，珊瑚在经历90天升温"训练"后，显著提高了的耐热能力，更能承受海洋变暖，为珊瑚修复提供了一种新的方法。

4月4日，大自然保护协会（TNC）、美国伍兹霍尔海洋研究所（WHOI）和加州大学联合发布世界最大的海藻场动态地图，覆盖范围从墨西哥下加利福尼亚州延伸至美国俄勒冈-华盛顿州边界。

4月5日，《世界海洋物种目录》编制单位比利时佛兰德海洋研究院发布消息称，2021年全球共发现2241个海洋新物种，包括日本的"推特螨"（Twitter Mite）、新西兰的"拉马里喙鲸"（Ramari´s Beaked Whale）等。

4月7日，美国俄亥俄州立大学在《科学》杂志上发表研究报告称，通过将机器学习分析与传统进化树相结合的方法，在全球各地收集的3.5万份海水样本中发现了5500种新RNA病毒。

4月13日，韩国海洋科学技术院称，2022—2026年，韩国海洋水产部将投入373亿韩元（约合1.9亿人民币），在蔚山市海域建设亚洲首个海底空间，可供3人在水下30米处停留30天。

4月13日，国际珊瑚礁倡议官网称，澳大利亚海洋科学研究所、帕劳国际珊瑚礁中心、南太平洋大学、马尔代夫海洋研究所等多国科研机构共同建成了名为"ReefCloud"的全球珊瑚礁云端大数据平台，实时共享全球珊瑚礁监测数据。

5月6日，美国《科学》杂志的一项研究称，在惠兰斯湖冰流上，采用电磁成像技术，首次绘制了西南极洲冰层下的地下水系统。

5月12日，日本东京大学研究团队在《科学》杂志发表研究成果称，首次使用基于氟的纳米结构成功过滤了水中的盐。与目前主要的海水淡化方法相比，该结构的工作速度更快，需要的压力和能量更少，是更有效的过滤器。

6月14日，美国合众国际社消息称，英国帝国理工学院开发了兼具飞行和潜水功能的新型"双机器人"无人机"MEDUSA"，可飞往采样区域，在水面降落后放置一个最大下降深度为10米的传感器用于收集数据和样本。

6月22日，美国Sea Machines Robotics公司推出了一种新型海洋计算机视觉导航传感器AI-ris，运用光学传感器和人工智能对物体、船舶交通和其他潜在障碍进行检测、跟踪、分类和地理定位。

7月13日，加拿大艾伯塔大学研究人员称，开发了一种三维扫描、打印、成型和铸造的方法，并利用这种方法创建了大约400个人造珊瑚礁。

7月26日，新加坡海事与海上工程科技中心正式启用首个海洋盆地模拟设施，该设施可协助科研人员与企业设计和验证适用于船只和海上平台的海洋科技方案。

7月28日，美国俄勒冈大学研究人员领导研发的新便携式工具使用激光测量冰川冰以帮助科学家确定冰川融化的速度。该工具的工作原理是将激光束射入冰中，测量光子击中冰到达探测器所需的时间。

8月10日，大自然保护协会（TNC）领导的研究小组提供了一种方法，首次将不同的模型与情景以更高的分辨率整合到单一工具中，以确定珊瑚礁保护优先地点。

8月11日，"南大洋"观测系统（SOOS）正式发布2021—2025年科学与实施计划，该计划明确了SOOS的科学优先事项，涉及"南大洋"冰冻圈、环流、碳和生物地球化学循环、生态系统和生物多样性、海冰–大气通量。

8月31日，英国《生态学和进化方法》杂志的文章称，研究人员开发了新的珊瑚扫描方法，借助牙科扫描仪制作微米级的珊瑚三维模型，首次使科学家能够快速、准确地测量数千个微小的珊瑚，且不会对珊瑚健康造成任何负面影响。

9月1日，法国海洋开发研究院称，由来自法国国家科学研究中心、法国海洋开发研究院和国际组织的研究人员组成的国际研究小组开发了一种新工具，可对海洋和陆地所有生态系统面临各种威胁的潜在脆弱性进行量化。

9月8日，法国国家科学研究中心称，由法国、加拿大、德国等国研究人员构成的国际团队，借助法国研发的水下可视剖面仪，首次估测了19个浮游生物分类群的全球生物量分布，结果显示，北纬60°和南纬55°附近的浮游动物生物量最大，赤道地区的生物量正在增长，而大洋涡旋周围的生物量最小。

9月14日，德国亥姆霍兹极地与海洋研究中心称，挪威北极大学、英国布里斯托尔大学、加拿大曼尼托巴大学等机构的研究人员利用人工智能技术对2011—2021年的卫星数据进行审查和分析，利用深度学习和数字模拟方法，确定北极海冰的厚度，并形成数据集，首次展示了整个北极地区全年的海冰厚度情况。

9月29日，联合国秘书长古特雷斯指出，今年世界海事日的主题是"新技术助力绿色航运"，凸显了可持续航运解决方案的必要性。当天，联合国粮食及农业组织发布《区域渔业机构及其在改善渔船安全和体面工作方面的作用》和《2022年世界捕捞渔业和水产养殖业保险回顾》报告，强调渔业体面工作条件问题和全球海上渔船投保问题；世界气象组织发布《海洋预报、气象学和WMO：历史与演进》报告，强调海洋气象学对确保海上安全的重要性。

10 月 14 日，国际北极科学委员会发布《2022 年北极科学现状报告》，对北极地区科研活动和优先事项进行汇总，以帮助北极地区的政策制定者、科学机构以及其他科学利益攸关方了解北极科研的最新情况。

10 月 14 日，联合国"海洋科学促进可持续发展十年"（简称"海洋十年"）启动新的十年行动呼吁，方案征集聚焦应对"海洋十年"挑战 6——"海岸复原力"和挑战 8——"海洋的数字表现"。

10 月 17 日，美国科学日报消息称，由英国东安格利亚大学、德国阿尔弗雷德-瓦格纳研究所亥姆霍兹极地与海洋研究中心联合领导的国际科学家团队，利用"北极气候研究多学科漂流观测站"项目收集的样本数据开发了 EcoOmics 数据集，这是首个大型"组学"或极地生态系统的基因组序列数据集。

11 月 1 日，欧洲海洋能源中心在奥克尼群岛部署的新型波浪能转换器 Waveswing 取得海试成功，在中等波浪条件下捕获超过 10 千瓦的平均功率和 80 千瓦的峰值功率，并能够在恶劣天气下持续提供电力。

12 月 1 日，印度尼西亚国家研究与创新署公布了一项与潜在捕鱼区（ZPPI）信息相关的鱼类探测创新技术，以帮助渔民捕捞。这项技术应用在 ZAP 软件（潜在捕鱼区自动处理软件）的 2.0 版本中，可根据遥感卫星数据为渔民提供明确的捕鱼地点，并显示天气状况、浪高、风速、风向以及船只与鱼群所在位置的距离，从而提高捕捞效率。

12 月 27 日，新西兰国家水文和大气研究所称，其研究人员利用人工智能和深度学习技术开发了一种离岸流识别工具，通过输入数百万张沿海航空图像、降雨和大雾天气的数据训练人工智能模型，能够在不同的天气条件和拍摄角度下实时识别离岸流位置，识别准确率约为 90%。

海洋气候变化和防灾减灾大事记

1 月 3 日，据英国独立报报道，格陵兰岛和南极洲等地的冰川迅速融化，为地球带来空前危机。近一周内，喜马拉雅山冰川的退缩速度远超世界其他地区，可能影响亚洲数百万人的供水，全球冰川融化甚至将导致地壳变形。

1月3日，《自然·气候与大气科学》刊文称，大气中的有机磷颗粒与无机磷含量相当，对海洋生态系统，乃至气候系统有重要影响。

1月5日，英美两国科学家将在一艘美国研究船上开始一项为期两个多月、耗资5000万美元的任务，以调查正在融化的南极思韦茨冰川面向阿蒙森海的关键区域，该区域最终可能会因水温升高而大量失冰。

1月6日，《科学》杂志刊文称，由于全球变暖，到21世纪末，秘鲁寒流区域的秘鲁鳀鱼可能被体型更小的物种所取代，进而对生态系统、全球鳀鱼贸易甚至全球粮食安全产生预期外的更为深远的影响。

1月13日，《新科学家》刊文称，通过对北极西北部的声学记录分析发现，虎鲸正在向北迁徙。

1月31日，加拿大渥太华大学研究人员绘制了过去20年北半球流入海洋的1704条冰川的地图，发现每年损失的面积达到390平方千米，其中85%的冰川出现退缩，12%没有变化，只有3%有所扩张。

2月3日，智利南极研究所发布公报称，海洋和冰冻圈是气候系统的两个重要组成部分，由于气候变化，南极大陆已显示出明显的加速变化趋势，强大的气候反馈机制也在该地区持续运作。

2月14日，联合国教科文组织政府间海洋学委员会、国际海洋科学研究委员会、北太平洋海洋科学组织和国际海洋考察理事会联合发布《气候变化对有害藻华影响的研究指南》。

2月24日，《自然·通讯》刊文称，对过去2000年的全球海平面数据研究后发现，全球海平面在1940年至2000年的上升速度快于过去2000年间的任何一个60年间隔。

2月28日，联合国政府间气候变化专门委员会（IPCC）发布《气候变化2022：影响、适应和脆弱性》报告。

3月10日，西班牙生态转型和人口挑战部长特蕾莎·里贝拉（Teresa Ribera）组织召开西地中海5+5高级别论坛，西班牙、法国、意大利、马耳他、葡萄牙、阿尔及利亚、利比亚、摩洛哥、毛里塔尼亚和突尼斯政府部门代表参加会议，通过了《瓦伦西亚宣言》，承诺共同推动《西地中海水资源战略行动计划》实施。

3月17日，《自然·通讯》刊文称，研究人员发现热带是甲烷的主要排放源地，其甲烷排放量约占全球排放总量的60%，2010年至2019年热带陆地的甲烷排放对全球甲烷浓度增加的贡献超过了80%。

3月23日，"绿色航行2050"项目发布《应对船舶温室气体排放的国家行动计划：从决议到实施》指南，为制定船舶温室气体排放的国家行动计划（NAPs）提供指导。

4月4日，联合国政府间气候变化专门委员会（IPCC）第六次评估报告第三工作组报告《气候变化2022：减缓气候变化》发布。

4月27日，欧洲海洋局（EMB）发布题为"揭示欧洲海洋地质灾害的潜在威胁"政策简报，旨在提高人们对欧洲港口、城市、沿海社区和基础设施面临潜在地质风险的认识，并为未来的科研和决策提出建议。

5月18日，世界气象组织（WMO）发布《2021年全球气候状况》报告。

5月27日，瓦努阿图总理鲍勃·拉夫曼（Bob Loughman）宣布该国进入气候紧急状态，成为首个宣布进入气候紧急状态的太平洋小岛屿发展中国家，并公布了一项高达12亿美元的缓解气候变化影响的方案，其中大部分资金将依靠他国捐助。

5月31日，联合国亚洲及太平洋经济社会委员会发布《海洋与气候协同作用：应对海水升温和海平面上升的建议》政策简报，概述了气候变化对亚太地区的重要影响，并提出五点应对海水升温和海平面上升的建议。

6月1日，欧洲气象卫星应用组织（EUMETSAT）将其静止轨道卫星Meteosat-9部署在印度洋上空，旨在监测飓风等影响印度洋岛屿和东非国家的恶劣天气事件，改进中欧、东欧以及中亚的天气预报水平，保护印度洋和东非人口的生计和安全。

6月15日，《科学报告》刊文称，北极地区升温速度比全球平均速度快了7倍。数据显示，该地区的年平均气温每十年上升2.7℃，尤其是秋季，每十年上升4℃，使得北巴伦支海及其岛屿成为地球上已知升温最快的地方。

6月21日，联合国教育、科学及文化组织发布《东非印度洋岛国气候变化脆弱性热点地区》。

6月22日，"海洋与气候变化对话"在波恩气候变化大会期间举行，强调海洋对生计和生物多样性至关重要，是气候系统的基本组成部分，并呼吁采取更多与海洋有关的气候行动。

6月30日，联合国宣布，"系统性观测融资机制"开始运作，这是用于加强天气和气候观测、改善预警以挽救生命、保护生计和支持适应气候变化以实现长期复原力的新融资机制，旨在确保未来五年向所有人提供预警服务，提升人们预测并适应洪水、干旱和热浪等极端天气事件的能力。

7月20日，"基瓦倡议"在太平洋岛国启动10个地方项目，为其提供赠款，以支持国家和国际组织在保护和适应气候变化方面的工作。

7月22日，世界气象组织发布《2021年拉丁美洲和加勒比地区气候状况报告》。

7月25日，联合国亚洲及太平洋经济社会委员会防范海啸、灾害和气候信托基金发布《2021年度报告》。

8月31日，美国国家海洋与大气管理局（NOAA）国家环境信息中心的科学家在《美国气象学会公报》（BAMS）上第32次发布了全球气候状况报告——《2021年气候状况报告》。

9月5—9日，"早预警早行动综合系统倡议部长级会议"发布了《关于弥合早期预警与早期行动差距的马普托宣言》以及世界气象组织（WMO）《2021年非洲气候状况》报告。

9月9日，《自然·通讯》杂志刊文称，到21世纪末，"南大洋"若继续吸收大多数全球海洋净热量，其所吸收的热量相比当前增加7倍，这将影响"南大洋"的食物网，导致冰架融化，并影响洋流。

9月12日，世界银行发布《孟加拉国：在气候变化中提升沿海地区适应能力》报告。

9月13日，联合国亚洲及太平洋经济社会委员会发布《2022年亚太地区灾害报告：太平洋小岛屿发展中国家适应性和复原力之路》。

9月20日，由海洋风险与复原力行动联盟（ORRAA）、全球渔业观察（GFW）、TM-Tracking等联合开发的"船舶查看器"（Vessel Viewer）正式启动测试。

9月27日，《联合国气候变化框架公约》（UNFCCC）秘书处发布《2022年海洋与气候变化对话》报告。

9月28日，欧盟哥白尼海洋环境监测中心发布《哥白尼海洋状况报告》第6版。

10月6日，美国白宫发布《气候适应与复原力进展报告》。

10月13日是国际减少灾害风险日，主题聚焦实现2015年通过的《仙台框架》目标 G，即"到 2030 年大幅增加人民获得和利用多灾种早期预警系统以及灾害风险信息和评估结果的概率"。联合国秘书长古特雷斯呼吁，所有国家应投资建设预警系统，并为能力不足的国家提供支持。

10 月 17 日，由来自法国、美国、澳大利亚、英国和中国的科学家组成的国际研究团队，通过分析温度传感器收集的全球海洋温度数据，对 1950 年至 2019 年期间全球海洋温度变化情况进行了梳理，并预测了未来海洋变暖的趋势及其产生的后果。

11 月 2 日，世界气象组织发布《欧洲气候状况》报告，指出过去 30 年，欧洲气温上升幅度超过全球平均水平两倍。

11 月 7 日，世界资源研究所发布《在新的国家自主贡献中基于海洋的气候行动》报告。

11 月 7 日，欧盟委员会研究与创新总局出版名为《海洋与气候的关系——了解变化、应对挑战》的书籍，重点介绍了欧盟围绕海洋与气候间关系开展的研究项目。

12 月 6 日，联合国亚洲及太平洋经济社会委员会（UNESCAP）发布《2022 年太平洋展望：加速气候行动》报告。

12 月 20 日，联合国开发计划署、联合国减少灾害风险办公室和世界气象组织（WMO）以 DesInventar 数据库为基础，开发全新的跟踪系统，用以记录和分析灾害事件以及由其造成的损失和损害，旨在更好地了解损失和损害的程度与规模，为"全民预警"倡议提供信息。

海洋生态环境保护大事记

1 月 6 日，《新植物学家》刊文称，海洋酸化对浮游植物硅藻（对水生食物链至关重要的单细胞植物）的能量储存产生影响，最终可能影响海洋生态系统的生产力。

1 月 12 日，美国西北大学在《科学·进展》上的研究报告首次评估了淡水系统内的微塑料积累和停留时间。

1 月 20 日，联合国教科文组织宣布，在法属波利尼西亚塔希提岛附近海域发现了一处巨大的、形似玫瑰的珊瑚礁，长约 3 千米，宽达 65 米，被认为是全球最大的珊瑚礁之一。

1月25日，泰国东部罗勇府海域发生海底输油管道泄漏事故。

1月28日，澳大利亚麦考瑞大学领导的国际团队在《科学》杂志发表最新研究成果称，保护珊瑚礁连通性是未来环保工作的重点。研究人员认为，保护珊瑚礁的各项工作必须包括与海底廊道相关的保护，未来有必要进行进一步研究，以更好地了解全球变暖对珊瑚礁连通性的影响。

1月31日，新加坡南洋理工大学地球观测站推出的关于气候变化对亚洲海洋影响的新纪录片——《改变亚洲海洋》面向全球播出。

2月1日，美国蒙特雷湾水族馆牵头的新研究表明，2014年以来，全球超过一半的海表面温度频繁超过历史最高温度阈值，这些极端高温增加了包括珊瑚礁、海草床和海藻场在内的重要海洋生态系统崩溃的风险。

2月8日，世界自然基金会与德国阿尔弗雷德-瓦格纳研究所发布《海洋塑料污染对海洋物种、生物多样性和生态系统的影响》报告。

2月25日，南极海冰面积创下新的最低纪录——自1978年有记录以来首次低于200万平方千米。

3月5日，国际野生生物保护学会、大自然保护协会等机构发布《珊瑚礁保护融资》白皮书，回顾了各方为珊瑚礁保护提供资金的方式，并为珊瑚礁保护融资提出建议。

3月9日，新加坡公布了《新加坡海事脱碳蓝图：迈向2050》报告，将有助于新加坡实现在《联合国2030年可持续发展议程》《巴黎协定》和"国际海事组织（IMO）减少船舶温室气体排放初步战略"中的承诺。

3月15日，东南极洲的康格冰架完全崩塌。

3月15日，联合国国家管辖范围以外区域海洋生物多样性（BBNJ）官网分别发布《资格审查委员会第四次报告》和《〈联合国海洋法公约〉下关于BBNJ养护与可持续利用的具有法律约束力的国际文书的政府间会议报告草案》。

3月23日是世界气象日，主题为"早预警、早行动"，强调"水文气象信息助力防灾减灾"的重要性。

3月24日，国际海洋考察理事会发布《海洋集料提取与海洋战略框架指令：现有研究综述》报告。

4月11日，意大利生态转型部部长罗伯托·钦戈拉尼（Roberto Cingola-ni）在国家海洋日之际宣布加入"蓝色领袖联盟"。他表示，意大利将采取一系列明确措施，致力于实现到 2030 年保护 30% 海洋的目标。

4 月 15 日，美国内政部国家公园管理局（NPS）与帕劳宣布确立关于旅游资源可持续利用和旅游规划的伙伴关系。NPS 将利用其在公园管理方面的百年经验，协助帕劳管理其保护区网络并确定未来的旅游规划。

4 月 18 日，联合国海洋科学促进可持续发展十年官网发布第八届欧洲海洋局论坛论文集，内含 2021 年 12 月在布鲁塞尔及线上举行的论坛收录的摘要与关键信息。

4 月 22 日，美国国际开发金融公司主办了"投资可持续未来——新兴市场的气候融资"线上活动。

4 月 26 日，在"联合国可持续漂浮城市"圆桌会议上，联合国人居署、韩国釜山市和 OCEANIX 公司发布全球首个漂浮城市原型——"OCEANIX 釜山"，旨在通过浮动基础设施为沿海城市创造新的土地，以适应海平面上升。

5 月 10 日，澳大利亚大堡礁海洋公园管理局发布题为《珊瑚快照》的监测报告，公布了对托雷斯海峡和坎普里科恩–邦克群岛之间的 719 个珊瑚礁的调查结果。

5 月 13 日，国际海事组织便利运输委员会第 46 次会议通过了《制定预防和制止国际海上运输船舶走私野生动物的导则》，打击利用海上供应链运输野生动物的非法贸易。

5 月 18 日，发表在《海洋科学前沿》杂志的新研究，根据 2021 年《科学》文章《海洋保护区（MPA）指南：实现全球海洋目标的框架》确立的完全、高度、轻度和最低四级 MPA 分类标准，考察了占全美 MPA 总面积 99.7% 的 50 个大型 MPA。

5 月 19 日，日本原子能规制委员会称，福岛"核污水"排放入海计划不存在安全问题，同意审查结果，并颁布审查书，并将在征求公众意见后，正式通过审查书，批准排海计划。

5 月 26 日，新加坡以政府伙伴的身份加入先驱者联盟，致力于推广与发展低碳科技，向 2050 年净零排放的目标迈进。该联盟的政府伙伴包括丹麦、印度、意大利、日本、挪威、瑞典、英国和美国，企业成员有苹果、亚马逊、空中客车和波音等跨国企业。

8 月 8 日，美国非营利性战略联盟组织蓝天海事联盟发布名为《北美水上运输碳足迹》报告，为北美海运部门对船舶二氧化碳排放量评估提供了基准。

8月9日，美国国家科学院发布报告称，目前还没有确凿的数据表明防晒霜中的化学物质是否会损害海洋生物。

8月23日，美国陆军工程兵团、巴尔的摩地区和马里兰州交通部签署一份项目伙伴关系协议，以开展价值40亿美元的切萨皮克湾生态系统修复项目。

9月21日，大自然保护协会宣布开展新的"债务换自然"项目，确保巴巴多斯政府能够将其部分主权债务资金转向海洋保护，以支持该国保护约30%的海洋和实现可持续蓝色经济发展的承诺。

9月26日，塞舌尔的米歇尔基金会将与澳大利亚迪肯大学合作编制的《塞舌尔蓝碳路线图》提交塞舌尔农业、气候变化和环境部。

10月13日是国际减少灾害风险日，2022年的主题聚焦实现2015年通过的《仙台框架》目标，即"到2030年大幅增加人民获得和利用多灾种早期预警系统以及灾害风险信息和评估结果的概率"。

11月10日，牙买加气候变化青年委员会举行抗议活动，再次表明牙买加民间团体反对深海采矿。

12月1日，挪威将提供1450万挪威克朗(约合1017万元人民币)，用于支持联合国教科文组织海洋科学研究和基于知识的解决方案。

海洋极地大事记

1月4日，南极条约协商会议更新《南极游客现场活动指南》。

1月10日，连接斯瓦尔巴群岛的海底光缆出现故障。

1月10日，新西兰发布《2021—2030年新西兰南极和"南大洋"研究方向与重点》。

1月10日，阿根廷外交部发布《南极计划(2021—2022)》。

1月11日，英国《自然综述·地球与环境》杂志发布"永久冻土"专刊。

1月17日，智利《南极公报》发布"气候变化传感器"特刊。

1月18日，美国《地球与空间科学新闻》杂志出版《南极洲冰融化的不确定未来》报告，介绍南极研究科学委员会的"南极的不稳定性和临界点"

科研计划。

　　1 月 18 日，欧洲极地委员会国际合作行动小组发布《俄罗斯极地研究背景文件》报告。

　　1 月 19 日，智利南极研究所科研团队开展南极浮游植物群落研究。

　　1 月 21 日，澳大利亚科学家利用"南极光"号破冰船上的多波束回声测深仪，首次绘制了南极范德福德冰川下巨大峡谷的图像。

　　1 月 24 日，俄罗斯南极沃斯托克科考站新建项目开工。

　　1 月 24 日，智利签署致力于促进极地科学研究的《蓬塔阿雷纳斯宣言》。

　　1 月 31 日，丹麦外交部发布《2022 年外交和安全战略》，重点关注北极安全问题。

　　2 月 1 日，俄罗斯召开"和平利用南极资源"圆桌会议。

　　2 月 2 日，美国兰德公司发布《英国高北战略：影响 2050 年前发展的政策杠杆》战略报告。

　　2 月 4 日，中俄两国发布《2022 年中俄联合声明》。

　　2 月 4 日，俄罗斯联邦旅游局通过《北极旅游国家标准》。

　　2 月 4 日，冰岛卫生和环境部宣布，冰岛将于 2024 年起禁止一切捕鲸活动。

　　2 月 4 日，新西兰皇家海军舰艇"奥特亚罗瓦"号首航南极洲。

　　2 月 6 日，中阿进行首脑会晤并发表《关于深化中阿全面战略伙伴关系的联合声明》，中方在联合声明中强调支持阿根廷在马尔维纳斯群岛问题上完全行使主权的要求。

　　2 月 7 日，俄政府总理米哈伊尔·米舒斯京批准《2024 年前俄罗斯邮轮旅游发展构想》，计划扩大俄北极、西伯利亚和远东地区的邮轮航线网络。

　　2 月 8 日，阿根廷与保加利亚签订南极合作协议。

　　2 月 9 日，俄政府批准《俄罗斯北极地区飞机着陆场建设及重建工作路线图》。

　　2 月 10 日，丹麦政府宣布将深化与美国的防务合作，允许美国士兵、战斗机和军舰驻扎丹麦。

　　2 月 10 日，北极理事会北极动植物保护工作组在《淡水生物学》杂志上发布《北极淡水的生态变化》评估报告。

2 月 11 日，挪威国家情报局发布《焦点 2022》报告，评估北极威胁和风险，并认为俄罗斯和中国等大国在北极的军事活动是挪威国家安全的最大威胁。

2 月 15 日，英国国际战略研究所发布《2022 年军事平衡》报告。

2 月 15 日，俄罗斯会展基金会组织召开"北极：人文发展"国际会议。

2 月 17 日，美国海岸警卫队"极地之星"号抵达地球最南端的可航行水域。

2 月 22 日，阿根廷庆祝第 118 届南极日，重申在南极洲的主权存在。

2 月 22 日，美国众议院外交事务委员会审议《南极科学与保护现代化法案》。

2 月 22 日，俄罗斯国家原子能公司核动力破冰船队中 22220 型"北极"号和"亚马尔"号核动力破冰船完成北方海航道通航期外的首次低冰级船舶破冰护航活动。

2 月 24—25 日，"从北极到南极"科学研讨会在摩纳哥以线上线下相结合的方式召开，由摩纳哥阿尔贝二世亲王基金会、南极研究科学委员会和国际北极科学委员会共同发起。

2 月 28 日，智利向联合国大陆架界限委员会提交其南极领土西部陆架的 200 海里以外大陆架外部界限的部分划界案。

2 月 28 日，欧洲海洋观测和数据网发布新版"保护东北大西洋海洋环境公约受威胁及衰退栖息地空间数据集"。

3 月 2 日，加拿大创新、科学及工业部宣布启动加拿大国家研究委员会的北极和北方挑战计划。

3 月 3 日，加拿大、丹麦、芬兰、冰岛、挪威、瑞典和美国发表联合声明暂停召开北极理事会会议。

3 月 3 日，俄罗斯自然资源与生态部通过《北极熊保护战略》。

3 月 4 日，美国海军潜艇部队在北冰洋开展 2022 年"冰原"演习（ICEX 2022）。

3 月 7 日，澳大利亚南极局宣布开放 2023 年南极艺术奖励金申请。

3 月 14 日至 4 月 1 日，美国海军陆战队参加挪威 2022 年"寒冷反应"联合军事演习。

3 月 11 日，美国白宫科技政策办公室发布 2017 年至 2021 年北极研究计划的研究和合作进展报告。

3 月 14 日，北约在挪威海岸外开展名为"冷反应"（Cold Response）的军事演习。

3 月 14 日，国际船级社协会理事会决议将俄罗斯海运登记局从该协会除名。

3 月 15 日，国际海洋考察理事会（ICES）发布《ICES 2021 年年会纪要》、《渔业相关数据技术集成工作组（WGTIFD）》和《商业渔获物工作组（WGCATCH）》报告。

3 月 17 日，印度地球科学部发布名为"印度与北极：建立可持续发展伙伴关系"的政策。

3 月 16 日，印度内阁批准《印度南极洲法案（草案）》。

3 月 22 日，丹麦气象研究所海冰研究院发布 2022 年南北极海冰分布情况。

3 月 23 日，美国国际北极研究中心发布 2021 年度报告，总结北极研究最新进展。

3 月 24 日，欧盟委员会宣布启动与芬兰、瑞典和挪威区域间跨国界合作的"极光计划"。

3 月 26 日至 4 月 1 日，挪威特罗姆瑟大学、挪威极地研究所和挪威科研理事会联合举办 2022 年度"北极科学峰会周"活动，关注"海洋十年"与北极研究。

3 月 29 日，英国防部发布新北极防御战略——《英国在高北地区的国防贡献》。

3 月 30 日至 4 月 1 日，2022 年北极观测峰会在挪威特罗姆瑟以线下线上相结合的形式召开。

3 月 31 日，俄国家原子能公司通过其 2022 年北方海航道航行水文保障计划。

4 月 1 日，印度地球科学部正式将《印度南极法案（草案）》提交议会下院审议。

4 月 2 日，阿根廷否认与英国就"共享"马岛主权进行谈判的可能。

4 月 4 日，《国际防止船舶造成污染公约》附则Ⅵ关于燃油取样和测试的新规定生效。

4月5日，挪威国家石油公司获得北海和巴伦支海区域的二氧化碳封存运营许可。

4月5日，法国发布首个极地战略——《平衡极地：法国2030年极地战略》。

4月6—7日，挪威北方大学主办"2022年高北对话会议"，探讨北极地区的重要变革。

4月7日，欧盟凝聚力政策和预算委员会通过关于"新欧盟北极战略"的意见草案。

4月12日，"南大洋"特别工作组举办网络研讨会，介绍"南大洋行动计划"的内容以及"南大洋"共同体参与联合国"海洋科学促进可持续发展十年"的未来愿景。

4月14日，"南大洋"特别工作组公开《"南大洋"行动计划（2021—2030）》。

4月8日，挪威政府发布新的国防白皮书《国防领域的重点变化、现状和措施》，提出要加强在高北地区的情报活动。

4月25日，国际南极旅游组织协会（IAATO）举行首届"南极大使日"活动。

4月25日，俄罗斯南北极科学研究所发布《2021年北极地区水文气象过程概览》报告。

4月25日，美国土地管理局宣布将缩减阿拉斯加国家石油储备区中可供出租的土地面积。

4月26日，韩国发布《南极科研活动振兴基本计划（2022—2026）》。

4月28日，俄罗斯国家地质勘探公司完成第67次南极考察的地质勘探工作。

5月2日，韩国"ARAON"号破冰船顺利完成为期195天的南极科考任务。

5月2日，阿根廷和智利在蓬塔阿雷纳斯举行南极事务双边委员会成立仪式。

5月4日，法国在亚南极地区的海外领地阿姆斯特丹岛上建成光伏发电站。

5月5日，在美国《科学》杂志上发表的一项研究，首次绘制了西南极洲冰层下的地下水系统。

5月8—11日，2022年北极前沿大会在挪威特罗姆瑟以线上与线下相结合的形式举行。

5月9日，"北极前沿会议"在挪威特罗姆瑟举行，主题为"将科研转化为可持续北极政策——应对多重压力下的北极生态系统问题"。

5月10日，丹麦国防部长摩根·布鲁斯哥（Morten Bødskov）和格陵兰外交部部长薇薇安·莫特斯福特（Vivian Motzfeldt）在丹麦腓特烈堡签署了国防合作协议。

5月16日，瑞典正式申请加入北约。

5月16日，欧盟和加拿大发表涉华涉海涉北极合作的联合声明，重申跨大西洋纽带以及欧盟–加拿大–北约战略伙伴关系的重要性。

5月17日，南极研究科学委员会"南极阈值——生态系统复原力与适应"科学研究项目组发布《关于南极生命风险和机遇的十个科学信息》摘要报告。

5月18日，芬兰正式申请加入北约。

5月18日，"海床2030"项目与非营利组织"海洋研究项目"签署谅解备忘录，建立伙伴关系。

5月20日，南极研究科学委员会和国际北极科学委员会续签合作协议书。

5月24日，南极研究科学委员会在南极条约协商会议上发布题为《南极气候变化与环境：十年概要和行动建议》的报告。

5月31日，美国与新西兰发表联合声明，强调两国关系是以印太地区为中心的全球性伙伴关系。

6月2日，南极条约协商会议（ATCM）第四十四届会议通过第5（2022）号决议，以阻止在南极洲建造用于旅游的永久性建筑物或设施。

6月3日，德国联邦教育与研究部批准德国阿尔弗雷德–瓦格纳研究所（AWI）开展新科考船"北极星2"号的建造工作。

6月3日，挪威议会投票通过了一项与美国的新防务协议，赋予美国在挪威北部更广泛的权利。

6月6日，美国陆军重组驻扎在阿拉斯加州的部队，设立新的第11空降师，以谋求在北极地区制衡中俄两国。

6月7日，由德国阿尔弗雷德-瓦格纳研究所领衔的一个国际研究小组发布第二版 IBCSO v2"南大洋"海底地形图，展示了"南大洋"最详细的海底地形。

6月7日，因纽特人北极圈理事会发布《北极圈因纽特人基于公平和道德参与协议》。

6月8日，联合国"海洋科学促进可持续发展十年"新批准 63 项"海洋十年行动"。

6月8日，新西兰坎特伯雷大学领衔的研究团队首次在南极新的降雪中发现了微塑料。

6月8日，加拿大、丹麦、芬兰、冰岛、挪威、瑞典和美国北极七国政府发表联合声明，拟议在不涉及俄罗斯参与的项目中，恢复北极理事会的部分工作。

6月8日，俄国家杜马一读通过扩大国家原子能公司对北方海航道管理权的法案。

6月15日，加拿大政府与丹麦政府签署汉斯岛划界协议，正式解决了两国持续近 50 年的汉斯岛争端。

6月15日，俄科学家对西南极"俄罗斯"考察站附近的 18 个湖泊展开研究。

6月21日，韩国海洋水产部成立"韩国北极合作网络"（KoNAC）。

6月23日，阿拉伯联合酋长国气候变化与环境部和"北极圈"组织宣布启动"第三极进程"，以减轻气候变化导致的冰川融化和水资源安全威胁。

6月24日，由国际冰川学会主办的海洋型冰川国际研讨会在美国阿拉斯加州朱诺市召开。

6月30日，欧洲地区委员会通过《利用北极的潜力推动绿色转型》建议文件。

7月4日，韩国极地科考破冰船"ARAON"号由仁川港出发前往北极，考察气候变化原因。

7月7—8日，俄罗斯在北极理事会主席活动计划框架内于圣彼得堡市召开北极气候变化适应会议。

7月18日，在第 44 届南极条约协商会议上，英国代表提交一份名为

《南极蓝碳》的文件，建议保护南极蓝碳区域，以应对气候变化对南极的影响。

7月19日，智利启动蓬塔阿雷纳斯国际南极中心的投标程序。

7月19日，澳大利亚政府发布《2021环境状况报告》，报告指出，澳大利亚将继续向南极海洋生物资源养护委员会提出划设东南极海洋保护区和威德尔海海洋保护区。

7月20日，俄罗斯政府在北极理事会主席活动计划框架内于阿尔汉格尔斯克举行北极废弃物和微塑料问题专题会议。

7月21日，美国极地项目办公室征集创意实验室推进水下科学的项目提案。

7月23日，印度南极法案正式通过人民院审议，印度将国内法适用范围扩展至印度在南极地区的科考站。

7月25日，澳大利亚南极局宣布，已开始启动南极科考站及航空保障设施升级项目的采购程序。

7月27日，阿根廷与中国代表就南极环境保护与科研等问题开展交流。

8月1日，俄政府总理米哈伊尔·米舒斯京签署并批准《2035年前北方海航道发展计划》。

8月3日，澳大利亚联邦科学与工业研究组织和英国南安普敦大学联合对东南极洲周边水域开展科学调查，首次揭示了"南大洋"环流变化对东南极冰盖的影响方式。

8月3日，德国联邦地球科学和自然资源研究所（BGR）提交"北大西洋及邻近海域石油评估"（PANORAMA）项目的最终报告。

8月3日，美国参议院北极核心小组主席丽莎·穆尔科夫斯基（Lisa Murkowski）和缅因州独立议员安格斯·金（Angus King）共同提出《北极承诺法案》。

8月9日，澳大利亚邮政公司发行新版南极邮票，以纪念本国开展南极计划75周年。

8月9日，根据欧盟"哥白尼气候变化服务"（C3S）的卫星数据，2022年7月南极海冰面积约1530万平方千米，比1991年至2020年7月份的平均面积减少了7%（110平方千米），这是自有卫星记录44年以来7月份的最低冰层覆盖率。

8月10日，俄罗斯北方舰队开赴巴伦支海，开展对北冰洋海域的巡航活动。

8月11日，阿根廷外交部长圣地亚哥·卡菲罗（Santiago Cafiero）宣布，该国将在南极洲创建"南极多科学实验室"，以强化科学研究和主权声索。

8月12日，澳大利亚霍巴特国际机场发布《2022年霍巴特机场总体规划》，涉及诸多南极航空事项。

8月15日，北欧五国总理共同发表《北欧总理关于可持续海洋经济和绿色转型的联合声明》，加强在海洋和气候行动方面的合作。

8月15日，新西兰南极局官网报道称，新西兰在南极建造了一个新的地磁观测站。

8月17日，俄罗斯北方舰队在巴伦支海海域开展保卫北极的军事演习。

8月18日，俄罗斯国立水文气象大学发起"科学家进一步加强国际合作"倡议，旨在巩固和加强俄与外国科学家之间的合作关系。

8月20日，美国防部北极安全研究中心举行揭牌仪式。

8月22日，来自德国和挪威的研究人员首次在北冰洋科尼波维奇海岭发现新的热液喷口。

8月24日，澳大利亚南极局将组织召开2022年南极科学研讨会。

8月25日，国际海洋碳协调计划（IOCCP）发布首份《全球海洋氧气十年（Global Ocean Oxygen Decade，GOOD）资讯》季报。

8月26日，北约秘书长延斯·斯托尔滕贝格（Jens Stoltenberg）访问加拿大北部军事基地时发表讲话称，俄正在构建挑战北约的北极战略伙伴关系。

8月26日，印度外长苏杰生与阿根廷外长卡菲耶罗举行双边会晤，并签署联合声明致力于加强南极合作。

8月27—29日，格陵兰自治政府在北极圈大会的支持下在努克地区举办主题为"北极地区的格陵兰岛：气候与繁荣——地缘政治与进步"的格陵兰论坛，论坛讨论北极发展问题。

8月29日，由法国道达尔能源公司、挪威Equinor公司和壳牌公司共同开发的"北极光"项目，与雅苒国际公司签署全球首个跨境二氧化碳运输与封存商业协议。

8 月 30 日，美国能源部宣布拨款 7000 万美元资金，用于改进地球气候系统的超级计算机模型。

9 月 2 日，智利南极政策委员会批准《2022—2023 年国家南极计划》。

9 月 4 日，美国海岸警卫队"希利"号破冰船开启北极任务之旅。

9 月 5—8 日，俄罗斯组织召开第七届东方经济论坛，论坛主题为"迈向多极世界"，涉及多项北极合作。

9 月 15 日，俄罗斯"北极"耐冰自持平台启动首次北极考察活动。

9 月 15 日，美国国家冰雪数据中心发布 SIGRID-3 格式的北极和南极海冰图。

9 月 15 日，韩国海洋水产部编制完成《第四期应对气候变化海洋水产部门综合计划（2022—2026）》，提出要完善观测体系与深化极地大洋研究，推进国内外合作，以应对气候危机。

9 月 18 日，美国国家冰雪数据中心监测数据显示，北极海冰达到年度最小覆盖面积 467 万平方千米，是自 1978 年有卫星记录以来的第十低值。

9 月 20—21 日，韩国极地研究所线上举办"第 27 届国际极地科学论坛"。

9 月 26 日，俄罗斯圣彼得堡国立海洋技术大学与中国哈尔滨工程大学以线上形式举行"一带一路"倡议下的中俄极地技术与装备联合实验室落成仪式，并召开实验室学术委员会首次会议。

9 月 27 日，美国国防部宣布设立北极战略和全球复原力办公室，并设立负责北极和全球复原力的国防部副助理部长职位。

10 月 3 日，世界气象组织（WMO）发布《2022 年全球气候观测系统（GCOS）实施计划》，确定"投入资金以确保观测持续性，以填补极地地区的数据空白"等未来 5~10 年应采取的主要行动和优先事项。

10 月 3 日，智利南极研究所主任马塞洛·莱佩（Marcelo Leppe）当选南极研究科学委员会副主席。

10 月 7 日，美国白宫发布《北极地区国家战略》。

10 月 13—16 日，北极圈论坛在其 2022 年大会期间成立"北极投资伙伴工作组"，旨在起草聚焦北极地区的投资准则。

10 月 14 日，挪威启动极地海洋项目 GoNorth，旨在增加对挪威最北部水域的研究，推动北部大陆架开发。

10月17日，法国"塔拉"号海洋科考船完成为期两年的海洋微生物调查任务，返回位于洛里昂的母港。

10月18日，位于挪威卑尔根附近的"北极光"（Northern Lights）游客中心正式启用，旨在展示碳捕集与封存潜力。

10月21日，法国"星盘"号破冰船从留尼汪岛起航，前往南极阿黛利地执行第六次南极后勤支援任务。

10月25日，美国政府宣布将帝企鹅列入濒危物种名单。

10月25日，挪威和俄罗斯就2023年巴伦支海渔业捕捞配额达成协议。

10月27日，美国国防部发布《2022年国防战略》（NDS）、《核态势评估报告》（NPR）和《导弹防御评估报告》（MDR），将中国视为威胁。

10月27—28日，美国国务卿布林肯访问加拿大，会见加外交部部长梅兰妮·乔利（Mélanie Joly），双方表示，将深化印太和北极地区合作。

10月28日，法罗群岛发布新北极战略。

10月31日，北极理事会可持续发展工作组在加拿大成立秘书处。

11月3日，美国南方司令部与佛罗里达国际大学联合举办打击非法、未报告和无管制捕捞相关论坛。

11月4日，南极海洋生物资源养护委员会（CCAMLR）第41届年会落幕。

11月5日，美国国家科学基金会发表声明称暂停人员前往南极科考基地。

11月7日，俄罗斯南北极科学研究所所长马卡罗夫表示，俄方已为南极进步站开辟了一条名为"Zenith"的冰雪跑道，跑道长3000米、宽100米，当天一架由开普敦飞往进步站的俄运输机搭载6.6吨货物及82名俄第68次南极考察队成员降落在了该冰雪跑道上。

11月8日，芬兰南极科考队前往南极阿博阿考察站。

11月15日，俄罗斯、意大利启动第68次南极考察活动。

11月16日，美国海岸警卫队"北极星"号极地破冰船离开西雅图前往南极，执行"深冻行动"。

11月17日，美国跨部门北极研究政策委员会发布《〈2022—2026年北极研究计划〉的 2022—2024 年实施计划》。

11 月 17 日，澳大利亚塔斯马尼亚州政府发布《2022—2027 年塔斯马尼亚州南极门户战略》。

11 月 17 日，国际南极旅游组织协会（IAATO）在其标准生物安全程序中增加了 2022—2023 年度的附加议定书，以应对高致病性禽流感（HPAI）在南极的传播。

11 月 22 日，韩国海洋水产部联合相关部门发布首个《极地活动振兴基本计划》。

11 月 22 日，俄罗斯第四艘 22220 型核动力破冰船"雅库特"号在圣彼得堡的波罗的海造船厂下水。

11 月 23—25 日，《预防中北冰洋不管制公海渔业协定》首次缔约方大会在韩国举行。

11 月 25 日，法罗群岛和俄罗斯签订捕鱼协议。

11 月 28 日，美国能源部发布《北极战略》。

11 月 28 日，俄罗斯-亚洲北极研究联盟在第四届俄罗斯北方可持续发展论坛上正式成立。

11 月 29 日，阿根廷外交部长圣地亚哥·卡菲罗（Santiago Cafiero）和国防部长豪尔赫·塔亚纳（Jorge Taiana）共同发布阿根廷《国家南极计划（2022—2023）》。

12 月 1 日，第二十八届智利南极科技研究竞赛开幕。

12 月 2 日，澳大利亚及芬兰领导人发表联合声明，加强海洋及南极事务合作。

12 月 5 日，俄罗斯总统普京批准《俄罗斯内水、领海和毗连区法》修正案，对原法第 14 条关于"北方海航道水域航行"的内容进行了重要补充，进一步强化对北方海航道的航行管控。

12 月 5 日，南极研究科学委员会（SCAR）批准"综合科学为南极和'南大洋'保护提供信息"计划。

12 月 5—9 日，韩国将在釜山举办第七届北极合作周。

12 月 8—9 日，俄罗斯在圣彼得堡举办第十二届"北极：现在与未来"国际论坛。

12 月 9 日，瑞典极地研究秘书处发布了 2021 年北极天气调查的考察报告。

12 月 12 日，国际知名杂志《海洋学》推出 12 月新北冰洋特刊。

12 月 12 日，澳大利亚南极局首次利用南极线虫评估南极大陆遭受化石燃料污染风险。

12 月 13 日，美国国家海洋与大气管理局（NOAA）发布《2022 年北极报告卡》。

12 月 13 日，美国跨部门北极研究政策委员会发布《关于建立和维持持续的北极观测网络的必要性》报告。

12 月 16 日，美国与格陵兰岛签订关于图勒空军基地的新协定。

12 月 19 日，加拿大向联合国大陆架界限委员会提交一份补充文件，大规模扩大其北冰洋海底大陆架的主权主张范围，且主张区域已延伸至俄罗斯专属经济区。

12 月 21 日，丹麦国防情报局发布年度安全报告《2022 年图景》。

12 月 31 日，澳大利亚南极局正式启动"百万年冰芯"科学计划。

深海大洋大事记

1 月 10 日，新西兰毛利党呼吁禁止海底采矿，并向议会提交《禁止海底采矿立法修正法案》。

1 月 12 日，苏格兰政府的科学家在罗科尔海槽深处（2000 米水深）发现新的深海珊瑚。

1 月 17 日，新西兰奥塔戈大学科学家研发出用于探索南极冰架底部区域的新型水下机器人，用以更好地了解"南大洋"海–冰–气相互作用。

1 月 19 日，美国伍兹霍尔海洋研究所与康涅狄格大学合作启动深海基因组测序计划，将使用比较测序的方法识别深海基因。

1 月 26 日，国际研究团队发现海底微生物新陈代谢速度极快，能够确保修复被高温损伤的细胞，因此可在 120℃的极端条件下生存。

1 月 26 日，深海保护联盟官网报道称，国际海底管理局将在 2023 年 6 月前敲定关于深海采矿的法规和标准，环保组织呼吁加拿大政府参与关于深海采矿的全球对话。

1 月 29 日，日本公平金融指南发布报告敦促日本金融机构支持暂停深海采矿。

2 月 4 日，来自挪威研究中心、法国国家科学研究中心、瑞士日内瓦大学等机构的研究人员完成大规模深海海洋真核生物基因组测序。

2 月 4 日，深海保护联盟官网报道称，毛里求斯计划在印度洋开展深海采矿。

2 月 5 日，加德科学家首次对拉布拉多海进出的氧气流量进行测量，结果显示，拉布拉多海冬季吸收的氧气中，约一半在之后的 5 个月注入深海洋流。

2 月 8 日，国际研究小组在北极深海海山发现大型海绵热点区域。

2 月 10 日，美国发布《加利福尼亚州深海采矿预防法案》禁止在加利福尼亚州海域开展深海采矿。

2 月 18 日，瑞典斯德哥尔摩大学、德国阿尔弗雷德－瓦格纳研究所等在《科学·进展》杂志发表文章称，在中北冰洋深海海域发现意想不到的大西洋鳕鱼和大西洋臂钩鱿鱼。

2 月 23 日，法国成立"深海海底"目标部长级指导委员会，旨在指导重大海底勘探任务，促进海底勘探技术取得突破，进而更好地了解和保护深海海底环境。

2 月 25 日，库克群岛政府正式为该国企业颁发海底矿产勘探许可证，库克群岛莫阿那矿产公司表示，作为首批获得勘探许可证的公司之一，其可在五年内对库克群岛部分专属经济区水域的深海多金属结核进行勘探。

3 月 2 日，发表在《海洋政策》杂志的研究对深海海底采矿的有效环境管理相关科学空白进行评估，作者建议加强数据共享和深海研究，确保深海海底采矿的有效环境管理。

3 月 9 日，福克兰群岛（马尔维纳斯群岛）海洋考古基金会宣布，已在南极威德尔海水下 3008 米处发现了英国探险家沙克尔顿的"坚忍"号沉船残骸。

3 月 10 日，国际海底管理局和世界海洋物种目录合作推进国际海底区域深海分类标准化。

3 月 11 日，全球环保主义者对瑙鲁即将开展的深海矿产试采提出猛烈抨击。

3 月 14 日，库克群岛政府重申对深海采矿活动的支持，并参考挪威的发展模式，将矿产开发作为国家经济的新增长点。

3月17日，金属公司宣布与 Epsilon Carbon 签署了一份不具约束力的谅解备忘录，以在印度完成深海锰结核加工厂的商业可行性研究。

3月17日，法国海洋部际委员会提出四项关键措施，其中之一是对深海海底进行投资，同时启动四项深海海底探测任务。

3月21日，美国斯克里普斯海洋研究所领衔在《自然·化学生物学》杂志发表文章，揭示了深海微生物如何制造出有效抗癌分子 salinosporamide A（又名马里佐米）的机理过程。

3月25日，英国国家海洋学中心领导的研究发现，季节性在阻止碳进入大气层方面起着重要作用，在深海区域，碳可以远离大气并被保存数百年之久。

4月4日，发表在《自然·通讯》杂志上的研究显示，深海热液羽状流中存在大量微生物群落，是重要的碳库，有助于二氧化碳捕集和封存。

4月12日，南太各国政界人士组建"反对深海采矿"的高级别政治联盟。

4月25日，瓦努阿图反对党领袖呼吁政府继续禁止深海采矿。

4月29日，美国国家海洋渔业局发布一项渔业管理计划修正案，提议重新开放"Oculina Bank 特别关注栖息地"的部分区域，建立虾捕捞准入区。"Oculina Bank 特别关注栖息地"是1984年建立的世界首个深海珊瑚海洋保护区。

5月5日，加拿大金属公司与瑞士 Allseas 公司联合宣布成功在大西洋完成多金属结核集矿器的深水试验。

5月9日，世界自然保护联盟和希腊海洋研究中心发布《东地中海深海地图集》，提供了关于东地中海最深水域的现有知识合集，重点关注该海域深海物种多样性及主要威胁。

5月31日，韩国总统尹锡悦指出，政府将采取措施支持深海极地技术发展和勘探活动。

6月2日，联合国环境规划署金融倡议发布《有害的海洋资源开采：深海采矿》报告，称深海拥有地球上最原始的生态系统，在气候调节方面发挥着关键作用。

6月7日，法国海洋基金会最新报告首次确定水深超过1000米的全球深海海域面积为 3.2 亿平方千米，是全球海洋面积的 88%。

6 月 9 日，孟加拉国财政部长艾哈迈德·穆斯塔法·卡迈勒（AHM Mustafa Kamal）宣布启动"深海金枪鱼及其他远洋鱼类捕捞试点项目"。

6 月 13 日，美国伍兹霍尔海洋研究所牵头的深海基因组计划获得联合国教科文组织批准，作为"海洋十年"的一部分。

6 月 13 日，非洲安全研究所发布报告《从无动于衷到采取行动：非洲在深海海底采矿中的作用》。

6 月 16 日，可持续海洋联盟为涉海项目提供小额资助，资助范围包括深海采矿、生态系统保护等。

6 月 16 日，多个机构参与"改进基于科学的海洋空间规划以保障和恢复欧洲海洋保护区网络的生物多样性"项目，该项目将开发综合、灵活的管理方法，以应对沿海和深海生态系统的快速变化。

6 月 20 日，第四届北大西洋及其海洋生态系统年代际变化研讨会召开。

6 月 27 日，多国领导人和海洋学家宣布成立一个反对深海采矿的联盟。

6 月 28 日，欧盟通过"在特定的脆弱区域禁止使用接触海床的渔具"提案，旨在保护脆弱的深海生态系统。

7 月 6 日，俄罗斯科学院远东分院日尔蒙斯基国家海洋生物学研究中心的科学家研究并确定了影响深海生态系统底栖动物物种构成和分布情况的主要环境因素。

7 月 7 日，美国海洋倡议组织、日本国家工业科学技术研究所、澳大利亚科廷大学、美国夏威夷大学等机构发布最新研究成果称，深海采矿产生的噪声污染将延伸数百千米，可能会对生活在深海的未知物种造成影响。

7 月 11 日，美国迈阿密大学罗森斯蒂尔海洋与大气科学学院研究人员首次在红海北部延伸的亚喀巴湾发现了罕见的深海盐水池。

7 月 12 日，加拿大金属公司宣布，其澳大利亚子公司已与澳大利亚联邦科学与工业研究组织达成一项研究资助协议，为 TMC 在太平洋克拉里翁–克利珀顿区拟议的深海多金属结核收集作业建立基于生态系统的管理和监测计划框架。

7月12日，德国法兰克福（歌德）大学、德国亥姆霍兹极地与海洋研究中心等机构的研究人员调查了西太平洋千岛–堪察加海沟的微塑料污染情况，结果显示，深海生物多样性受到微塑料污染的严重威胁。

7月19日，德国亥姆霍兹基尔海洋研究中心、阿尔弗雷德–瓦格纳研究所等研究机构为深海图像开发新的国际通用元数据格式。

7月20日，日本国际协力机构理事长、政府海洋政策专家学者会议召集人田中明彦向首相岸田文雄提交建议书提到，根据经济安保的观点，有必要开发深海稀土等矿物资产和扩大海上风力发电以实现碳减排。

7月21日，可持续海洋联盟发文称，过去几个世纪，人类在海洋中产生的海洋噪声污染显著增加，科学家预测深海采矿的噪声污染可通过海洋辐射数百千米。

7月26日，国际海洋考察理事会发布《国际深海生态系统调查工作组》报告。

7月26日，英国自然历史博物馆研究人员在太平洋中部深海发现30多个潜在新物种。

8月2日，世界自然基金会（WWF）呼吁国际海底管理局对深海海底采矿持谨慎态度，WWF"禁止深海海底采矿倡议"负责人呼吁采取预防性措施，暂停深海海底采矿。

8月2—3日，联合国召开会议探讨各国在保护脆弱的深海生态系统免受工业拖网捕捞破坏方面取得的进展。

8月4日，尼日利亚联邦执行委员会批准拨款25.9亿美元，通过公私合作，开发巴达格里深海港项目。

8月8日，德国研究人员对深海海沟中的生物多样性展开调查。

8月10日，联合国海洋科学促进可持续发展十年官网报道称，东北太平洋深海多样性考察队在加拿大温哥华岛和海达瓜依西海岸航行，带回海底火山影像、地图和上百种标本。

8月24日，欧盟发布纪录片探讨潜在深海采矿活动的影响。

8月24日，《公共科学图书馆·生物学》杂志刊文称，海洋变暖可能会降低海藻林在深海长期封存碳的能力。

8月27日，美国加利福尼亚大学河滨分校与法国勃艮第弗朗什孔泰大学联合研究表明，大陆漂移或将导致大多数深海生物灭绝。

8 月 29 日，日本名古屋大学和东京海洋大学组成的研究团队表示，名古屋大学教授道林克祯等 8 月 13 日搭乘潜艇到达小笠原海沟水深 9801 米的海底，创造了日本载人潜航纪录。

8 月 29 日，哥斯达黎加政府要求国际海底管理局延期深海采矿授权，以分析潜在环境风险。

9 月 12 日，《科学美国人》杂志刊文称，海洋微生物将成为新药物来源，但面临深海采矿威胁。

9 月 15 日，欧委会通过"东北大西洋捕捞新条例"以保护深海生态系统。

9 月 15 日，欧洲海洋环境保护组织发布《水下废弃物：塑料污染对生物多样性的影响》报告，称塑料污染对海底栖息地造成严重影响。

9 月 21 日，美国麻省理工学院和斯克里普斯海洋研究所在《科学·进展》杂志发表文章，报告了 2021 年在太平洋 4500 米深的克拉里翁-克利珀顿区进行的一项旨在调查深海海底多金属结核开采设备引发环境影响的现场试验。

9 月 30 日，澳大利亚维多利亚州博物馆研究所、澳大利亚联邦科学与工业研究组织、澳大利亚公园管理局等机构合作，对圣诞岛及科科斯群岛周边的深海水域开展共同调查。

9 月 30 日，英国利兹大学研究团队发现，在深海鱼类中，一种被称为三甲胺-N-氧化物的分子可使细胞保持原有形状。

10 月 5—7 日，由尼日利亚主办、国际海底管理局与非洲联盟和挪威开发合作署协办的第四届"促进非洲深海海底资源可持续发展以支持非洲蓝色经济战略"研讨会在尼日利亚阿布贾召开。

10 月 12 日，澳大利亚塔斯马尼亚大学新研究显示，在位于南极洲北部的斯科舍海深海沉积物中发现了 100 万年前的 DNA。

10 月 17 日，国际科学家团队利用"北极气候研究多学科漂流观测站"项目收集的样本数据开发了 EcoOmics 数据集，研究人员称 EcoOmics 对北冰洋中部从表层到深海的自然微生物群落的基因、基因组和转录组进行测序，完全有能力建立地球上极地生态系统中最全面、最综合的基因和基因组目录。

10 月 27 日，新西兰外交部长纳纳娅·马胡塔（Nanaia Mahuta）宣布，在各国就深海采矿管理框架达成共识并得到强有力的科学支持前，政府将支持暂停在新西兰国家管辖范围以外区域进行深海采矿。

11月1日，海洋探索非营利组织 OceanX 的团队科学家发现可在温暖水域茁壮成长的深海黑珊瑚。

11月1日，美国皮尤慈善信托基金会与杜克大学研究人员联合发表文章，研究了公众参与陆地采矿决策如何适用于深海采矿和国际海底保护进程。

11月1日，德国联邦政府首次呼吁"预防性暂停"深海采矿。

11月3日，美国加利福尼亚大学圣巴巴拉分校贝尼奥夫海洋科学实验室、斯克里普斯海洋研究所等机构联合发布《不受干扰：深海在保护我们免受危机方面的重要作用》报告，调查了深海健康面临的威胁。

11月7日，国际海底管理局举办的会议上，反对深海采矿的政府数量增加，太平洋、拉丁美洲和欧洲国家呼吁预防性暂停、暂停或完全禁止深海采矿。

11月17日，美国布朗大学和新西兰奥克兰大学研究人员在《海洋科学前沿》杂志发表文章称，发现南极冰层深处可能存在某种大型生物网。

11月21日，德国阿尔弗雷德-瓦格纳研究所及俄罗斯南北极科学研究所合作在《自然·地球科学》刊文称，每年从巴伦支海和喀拉海跨大陆架运输的富含碳的颗粒可以在北极深海中结合多达360万吨的二氧化碳。

11月23—25日，国际海底管理局与韩国海洋水产部在韩国国家海洋生物多样性研究所举办"加强遗传方法以推进深海生物分类"线下研讨会。

11月28日，新西兰国家水文和大气研究所与中国科学院深海科学与工程研究所、上海交通大学、同济大学、浙江大学等机构的研究人员联合完成深渊深潜科考航次第一航段任务。

12月1日，澳大利亚联邦科学与工业研究组织、澳大利亚悉尼大学等多家机构共同对大堡礁海洋公园开展海底测绘工作。

12月1日，欧洲海洋和地图集项目发布"欧洲海洋研究基础设施地图"，将海洋研究基础设施分为深海钻探研究设施、海洋工程测试实验室等共12类。

12月5日，美国国会研究局发布报告《国家管辖范围以外区域深海采矿：国会关注问题》称，深海采矿可以帮助美国减少对陆地矿物进口的依赖和潜在的供应链中断风险。

12月5日，深海保护联盟官网报道称，深海保护联盟在"深海日"提醒决策者不要忽视地球上最大的生物群落及其面临的威胁。生物学家大卫·奥布拉（David Obura）强调，亟须各国合作来拯救从热带珊瑚礁到深海生态系统的海洋生物。

12月6日，德国森肯伯格自然研究学会、美国斯克里普斯海洋研究所等机构的研究人员共同发布政策简报《黑暗中的多样性——有效的海洋保护需要更多关于物种的知识》，呼吁优先保护深海生态系统和深海生物。

12月12日，深海保护联盟等多个国际组织为联合国《生物多样性公约》第十五次缔约方大会修订"海洋和沿海生物多样性的养护和可持续利用：主席提交的建议草案"中的深海采矿部分提出建议。

12月14日，帕劳和法属波利尼西亚采取措施反对深海采矿活动。

12月16日，七国集团发布《海洋协议：进展报告（2022）》，阐述过去半年七国集团在全球海洋保护方面采取的行动，包括与国际海底管理局密切接触，积极参与制定深海矿物开采监管框架，并推动深海海洋环境以及深海采矿风险及影响的科学研究。

12月16日，法国、德国两国承诺，将不支持国家管辖水域或国际水域的任何深海采矿活动，并启动海洋生态系统联合调查计划，以更好地保护深海环境。

12月20日，美国国家海洋与大气管理局研究办公室公布2022年主要研究成就，其中包括深海探索领域。

12月22日，印度地球科学部长吉滕德拉·辛格（Jitendra Singh）称，印度政府计划在2026年启动"Samudrayaan"任务，派遣一支由三名海洋研究人员组成的团队，乘坐名为"MATSYA 6000"的载人潜水器深入水下6000米深处，在海底对水生生态系统进行更深入的探索。

12月23日，菲律宾外交部海洋与海洋事务办公室召集技术专家和利益攸关方就深海海底采矿进行磋商。

12月24日，深蓝组织官网报道称，日本拟于2024年从南鸟岛附近的深海海底淤泥中提取用于电动及混合动力汽车制造的稀土金属。

参 考 文 献

"北溪"天然气管道泄漏点附近探测到爆炸 丹麦首相称是"蓄意破坏". 新华网, 2022-09-28. http://www.news.cn/world/2022-09/28/c_1129037050.htm.

陈嘉楠, 2021. 全球近海地下淡水资源清单首次创建. 中国海洋发展研究中心, https://aoc.ouc.edu.cn/2021/0207/c9829a313667/page.htm.

丁宇航, 2022. "印太战略"的前身: 卡尔·豪斯浩弗的"印太"政治海洋学[J]. 世界政治研究(4).

冯存万, 2020. 北约战略扩张新态势及欧盟的反映[J]. 现代国际关系(2): 24.

冯玉军, 2022. 俄乌冲突的地区及全球影响[J]. 外交评论(外交学院学报), 39(6): 72-96+6-7.

管松, 于莹, 乔方利, 2021. "联合国海洋科学促进可持续发展十年": 内容与评述[J]. 海洋学报.

国家海洋信息中心, 2022. 应对海平面上升, 让城市更具韧性. https://mp.weixin.qq.com/s?_biz=MzA5OTI0MzE4Ng==&mid=2650790966&idx=1&sn=0f7b54d148cc202e814b15f8789e59c8&chksm=888e39ebbff9b0fd8b4bda13cd4fd4124ba066622f736d0bd845bae6b86d24b116ba7c1a7c3e&scene=27.

横贯东南亚到欧洲的第六条海底电缆动工, 将采用更多光纤系统. 中央广电总台央视新闻客户端, 2022-02-22. https://content-static.cctvnews.cctv.com/snow-book/index.html?item_id=10203369148989143747&toc_style_id=feeds_default&share_to=copy_url&track_id=3b248371-66c2-4c4b-ba12-06, 6087d.

洪凤, 2022. 警惕带有冷战色彩的"印太战略"[N]. 人民日报, 2022-05-26.

黄忠, 2023. 加拿大贾斯汀·特鲁多政府"印太战略"评析[J]. 国际论坛(3).

马勇, 符丁苑, 2019. 欧洲国家海洋教育的行动及启示[J]. 世界教育信息, 32(13): 13-21.

苗争鸣, 2023. 网络赋权北约亚太扩张演进路径及其影响[J]. 太平洋学报(1): 80.

欧亚电力互联项目举行启动仪式. 中华人民共和国驻塞浦路斯共和国大使馆经济商务处, 2022-10-21, cy.mofcom.gov.cn/article/jmxw/202211/20221103365937.shtml.

孙西辉, 金灿荣, 2022. 日本"印太战略"的演变逻辑[J]. 河北师范大学学报(6).

汤加"断联"全球海底电缆有多脆弱?. 人民网, 2022-01-19. http://finance.people.com.cn/n1/2022/0119/c1004-32334727.html.

王美，2022. 国际海洋素养运动：从科学教育边缘走向中心［J］. 上海教育（20）：18-21.

王新仪，马学广，2022. 欧盟海洋空间规划理念、方法及启示［J］. 浙江海洋大学学报（人文科学版）（29）.

韦宗友，2021. 美国印太安全布局研究［M］. 上海：复旦大学出版社.

夏颖颖，王哲，王志鹏，等，2023. "联合国海洋科学促进可持续发展十年"行动研究及我国参与建议［J］. 海洋经济，13（4）：88-95. DOI：10.19426/j. cnki. cn12-1424/p. 2023.04.005.

熊超然，2022. 马来西亚前总理马哈蒂尔："印太经济框架"是政治性框架，将中国排除在外是错误的. 观察者网，2022-05-27. https：//www.guancha.cn/internation/2022_05_27_641708. shtml.

徐庆超，2022. 俄乌冲突长期化及其对北极治理的溢出效应［J］. 国际关系与地区形势（7）：50.

徐若杰，2022. 北约战略转型：动力、趋势及政策影响［J］. 国际政治经济评论（5）：60.

羊志洪，周怡圃，2022. 南极条约体系面临的困境与中国的应对［J］. 边界与海洋研究，7（3）：68-86.

益言，2022. "债务换自然"：运作模式、发展历程及对我国启示［J］. 中国货币市场（12）：68-73.

岳圣淞，2023. "印太北约化"的政策内涵、表征及影响［J］. 亚太安全与海洋研究（1）：24.

张莱，骆祖江，张宁，2010. 嵊泗海域地下淡水资源开发利用方案评价［J］. 中国煤炭地质.

张志忠，邹亮，韩月，2011. 舟山北部海域海底淡水资源研究［J］. 地质论评，57（1）：81-86.

赵宁宁，龚悼，2022. 北约北极政策新动向、动因及影响探析［J］. 边界与海洋研究（2）：41.

郑英琴，陈丹红，任玲，2023. 蓝色经济的战略意涵与国际合作路径探析［J］. 太平洋学报，31（5）：66-78. DOI：10.14015/j. cnki. 1004-8049. 2023.5.006.

中国地质调查局，2007. 我国首次在海域打出地下淡水. https：//www.cgs.gov.cn/xwl/ddyw/201603/t20160309_275588. html.

《中国应对气候变化的政策与行动》白皮书. 中华人民共和国国务院新闻办公室，2021-10-27. http：//www.scio.gov.cn/zfbps/32832/Document/1715491/1715491. htm.

中华人民共和国国务院新闻办公室，2021. 中国应对气候变化的政策与行动［N］. 人民日报，2021-10-28(014). DOI：10. 28655/n. cnki. nrmrb. 2021. 011347.

中央财经大学绿色金融国际研究院，2021. 债务自然互换丨债务自然互换机制的应用及思考. https：//iigf. cufe. edu. cn/info/1012/4140. htm.

BOSMANS, MARIZ F, 2023. The Blue Bond Market：A Catalyst for Ocean and Water Financing[J]. Journal of Risk and Financial Management(16)：184.

BUEGER C, LIEBETRAU T, 2023. Critical maritime infrastructure protection：What's the trouble? . Marine Policy, 155.

Call for development of a Southern Ocean collaborative hub on ocean acidification. Scientific Committee on Oceanic Research, 2022-03-02. https：//scor-int. org/2022/03/02, call-for-development-of-a-southern-ocean-collaborative-hub-on-ocean-acidification/.

Canada Launches Indo-Pacific Strategy to Support Long-Term Growth, Prosperity, and Security for Canadians. 2022. https：//www. canada. ca/en/global-affairs/news/2022/11/canada-launches-indo-pacific-strategy-to-support-long-term-growth-prosperity-and-security-for-canadians. html.

CLARE M, 2020. Submarine Cable Protection and the Environment A Bi-Annual Update. From ICPC's Marine Environmental Advisor[R]. ICPC, https：//www. iscpc. org/publications/submarine-cable-protection-and-the-environment/? id=2.

Compound extreme events stress the ocean. ScienceDaily, 2022-08-16. https：//www. sciencedaily. com/releases/2022/08/220816120245. htm.

COPE Prosjektet pa Arctic Frontiers 2022. Norsk institutt for luftforskning, 2022-05-13. https：//www. nilu. no/2022/05/cope-prosjektet-pa-arctic-frontiers-2022/.

Câp bò tuyên cáp quang biên dung lùong băng thông lón nhât Viêt Nam. 越通社. 2022-04-19. https：//www. vietnamplus. vn/cap-bo-tuyen-cap-quang-bien-dung-luong-bang-thong-lon-nhat-viet-nam/784528. vnp.

Die für die Nahrungsnetze der Ozeane wichtigen Copepoden können sich genetisch an wärmere und saurere Meere anpassen. 2022. https：//www. geomar. de/news/article/mit-dem-klimawandel-schritt-halten.

EDMUNDS W M, HINSBY K, MARLIN C, et al., 2001. Evolution of groundwater systems at the European coastline. GeoScienceWorld.

EUROPEAN COMMISSION, 2022. Critical Infrastructure：Commission accelerates work to build up European resilience. https：//ec. europa. eu/commission/presscorner/detail/en/ip_22_6238.

EUROPEAN COMMISSION, 2021. EU Strategy for Cooperation in the Indo-Pacific[R].

EUROPEAN COMMISSION, 2022. The EU signs landmark All-Atlantic Ocean Research and

Innovation Declaration with 7 partner countries. https：//ec. europa. eu/info/news/eu－signs－landmark－all－atlantic－ocean－research－and－innovation－declaration－7－partner－countries－2022－jul－14_en.

2022 FORUM ECONOMIC MINISTERS MEETING OUTCOMES. Pacific Islands Forum, 2022. https：//www. forumsec. org/2022/08/12/2022－forum－economic－ministers－meeting－outcomes.

France, Spain, and Portugal secure deal to build new subsea gas pipeline. Offshore technology, 2022. https：//www. offshore－technology. com/news/france－spain－portugal－pipeline/.

GLOBAL AFFAIRS CANADA, 2022. Canada's Indo-Pacific Strategy.

Global Sea-Level Rise & Implications：Key facts and figures. 2023. https：//public. wmo. int/en/global－sea－level－rise－and－implications－facts－and－figures.

Half of the world's coral reefs may face unsuitable conditions by 2035：Researchers assess the dire consequences of climate change under a business-as-usual scenario. Science Daily, 2022－10－11. https：//www. sciencedaily. com/releases/2022/10/221011 161225. htm.

India-singapore submarine cable system to have landing point at anthome beach. new indian express, 2022－07－26. https：//www. newindianexpress. com/states/tamil－nadu/2022/jul/26/india－sigapore－submarine－cable－system－to－have－landing－point－at－santhome－beach－2480654. html.

IOC Sub Commission for Africa and the Adjacent Island States. The United Nations Decade of Ocean Science for Sustainable Development 2021－2030：Ocean Decade Africa Roadmap. Unesco, 2022. https：//unesdoc. unesco. org/ark：/48223.

IPCC AR6 Synthesis Report：Climate Change 2023. https：//www. ipcc. ch/report/sixth－as－sessment－report－cycle/.

Launch of the Southern Ocean Action Plan. Scientific Committee on Antarctic Reaserch, 2022. https：//www. scar. org/general－scar－news/so－decade－action－plan.

Les câbles sous-marins：une industrie maritime méconue. Institut supérieur de l'économie maritime, 2022. https：//www. isemar. fr/note_synthese/les－cables－sous－marins－une－in－dustrie－maritime－meconue/.

Lo studio "A trait－based framework for assessing the vulnerability of marine species to human impacts. 2022－02－18. https：//greenreport. it/news/aree－protette－e－biodiversita/45－000－specie－marine－sono－a－rischio－estinzione－un－nuovo－quadro－globale/.

MICALLEF A, PERSON M, BERNDT C, et al., 2020. Offshore Freshened Groundwater in Continental Margins. Advancing Earth and Space Sciences.

$ 800 million to strengthen our leadership in Antarctica. Office of Prime Minister, 2022.

https：//www. pm. gov. au/media/800-million-strengthen-our-leadership-antarctica.

Nigeria, Morocco plan world's longest offshore gas pipeline, 2022. https：//punchng. com/nigeria-morocco-plan-worlds-longest-offshore-gas-pipeline/.

NOAA, 2022. Ocean Literacy. http：//oceanservice. noaa. gov/education/literacy.

PEACE-MED Mediterranean subsea cable section goes live, Peace cable, March, 2022. http：//www. peacecable. net/news/Detail/16639.

Poland and Norway Launch the Baltic Gas Pipeline to Wean Off Russian Gas. Pipeline technology journal, 2022. https：//www. pipeline - journal. net/news/poland - and- norway - launch-baltic-gas-pipeline-wean-russian-gas.

Policy Wins：United Nations Ocean Conference 2022. 2022. https：//www. soalliance. org/soablog/policy-wins-united-nations-ocean-conference-2022.

Prime Minister advances Indo-Pacific engagement and shared priorities at G20 Summit. 2022. https：//www. newswire. ca/news-releases/prime-minister-advances-indo-pacific-engagement-and-shared-priorities-at-g20-summit-843726095. html#：~：text=BALI% 2C% 20Indonesia% 2C% 20Nov. % 2016% 2C% 202022% 20% 2FCNW% 2F% 20 -% 20The，building%20an%20economy%20that%20works%20for%20all%20Canadians.

Prime Minister of Canada Announces Closer Collaboration with Japan. 2019. https：// pm. gc. ca/en/news/news - releases/2019/04/28/prime - minister - canada - announces - closer-collaboration-japan.

PROBLUE 2022 Annual Report. World Bank, 2022. https：//documents1. worldbank. org/curated/en/099446210212213910/pdf/IDU060636a660193c04f2508ed80ade2d52f 46dd. pdf.

REPORT：The 2050 Strategy for the Blue Pacific Continent. Pacific Islands Forum, 2022. https：//www. forumsec. org/2022/07/18/report-the - 2050 - strategy - for - the - blue - pacific-continent.

Resilience：Ensuring a-Future for Coastal and Marine Tourism. Stimson, 2022 - 07 - 08. https：//www. stimson. org/2022/resilience- ensuring - a - future - for - coastal - and - marine-tourism/.

RESOR J P. Debt-for-nature swaps：a decade of experience and new directions for the future, FAO, https：//www. fao. org/3/w3247e/w3247e06. htm.

RIOUX P. Menaces d'attaques sur les câbles sous-marins ：la France va investir pour se protéger . la dépêche, 2022 - 10 - 15. https：//www. ladepeche. fr/2022/10/15/ menaces-dattaques-sur-les-cables-sous-marins-la-france-va-investir-pour-se-proteger-10736897. php.

Science for Sustainable Development to the Achievement of the 2030 Agenda[R]. 2022. https：//unesdoc. unesco. org/ark：/48223/pf0000381919.

SHENG C, JIAO J J, LUO X, et al., 2023. Offshore freshened groundwater in the Pearl River estuary and shelf as a significant water resource[J]. Nature Communications.

Submarine Cable Protection and the Environment March 2021 ～ Issue #2. ICPC, 2022. https：//www. iscpc. org/publications/submarine－cable－protection－and－the－environment/? id=2 Ibid.

The Intergovernmental Oceanographic Commission of the United Nations Educational, Scientific and Cultural Organization UNESCO-IOC, The United Nations Decade of Ocean Science for Sustainable Development （2021－2030） Implementation plan－Summary[R]. 2022－09－26. https：//unesdoc. unesco. org/ark：/48223/pf0000376780.

UNESCO, 2017. Ocean Literacy for All. http：//unesdoc. unesco. org/ark：/48223/pf 0000260721.

UNESCO, 2020. Sub-education Policy Review Report. http：//gcedclearinghouse. org/resources/sub－education－policy－review－report.

UNESCO, 2021. Ocean Literacy within the United Nations Ocean Decade of Ocean Science for Sustainable Development. http：//unesdoc. unesco. org/ark：/48223/pf 0000377708.

UNESCO, 2022. Intergovernmental Oceanographic Commission. UNESCO ocean programmes [R]. https：//unesdoc. unesco. org/ark：/48223/pf0000381648? posInSet = 2&queryId = N－b60ae7bf－9644－4c67－9f8b－c2c790e487b8.

UNESCO, 2022. Ocean Decade progress report 2021－2022. https：//unesdoc. unesco. org/ ark：/48223/pf0000381708.

UNESCO, 2022. Ocean science for biodiversity conservation and sustainable use：how the Ocean Decade supports the CBD and the implementation of the Kunming-Montreal Global Biodiversity Framework. https：//unesdoc. unesco. org/ark：/48223/ pf0000384026.

UNESCO, 2022. State of the ocean report 2022：pilot edition. https：//unesdoc. unesco. org/ ark：/48223/pf0000381921.

UNESCO, 2022. The Foundations Dialogue of the UN Decade of Ocean Science for Sustainable Development [R]. The Bouknadel Statement. https：//www. oceandecade. org/news/ philanthropic－foundations－affirm－their－commitment－to－investing－in－transformative－ ocean－science－for－sustainable－development/.

UK GOVERNMENT, 2022. National maritime security strategy. https：//www. gov. uk/government/publications/national－maritime－security－strategy.

UK GOVERNMENT, 2022. National Strategy for Maritime Security [R]. UK Government, http：//assets. publishing. service. gov. uk/media/630880c539030729d9ab15fc/ nation-strategy-for-maritime-security-web-version. pdf.

WHITE HOUSE, 2022. Indo-Pacific Strategy of the United States. 2022. https：//www. whitehouse. gov/wp-content/uploads/2022/02/U. S. -Indo-Pacific-Strategy. pdf.

White House, National Strategy For The Arctic Region[R]. 2022-10. http：//whitehouse, gov/wp-content/uploads/2022/10/National-Strategy-For-The-Arctic-Region. pdf.

WIOMSA, 2022. United Nations Ocean Decade for Africa. https：//wio-ecsn. wiomsa. org/ wp-content/uploads/2022/06/UN-Ocean-decade-Booklet-LR. pdf.

ZAMRSKY D, OUDE ESSINK G H P , SUTANUDJAJA E H, et al., 2021. Offshore fresh groundwater in coastal unconsolidated sediment systems as a potential fresh water source in the 21st century. Environmental Research Letters.

インド太平洋協力研究会, 2020. ポスト・パンデミックのインド太平洋の国際秩序の 安定と国際協力の推進に向けて[R]. GRIPS 政策研究院.